Friedhelm Weick

FASZINIERENDE WELT DER EULEN

FASCINATING WORLD OF OWLS

Meiner Frau Christel gewidmet. / Dedicated to my dear wife Christel.

ISBN 978-3-7888-1497-7

Schwalbenweg 1, 34212 Melsungen
Tel. 05661-9262-0, Fax 05661-9262-20
www.neumann-neudamm.de
info@neumann-neudamm.de

Printed in the European Community
Satz und Layout: J. Neumann-Neudamm AG
Titelgestaltung: J. Neumann-Neudamm AG

Druck & Verarbeitung: Gutenberg Riemann GmbH, Kassel

Friedhelm Weick

FASZINIERENDE WELT DER
EULEN

FASCINATING WORLD OF
OWLS

NEUMANN-NEUDAMM

Inhaltsverzeichnis

Index

Danksagung

Der Autor und Maler steht tief in der Dankesschuld zahlreicher Personen und Institutionen für die hilfreiche Unterstützung dieser Arbeit. Ohne diese vielseitigen Hilfen wäre es nicht möglich gewesen, die Aquarelle von so vielen schönen und seltenen Eulen zu malen!

Mein herzlichster Dank gilt meinem Freund Prof. Dr. Claus König, Ludwigsburg, Deutschland, für die unzähligen und ausgezeichneten Fotos lebender Eulen in Wildnis und Gefangenschaft, die Balgfotos aus den verschiedensten Museen und Institutionen der Welt sowie vielen Informationen und Literaturhinweisen zu dieser Vogelordnung. Stellvertretend für alle privaten Eulenzüchter und Zuchtanlagen danke ich den Herren H. Wuchner, Kleinostheim, Deutschland, und dem allzu früh verstorbenen O. Lakus, Hambrücken, Deutschland, für vielseitige Unterstützung und Gastfreundschaft.

Mein Dank gilt weiterhin folgenden Zoologischen Gärten, Vogelparks und ähnlichen Institutionen mit bemerkenswerten Eulenbeständen:
Tierpark Berlin, Deutschland (Dr. W. Grummt, Dr. H. Klös); Vogelpark Niendorf, Deutschland; Vogelpark Walsrode, Deutschland (R. Brehm); Zoologischer Garten Heidelberg, Deutschland (Dr. Polley); Zoologischer Garten Antwerpen, Belgien, mehreren Australischen Zoos (besucht 1989) sowie den zahlreichen Zoos in Deutschland mit wenigen, aber oft äußerst wichtigen Eulenarten.

Für viele hervorragende Fotos lebender Eulen und seltener Bälge und Standpräparate, schwer erhältliche Sonderdrucke, Lithografien, Zeitschriften etc. gilt mein Dank folgenden Personen:
Prof. Dr. D. Amadon, Los Angeles, California, USA; Dr. E. Bauernfeind, Wien, Österreich; Dr. H. J. Becking †, Wageningen, Holland; E. Blök, Veenendal, Holland; Dr. W. D. Busching †, Köthen, Deutschland; Prof. Dr. E. Curio, Bochum, Deutschland; S. Dayton, New York, USA; Dr. S. Eck †, Dresden, Deutschland; G. Ehlers, Leipzig, Deutschland; Dr. R. C. Ertel, Remseck, Deutschland; A. Frenzel, Karlsruhe, Deutschland; H. Geitner, Bad Schönborn, Deutschland; S. R. & J. M. Goodell, North Logan, Utah, USA; Dr. W. Grummt, Berlin, Deutschland; Dr. J. Haffer †, Essen, Deutschland; Dr. G. P. Hekstra, Harich, Holland; A. Hochlehnert, Oberflörsheim, Deutschland; Dr. D. Hollands, Orbost, Australien; H. Keil, Ludwigsburg, Deutschland; H. Krahe, Smithers, Britisch-Kolumbien, Kanada; Dr. R. M. Lafontaine, Brüssel, Belgien; Prof. Dr. Mary Le Croy, Nyack, N. Y., USA; Prof. Dr. N. Lenz, Karlsruhe, Deutschland; Dr. T. Mebs, Castell, Deutschland; D. Messner, Verlegerin, Schuttertal, Deutschland; D. W. Morton, CSIRO, Collingwood, Australien; G. Müller, Rheinstetten, Deutschland; W. Oertel, Deggendorf, Deutschland; N. Redman, Comission Editor, London, U.K.; Prof. Dr. J. A. Reichholff, München, Deutschland; O. v. d. Rootselaar, Renkum, Holland; R. J. Safford, Cambridge, U.K.; R. Schaaf, Ludwigsburg, Deutschland; Dr. W. Scherzinger, Bischofswiesen, Deutschland; R. Schlenker, Möggingen, Deutschland; Dr. L. Liu Severinghaus, Taipeh, Taiwan; R. Steinberg, Radevormwald, Deutschland; Dr. W. Thiede †, Köln, Deutschland; K. Veith, Erwitte-Eikeloh, Deutschland; Prof. Dr. K. H. Voous †, Huizen, Holland; H. Wuchner, Kleinostheim, Deutschland.
Erwähnenswert sind die zahlreichen, oft hervorragenden Eulenfotos, die unter verschiedenen Adressen im Internet zu finden sind (z. B. Owl Pages). Die meisten Vögel sind in freier Wildbahn fotografiert, manche in Gefangenschaft, leider jedoch häufig falsch bestimmt.

Acknowledgements

The author is greatly indebted to many persons and institutions for their kind and most helpful cooperation. Without their various assistance it would not have been possible to paint the watercolour-paintings of such many rare and beautiful owls.

My most cordial thanks goes to my friend Prof. Dr. Claus König, Ludwigsburg, Germany, for the amount of fine colour-photos of living owls in the wild, in captivity as well as photos of skins from different museums and institutions all over the world, also many information and imprints to this bird-order.
To H. Wuchner, Kleinostheim, Germany and the late O. Lakus, Hambrücken, Germany, representing all private owl breeders and aviaries, my cordial thanks for your support and hospitality.

Further I want to thank the following zoological gardens and similar institutions with important collections of owls:
Tierpark Berlin, Germany (Dr. W. Grummt, Dr. H. Klös); Vogelpark Niendorf, Germany; Vogelpark Walsrode, Germany (R. Brehm); Zoological Garden Heidelberg, Germany (Dr. Polley); Zoological Garden Antwerpen, Belgium; some australian zoos (visited in 1989) and many zoological gardens in Germany with only few but very important owl species.

For numerous excellent photographs of living owls, rare skins and mounted birds, rare publications, lithographs, journals etc. I would like to thank the following persons:

Prof. Dr. D. Amadon, Los Angeles, California, USA; Dr. E. Bauernfeind, Wien, Austria; the late H. J. Becking, Wageningen, The Netherlands; E. Blök, Veenendal, The Netherlands; the late Dr. W. D. Busching, Köthen, Germany; Prof. Dr. E. Curio, Bochum, Germany; S. Dayton, New York, USA; the late Dr. S. Eck, Dresden, Germany; G. Ehlers, Leipzig, Germany: Dr. R. C. Eitel, Remseck, Germany; A. Frenzel, Karlsruhe, Germany; H. Geitner, Bad Schönborn, Germany; S. R. & J. M. Goodell, North Logan, Utah, USA; Dr. W. Grummt, Berlin, Germany; the late Dr. J. Haffer, Essen, Germany; Dr. G. P. Hekstra, Harich, The Netherlands; A. Hochlehnert, Oberflörsheim, Germany; Dr. D. Hollands, Orbost, Australia; H. Keil, Ludwigsburg, Germany; H. Krähe, Smithers, British Columbia, Canada; Dr. R. M. Lafontaine, Bruxelles, Belgium; Prof. Dr. Mary Le Croy, Nyack, New York, USA; Prof. Dr. N. Lenz, Karlsruhe, Germany; Dr. T. Mebs, Castell, Germany; D. Messner, Publisher, Schuttertal, Germany; D. W. Morton, CSIRO, Collingwood, Australia, G. Müller, Rheinstetten, Germany; W. Oertel, Deggendorf, Germany; N. Redman, Comission Editor, London, U.K.; Prof. Dr. J. A. Reichholff, München, Germany; O. v. d. Rootselaar, Renkum, The Netherlands; R. J. Safford, Cambridge, U. K.; R. Schaaf, Ludwigsburg, Germany; Dr. W. Scherzinger, Bischofswiesen, Germany, R. Schlenker, Möggingen, Germany; Dr. L. Liu Severinghaus, Taipeh, Taiwan; R. Steinberg, Radevormwald, Germany, the late Dr. W. Thiede, Köln, Germany; K. Veith, Erwitte-Eikeloh, Germany; the late Prof. Dr. K. H. Voous, Huizen, The Netherlands; H. Wuchner, Kleinostheim, Germany.
Noticeable are numerous and to a great part excellent photographs of owls that can be found on the Internet (e.g. owl pages). Most birds are photographed in the wild, some in captivity, but unfortunately most of the owls are falsely identified.

Des Weiteren bin ich folgenden Museen und anderen wissenschaftlichen Institutionen großen Dank schuldig, vor allem für ihr in mich gesetztes Vertrauen und das mir ermöglichte ungestörte Arbeiten wie Messen, Skizzieren und Fotografieren einzelner Eulen, aber auch für die Zusendung von Balgmaterial und Fotos:

American Museum of Natural History, New York, USA (Prof. Dr. Mary Le Croy); British Museum of Natural History, Tring, U.K. (Dr. M. Adams, P. R. Colston); Forschungsinstitut und Naturmuseum Senckenberg, Frankfurt am Main, Deutschland (Dr. D. Peters, Dr. J. Steinbacher †); Institut für Zoologie Heidelberg, Deutschland (Prof. Dr. H. Moeller); Institute of Zoology, Taipeh, Taiwan (Dr. L. Liu Severinghaus); IRSNS – Section Evol. Birds, Bruxelles, Belgium (Dr. R. M. Lafontaine); Koninklijk Museum voor Midden-Afrika, Tervuren, Belgien (Dr. M. Louette); Museum für Naturkunde, Humboldt Universität, Berlin, Deutschland (Dr. G. Mauersberger †, Prof. Dr. B. Stephan, Dr. K. Wunderlich †, J. Fiebig); Brighton Young University, Utah, USA (Prof. Dr. C. White); Museum Heineanum, Halberstadt, Deutschland (Dr. B. Nicolai); Staatliches Naturhistorisches Museum Braunschweig, Deutschland (G. Boenig); Museum d'Histoire Naturelle, St. Denis, Reunion (Dr. M. Le Corre), Museé Zoologique de l'Université de Strasbourg, Frankreich (M. Wandhammer); Nationaal Natuurhistorisch Museum, Leiden, Holland (Dr. R. Dekker); National Museum of Natural History, Washington, USA, (Dr. J. T. Marshall, jr.); Naturhistorisches Museum Basel, Schweiz (Dr. R. Winkler); Naturhistorisches Museum Wien, Österreich (Dr. K. Bauer, Dr. E. Bauernfeind); Pfalzmuseum für Naturkunde, Bad Dürkheim, Deutschland (Dr. R. Flößer); Zoologische Abteilung des Hessischen Landesmuseums, Darmstadt, Deutschland; Staatliches Museum für Naturkunde Stuttgart, Deutschland (Prof. Dr. C. König, Dr. A. Schlüter, Dr. F. Woog); Staatliches Museum für Naturkunde Karlsruhe (Prof. Dr. S. Rietschel, Prof. Dr. N. Lenz, V. Griener); Staatliches Museum für Tierkunde Dresden, Deutschland (Dr. S. Eck †); West Australian Museum Perth, Australien (Dr. R. E. Johnstone); Übersee-Museum Bremen, Deutschland (Dr. H. Hohmann); Vogelwarte Radolfzell, Möggingen, Deutschland (R. Schlenker); Zoologisches Forschungsinstitut und Museum Alexander Koenig, Bonn, Deutschland (Dr. R. v. d. Elzen); Zoologische Staatssammlung des Bayerischen Staates, München, Deutschland (Prof. Dr. J. Reichholff); Zoologisches Museum Hamburg, Deutschland (Dr. S. Hoerschelmann, Prof. Dr. H. Koepcke †, C. Bracke); Smithonian Institution, Washington, USA (Dr. P. C. Rasmussen); Muséum d'Histoire Naturelle, Paris, Frankreich (E. Pasquet, Curator), Naumann Museum Köthen, Deutschland (Dr. W. D. Busching †); Society of Conservation and Research of Owls, Smithers, Kanada (R. Krähe); Badische Landesbibliothek, Karlsruhe, Deutschland; Bayerische Staatsbibliothek München, Deutschland.

Außerdem danke ich folgenden Wissenschaftlern und Experten für gute Zusammenarbeit, Unterstützung, Hilfe und Beratung:

Dr. E. Bezzel, Garmisch-Partenkirchen, Deutschland, für eine fruchtbare Zusammenarbeit über viele Jahre; Prof. Dr. U. N. Glutz von Blotzheim, Schwyz, Schweiz, für erfolgreiche Zusammenarbeit und die vertrauensvolle Führung während 30-jähriger „Handbuchmitarbeit" sowie fortdauernder Kontakte in den vergangenen Jahren; Stephan Ernst und Hartmut Meyer vom Verein Sächsischer Ornithologen, Hohenstein-Ernstthal, Deutschland, für gute und hilfreiche Zusammenarbeit in schwierigen Zeiten; Willy Weise †, Claußnitz, Deutschland, meinem besten Freund, auch in Zeiten eines „geteilten Deutschland"; Dr. J. Haffer, Essen, Deutschland, für sein enormes Wissen und Ratschläge bei schwierigen Problemen zu Systematik und Taxonomie; Dr. J. Hölzinger, Remseck, Deutschland, für vertrauensvolle Zusammenarbeit über 40 Jahre; Günther Müller, Rheinstetten, Deutschland, für eine Freundschaft über mehr als

The author is deeply indebted to the following museums and other scientific institutions, mainly for their faith in my work and the possibility to sketch, take photos and measure certain specimen undisturbed, but also for transmitted skins and photos:

American Museum of Natural History, New York, USA (Prof. Dr. Mary Le Croy), British Museum of Natural History, Tring, U. K. (Dr. M. Adams, P. R. Colston); Forschungsinstitut und Naturmuseum Senckenberg, Frankfurt am Main, Germany (Dr. D. Peters, the late Dr. J. Steinbacher); Institut für Zoologie, Heidelberg, Germany (Prof. Dr. H. Moeller), Institute of Zoology, Taipeh, Taiwan (Dr. L. Liu Severinghaus); IRSNS – Section. Evol. Birds, Bruxelles, Belgium (Dr. R. M. Lafontaine); Royal Museum for Central Africa, Tervuren, Belgium (Dr. M. Louette); Museum für Naturkunde, Humboldt Universität Berlin, Germany (the late Dr. G. Mauersberger, Prof. Dr. B. Stephan, the late Dr. K. Wunderlich, J. Fiebig), Brighton Young University, Utah, USA (Prof. Dr. C. White; Museum Heineanum, Halberstadt, Germany (Dr. B. Nicolai), Staatliches Naturhistorisches Museum Braunschweig, Germany (G. Boenig); Museum d'Histoire Naturelle, St. Denis, Reunion (Dr. M. Le Corre); Museé Zoologique de l'Université de Strasbourg (M. Wandhammer); Nationaal Natuurhistorisch Museum Leiden, The Netherlands (Dr. R. Dekker); National Museum of Natural History, Washington, USA (Dr. J. T. Marshall jr.); Naturhistorisches Museum Basel, Switzerland (Dr. R. Winkler); Naturhistorisches Museum Wien, Austria (Dr. K. Bauer, Dr. E. Bauernfeind); Pfalzmuseum für Naturkunde, Bad Dürkheim, Germany (Dr. R. Flößer); Zoologische Abteilung des Hessischen Landesmuseums, Darmstadt, Germany; Staatliches Museum für Naturkunde Stuttgart, Germany (Prof. Dr. C. König, Dr. A. Schlüter, Dr. F. Woog); Staatliches Museum für Naturkunde Karlsruhe, Germany (Prof. Dr. S. Rietschel, Prof. Dr. N. Lenz, V. Griener); Staatliches Museum für Tierkunde Dresden, Germany (the late Dr. S. Eck), West Australian Museum Perth, Australia (Dr. R. E. Johnstone); Übersee-Museum Bremen, Germany (Dr. H. Hohmann); Vogelwarte Radolfzell, Möggingen, Germany (R. Schlenker); Zoologisches Forschungsinstitut und Museum Alexander Koenig, Bonn, Germany (Dr. R. v. d. Elzen); Zoologische Staatssammlung des Bayerischen Staates, München, Germany (Prof. Dr. J. Reichholff); Zoologisches Museum Hamburg, Germany (Dr. S. Hoerschelmann, the late Prof. Dr. H. Koepcke, C. Bracke); Smithonian Institution, Washington, USA (Dr. P. C. Rasmussen); Museum d'Histoire Naturelle, Paris, France (E. Pasquet, Curator); Naumann Museum Köthen, Germany (the late Dr. W. D. Busching); Society of Conservation and Research of Owls, Smithers, Canada (R. Krahe); Badische Landesbibliothek Karlsruhe, Germany; Bayerische Staatsbibliothek München, Germany.

Moreover I am indebted to the following scientists and experts for their kind cooperation, support, help and advice: Dr. E. Bezzel, Garmisch-Partenkirchen, Germany, for a fruitful collaboration over many years; Prof. Dr. U. N. Glutz v. Blotzheim, Schwyz, Switzerland, for a successful collaboration and his leadership over thirty years of work on the "Handbuch" as well as for continuing contacts in the past years. S. Ernst and H. Meyer from "Verein Sächsischer Ornithologen", Hohenstein-Ernstthal, Germany, for a good and helpful cooperation in difficult times. The late Willy Weise, Claußnitz, Germany, my lifelong true friend, also at times of a "divided" Germany. Dr. J. Haffer, Essen, Germany, for his immense knowledge and advice concerning difficult problems in systematic and taxonomy. Dr. J. Hölzinger, Remseck, Germany, for a trustful cooperation over forty years. Günther Müller, Rheinstetten, Gemany, for a forty years long friendship and his critical reviewing of my owl paintings in the last eight years and his constant support.

40 Jahre, kritische Beurteilung meiner Eulenbilder in den letzten acht Jahren und stetige Ermutigung zur Vollendung dieser Arbeit.

Mein innigster Dank gilt aber meiner lieben Frau Christel für unermüdliche und unermessliche Unterstützung zu dieser Arbeit, sowohl zu Hause als auch bei der Arbeit in Museen, Institutionen, Zoos usw. Für Ihre herzliche Gastfreundschaft gegenüber allen ornithologischen Freunden und Gästen über all die Jahre. Sie war mein Antriebsmotor für die Vollendung dieses Buches, ungeachtet aller Schwierigkeiten und Enttäuschungen auf dem langen Weg bis zur Drucklegung.

Wiederum bin ich Herrn Dr. Wolfgang Scherzinger, Bischofswiesen, Deutschland, für das Schreiben des Geleitwortes, die Durchsicht vieler Textpassagen und die kritische Beurteilung zahlreicher Farbtafeln zu großem Dank verpflichtet! Seine umfassenden Kenntnisse über Eulen und sein Wissen um Problematik und Schwierigkeiten bei Schutzmaßnahmen gefährdeter Biotope und deren Bewohner prädestinieren ihn geradezu, das Geleitwort zu schreiben!

Zuletzt möchte ich meinen innigen Dank Herrn Heiko Schwartz, Herrn Bernd Sabat, Frau Claudia Riedl, Frau Elke Blanek und Frau Andrea Balde für die außerordentlich gute Zusammenarbeit und Unterstützung vonseiten des Verlages Neumann-Neudamm während der gesamten Herstellung dieses Buches aussprechen.

Bruchsal-Untergrombach, Deutschland
Friedhelm Weick

My most cordial thanks to my dear wife Christel, for her immeasurable and indefatigable support for this work, at home and also in visiting museums, institutes, zoos, etc., and again for her warm hospitality to all visiting ornithological friends and guests from near and far in all the years. She was my motor for finishing this book, disregarding all difficulties and disappointments on the long way to publishing.

Again I'm greatly indebted to Dr. Wolfgang Scherzinger, Bischofswiesen, Germany, for writing the preface as well as for the critical review of many paragraphs and several colour plates. Because of his comprehensive knowledge of owls and the problems and difficulties regarding conservation of threatened habitats and animals Dr. Scherzinger is the ideal candidate for composing the foreword to this book.

Not least, I gratefully acknowledge Mr. Heiko Schwartz, Mr. Bernd Sabat, Ms. Claudia Riedl, Ms. Elke Blanek and Ms. Andrea Balde of Neumann-Neudamm publishing house for their helpful support throughout the entire production of this book.

Bruchsal-Untergrombach, Germany
Friedhelm Weick

Geleitwort

Zielrichtung und Konzeption dieses Buches werfen spontan gleich mehrere grundlegende Fragen auf: Warum gerade Eulen? Weshalb eine so persönlich gefärbte Auswahl, wie die Konzentration auf besonders schöne und bemerkenswerte Arten? Wieso ein „Rückgriff" auf aquarellierte Grafik, trotz rasanter Qualitätssteigerung heutiger Fototechnik?

Keine dieser Fragen lässt sich rein sachlich begründen bzw. aus einem zeitgeistigen Trend ableiten. Denn dieses Buch spiegelt in erster Linie die intime Passion des Autors Friedhelm Weick wider, wurzelnd in der Faszination an der Lebensform Eule, deren hoch spezialisierte Anpassungsmerkmale zwar eine eindrucksvolle Vielfalt hinsichtlich Körpergröße, Gefiederfärbung, Aktivitätsmuster, Habitatwahl und Beutepräferenz ermöglichen, gleichzeitig aber eine recht einheitliche Erscheinungsform erzwingen. Mit auffälligen, vorgerichteten Augen und dem gesichtsartigen Schleier im meist kugelig großen Kopf sowie mit gedrungenem Körper samt flauschig-weichem Gefieder erlaubt deshalb ein „Eulenschema" die recht klare Zuordnung der Einzelarten zur Ordnung der Strigiformes. Bewegt durch die tiefe Betroffenheit des Autors über schwindende Lebensräume bzw. wachsende Gefährdungen vieler Eulenarten und letztlich gepaart mit seiner zeichnerischen Begabung, der unzählige Abbildungen in wissenschaftlich fundierten Fach- und Bestimmungsbüchern zu verdanken sind, resultiert die langjährige Beschäftigung Weicks mit den Eulenvögeln der Welt in dieser Sammlung naturgetreuer Aquarelle.

Weicks großformatige Eulenporträts sind nicht nur als Ergänzung zu den Farbtafeln in der neueren Literatur zu sehen, in der die weltweite Vielfalt an Arten, Unterarten, geografischen Varianten und Färbungstypen der Eulen erstmalig in so großartiger Vollständigkeit abgebildet wurden, vielmehr zielen sie auf eine Synthese aus Habitatstruktur und Erscheinungsbild – Eigenarten von Umwelt und Eule sozusagen als Gesamtkunstwerk der Evolution. Dabei erlaubt die Detailversessenheit der Abbildungen sowohl den zwischenartlichen als auch innerartlichen Vergleich von Proportionen (z. B. Federohren), signalhaften Kontrastzeichnungen (z. B. Schleiereinfassung, Augenbrauen, Kehlfleck, Occipitalgesicht) oder spezifischen Gefiedermustern (z. B. Feinzeichnung des Kopfgefieders, Anordnung von Schulterflecken, Bänderung im Schwanzgefieder). Und genau hierin liegt auch eine der Stärken zeichnerischer Abbildungen gegenüber der High-Tech-Fotografie: Wenn diese auch in der Lebendigkeit der Wiedergabe, speziell bei rasanten und komplexen Bewegungsabläufen (z. B. Flugbilder, Luftkampf, Jagdflug, Kopula) unübertroffen ist, so kann nur die Grafik die entscheidenden Art-Merkmale in voller Detailfülle bündeln, letztlich idealisieren, so dass sie unmittelbar ins Auge springen und auch leichter zu vermitteln sind.

Die akkurate Detailzeichnung für eine möglichst naturgetreue Wiedergabe von Tieren, Blumen und Landschaften hat im heutigen Kunstverständnis Mitteleuropas keine Basis. Hier sucht man über Reduktion, Abstraktion und Verfremdung sich dem Kern z. B. eines Eulenwesens anzunähern. In auffallendem Gegensatz dazu findet sich im britischen Einflussbereich eine bei uns unbekannte Überzeichnung auch scheinbar nebensächlicher Details als Ausdruck intensiver Direkt-Beobachtung, z. B. von Eulen in ihrem Lebensraum. Die hier gezeigten Aquarelle Weicks tendieren zwar auch zur naturalistischen Darstellung, folgen aber eher dem Vorbild unserer ornithologischen Klassiker aus dem 19. Jahrhundert; ein „retro-look" – ohne deshalb „altmodisch" zu sein.

Preface

Purpose and conception of this book spontaneously raise several basic questions: Why owls? Why a selection based upon personal bias, such as the focus on particularly beautiful and remarkable species? Why a „fallback" to watercolour graphics despite rapid quality improvement of today's photography technique?

None of these questions can be answered purely based on facts or derived from any zeitgeisty trend. For this book reflects primarily the intimate passion of the author Friedhelm Weick, rooted in the fascination with the life form owl, whose highly specialised adaptative characters allow on the one hand an impressive diversity in body size, plumage colouration, activity pattern, habitat selection and prey preference, while at the same time compel a fairly consistent form of appearance. With striking forward-facing eyes and a face-like veil on the mostly globular shaped big head as well as the stocky body including its soft fluffy plumage, an „owl scheme" allows therefore for a relatively clear classification of single species to the order of Strigiformes.
Moved by the deep consternation of the author about the dwindling habitat and growing endangerment of many owl species, and last but not least coupled with his drawing talent – which innumerable illustrations in scientifically established specialised books and classification books owe their creation to – the long-standing engangement of Weick with the owl birds of the world, results in this compilation of true-to-life watercolours.

Weick's large-sized owl portraits are not only to be seen as a complement to the colour charts in the more recent literature in which the global diversity of species, subspecies, geographical variations and colouring types of the owls have been mapped for the first time in such great integrity. In fact they rather aim at a synthesis of habitat structure and appearance – quirks of environment and owl as a kind of evolution's total work of art. Thereby the author's keenness on details in the illustrations allows both the inter- and intraspecific comparison of proportions (e.g. ear tufts), signal-like markings (e.g. veil border, eyebrows, throat patch, occipital face) or specific plumage patterns (e.g. fine gradation of the head plumage, arrangement of shoulder patches, banding in the tail feathers). And this is precisely where one of the strenghts lies of drawings compared to high-tech photography: the latter may be preeminent in the liveliness of the rendition, particularly for rapid and complex movements (e.g. flight silouette, air fight, hunting flight, copula), however, only graphics can bundle the decisive specific characters in full richness of detail, ultimately idealize them so that they immediately catch the reader's eye and thus helps to better communicate them.

The accurate detail drawing for a reproduction as naturally as possible of animals, flowers and landscapes has no basis in today's understanding of art in Central Europe. Here one tries to approach, for instance the creature of an owl, through reduction, abstraction and alienation. In stark contrast, the British sphere of influence shows a sort of excessive drawing unknown to us, of seemingly unimportant details as an expression of intensive direct observation of e.g. owls in their habitat. Weick's watercolours presented in this book also tend towards naturalistic representation, but follow rather the ideal of our ornithological classics of the 19th Century; a „retro look" – yet without therefore being „old-fashioned". In any case, these images

In jedem Fall stimulieren diese Bilder zu genauer Betrachtung, getragen von der unbeantwortbaren Frage, weshalb die Evolution gerade dieser Augenfarbe, dieser Ohrenstellung oder dieser Gefiederzeichnung den Zuschlag gegeben hat. Alles nur Zufall – oder doch nach Funktionalität selektiert?
Bei rund 240 Eulenarten weltweit, von denen sich vor allem Geschwisterarten oft nur in Nuancen unterscheiden, konnten verständlicherweise nicht alle in der aufwendigen Aquarelltechnik abgebildet werden. Doch sind mit insgesamt 144 Arten bzw. Unterarten in 27 Gattungen alle wesentlichen Typen dargestellt, vom winzigen Elfenkauz bis zum Riesen-Fischuhu. Mit Ehrgeiz hat sich Friedhelm Weick bemüht, auf Basis eigener Recherchen auch seltenste bzw. erst kürzlich entdeckte Eulen in diese Zusammenschau einzugliedern, von denen es bisher kaum solide Abbildungen oder qualitätsvolles Fotomaterial gab (z. B. Sri-Lanka-Maskeneule, Usambara-Uhu, Davidskauz, Blewitt-Kauz, Queen-Charlotte-Sägekauz, Salomoneneule).

Wenn Eulen auch vielfach nach Hexen, Teufeln und gruseligem Nachtgetier benannt wurden, so begegnen sie uns heute eher als eine besonders sensible Vogelgruppe mit außerordentlicher Spezialisierung von Auge, Gehör und Gefieder für den nächtlichen Beutefang. Das Vermögen einiger weniger Arten, den Lebens- und Wirtschaftsraum des Menschen zu besiedeln und auch das anthropogen begünstigte Beuteangebot bestmöglich zu nutzen, kann nicht darüber hinwegtäuschen, dass der überwiegende Teil der Eulenarten – infolge von Arealzerschneidung, Lebensraumverlust, Verarmung des Beutespektrums und anderen naturfremden bzw. anthropogen verursachten Risiken – existenzgefährdend benachteiligt wird. Dieser Aspekt wird in den einzelnen Artkapiteln deutlich herausgestellt, wobei die – durchaus ungewöhnliche – Zweisprachigkeit der Texte (deutsch-englisch) besonders geeignet ist, sowohl interessierte Eulen-, Vogel- bzw. Naturschützer ganz allgemein als auch Fachleute aus Taxonomie und Ornithologie sowie Natur- und Umweltschutz zu informieren, letztlich zur Beschäftigung mit diesen „Geschöpfen der Nacht“ zu stimulieren.

Ich wünsche diesem Buch, dass es nicht nur dem Leser Freude bereitet, sondern auch zahlreiche Freunde für die Eulen gewinnt, denn deren Überleben ist an unser Engagement im Biotop- und Artenschutz gekoppelt. Mögen Vielfalt und Qualität der Farbtafeln die Begeisterung des Autors und Künstlers für diese Zauberwesen auf eine breite Leserschaft übertragen.

August 2012
Wolfgang Scherzinger

stimulate to observe closely, raising the unanswerable question of why evolution has accepted just this colour of eyes, ears in this position or this plumage colouring. Just coincidence – or selected as per functionality?

With approximately 220 to 250 owl species worldwide, of which especially sibling species often only differ in nuances, understandably not all of them could be reproduced in elaborate watercolors. A total of 144 species and subspecies in 27 genera represents however all major types, from the tiny elf owl to the giant fish owl. With ambition, Friedhelm Weick has sought, based on his own research, to incorporate also rarest and only recently discovered owls in this synopsis, of which there were previously no solid reproductions or high quality photo material available (e.g. Sri Lanka Bay Owl, Usambara Eagle Owl, Davidskauz, Forest Owlet, Queen Charlotte Saw-whet Owl, Fearful Owl).

Owls may often have been named after witches, devils and spooky night creatures. Today, they encounter us rather as a particularly vulnerable group of birds with extreme specialisation of eye, ear and feathers for their prey catching at night. The ability of a few species to colonize the living environment and economic area of people and also to utilize the anthropogenically favored prey supply at its best, cannot hide the fact that the majority of owl species – due to area dissection, habitat loss, depletion of prey spectrum and other non-natural consequences and anthropogenic risks – is disadvantaged and threatened to its existence. This aspect is clearly elaborated in each species' chapter, in which – quite unusual – bilingual texts (German-English) are particularly suitable to both inform those generally interested in owls, birds and conservation as well as experts from the fields of taxonomy, ornithology, nature and environmental protection, ultimately stimulating the readership to look closely at these „creatures of the night“.

My wish for this book is that it not only gives pleasure to the reader, but also wins many owl friends, because the survival of the owls is linked to our commitment to habitat and species protection. May variety and quality of the colour charts convey the author and artist's enthusiasm for these magical creatures to a wide readership.

August 2012
Wolfgang Scherzinger

Teil I – Einführung
Eulen eine Übersicht

Part I – Introduction
Owls: An Overview

Einführung

Noch während ich an den Aquarellen, Federzeichnungen und Texten zu meiner Artenliste der Eulen (Strigiformes) arbeitete, wurde mir bewusst, dass dies nicht meine letzte Publikation über die Eulen sein würde!

Um größere Aufmerksamkeit für eine Vogelfamilie wie die der Eulen, mit so vielen wunderschönen, aber auch äußerst gefährdeten Arten, zu erreichen, wollte ich ein Buch gestalten mit großformatigen, schönen und gekonnt gemalten Farbtafeln, die sowohl die Gestalt als auch die Schönheit dieser Vögel in einer typischen Umgebung zeigen sollten. Mein weiterer Anspruch an dieses Buch war ein bilingualer, deutsch-englischer Textteil, der dadurch auch eine Leserschaft außerhalb des deutschsprachigen Raumes erreichen sollte.

Eulen sind Lebewesen, die seit frühesten Zeiten eine große Faszination auf uns Menschen ausüben. Ihr nach vorne gerichtetes Gesicht, oft mit großen Augen, und die überwiegend nächtliche Lebensweise sowie ihre „schaurigen" Rufe machen sie zu Wesen, die zugleich eine Verbindung mit Weisheit als auch mit geisterhaften, magischen Fähigkeiten suggerieren und die oft als Boten bevorstehenden Unheils betrachtet werden. Diese Faszination äußert sich heute im Interesse vieler Menschen, Laien wie Wissenschaftler. In den vergangenen Jahren hat die Verteufelung der Eulen stark abgenommen, sei es durch bessere Kenntnis und Aufklärung, sicher aber auch durch gut gemachte Filme in den Medien. Trotzdem werden Eulen weltweit noch immer als Hühnerdiebe, Raubzeug oder Künder von schlechten Omen durch Abschuss und Fallen getötet. Strenge und wirksame Gesetze zum Schutz von Eulen gibt es in zahlreichen Ländern. Trotzdem werden in großen Teilen der Welt Eulen als Nahrungsmittel gefangen und getötet. Die Ursachen für die drastische Abnahme vieler Eulenpopulationen sind sehr unterschiedlich, insgesamt aber sind sie größtenteils vom Menschen verursacht. Verlust des Lebensraumes ist weltweit die Hauptursache für Gefährdung und Aussterben von Eulenarten. Zerstörung der Biotope durch Holzschlag oder totale Rodung in tropischen Wäldern, sei es in legaler oder illegaler Weise. Hinzu kommt Brandrodung der noch vorhandenen Waldreste. So werden täglich riesige Flächen vernichtet und für Wildtiere unbewohnbar.

Weitere Ursachen für Biotopverluste sind: Umwandlung von Gras- und Marschland in Ackerland, die Trockenlegung von Sumpf- und Moorland, Grasland- und Steppenbrände, Brände in Taiga und Tundra, begünstigt durch lange Dürreperioden und totale Trockenheit. Inselbewohnende, meist endemische Eulenarten sind alle besonders gefährdet und viele nahe der Ausrottung. In den letzten beiden Jahrhunderten war jedes ausgestorbene Taxon ein Inselbewohner. Insektizide, Rodentizide und andere chemische Pestizide wurden ebenfalls zu einem riesigen Problem. Die Entwicklung und Anwendung chemischer Produkte zur Vernichtung von Schädlingen ist ein trauriger Beweis menschlichen Ringens gegen die Natur. Die erste Chemikalie, die in der Agrarwirtschaft Anwendung fand, war DDT (Dichlorodiphenyltrichlorethan), das bereits 1874 entwickelt wurde. Erst 1939 wurde seine verheerende Wirkung auf Insekten entdeckt. Willkommen im Kampf gegen Schädlinge wie die Malaria übertragenden Mücken oder Typhus übertragenden Läuse, war es als Insektizid das Wundermittel schlechthin.

Introduction

Already when I worked on the watercolours, line drawings and text to my checklist of the owls (Strigiformes), I felt that this was not my last publication concerning owls.

To draw attention to a bird-family like the owls, with such numerous beautiful but also extremely threatened species, needs a publication accompanied by large, fine and skilful paintings, showing the beauty of shape and plumage of the birds in their typical habitat. My own approach to this book, beside the colour plates, has been a text written in English as well as German, to reach also readers outside the German-speaking regions.

Owls are birds that have fascinated humans since early times. Their facial appearance, often compared with large eyes, and a mainly nocturnal life, also their "shivering" vocalizations, resulted in them becoming creatures associated with wisdom and magical abilities and as messengers of trouble. This fascination continues today in the interest of many people, laymen or scientists. In recent years, the demonisation of owls has decreased due to better knowledge and explanation, and surely because excellent films have been shown in the media. Nevertheless, owls are killed worldwide by shooting and trapping, as chicken thieves, predatory pests, or as bad omens. Effective laws exists to protect the owls in numerous countries. But in great parts of the world, rare and endangered owls are trapped and killed for food. The reasons for the decline of many owl populations are different, but in great part caused by humans. Habitat loss is globally recognized as the main cause of the endangerment and extirpation of many owl species. Habitat destruction by clearing woodland or complete deforestation, legal or illegal, in many tropical forests, as well as the burning of the remaining growth, destroys vast areas every day, then lost for animal life.

Further causes for the destruction of habitats are the changing of grass- and marshland into agricultural areas, the drainage of swamp- and moorland, grassland and steppe fires and the burning down of great areas of the taiga and tundra, resulting in long-lasting dryness and aridity. Islands-inhabiting owls, often endemic, are highly vulnerable to extinction. In the last two centuries, each taxon which became extinct inhabited islands. Insecticides, rodenticides and other chemical pesticides pose another enormous problem. The development and use of chemical products for controlling pests are mournful evidence of what has been achieved in human struggle against nature. The first chemical which was used in the agricultural industry in great quantities was DDT (dichlorodiphenyltrichloroethane), which was synthesised in 1874. Only in 1939, its devastating effect on insects was discovered. Used to kill malaria-carrying mosquitos and typhus-carrying louses, the insecticide was seen as a welcome panacea.

Viel später, zu spät, wurden die schlimmen Folgeerscheinungen von DDT auf die Vogelwelt mit dem dramatischen Rückgang des Bruterfolges erkannt. Erst 1972 wurde die Anwendung von DDT in Nordamerika und Teilen Europas verboten, ist aber in anderen Teilen der Welt, speziell in sogenannten „unterentwickelten" Ländern, zum Gebrauch noch immer frei erhältlich. Es ist einleuchtend, dass in diesen Ländern andere Probleme vorherrschend sind und sie daher die Unterstützung reicherer Nationen benötigen. Auf welche Weise werden Eulen durch Insektizide geschädigt und was sind die Folgen?

Sterbende Insekten werden z. B. von Spitzmäusen gefressen, Nager nehmen kontaminierte Pflanzenteile auf. Eulen, die einen hohen Anteil dieser Beutetiere fressen, speichern das Gift in ihrem Fettgewebe und werden meist steril. In den 60er Jahren fanden nach DDT die ähnlichen Gifte Aldrin und Dieldrin als Insektizide gegen Malariamücken, Heuschrecken, Termiten und andere Bodenschädlinge Anwendung, mit ähnlich katastrophalen Folgen vor allem für die Vogelwelt. Rodentizide (Nagergifte) sind die Ursache für eine hohe Sterblichkeitsrate von Schleiereulen, Sumpfohreulen, Falkeneulen und andere in offener Landschaft jagende Arten. So nahmen in den USA durch dieselben Gifte die Bestände der Kanincheneule rapide ab. Es ist dokumentiert, dass Pestizide eine weitreichende und nachhaltige Wirkung haben. Ein in tropischen Breiten hergestelltes und verwendetes Gift (Dioxin) wurde durch die Strömungen von Wind und Meer bis in arktische Gewässer getragen und dort nachgewiesen.

In Erkenntnis der Problematik schlossen sich über 120 Nationen zur „Stockholm Convention Protecting human health and the environment from Persistent Organic Pollutants" (POPs) zusammen, zur Reduzierung und Abschaffung von 12 Pestiziden und anderen auf dem Weltmarkt befindlichen chemischen Produkten. Viele Eulen verunglücken während der Jagd. Unglückliche Zusammenstöße mit Kraftfahrzeugen, Schienenfahrzeugen oder Kollision an Weidezäunen (vor allem solchen mit Stacheldraht), Stromleitungen oder den Flügeln von Windkraftanlagen. Große Eulen (wie auch andere Großvögel) sterben häufig durch Stromschlag, wenn sie den Isolatoren zu nahe kommen oder zwischen zwei Leitungen sitzen (Überbrückung). Das fachgerechte Abschirmen von Isolatoren ist relativ gut zu bewerkstelligen, wird aber in vielen Ländern als unnötiger Aufwand oder wegen der Nachrüstungskosten vernachlässigt. Große Kahlschläge (auch durch Windbruch) oder starke Ausdünnung der Baumbestände und die dadurch entstehende Umwandlung des Habitats können zu dramatischem Rückgang kleiner Eulenarten führen. Durch das Vordringen größerer Eulenarten mit entsprechendem Biotopanspruch werden die Kleineulen nun zur willkommenen Beute. So drang z. B. der Waldkauz in von Sturmschäden gelichtete Gebiete im Schwarzwald vor oder der Streifenkauz in die durch fortschreitende Rodung dezimierten Wälder an der Westküste der südlichen USA. Hohe, alte Bäume mit brauchbaren Höhlen oder vorhandenen alten Greifvogelnestern sind oft nur begrenzt oder gar nicht mehr vorhanden. Dies ist vor allem für die großen Eulenarten und speziell für die Höhlen bewohnenden Arten problematisch. Kunstnester in Form von Nistkästen oder umrandeten Plattformen (Brutkörbe) werden gut angenommen und erfolgreich genutzt. Zuchtprogramme für Gefangenschaftsbruten sind bei manchen Arten sehr erfolgreich, um die Nachzucht dann wieder in den ursprünglichen Habitaten auszuwildern. Leider betreiben die meisten Zoos, obwohl sie oft zahlreiche Eulenarten besitzen, keine Zuchtprogramme.

Much later, too late, the adverse effects of DDT on the breeding success of larger birds were discovered. In 1972, DDT was banned in North America and parts of Europe. But it is still used in other parts of the world, especially in so-called "underdeveloped" countries. It's understandable that in these countries other problems are more urgent. For that reason, they need the support and help of the rich and developed nations. In what manner do owls get harmed by insecticides and what are the conclusions?

Dying insects are eaten by shrews, rodents pick up contaminated parts of plants. Owls which feed on a high amount of contaminated prey incorporate the poison into their tissues and in most cases will become sterile. After DDT, the related aldrin and dieldrin, used in the sixties, had also catastrophic side effects, primarily to birdlife. Rodenticides are the cause of the high mortality of owls which hunt in the open country, e.g. Barn Owls, Short-eared Owls and Hawk Owls. In the US, the decline of the burrowing owl is caused by the same poison. Pesticides have a far-reaching and long-lasting effect on wildlife. Industrial dioxins, produced and used in tropical countries, have been transported by currents of wind and water to arctic regions, accumulated there in large amounts and are now identified by scientists!

In recognition of these problems, over 120 countries have adapted the "Stockholm Convention Protecting Human Health and the Environment from Persistant Organic Pollutants" (POPs) aiming to reduce and eliminate twelve pesticides and other commercial chemicals. Many owls die in hunting accidents, are killed by automobiles or trains or collide with fences (barbed wire), power lines, wind turbines and so on. Large owls (like other large birds) are electrocuted when perched near a transformer or insulator or while sitting close to powerlines. It is possible to cover such insulators (with so-called raptor protector), but most countries refrain from that as they do not see any need for this or because they shy away from the extra costs. The clearing of woodland, followed by a change of the habitats, can drastically decrease the original populations of smaller owls by increasing that of larger owls, which are then hunting the smaller species as a good prey. For example, the amount of Tawny Owls increased in wind-facing parts of the Black Forest, and the barred owl advanced after increasing forest destruction in woodlands along the west coast of the southern USA. Many species need tall, mature trees with suitable holes or abandoned old raptor nests, which are often limited in number or even lacking completely. This is problematic for larger owls, especially those nesting in tree holes. Artificial nests in form of nestboxes or walled platforms (nesting baskets) have been used with great success. Capture breeding programmes are conducted successfully with some owl species, followed by releasing the owls into the wild. But in most zoos, where many owl species are held, releasing programmes are scarce or lacking.

Der zeitgemäße Anspruch für weltweite Schutzmaßnahmen bedarf der Auswahl und Unterschutzstellung geeigneter, ausreichend großer Gebiete wie Nationalparks oder dem Ernennen zum Schutzgebiet von kompletten Inseln, wie etwa Christmas Island im Indischen Ozean.

Es ist sicher nicht verwunderlich, dass Bestandsangaben über die meisten Eulenpopulationen völlig unzureichend sind. Die Ursachen liegen darin, dass die meisten Eulen nachtaktiv sind und der größte Teil der Arten subtropische und tropische Wälder bewohnt. Viele Arten bestehen nur aus kleinen Populationen mit begrenzter geografischer Verbreitung oder sind Bewohner kleiner Inseln.

Ein weiterer Teil der Arten war bereits zum Zeitpunkt der Entdeckung selten, durch das Sammeln vieler (oft der letzten) Exemplare bereits nahe dem Aussterben, ehe etwas über deren Biologie, Verhalten oder Lebensweise bekannt war. Bird Life International unterteilte die gefährdeten Vogelarten in drei Kategorien:

critical endangered:	Arten mit extrem hohem Aussterberisiko = 50 % innerhalb 5 Jahren.
endangered:	Arten, die mit 20%iger Wahrscheinlichkeit innerhalb der nächsten 20 Jahre aussterben.
vulnerable:	Arten, die mit 10%iger Wahrscheinlichkeit innerhalb der nächsten 100 Jahre aussterben.

Von den in diesem Buch illustrierten und im Textteil beschriebenen Arten gelten über 30 als global gefährdet (gehören also den oben erwähnten Kategorien an). Mehr als 20 Arten sind diesem Status sehr nahe.

Da die Anzahl der Farbtafeln natürlich begrenzt ist, wurde auf die Abbildung weniger Arten, die ebenfalls gefährdet sind, verzichtet. Stattdessen fanden einige besonders schöne Eulenarten Berücksichtigung. Trotzdem hofft der Autor eine gute Auswahl getroffen zu haben!

Somit möchte der Autor abschließend der Hoffnung Ausdruck geben, dass dieses Buch einen wenn auch kleinen Beitrag leisten kann, auf die weltweiten Probleme und Schwierigkeiten um Schutz und Erhaltung der Familie unserer Eulen aufmerksam zu machen und einen Anstoß zur Unterstützung von geeigneten Schutzmaßnahmen zu geben.

Friedhelm Weick

The modern approach to a worldwide conservation needs selection and protection of suitable ranges as National Parks, or protecting complete islands like the Christmas Island in the Indian Ocean.

It should not come as a surprise that information on the status of most owl populations is woefully incomplete. This is because most owl species are nocturnal. The largest number of strigids inhabits subtropical and tropical forests. Many species have small populations and restricted geographical ranges or inhabit islands.

Some species were nearly exterminated by collectors of the last specimens, before their biology, behaviour or habits were known.
Bird Life International classifies threatened birds into three categories:

Critically endangered:	Species that are at extremely high risk to get extinct = 50% within 5 years.
Endangered:	Species face a 20 % probability of extinction within 20 years.
Vulnerable:	Species face a 10 % probability of extinction within 100 years.

From the painted and described species in this book, more than 30 are globally threatened (status according to the three categories). More than 20 species are near this status.

Because the number of colour plates was limited, some species which also are threatened have not been not considered and painted. Instead, some of the most beautiful and less threatened owls are shown and described.

Nevertheless, the author is convinced to offer a good selection!
Furthermore, the author is hopeful that this publication can contribute a little bit to the understanding of the worldwide problems and difficulties in protecting and conserving the family of owls and to give useful suggestions for the support of suitable protective measures.

Friedhelm Weick

Zwergohreule fl egend / Scops Owl in flight

Eulen – eine Übersicht

Eulen sind relativ leicht zu erkennen und bilden eine gut abgegrenzte Gruppe hauptsächlich dämmerungs- oder nachtaktiver Vögel, die in der Ordnung Strigiformes vereint sind.

Anatomie und Morphologie: Eulen sind von Gestalt sehr klein bis groß und beeindruckend (Fig. 1). Die meisten Arten haben dicke, runde Köpfe mit nach vorne gerichteten, relativ großen Augen. Diese verleihen ihnen ein vorzügliches binokulares Sehen. Der Schädel ist häufig pneumatisch (eine durch Hohlräume bedingte Leichtbauweise) und wirkt relativ klein, bei optimal großen Augen! Die Augen sitzen in röhrenartigen Sklerotikalringen. So haben Eulenaugen nicht einmal die eingeschränkte Beweglichkeit anderer Vögel. In ihrer knöchernen Augenumrandung kann der Augapfel sich nicht nach den verschiedenen Seiten bewegen. Dies wird jedoch durch 14 Halswirbel, die ein Drehen des Kopfes bis 270° ermöglichen, auf andere Weise ausgeglichen (Fig. 2). In großer Nähe vermögen Eulen nicht scharf zu sehen, weshalb sie bei der Aufnahme von Beute oft die Augen schließen und diese mit den empfindlichen Schnabelborsten ertasten. Eulen sind also weitsichtig, erreichen aber durch nahezu vollständige Überlappung der Sehfelder ein ausgezeichnetes Tiefensehen.

Owls: an Overview

Owls are easy to identify and form a natural, well-defined group of chiefly crepuscular or nocturnal birds, classified as the order Strigiformes.

Anatomy and morphology: Owls are tiny to large and huge (Fig. 1), most of the species have a large, rounded head, with forward-facing, often relatively large eyes. This give them prominent, binocular vision. The skull is often pneumatic and seems relatively small, by the largest possible eyes. The eyes, sitting in large sclerotical rings, formed like a tube. So the eyes lack the small mobility of most birds eyes. In their sockets, they cannot rotate the eyeball up, down or to the sides. But with 14 vertebrae, owls can readily turn their heads almost 270° from forward (Fig. 2). At short distance, owls are unable to see sharp. So by plucking its prey, owls often have closed eyes, touching with the sensitive bristles around the bill. Thus owls are far-sighted, but by a nearly overlapping visual field, owls have a well-developed depth perception.

Fig. 1: Eine Auswahl von Eulen welche die tatsächlichen Größenverhältnisse zwischen den verschiedenen Gattungen zeigen soll

Fig. 1: A selection of owls showing the relative differences in size between the various genera

winzig / tiny
13–16 cm
Micrathene, Xenoglaux, Glaucidium

sehr klein / tiny
17–20 cm
Glaucidium, Taenioglaux, Psiloscops Otus, Megascops, Ninox

klein / small
21–25 cm
Otus, Megascops, Taenioglaux Ptiloscops, Athene, Aegolius, Ninox

klein bis mittelgroß / small to medium sized
26–34 cm
Tyto, Phodilus, Otus, Megascops, Mimizuku Strix, Ninox, Uroglaux, Pseudoscops, Asio

mittelgroß / medium-sized
35–45cm
Tyto, Jubula, Lophostrix, Bubo Pulsatrix, Strix, Surnia

Bubo
64–72 cm
sehr groß / very large

Strix, Ninox, Bubo
57–63 cm
groß / large

Tyto, Strix, Asio, Pulsatrix, Ninox
46–56 cm
ziemlich groß / fairly large

Ninox, Asio, Nesasio
35–45 cm
mittelgroß / medium-sized

Fig. 2: Skelett einer typischen Eule / skeleton of a typical owl

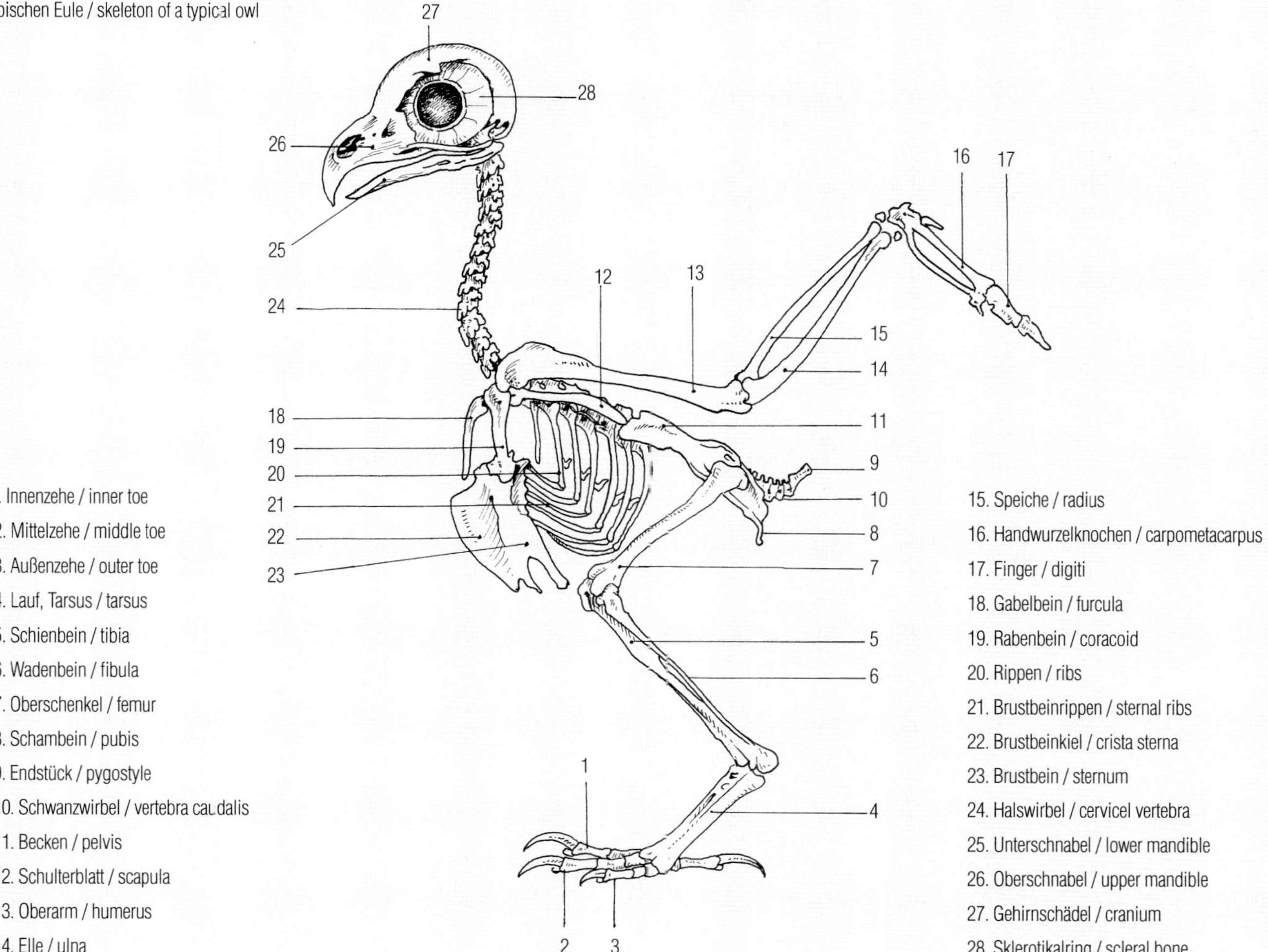

Der kräftige, abwärts gekrümmte Schnabel, bestehend aus Ober- und Unterschnabel, ist fest mit dem Schädel verbunden. An der Wurzel des Oberschnabels befindet sich die sogenannte Wachshaut mit den Nasenlöchern. Die Umbebung der Nasenlöcher zeigt oft blasenartige Aufwölbungen. Der Oberarm (humerus) ist kurz, flach und breit und als Befestigungspunkt für die kräftige Muskulatur hervorragend geeignet. Der andere Verankerungspunkt sitzt am Brustbein (sternum). Oberhalb des Brustbeins befinden sich die beiden Rabenbeine (coracoide), die den entstehenden Druck beim Flug auffangen. Der Brustraum wird von den Rippen und Brustrippen sowie durch Schulterblätter und Schlüsselbeine gebildet. Dreizehn weitere Wirbel sind mit dem Beckengürtel verschmolzen und schützen die inneren Organe. Fixpunkt für die Muskulatur und die Schwanzfedern ist das Pygostil. Alles ist mit den Wirbeln verschmolzen und mit vier Knochen verbunden. Das sogenannte Synsacrum und das Pygostil sind durch sechs verschmolzene Endwirbel verbunden. Der Armflügel (ulna und radius) vom Oberarm zum Flügelgelenk (Carpalgelenk) trägt die Armschwingen und deren Decken (Fig. 6). Der äußere Flügelteil, der sogenannte Handwurzelknochen (carpometacarpus) und die Finger (digiti), trägt die Handschwingen und deren Decken. Die Finger sind auf drei reduziert, nur der zweite ist gut ausgebildet. Der Daumen trägt die Alula, den sogenannten Daumenfittich. Beine, Füße und die scharfen Krallen sind meist sehr kräftig. Der Oberschenkel (femur) ist nicht hohl wie bei den Greifvögeln. Er ist mit dem Becken und abwärts mit dem Schien- und Wadenbein verbunden, die fälschlich meist als Schenkel bezeichnet werden. Das „gedrehte" Kniegelenk ist mit dem Lauf (tarsometatarus) verbunden, an dem sich die vier Zehen mit den Krallen befinden. Die Außenzehe ist eine „Wendezehe", d. h. sie kann sowohl nach vorn als auch nach hinten gedreht werden.

A strong, downward curved bill, devided in upper and lower mandible, is fused with the skull (cranium). At the base of the upper mandible is a soft area of skin, the cere with the nostrils. The part around the nostrils is very swollen in many species. The humerus bone of the upper arm is short, flat and broad, providing a spacious fix point for the powerful muscles. The other fix point is provided by the breast bone (sternum). Above the sternum are the coracoid bones, wich resist the compression in flight. The thorax is rigid and comprised of the ribs and sternal ribs, scapula and collar bones. Thirteen vertebrae are fused with the pelvic girdle as synsacrum, protecting the inner organs. Fix point for both the tail feathers and body muscles is provided by the pygostile. This is also fused with vertebrae, four bones are joined together. The so-called synsacrum and the pygostile are connected by six not fused caudal vertebrae.

The inner wing, also called arm (ulna and radius), from the humerus bone to the carpal joint, includes secondaries and their coverts (Fig. 6). The outer part of the wing, the hand (carpometacarpus and digits), includes primaries and their coverts. The digits or fingers (digiti) are reduced to three, only the second is well-developed. The alula or bastard wing is attached at the thumb. Legs, feet and the sharp claws mostly are powerful. The femur is not pneumatic as in raptors, joined with the pelvis, downward with tibia and fibula, often referred to as thigh (above the reverse "knee"). Below the knee joins the fused foot, often called tarsus (tarsometatarsus), with four toes and claws. The outer toe is reversible, which means that it can turn forward and backward.

Fig. 3: Topographie einer Eule / topography of an owl

1. Augenbrauen / eyebrows
2. Gesichtsschleier / facial disc
3. Schnabel / bill
4. Kinn / chin
5. Kehle / throat
6. Kragen, Halsband / collar
7. Brust / breast, chest
8. Bauch / belly
9. Flanken / flanks
10. Unterbauen / abdomen
11. Unterschwanzdecken / lowertail-coverts
12. Rücken / back
13. Mantel / mantle
14. Schulterfedern / scapulars
15. Kleine Flügeldecken / lesser wing-coverts
16. Mittlere Flügeldecken / medium wing-coverts
17. Alula / alula
18. Handdecken / primary-covert
19. Armdecken / secondary-coverts
20. Schirmfedern / tertials
21. Armschwingen / secondaries
22. Handschwingen / primaries
23. Schwanz / tail
24. „Schenkel", Schienbein / "thigh", tibia
25. Lauf, Tarsus / tarsus, tarsometatarsus
26. Zehen / toes
27. Krallen / claws

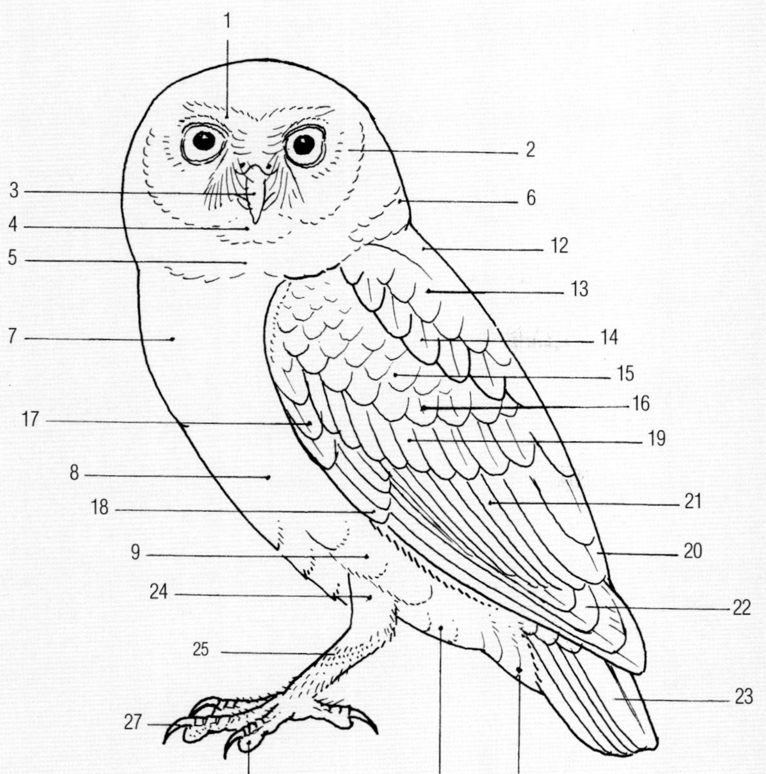

Viele Eulenarten besitzen auf dem Oberkopf mehr oder weniger auffällige „Federohren". Dies sind bewegliche, sich oberhalb der Augen befindliche Federbüschel (Fig. 4), die jedoch nichts mit dem Gehör zu tun haben. Sie werden durch Kopfmuskeln bewegt und spielen nur beim Sozialverhalten sowie bei Alarm und Tarnung eine Rolle. Die Ohröffnungen sitzen an den Kopfseiten der Gehörregion. Die Form der Ohröffnungen ist variabel und diese sitzen häufig trotz des symmetrischen Schädels asymmetrisch. Bei einigen Eulen ist aber selbst der Schädel asymmetrisch, wodurch wiederum ein besseres Hören zustande kommt. Die Ohrklappe (operculum) bedeckt die Öffnung, kann aber auch bei vielen Eulen fehlen. Die Ohröffnung wiederum variiert von klein und rundlich bis groß und länglich. Im Vergleich mit den Säugetieren sind die Ohröffnungen der Eulen riesig!

Many owls have more or less prominent "ear tufts" on the top of their heads, erectile feathers above their eyes (Fig. 4), but these have nothing to do with hearing. They are controlled by scalp muscles and play a part in social communication and camouflage.

The ear openings are located on the sides of the head, the auricular region. The shape of the aperture varies and it is often placed asymetrically, but by other species also the skull is asymetric. This further enables the excellent hearing of owls. An operculum (valve or flap) covers the opening, but also lacks in many species. The opening also varies from small, rounded to large and longitudinal. The ear openings of owls are huge compared to those of mammals.

Fig. 4: Frontalansicht des Kopfes / frontal view of the head

1. Federohren / ear tufts
2. Augenbrauen / eye brows, superciliaries
3. Iris / iris
4. Pupille / pupil
5. Augenrand / orbital ring
6. Wachshaut und Nasenlöcher / cere and nostrils
7. Schnabel / bill
8. Gesichtsschleier / facial disc
9. Schleierrand / facial rim (ruff)
10. Kinn / chin
11. Kehle / throat

Der Gesichtsschleier (Fig. 4) variiert in Größe und Form von Art zu Art. Normalerweise sind seine Federn konzentrisch um die Augen angeordnet. Der Schleierrand besteht aus steifen Federchen (Fig. 8c), die einen Kranz bilden. Die Ohrregion ist von Federchen mit feinsten Fahnen bedeckt (Fig. 8d), die eine bessere Reflektion der Töne ermöglichen.

The facial disc (Fig. 4) varies in extent and definition from species to species. Normally it's a saucer-shaped disc of feathers surrounding the eyes. The rim around the disc consists of stiff feathers (Fig. 8c) forming a ruff. Around the auricular region, the feathers have filimentous barbs (Fig. 8d) for reflecting sounds.

Fig. 5: Seitenansicht des Kopfes / lateral view of head

1. Oberkopf / crown
2. Stirn / forehead
3. Hinterkopf / occiput
4. Occipitalgesicht / occipital face, false eyes
5. Nackenband / nuchal band
6. Schnabelborsten, Schnabelbefiederung / bristles, lores
7. Schnabelspalt / gape
8. Oberschnabel / upper mandible
9. Unterschnabel / lower mandible
10. Kinn / chin
11. Kehle / throt

Fig. 6: Oberseite, Flügel und Schwanz / upperside, wing and tail

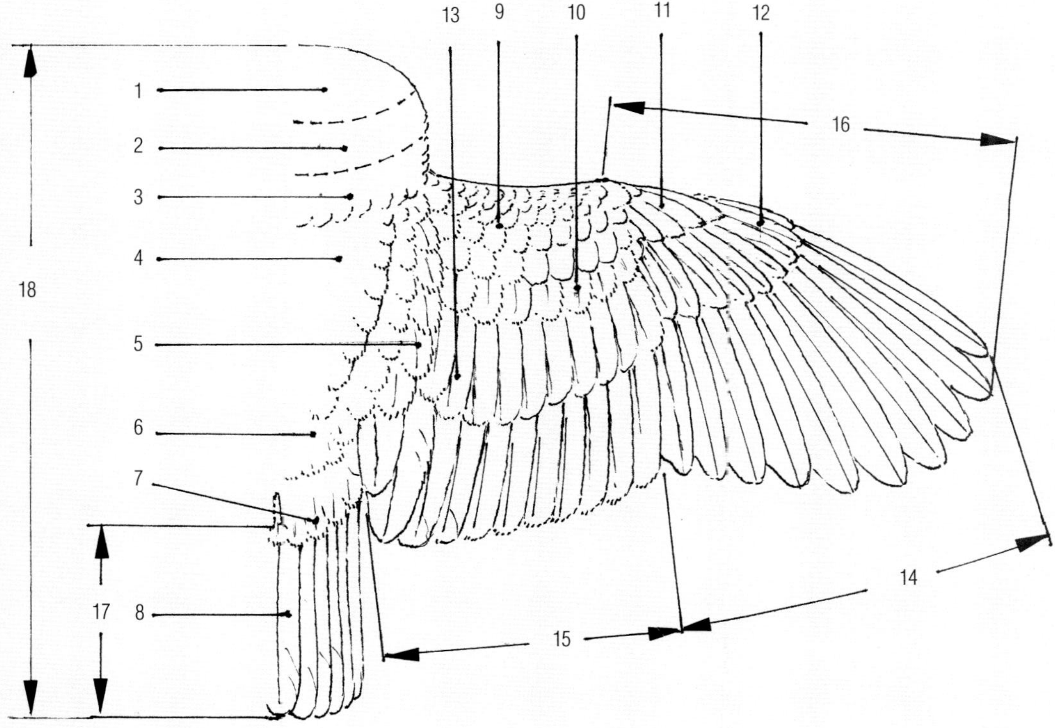

1. Oberkopf / crown
2. Nacken / nape
3. Hinterhals / hind neck
4. Mantel = Rücken / mantle = back
5. Schulterfedern / scapulars
6. Bürzel = Unterrücken / rump = lower back
7. Oberschwanzdecken / uppertail-coverts
8. Schwanzfedern / tail feathers or rectrices
9. Kleine Flügeldecken / lesser wing-coverts
10. Mittlere Flügeldecken / medium wing-coverts
11. Alula, Daumenfittich / alula, bastard, wing
12. Handdecken / primary-coverts
13. Armdecken / secondary-coverts
14. Handschwingen / primaries
15. Armschwingen / secondaries
16. Flügellänge / wing length
17. Schwanzlänge / tail length
18. Gesamtlänge, Länge / body length, length

Zur Bezeichnung der unterschiedlichen Federn, die den Körper einer Eule auf Kopf, Rücken, Bauch, Flügeln und Schwanz bedecken, siehe Fig. 3 und 6. Die Schwungfedern bestehen aus den zehn Handschwingen und elf bis neunzehn Armschwingen. Die Spitzen der Handschwingen (Fig. 8a und b) können längs wie der Propeller eines Flugzeuges funktionieren und treiben den Vogel mittels Flügelschlag vorwärts. Die Handschwingen werden durch die kräftigen Brustmuskeln bewegt. Jede Handschwinge kann separat auch einzeln bewegt und das Profil des Flügels beim Flug somit verändert werden. Die Armschwingen (Fig. 8e) besitzen entlang ihres Schaftes eine gekrümmte Form, dies bewirkt zusammen mit den Handschwingen den Auftrieb. Die Außenfahnen der 10. und 9. Handschwinge (der beiden äußersten) sind bei den meisten Eulenarten gezähnelt (Fig. 8a), was die Fluggeräusche reduzieren oder unterdrücken kann. Die äußeren Handschwingen sind an den Spitzen der Außenfahnen häufig gekerbt oder haben auf den Innenfahnen eine Verengung (Fig. 8b). Bei den Schleiereulen ist jedoch keine der Handschwingen verengt.

For identifying the different feathers covering an owl's body on the head, back, wings and tail, see Fig. 3 and 6. The flight feathers are divided into primaries (10) and secondaries (11 to 19). The primary tips (Fig. 8a and b) act like the propeller of an airplane, and thrust the owl forward by wing flapping. The secondaries (Fig. 8e) have a curved profile along their length, this, in combination with the primaries, provides the lifting. The primaries are driven by powerful flight muscles (see also Fig. 2), each feather is able to function indepedently, and the shape of the wing can therefore be altered during flight. The outer webs of primaries 9 and 10 (the two outermost), in most owls are serrated (Fig. 8a), this surpresses noise in flight. Outer primaries on outer webs, often are emarginated (notched) near the tip, or become narrower on the inner web (Fig. 8b). In barn owls, none of the primaries are emarginated.

Fig. 9: Vielfalt an Federtypen (am Beispiel vom Steinkauz, *Athene noctua*) / Various feathers of an owl (based on Little Owl, *Athene noctua*), (after drawings in Mebs & Scherzinger, 2000)

1. Schulterfeder / scapular
2. Armschwinge / secondary
3. Armdecke / secondary-covert
4. Mittlere Flügeldecke / medium wing-covert
5. Oberkopf / crown
6. Nacken / nape
7. Schleierrand / facial rim (ruff)
8. Unterschwanzdecke / lowertail-covert
9. Untere Handdecke / lowerwing-covert
10. Alula, Daumenfittich / alula, bastard wing
11. Oberschwanzdecke / uppertail-covert
12. Brust / chest
13. Flanke / flank
14. Handschwinge / primary
15. Äußere Handdecke / outer primary-covert
16. Mittlere Flügeldecke / medium wing-covert
17. Äußerste Schwanzfeder / outermost tail feather
18. Innerste Schwanzfeder / innermost tail feather

Die Form des Eulenschwanzes zeigt keine so starken Unterschiede wie bei den Greifvögeln. Der Schwanz ist am Ende meist weitgehend gerade oder gerundet, manchmal etwas eingeschnitten oder abgestuft (Fig. 7). Bei fast allen Eulenarten besteht der Schwanz aus 12 Federn, nur zwei Gattungen (Arten) besitzen nur zehn Steuerfedern (siehe auch Fig. 8f). Als Beispiel für die Unterschiede in Länge und Form von Eulenfedern siehe die Darstellung der Federn des Steinkauzes (Fig. 9). Die Gefiederfarben der meisten Eulen sind kryptisch und unauffällig. Da sie größtenteils bei Dämmerung und nachts jagen und aktiv sind, wäre ein buntes Gefieder sicher wenig sinnvoll. Eulen ruhen am Tag gut getarnt durch ihre gesprenkelten Gefiederfarben oft nah an einem Baumstamm und sind von dessen Borke nur schwer unterscheidbar.

The shape of the tail in owls is not as strongly varying as in other birds, e.g. raptors. The tail often is relatively short, not reaching to the wing tips. The tail is mainly ending square or rounded, sometimes notched or graduated (Fig. 7). In most owl taxa, the tail consists of twelve feathers, only two genera and species have 10 rectrices (see also Fig. 8f). As an example of the different sizes and shapes of owl feathers, see a collection of various feathers, based on the Little Owl (Fig. 9). The plumage colours of many owls are cryptic and inconspicuous. Because the greatest part is active and hunting crepuscular or nocturnal, bright colours would not be useful. Owls are roosting during the day well hidden by the mottled plumage, often near a tree trunk, not to distinguish from the similar bark.

Fig. 7: Schwanzformen / tail-shapes

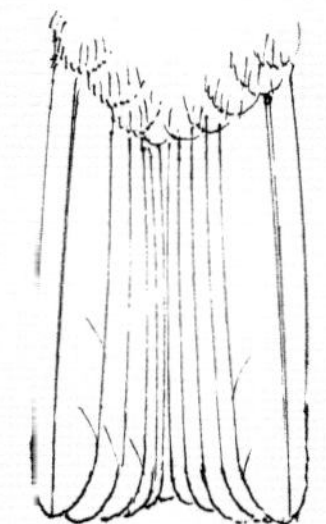
a. leicht gekerbt / slightly notched

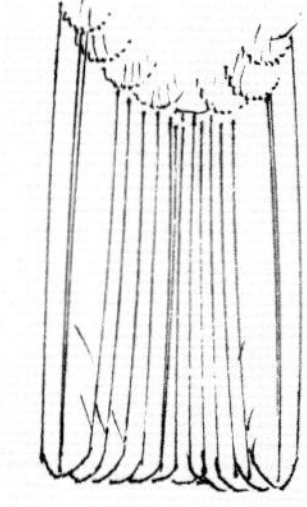
b. nahezu gerade / nearly square

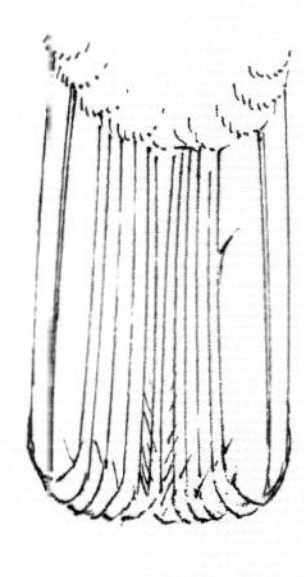
c. gerundet / rounded

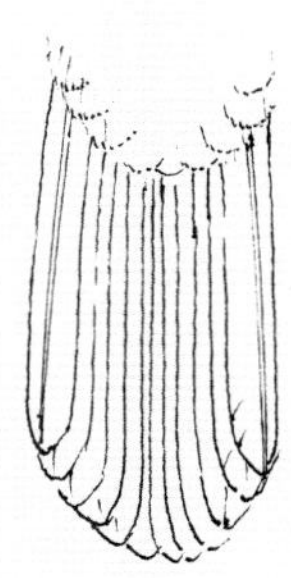
d. abgestuft / graduaded

Fig. 8: Verwendete Begriffe bei den Federn (unmaßstäblich) / Terms used to the feathers (not to scale)

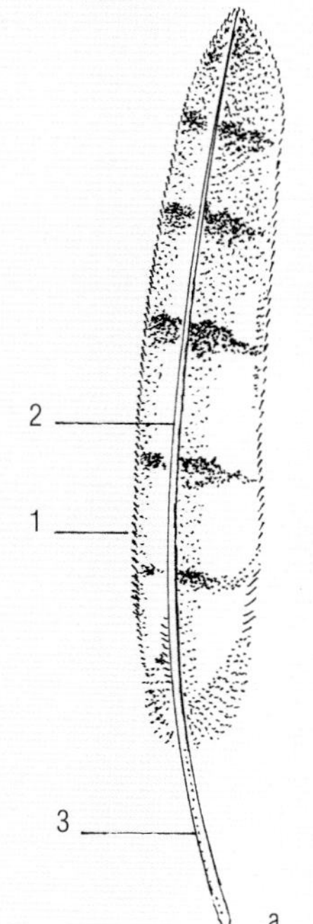

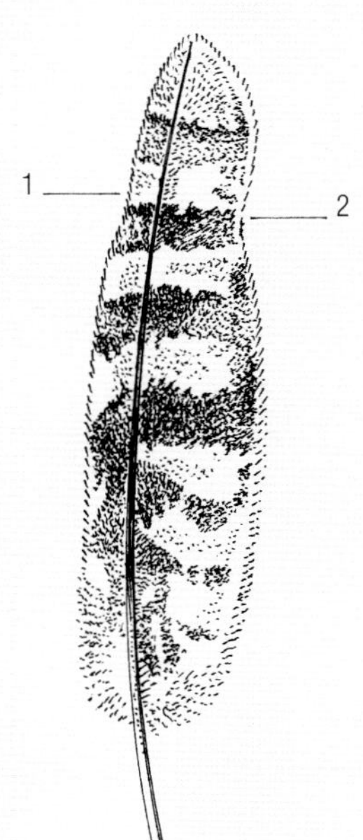

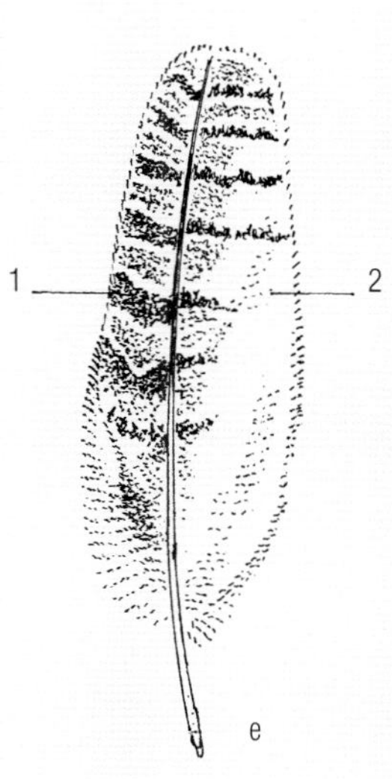

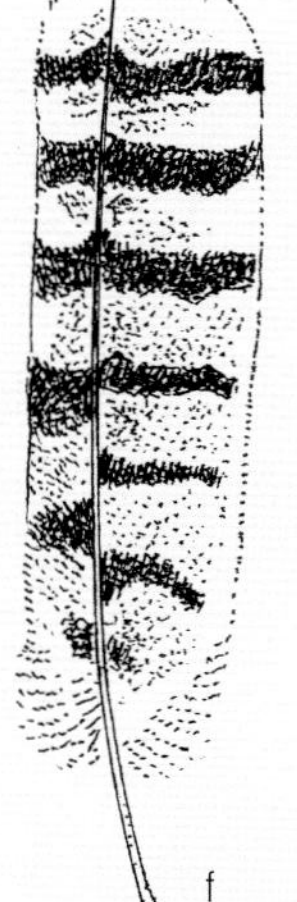

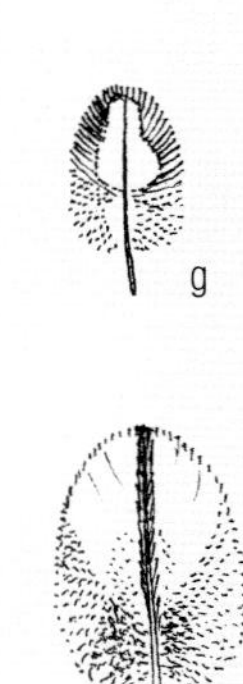

a. Handschwinge *Tyto alba* / primary *Tyto alba* 1. mit deutlicher, schalldämpfender Sägekante (Zähnelung) auf der Außenfahne, 2. Schaft, 3. Kiel
1. distinctly serrated on outer web, 2. shaft, 3. quill

b. Handschwinge *Strix aluco* / primary *Strix aluco* 1. Einbuchtung auf der Außenfahne, 2. Verengung auf der Innenfahne
1. notched on outer web, become narrower on inner web

c. Feder aus dem Schleierrand von *Tyto alba* / feather from facial rim (ruff) *Tyto alba*

d. Feder vom Bereich der Ohrdecken von *Tyto alba* / feather from auricular area of *Tyto alba*

e. Armschwinge von *Asio otus*, weniger asymetrisch und mehr gerundet als Handschingen 1. Außenfahne, 2. Innenfahne / secondary of *Asio otus*, less asymetrical in shape and more rounded tip than primary, 1. outer web, 2. inner web

f. Schwanzfeder von *Surnia ulula*, zeigt Bänderung und Spitzenfleck / tail feather of *Surnia ulula*, showing banding and spotted tip

g. Scheitelfeder von *Athene noctua* mit Tropfenfleck / crown feather of *Athene noctua* with a trop-shaped spot

h. Bauchfeder von *Asio flammeus* mit Schaftstrich (etwas breiter als der Schaft) / feather from belly of *Asio flammeus* with shaft streak (somewhat broader than shaft)

i. Bauchfeder von *Asio otus* mit feiner Querbänderung / feather from belly of *Asio otus* with narrow crossbars

j. Bauchfeder von *Strix occidentalis* mit deutlichen „Augenflecken" / feather from belly of *Strix occidentalis* with distinct "eye-spots"

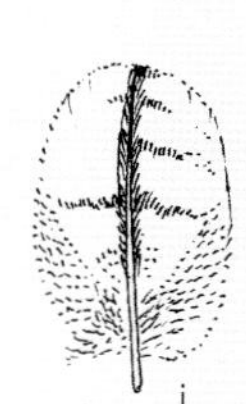

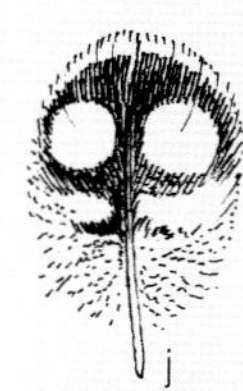

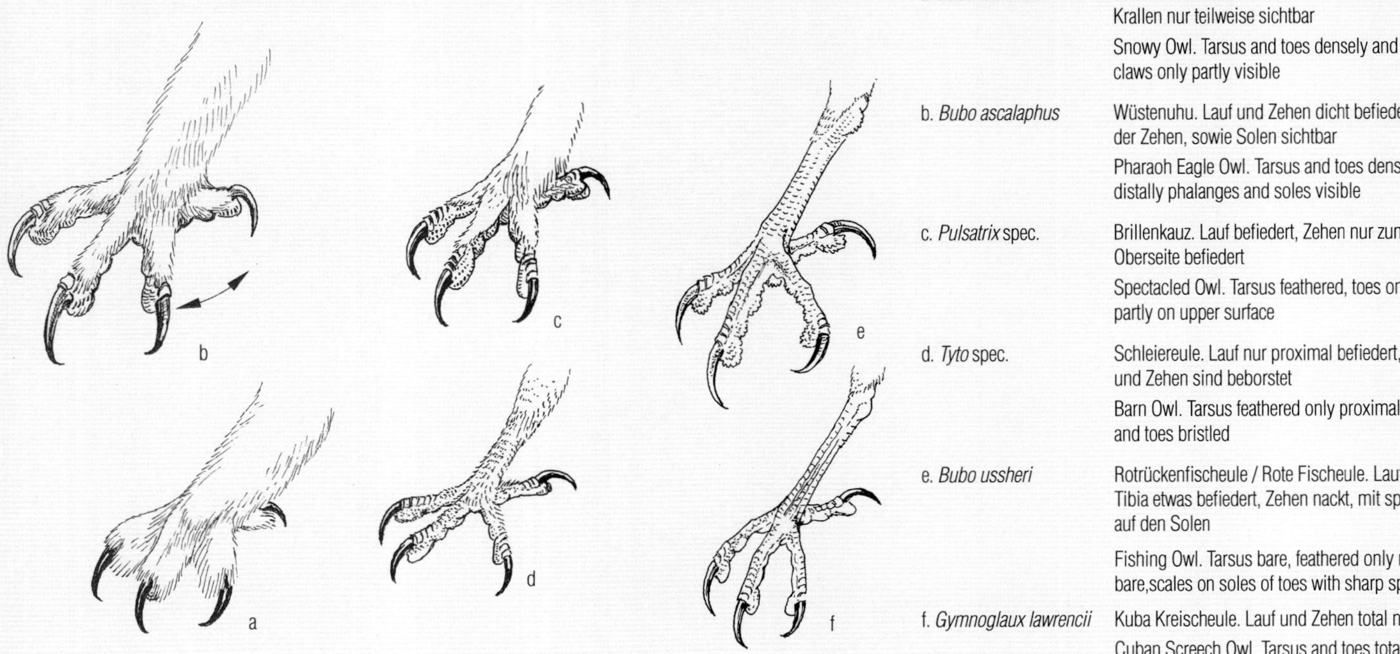

Fig. 10: Unterschiedliche Befiederung der Läufe und Zehen (unmaßstäblich) / Various feathering of tarsi and toes (not to scale)
Bei allen Eulen ist die Außenzehe nach hinten wendbar / In all owls the outer to is reversible

a. *Bubo scandiaca*	Schnee-Eule. Lauf und Zehen dicht und lang befiedert, Krallen nur teilweise sichtbar	Snowy Owl. Tarsus and toes densely and long feathered, claws only partly visible
b. *Bubo ascalaphus*	Wüstenuhu. Lauf und Zehen dicht befiedert, distaler Teil der Zehen, sowie Solen sichtbar	Pharaoh Eagle Owl. Tarsus and toes densely feathered, distally phalanges and soles visible
c. *Pulsatrix* spec.	Brillenkauz. Lauf befiedert, Zehen nur zum Teil an der Oberseite befiedert	Spectacled Owl. Tarsus feathered, toes only feathered partly on upper surface
d. *Tyto* spec.	Schleiereule. Lauf nur proximal befiedert, der untere Teil und Zehen sind beborstet	Barn Owl. Tarsus feathered only proximally, the lower part and toes bristled
e. *Bubo ussheri*	Rotrückenfischeule / Rote Fischeule. Lauf nackt, nur nahe Tibia etwas befiedert, Zehen nackt, mit spitzen Warzen auf den Solen	Fishing Owl. Tarsus bare, feathered only near tibia, toes bare,scales on soles of toes with sharp spicules
f. *Gymnoglaux lawrencii*	Kuba Kreischeule. Lauf und Zehen total nackt	Cuban Screech Owl. Tarsus and toes totally bare

Eulen mit großem Verbreitungsgebiet und sehr unterschiedlichen Lebensräumen besitzen oft recht unterschiedliche Gefiederfarben. Diese Farbvarianten werden Morphen genannt. Bei manchen Arten kommen zwei und mehr Farbmorphen vor. Auch die Befiederung der Eulenfänge (Lauf und Fuß) kann sehr unterschiedlich sein. Eulen, die in trockenen Gebieten verbreitet sind, besitzen oft nur spärlich (teilweise) befiederte oder beborstete Beine. Eine kurze, dichte Laufbefiederung wurde in allen Lebensräumen festgestellt, häufig aber in höheren, gemäßigten Zonen. Trotzdem ist die Ursache für befiederte, beborstete oder nackte Beine (Läufe und Zehen) noch immer unklar. So konnte z. B. nicht geklärt werden, weshalb Lauf und Zehen bei *Bubo zeylonensis* nackt, bei *Bubo blakistoni* großteils befiedert sowie bei *Bubo scandiaca* lang und fellartig befiedert sind und sich doch bei allen drei Arten hervorragend zum Fischfang eignen! Die nackten Fänge vieler *Otus*-Arten stehen wahrscheinlich nicht in Zusammenhang mit dem Beuteerwerb (Fig. 10).

Owls with large geographical range, often very different in habitat types, vary considerably in plumage colours. This colour variants are called morphs. Some species occur in two or more distinct morphs. The feathering of owl legs (tarsi and feet), is very different. Owls which are widely distributed in dryer areas often are sparsely feathered or have only bristled legs. A short and dense feathering is common in all habitats, but primarily in higher, moderately temperate regions. Nevertheless, the cause for feathered, bristled or bare feet and tarsi is not clarified. So for example it is not clear why the feet and tarsi in *Bubo zeylonensis* are bare, the tarsi of *Bubo blakistoni* are feathered to a great part or *Bubo scandiaca* has fury feet; all are excellently adapted for fishing. The bare legs of many *Otus* species probably have nothing to do with hunting of prey (Fig. 10).

Im Jugendkleid, vor allem wenn die flüggen Eulen das Nest verlassen, ist die Zeichnung ihres Gesichts von den Altvögeln oft deutlich verschieden. Es scheint, dass typische „Kindergesichter" vor allem bei am Tag jagenden Arten vorkommen und besonders bei frühreifen, in offenen Nestbereichen brütenden Eulen anzutreffen sind. Kindergesichter scheinen zusätzlich zu den Bettelrufen der Jungen eine beschwichtigende Wirkung zu haben, die über den Bereich des elterlichen Erkennens hinausgeht (Fig. 11a, 11b).

In juvenile plumage, especially when the fledglings leave the nest, the face patterns are more or less different and more distinct from that of adults. It seems that typical child faces occur primarily in diurnal hunting species and are better developed in such precocious and often open-site-nesting owls. Child faces, in addition to the begging calls of the juveniles, seem to have an appeasing effect associated further with parental recognition (Fig. 11a, 11b).

Verbreitung: Mit Ausnahme von Teilen Grönlands und der Antarktis sind Eulen in allen Teilen der Welt anzutreffen. Die größte Artendichte gibt es in den subtropischen und tropischen Gebieten. Nur die Schnee-Eule ist ein echter Bewohner der arktischen Fauna. Sumpfohreule, Bartkauz, Virginia- und Eurasischer Uhu, Uralkauz, Raufußkauz und Sperbereule sind nur Besucher der arktischen Gebiete (Johansen in Eck). Bemerkenswert ist, dass die meisten dieser nördlichen Arten keine Zugvögel sind, die Verbreitung einiger Vertreter jedoch bis weit in südliche Breiten reicht, während in südlicheren Breiten einige Arten ziehen, wie z. B. Zwergohreule, Falkenkauz, Elfenkauz oder die Kanincheneule.

Distribution: With exception of parts of Greenland and the Antarctic, owls are distributed in all parts of the world. The highest density of species occurs in subtropical and tropical areas. Only the Snowy Owl is a true inhabitant of the arctic fauna. Short-eared Owl, Great Horned Owl, Eagle Owl, Great Grey Owl, Ural Owl, Boreal Owlet and the Northern Hawk Owl only are visitors of arctic areas (Hans Johanson). It's remarkable that most of this northern species are not migrating, though in some species the distribution is reaching far into the southern range. Meanwhile in more southern latitudes, some species are migrating, e.g. Common Scops Owl, Brown Hawk Owl, Elf Owl or Burrowing Owl.

Fig. 11 a: Kopfbefiederung alter und junger Eulen / Head plumage of adult and juvenile owls
Jeweils links Altvogel, rechts Jungvogel. / Actually left adult, right juvenile bird. Zum Teil nach Zeichnung Weick in Glutz von Blotzheim & Bauer, 1980, vom Autor ergänzt. / In part after drawing Weick in Glutz von Blotzheim & Bauer, 1980, with authors Supplements.

1. *Tyto alba* Schleiereule / Barn Owl
2. *Otus scops* Zwergohreule / Eurasian Scops Owl
3. *Megascops kennikotti* West-Kreischeule / Western Screech Owl
4. *Bubo scandiaca* Schnee-Eule / Snowy Owl
5. *Bubo bubo* Uhu / Eurasian Eagle Owl
6. *Bubo peli* Bindenfischeule / Pel's Fishing Owl
7. *Strix aluco* Waldkauz / Tawny Owl
8. *Strix nebulosa* Bartkauz / Great Grey Owl

Fig. 11 b: Kopfbefiederung alter und junger Eulen / Head plumage of adult and juvenile owls
Jeweils links Altvogel, rechts Jungvogel. / Actually left adult, right juvenile bird. Zum Teil nach Zeichnung Weick in Glutz von Blotzheim & Bauer, 1980, vom Autor ergänzt. / In part after drawing Weick in Glutz von Blotzheim & Bauer, 1980, with authors Supplements.

9. *Pulsatrix perspicillata* Brillenkauz / Spectacled Owl
10. *Surnia ulula* Sperbereule / Northern Hawk Owl
11. *Athene noctua* Steinkauz / Little Owl
12. *Aegolius funereus* Raufußkauz / Boreal Owl
13. *Glaucidium passerinum* Sperlingskauz / Eurasien Pygmy Owl
14. *Ninox boobook* Boobookkauz, Kuckuckskauz / Southern Boobook
15. *Asio otus* Waldohreule / Long-eared Owl
16. *Asio flammeus* Sumpfohreule / Short-eared Owl

Bestand und Gefährdung (siehe Einführung):

Lebensraum: *Tytonidae* sind in der Hauptsache eine tropische Familie, die überwiegend in Gebieten höherer Breitengrade vorkommt. Die meisten Arten dieser Familie sind an tropisches Waldland und daran angrenzende Gebiete gebunden, von Meereshöhe bis in Höhen von 4000 m (Anden).

Strigidae bewohnen im Grunde genommen alle Lebensräume unserer Erde. Sie fehlen nur in extrem hohen Gebirgslagen und den baumlosen Teilen von Wüsten. Der Großteil der Familie bewohnt aber bewaldete Gebiete.

Lautäußerungen: Für die Mitglieder der Familie *Tytonidae* sind nur typische Formen von Kreischen, Schreien, Krächzen, Schnarchen und schnalzenden Geräuschen bekannt. Zur Brutzeit lassen Eltern und Junge ein breites Spektrum unterschiedlichster Lautäußerungen wie Raspeln, Quieken, Trillern und Schnabelklappen vernehmen.

Bei den Strigidae, einer großen, vorwiegend nächtlich lebenden Gruppe von Eulen, bei denen eine visuelle Verständigung oft schwierig ist, spielen differenzierte Lautäußerungen eine wichtige Rolle. Bei allen Eulen sind die Lautäußerungen angeboren und unveränderlich. Sie sind daher für die Taxonomie von großer Bedeutung! So gibt es nur kleine Unterschiede in den Rufen und Gesängen zwischen Individuen und Rassen innerhalb einer Art. Deshalb sind die Lautäußerungen beim Bestimmen einer Art viel wichtiger als das Aussehen des Gefieders!

Die Wissenschaftler, die sich besonders mit diesem Thema befassen, behaupten daher, dass jeder unterschiedliche Laut im Vokabular einer Eule verglichen werden muss (meist mithilfe von Sonogrammen) und Unterschiede dann auf eine andere Art schließen lassen.

Die altweltlichen Arten der Gattung *Otus* besitzen wie der Großteil der Eulen für Balz und territoriales Verhalten nur einen Gesang. Bei den amerikanischen Kreischeulen (*Megascops*) äußern dagegen beide Partner unterschiedliche Gesänge: einen territorialen Gesang und den eigentlichen Balzgesang, der häufig mit mehr Aggressivität gegen Eindringlinge in das Brutterritorium vorgetragen wird. Typische Rufe sind neben diesen beiden Gesängen Alarmrufe, Angstschreie, Bettelrufe sowie sanfte Beschwichtigungslaute.

Jagd und Nahrung: Zum Jagen müssen Eulen von ihren Tagesruheplätzen zu den eigentlichen Jagdgebieten fliegen. Der Flug besteht aus weichen Flügelschlägen und Gleitphasen, enthält jedoch kein Segeln. Nur Sumpf- und Kapohreulen zeigen manchmal einen segelnden Suchflug. Die meisten Eulenarten greifen ihre Beute in kräftigem Abwärtsschwung von einem Ansitz aus, die mit Krallen bewehrten Fänge weit vorgestreckt. Alternativ jagen viele auch im Suchflug über dem offenen Gelände. Kleinere Eulen erbeuten Insekten im Flug oder greifen sie beim Vorbeifliegen von Blattwerk und Zweigen. Das Beutespektrum ist oft außerordentlich breit, manchmal aber auch sehr begrenzt. Die Größe der Beute hängt oft von der Möglichkeit ab, diese „am Stück“ hinunterzuschlucken. Nur große Beute wird mit den Fängen transportiert.

Status and Threats (see Introduction):

Habitat: *Tytonidae*, essentially a tropical family, mostly ranges in higher latitudes. Most of the species are confined to tropical forest and some adjacent habitats, from sea level up to about 4,000 m in the Andes.

Strigidae, occupy virtually all major terrestrial habitats of the world. They only are absent in extremely high elevations and treeless parts of deserts. The largest part of the family inhabits forested areas. One species, the Short-eared Owl, has colonised some of most remote islands in the world.

Vocalisations: In the members of family *Tytonidae*, vocalisations are characterised by various forms of screeches, screams, shrieks and chirruping sounds and whistles. In the breeding season, parents and young utter variable noises such as raspings, trills, bill-clapping, squeakings a.s.o.

Strigidae, a largely nocturnal group that cannot easily communicate through visual display, so the vocalisations play an important role. In all owls vocalisations are inherited and therefore of great taxonomic importance. There is little variation in vocalisation between individuals or subspecies within a species. So vocalisations are much more important in order to identify a species than plumage.

Scientifists have studied and compared the different notes of the vocabulary with the help of sonograms, and, when it differed, the individual belonged to a separate species.

Old world species of the genus *Otus*, like most owls, have only one song for courtship, respectively a territorial song. In the American screech owls (*Megascops*), both sexes utter two different songs: 1. a territorial song, 2. a courtship song, this has often a much more aggressive vocalisation against intruders into the occupied territory. Typical vocalisations beside territorial and courtship songs include aggressive notes, alarm calls, notes of distress, begging calls and softly purring calls for appeasing.

Hunting and Food: Before hunting, owls often have to fly from their daytime roosts to the hunting areas. The flight with wing beats and alternating gliding, lacks soaring. Only the Short-eared Owl and Marsh Owl sometimes soar. Most owl species catch their prey hunting from a perch, swooping down with opened wings, feet with the sharp claws stretched forward. But also gliding hunting flight above open areas are often used and are an indispensable variant. Smaller owls hawk insects by flight or by plucking them from leaves. The spectrum of prey is extremely different, but sometimes distinctly small. The size of prey often depends on the ability to swallow it at once. Only larger prey is transported in the talons.

Fig. 12a: Zwischenartliches Erbeuten unter einigen eurasischen Eulenarten (Buchstaben) / interspecific killing in some eurasian owl species (letters)
Beutetiere entsprechen Ziffern rechts / prey according numbers of right side
Nach Zeichnung in: Mikkola, 1983, Owls of Europe, p.309. / After drawing in: Mikkola,1983, Owls of Europe, p. 309.

A. Uhu / Eurasian Eagle Owl *Bubo bubo*
B, C, D, E, F, G, H, I, J, K, L, M
1, 6, 7, 8, 9, 10, 11, **12**, 13, 14, **15**, **16**, 17, 18, 19, 20, 21, **22**, 23, 25, 26, 27, 28

B. Schneeeule / Snowy Owl *Bubo scandiaca*
G
6, 7, **15**, **17**, 18, 20, 23, 25, 26, 27

C. Bartkauz / Great Grey Owl *Strix nebulosa*
10, 11, 13, 14, **15**, **17**, 18, 25, 26

D. Habichtskauz / Ural Owl *Strix uralemis*
J, M
3, 7, **10**, 11, **13**, **14**, **15**, 16, 17, 18, 20, 21, 23, 27

E. Waldkauz / Tawny Owl *Strix aluco*
I, J, K, L, M
3, 4, 6, 7, 8, 9, **10**, **13**, 14, **15**, 16, 17, 18, 19, 20, 21, 22, **24**, 25

F. F. Waldohreule / Long-eared Owl *Asio otus*
J, K, M
9, 10, **13**, 14, **15**, 16, 20, 21, 22, **24**, 25

G. G. Sumpfohreule / Short-eared Owl *Asio flammeus*
3, 4, 5, 10, **13**, 14, **15**, 16, 24, 25

H. Sperbereule / Northern Hawk Owl *Surnia ulula*
J
10, 13, **15**, 16, **17**, **24**, **25**, 27

I. Schleiereule / Common Barn Owl *Tyto alba*
K
3, 4, 5, 7, 8, 9, **10**, 11, **13**, 14, **15**, 16, 18, 21, 24, 25

J. Raufußkauz / Boreal Owl *Aegolius funereus*
3, 4, 9, **10**, **13**, **15**, **24**, 25

K. Steinkauz / Little Owl *Athene noctua*
1, **2**, **3**, **4**, **5**, 7, 8, 9, 10, **13**, **15**

L. Zwergohreule / Scops Owl *Otus scops*
1, **2**, **3**, **4**, **5**, 7, 10, 13, 21, 24

M. Sperlingskauz / Eurasian Pygmy Owl *Glaucidium passerinum*
9, **10**, 13, **15**, 17, **24**

Fett gedruckte Zahlen = bevorzugte Beute / Bold type = prey.

Fig. 12b: Beispiele von Beutetieren bei einigen eurasischen Eulenarten / examples of prey in some eurasian owl species

1. Regenwurm / Earthworm
2. Raupen / Caterpillars
3. Nachtfalter etc. / Moth etc.
4. Käfer / Beetles
5. Grashüpfer, Grillen / Grasshoppers
6. Fische / Fishs
7. Amphibien / Amphibians
8. Reptilien / Reptilians
9. Fledermäuse / Bats
10. Spitzmäuse / Shrews
11. Maulwürfe / Moles
12. Igel / Hedgehogs
13. Mäuse / Mice
14. Ratten / Rats
15. Wühl- & Feldmäuse / Voles & Field Voles
16. Schermäuse / Water & Ground Voles
17. Lemminge / Lemmings
18. Wiesel etc. / Weasels etc.
19. Flughörnchen / Flying squirrels
20. Eichhörnchen / Squirrels
21. Bilche / Dormice
22. Kaninchen / Rabbits
23. Hasen / Hares
24. Kleinvögel / Small birds
25. Drosseln etc. / Trushs etc.
26. Krähen etc. / Crows etc.
27. Rallen & Hühner / Rails & fowl
28. Greifvögel / Raptors (falcons, kites)

Alle Eulen würgen unverdauliche Teile der Nahrung in Form von Gewölle heraus. Gewölle haben eine längliche Form, sie enthalten Federn, Haare, Knochen und die Chitinteile von Insekten. Die Gewölle von Schleiereulen unterscheiden sich durch einen mehr schwärzlich glänzenden Überzug, der durch den Speichel verursacht wird (Fig. 12), deutlich von den Gewöllen anderer Eulen.

All owls eject indigestible remains of food as pellets. Pellets are elongated objects, containing feathers, hair, bones and the chitinous parts of insects. Pellets of Tytonids are distinctly different, by a blackish, silky gloss, caused by a film of saliva (Fig.12).

Verhalten und Gewohnheiten: Nur relativ wenige Eulenarten sind tagaktiv, die meisten dämmerungs- und nachtaktiv. Einige Eulen wie Uhus, Sperbereule, Bartkauz oder Schnee-Eule müssen schon wegen des arktischen Sommers bei Tageslicht jagen! Eulen verbringen den größten Teil des Tages in Tagesrastplätzen, eng am Baumstamm sitzend, in Baumhöhlen oder durch dichtes Laubwerk getarnt. Sie ruhen einzeln, paarweise, einige Arten auch in größerer Zahl, z. B. Sumpf-, Kap- oder Waldohreulen. Eulen baden regelmäßig, indem sie in seichtes Wasser waten, Kopf und Hals ins Wasser tauchen und sich Flügel schlagend durchnässen. Regenbaden wurde ebenfalls beobachtet und auch fotografiert. Aufgeschreckt und alarmiert, z. B. durch hassende Singvögel oder störende Menschen, nehmen Eulen eine steil aufgerichtete Haltung ein, die Federn eng an den Körper gepresst, oft mit vorgedrehtem Flügelbug. Die Augen werden zu engen Schlitzen zugekniffen, die Federohren aufgerichtet. Einige *Glaucidium*-Arten stelzen im Alarmzustand den Schwanz und schlagen diesen schwungvoll nach beiden Seiten. Andere Eulen wippen in dieser Situation mit dem Körper auf und ab oder nehmen eine „Drohhaltung" ein, indem sie sich dick aufplustern, die Schwingen ausbreiten und mit dem Schnabel klappen. Eulen, auch recht kleine Arten, können in der Nähe ihres Nestbereiches sehr aggressiv werden und greifen Eindringlinge, auch Menschen, beherzt an.

Behaviour and Habits: Only few owl species are active in daytime. Most are crepuscular or nocturnal. Some owls, such as the species *Bubo*, Northern Hawk Owl, Great Grey Owl or Snowy Owl are hunting by daylight because of the arctic summer! Owls spent most of the daytime roosting, densely perched near a trunk, in tree holes or hidden in the canopy. They roost singly, in pairs or some species in greater numbers, e.g. Marsh Owl, Short-eared Owl or Long-eared Owl. Owls frequently bathe by wading in shallow water and splash water by shaking their heads and flapping their wings. Also rain-bathing was observed.

When alert, e. g. mobbed by birds or disturbed by men, owls become very slim, feathers pressed closely to their bodies, often a wing with the bend is turned over the body by a very upright posture. The eyes are closed to narrow slits and the ear tufts are erected straight up. Some *Glaucidium* species, when alarmed, cock their tail, flicking it from side to side. Other owls, when alert, bob their body up and down or assume a "threatening posture", by spreading their wings, ruffling their body feathers and snapping their bills. Owls, including many small species, can become aggressive near the nest site, attacking intruders, also humans.

Brut und Fortpflanzung: Eulen bauen selbst keine Nester! Nur bei wenigen Arten ist ein letzter Rest von Nestbautrieb vorhanden. Viele Eulen scharren nur eine flache Mulde auf dem Boden ihres Nistplatzes. Kap- und Sumpfohreulen sammeln einige trockene Pflanzenteile aus der nächsten Umgebung ihrer Nestmulde. Graseulen trampeln einen Grastunnel und an dessen Ende eine flache Höhle unter dichtem, hohem Gras. Andere Mitglieder der Gattung *Tyto* nisten in dunklen Ecken und Nischen in Gebäuden und Ruinen oder in Fels- und Baumhöhlen. Einige Arten nehmen Kunstnester und Nistkästen an. Eine große Zahl von Eulen nistet auf Felsbändern, Felsspalten, Baumhöhlen, vorhandenen alten Krähen- und Greifvogelnestern oder am Boden an oder unter einer Baumwurzel oder auf dem Stumpf eines abgebrochenen Baumstamms.

Ein Großteil der kleineren Arten nistet in vorhandenen Höhlen von Spechten oder Bartvögeln oder in Naturhöhlen in Bäumen oder Wänden. Der Elfenkauz sowie einige kleine Arten von Kreischeulen benutzen die Spechthöhlen in Riesenkakteen als Brutplatz. Kanincheneulen brüten in den Bauen von Präriehunden, Viscachas und Kaninchen, häufig in lockeren Kolonien mit einigen Paaren.

Brood and Breeding: Owls show an antipathy toward nest-building. In only few species of owls, a last remainder of nest-building instinct exists, bot no owl constructs a real nest. Many owls scratch a shallow depression at the base of the nesting site. Marsh Owls and Short-eared Owls collect dry parts of plants from around the nest. Grass Owls trample a shallow hollow below a dense tussock of tall grass, lined with dry grass, at the end of a grass tunnel. Other *Tyto* species use dusky corners in human buildings and ruins, also rock cavities or tree holes for nesting. Some species accept nest boxes. Many species of Strigidae nest in cliff ledges, the holes in rocks or trees, in abandoned old nests of crows or raptors, or on the ground at the base of a tree stump or at the top of a broken tree trunk.Many of the smaller species use abandoned holes of woodpeckers or barbets, or in natural holes in trees and walls. Elf Owl and smaller North American species of the genus *Megascops* often use woodpecker holes in giant cacti. Burrowing Owls nest in burrows of prairie dogs, vizcachas or rabbits, often in loose colonies of some pairs.

Alle Eulenarten legen weiße Eier, die bei den *Tytonidae* oval, bei den *Strigidae* rundlich sind. Die Brutstrategie unter den Eulen ist sehr unterschiedlich. So brüten Schleiereulen bereits im Alter von einem Jahr, legen eine große Anzahl von Eiern und brüten pro Saison meist mehr als einmal, haben aber eine relativ kurze Lebenserwartung. Populationen dieser Eulen können sich dank dieser Strategie recht schnell von Populationseinbrüchen (z. B. verursacht durch strenge Winter mit lang anhaltender Schneedecke) erholen und sind auch im Besiedeln neu entstandener Lebensräume recht unkompliziert.

All owl species lay white eggs, oval shaped in *Tytonidae*, more roundish in *Strigidae*. Thee different breeding strategies of owls exist: Barn owls regularly breed when one year old, laying large clutches and breeding more than one time per breeding season. But they enjoy a relatively short life. Populations of these owls can quickly recover from population crashes (e.g. strong winters with long-lasting snow cover) and exploit also newly created habitats.

Viele Arten der Familie Strigidae benötigen längere Zeit bis zur Geschlechtsreife, oft mehrere Jahre, haben kleine Gelege und nur eine Brut pro Jahr, aber eine höhere Lebenserwartung. Streng territoriale und lebenslang verpaarte Eulenarten können in Jahren von Nahrungsknappheit mit dem Brüten aussetzen. Diese Arten werden vom Verlust ihres Lebensraums besonders empfindlich getroffen und sind bedeutend langsamer im Erobern neuer Biotope. Die Brutsaison beginnt, wenn die Eulen intensiv mit dem Singen und Rufen beginnen. Die Männchen besetzen und verteidigen nun ihr Revier und die Nistplätze. In gemäßigten Breitengraden geschieht dies im späten Winter oder zeitigen Frühling, in den Tropen rund um das Jahr, bevorzugt aber zum Ende der Trockenmonate vor dem Einsetzen der Regenzeit.

Many species of the family Strigidae mature more slowly over several years, with a lower breeding rate and smaller clutches, but with a longer life span.
Strongly territorial and livelong.paired owl species can lose breeding in years when prey is scarce. These species are stronger impacted by habitat loss and slower in recovering from population declines.
The breeding season begins when owls start singing and calling. The males claim the territories and nesting sites. In temperate latitudes this occurs in late winter or early spring, in the tropics round the year, but primarily near the end of the dry season, before the begin of the rainy season.

Einige Eulenarten verpaaren sich fürs gesamte Leben oder mehr als eine Brutperiode, andere haben Jahr für Jahr neue Partner. Bei höhlenbrütenden Arten inspiziert und wählt das Männchen den Brutplatz, bevor es mit dem Werben beginnt. Das Paar kopuliert häufig nahe dem Brutplatz. Nach der Paarung erfolgt auch die Balz meist im Nestbereich. Die Eier werden generell in Abständen von mehreren (meist zwei) Tagen gelegt. Nur das Weibchen brütet und wird in diesem Zeitraum vom Männchen gefüttert (häufig mehr als zehn Mal pro Tag). Daher haben Männchen auch keinen Brutfleck. Die Abstände beim Legen der Eier und das gleichmäßige Füttern aller Jungen sind eine Vorsorge für Zeiten von Nahrungsknappheit. In solchen Zeiten sind die älteren Küken ihren Nestgeschwistern überlegen, erhalten so zuerst und mehr Nahrung, während die jüngeren schwächeln und sterben. Diese werden von den stärkeren Küken gefressen, die damit überleben!

Some owls pair for life or more than one breeding season. Other pair with a new mate every year. In hole-nesting species, the male searches and inspects the breeding place before the beginning of the courtship. The pair often copulates near the nest. After pairing, the courtship display also occurs near the nesting site.
The eggs generally are laid in intervals of a few days (mostly 2 days). Only the female, fed by the male (about 10 times per day), incubates. Because of this fact, males never have a brood patch. The asynchronic breeding is a precaution of breeding owls against times when food is scarce, to feed all chicks! In such situations, the older, larger and stronger chicks are dominant and get fed first, so the younger siblings will weaken and die. This siblings occasionally are eaten by the stronger chicks, so some of the young survive.

Frisch geschlüpfte Eulenküken sind in den ersten Tagen blind und taub. In dieser Zeit sind die empfindlichen Schnabelborsten für die Futterübergabe vom Weibchen an das Küken ganz besonders wichtig. Bei allen *Tyto*-Arten und auch bei der Schnee-Eule folgt dem ersten Dunenkleid ein zweites. Bei den anderen Eulenarten folgt dem ersten Dunenkleid ein intermediäres, sogenanntes Mesoptilkleid. Die Dunen des Mesoptilkleides bedecken Kopf und Körper, während Flügel und Schwanz bereits dem Alterskleid ähneln. Viele Jungeulen tragen kein deutliches Mesoptilkleid, haben aber eine flauschigere Körperbefiederung und nur undeutliche Bänder- oder Streifenzeichnung. Dem Mesoptilkleid folgt das Immaturkleid, das manchmal vom Alterskleid, wie bei der Schnee-Eule, noch deutlich unterscheidbar ist. Wenn die Jungeulen das Nest verlassen, können sie oft noch nicht fliegen und werden noch von beiden Eltern gefüttert und betreut.

Newly hatched owl chicks have closed eye- and ear-openings in the first days. In that time, the sensitive bristles around bill and gape are very important for delivering food from the female to the chick. In all *Tyto* species, and also the Snowy Owl, the first natal downy plumage is followed by a second downy plumage. In the other owls, an intermediary so-called mesoptile plumage follows. The mesoptile downs cover head and body, while flight and tail feathers are similar to the adults. Many young owls have no distinctly mesoptile plumage, but a much fluffier body feathering with lacking distinct markings (streaks or bars). The mesoptile is followed by an immature plumage, sometimes this differs in colouration as in the Snowy Owl.
After fledging, when young owls leave the nest, they often are not able to fly, but are cared for by both parents.

Systematik und Taxonomie: Systematiker und Taxonomen haben sich bereits in frühesten Anfängen mit einer präzisen Klassifizierung der lebenden Organismen auseinandergesetzt. Bei den Vögeln unter Berücksichtigung von Anatomie, Morphologie und Biologie, in neuerer Zeit auch mit dem Studium der Mikrobiologie, molekularen und biochemischen Methoden, DNA-Sequenzierung usw. Neue Erkenntnisse der DNA-Studien (siehe auch Glossar) geben Aufschluss über mögliche Verwandtschaftsverhältnisse. Aber diese Erkenntnisse können nur ein (wenn auch sehr wichtiger) Parameter sein! Andere Parameter, die noch immer ebenfalls Berücksichtigung finden sollten, sind Anatomie, Morphologie und speziell bei den Eulen auch die Lautäußerungen. So können Angaben zur Anzahl von Taxa (Gattungen, Arten und Unterarten) je nach Auffassung der Wissenschaftler und Taxonomen sehr unterschiedlich ausfallen! Unter Berücksichtigung dieses Problems stehen bei den Artkapiteln zahlreiche wissenschaftliche Artnamen (dies ist der zweite Namen nach dem Gattungs-

System and Taxonomy: Taxonomists at all times have discussed a precise classification of the living organisms, in birds with regards to anatomy, morphology, biology and, in recent times, also by microbiological studies (molecular and biochemica methods, DNA sequencing a.s.o.). Recent studies of DNA (also see Glossary) gives clues of probable relationships. But DNA evidence can be only one (doubtlessly very important) parameter. But other parameters are anatomical and morphological aspects, and in owls, last but not least the vocalisations. So statements to quantity of genera, species or subspecies of the order Strigiformes can be very different. Regarding this problem, in the chapters concerning the taxa many scientific names of species (the second name following the genus) are in brackets, e.g. *Tyto (alba) detorta*, to show that the taxon may have specific rank, but this needs further studies! Also, few genera are divided in subgenera when DNA evidence has other parameters as e.g. anatomical aspects, e.g. subgenera *Ketupa* or *Scotopelia*.

namen) in Klammern. Zum Beispiel bei der Schleiereule *Tyto (alba) detorta*, um darauf aufmerksam zu machen, dass dieses Taxon eventuell Artstatus besitzt, dies jedoch noch weiterer Untersuchungen bedarf! Unter demselben Aspekt sind auch einige Gattungen noch in Untergattungen unterteilt, wie z. B. in der Gattung der Uhus *Bubo* die Untergattungen *Ketupa* und *Scotopelia*.

Die Ordnung Strigiformes umfasst zwei Familien: *Tytonidae* (Schleier- und Maskeneulen) und *Strigidae* (Typische Eulen). Die Familie *Tytonidae* ist ihrerseits wiederum in zwei Unterfamilien unterteilt, *Tytoninae* Schleiereulen und *Phodilinae* Maskeneulen.

The order Strigiformes comprises two families: *Tytonidae* (Barn and Bay Owls) and *Strigidae* (Typical Owls). The family *Tytonidae* is devided in two subfamilies *Tytoninae* (Barn Owls) and *Phodilinae* (Bay Owls).

Schleiereule im Flug / Barn Owl in flight

Tytoninae. Diese Unterfamilie besteht aus einer Gattung und 20 bis 25 Arten.
Die dunkeläugigen, nachtaktiven Schleiereulen sind langflügelig, relativ kurzschwänzig und besitzen das weichste Gefieder aller Eulen! Die Handschwingen sind nicht gekerbt oder verengt. Schleiereulen wurden aufgrund ihres schlanken Körpers und der langen Beine (deren Schenkel nicht von losem Bauchgefieder verdeck sind) von den typischen Eulen abgetrennt. Auch besitzen sie andere Brustbeine (sterni) und nahezu gleich lange Innen- und Mittelzehen, während bei den typischen Eulen die Innenzehe deutlich kürzer ist. Die Kralle der Mittelzehe ist auf ihrer unteren, inneren Längsseite deutlich gezahnt. Der Gesichtsschleier ist mehr oder weniger herzförmig und bildet auf der Stirn eine senkrechte Linie, die bis zur Schnabelwurzel verläuft. Der taxonomische Status mancher Schleiereulen-Taxa bedarf noch intensiver Studien. Speziell für einige australische Arten und *Tyto (Phodilus?) prigoginei*, seit einiger Zeit mit den Schleiereulen vereinigt (herzförmiger Schleier und relativ kleine Augen), wäre dies wünschenswert.

Tytoninae. The subfamily of barn owls includes only one genus with 20 to 25 species.
The dark-eyed, nocturnal barn owls are long-winged, with relatively short tails and the softest and shortest plumage among owls. The primaries are not emarginated. Tytonid owls further are separated from typical owls by slim bodies and distinctly long legs, not hidden by feathers of the belly. Barn owls have different breast bones (sterni), feet have inner and middle toe of about equal length, against distinctly shorter inner toe in typical owls. The claw of the middle toe in barn owls is serrated on its inner edge. Facial disc is more or less heart-shaped, forming on forehead a vertical line to the bill. The taxonomic status of barn owl taxa needs intensive studies, especially regarding some Australian species and *Tyto (Phodilus?) prigoginei*, recently included in the taxa *Tytoninae* and *Tyto*, due to typical features of the barn owls as a heart-shaped facial disc and relatively small eyes.

Tyto alba, Phodilus badius und Tyto ? prigoginei – deutliche Unterschiede in Form der Gesichtsmaske / distinctly different in shape of facial disc

Phodilinae. Die Maskeneulen bestehen aus einer Gattung und zwei Arten, sie bewohnen Südostasien. Diese Eulen sind relativ klein, besitzen einen maskenhaften Gesichtsschleier, der im oberen Bereich zu „Federhörnern" hochgestellt werden kann. Ein mehr oder weniger v-förmiges Stirnschild reicht bis zur Schnabelwurzel. Die Augen sind relativ groß, deutlich größer als bei den Schleiereulen, mit Ausnahme der beiden aberanten Arten *Tyto multipunctata* und *Tyto tenebricosa*.

Phodilinae. The bay owls consist only of one genus *Phodilus* with two species, occuring in Southeast Asia. These relatively small owls have a "mask-like" facial disc that sometimes suggests feather-horns, and a more or less V-shaped frontal shield on the forehead which extends to the base of the bill. Wings are rounded, the tail short. Eyes are relatively large, much larger than in genus *Tyto*, with the exception of the aberrant *Tyto multipunctata* and *Tyto tenebricosa*.

Die Familie der typischen Eulen Strigidae ist in drei Unterfamilien aufgeteilt:

Striginae – typische Eulen, mit den Zwergohreulen, Kreischeulen, Uhus und Käuzen.
Surninae – Falkeneulen, mit der Sperbereule, den Sperlingskäuzen, Lowery-Zwergkauz, Elfenkauz, Stein- und Raufußkäuzen, den eigentlichen Falkenkäuzen und deren Verwandte.
Asioninae – den Ohreulen und Verwandte Diese Unterfamilien sind weiter in mehrere Stämme (Tribus) und 25 Gattungen unterteilt.

Die Unterfamilie Striginae besteht aus 12 Gattungen, 3 Untergattungen und 130 bis 137 Arten.
Gattung *Otus*, 40 bis 46 Arten. Insgesamt kleinwüchsig (16–28 cm) und nachtaktiv, meist mit aufrichtbaren Federohren und kurzen, gerundeten Schwingen. Der taxonomische Status einiger Arten ist unsicher und bedarf noch weiterer Forschung.

The family of typical owls Strigidae is devided in three subfamilies:

Striginae – typical owls, with scops and screech owls, eagle owls and wood owls.
Surninae – hawk owls, with the Northern Hawk Owl, pygmy owls, the Long-whiskered Owl, the Elf Owl, little owls, forest owls and hawk owls and related species.

Asioninae – eared owls and related species.
These subfamilies are further divided in some tribes (tribus) and about 23 genera.

The subfamily Striginae consists of 12 genera, 3 subgenera and 130 to 137 species.
Genus *Otus*, 40 to 46 species, generally small (length 16 – 28 cm) and nocturnal, most with erectile ear tufts and short, rounded wings. The taxonomic status of some taxa is uncertain and needs further research.

Otus insularis *Otus madagascariensis* *Otus rutilus* *Otus mayottensis*

Otus bakkamoena *Otus lempiji* *Otus megalotis*

Otus brucei *Otus scops* *Otus senegalensis*

Gattung *Psiloscops*, 1 Art. DNA-Analysen ergaben für diese kleine Eule einen eigenen Gattungsstatus.

Gattung *Megascops*, 27 bis 29 Arten. Wurden wegen deutlicher Unterschiede im Gesang und in DNA-Analysen von der Gattung *Otus* abgetrennt.

Genus *Psiloscpos*, one species, DNA evidence has shown that this little owl has an own genus.

Genus *Megascops*, 27 to 29 species, because of differences in vocalisations and DNA evidence, separated from genus *Otus*.

Megascops clarkii *Megascops barbarus* *Megascops cooperi* *Megascops trichopsis*

Megascops guatemalae *Megascops vermiculatus*

Gattung *Gymnoglaux*, 1 Art. Ähnlich *Megascops*, besitzt jedoch nur 10 Schwanzfedern und lange, völlig nackte Läufe.

Gattung *Pyrroglaux*, 1 Art. Der Status diese Eule bedarf noch sorgfältiger Studien.

Gattung *Ptilopsis*, 2 Arten. Spitzflügelig, entsprechend DNA-Analysen und der größeren Ohröffnungen von Gattung *Otus* abgetrennt.

Gattung *Mimizuku*, 1 Art. Von *Otus* deutlich verschieden durch Körpergröße. Steht aber verwandtschaftlich dieser Gattung näher als den Uhus (*Bubo*). Früher in der nun invaliden Gattung *Pseutoptynx*.

Genus *Gymnoglaux*, one species, similar to genus *Megascops*, but only with 10 rectrices and long, totally bare tarsi.

Genus *Pyrroglaux*, one species, the status of this genus needs further studies.

Genus *Ptilopsis*, two species, with pointed wings. According to DNA evidence and larger ear-openings separated from genus *Otus*.

Genus *Mimizuku*, one species, different from genus *Otus* by large size, but closer related to *Otus* than to genus *Bubo*. Formerly separated in genus *Pseutoptynx*.

Mimizuku gurneyi *Bubo ph. philippensis* *Bubo ph. minanensis*

Gattung *Bubo*, 3 Untergattungen *Nyctea*, *Ketupa*, *Scotopelia*, 25 Arten. Ziemlich große und massige Vögel mit auffälligen Federohren und starken Fängen.

Genus *Bubo*, three subgenera *Nyctea*, *Ketupa* and *Scotopelia*. 25 species. Generally rather large to large and heavy owls, with prominent ear tufts and powerful talons. The three subgenera differing in anatomical characteristics.

Schneeeule und Uhu, Flugsilhouetten / Snowy Owl and Eurasian Eagle Owl, flight silhouettes

Bubo virginiamus nacurutu *Bubo magellanicus* *Bubo shelleyi* *Bubo lacteus*

Bubo leucostictus *Bubo poensis* *Bubo vosseleri*
Bubo cinerascens *Bubo africanus* *Bubo capensis*

Bubo (Ketupa) ketupu *Bubo sumatranus* *Bubo nipalensis*

Gattung *Pulsatrix*, 4 Arten. Mit deutlichen Unterschieden zu den Waldkäuzen *Strix*, vor allem in den Lautäußerungen.

Genus *Pulsatrix*, four species, distinctly different from genus *Strix*, especially in vocalisations.

Pulsatrix koeniswaldiana

Pulsatrix perspicillata

Pulsatrix melanota

Pulsatrix pulsatrix

Gattung *Strix*, 22 bis 24 Arten. Mittelgroße bis große Eulen. DNA-Analysen beweisen nahe Verwandtschaft aller Arten. Der Bau der Ohröffnungen ist ein zu strenger Maßstab, um eine Abtrennung der Arten in zwei unterschiedliche Gattungen *Strix* und *Ciccaba* vorzunehmen.

Genus *Strix*, 22 to 24 species, medium-sized to large owls, DNA evidence suggests relationship of all taxa. The structure of the ear-opening is too strictly an adaptive character for it to serve as a means of taxonomic distinction on genus level, so genus *Ciccaba* now merged with *Strix*.

Strix

Strix aluco bidulphi

Strix leptogrammica indranee

Strix (l.) newarensis

Strix davidi

Strix uralensis

Strix varia

Strix nigrolineata

Strix huhula

Gattung *Jubula*, 1 Art. Mittelgroß, mit seitlich stehenden Ohrbüscheln und lockeren, langen Nackenfedern. Mit der Gattung *Lophostrix* nicht nahe verwandt.

Gattung *Lophostrix*, 1 Art. Mittelgroß, aber relativ langschwänzig, mit aufrichtbaren und bis an die Schnabelwurzel reichenden langen Federohren und verlängerten Nackenfedern.

Genus *Jubula*, one species, medium-sized and with bushy and elongated ear tufts, a loose mane formed by nape feathers, not related to Crested Owl *Lophstrix cristata*.

Genus *Lophostrix*, one species, medium-sized and relatively long-tailed owl with erectile, long ear tufts and elongated nuchal feathers.

Die Unterfamilie Surninae besteht aus 10 Gattungen und 66 bis 76 Arten.

Gattung *Surnia*, 1 Art. Eng anliegendes, straffes Gefieder, Flügel lang und spitz, Schwanz lang und gestuft. Ähnelt im Flug einem Sperber oder Turmfalken.

Gattung *Glaucidium*, 23 bis 26 Arten. Kleine, rundköpfige Eulen ohne Federohren, mit gelben Augen. Gesichtsschleier nur angedeutet, im Nacken mit Occipitalgesicht. Zähnelung auf den Außenfahnen der Handschwingen meist fehlend.

The subfamily Surninae consists of 10 genera with 66 to 76 species.

Genus *Surnia*, 1 species, tight plumage, wings long and pointed, tail long and graduated. In flight similar to a kestrel or sparrowhawk.

Genus *Glaucidium*, 23 to 26 species, small and round-headed owls, without ear tufts and with yellow eyes. Indistinct facial disc, nape mostly with occipital face. Serrated webs on outer primaries mostly lacking.

Glaucidium gnoma *Glaucidium siju* *Glaucidium ridwayi*

Glaucidium perlatum *Glaucidium passerinum* *Glaucidium brodiei*

Gattung *Taenioglaux*, 7 bis 9 Arten. In Gestalt und Aussehen sehr ähnlich *Glaucidium*, aber ohne Occipital- oder Scheingesicht und mit überwiegend gebändertem Gefieder. Zähnelung auf den Handschwingen meist fehlend.

Genus *Taenioglaux*, 7 to 9 species. Similar in appearance to pygmy owls, but lacking an occipital face by more or less barred plumage. Serrated webs on outer primaries mostly lacking.

Taenioglaux radiata

Taenioglaux cuculoides

Gattung *Xenoglaux*, 1 Art. Winziges, kompaktes Käuzchen, mit langen, gefächerten und aufwärts gerichteten Federborsten an Schnabelbasis und Kopfseiten. Helles Nackenband.

Genus *Xenoglaux*, one species. Tiny and chunky owlet with long, fan-like, upward-directed whiskers around the base of the bill and the sides of facial disc. Pale nape collar.

Gattung *Micrathene*, 1 Art. Winziges Käuzchen ohne Federohren und Occipitalgesicht. Der Schwanz besteht nur aus 10 Federn. Lauf länger als Mittelzehe.

Genus *Micrathene*, one species. Tiny owl without ear tufts and occipital face. Tail has only ten rectrices. Tarsus longer than middle toe.

Die drei kleinsten Eulen *Glaucidium palmarum* *Micrathene whitneyi* *Xenoglaux loweri*

Gattung *Athene*, 4 bis 6 Arten. Kleine, flachköpfige Käuzchen ohne Federohren. Flügelprofil ziemlich gerundet, Schwanz relativ kurz. Läufe lang und beborstet.

Genus *Athene*, four to six species. Small flat-headed owls without ear tufts, wings rather rounded, tail relatively short. Tarsi long and bristled.

Ansicht des Nackenbereiches / nuchal view *Athene noctua* *Athene brama* *Athene blewitti*

Gattung *Aegolius*, 4 Arten. Kleine, dickköpfige Käuze, ohne Federohren, jedoch mit auffälligem Gesichtsschleier, der im oberen Bereich zu „Federhörnern" hochgestellt werden kann. Läufe befiedert. Ohröffnungen groß und asymmetrisch angeordnet.

Genus *Aegolius*, four species. Small owls with large heads with no ear tufts but prominent facial disc. Tarsi feathered. Ear-openings large and asymetrical.

Aegolius funereus *Aegoliuzs harrisi*

Gattung *Ninox*, 23 bis 26 Arten. Kleine bis große Käuze, mit rundem Kopf und ohne Federohren. Eng anliegendes, straffes Gefieder. Flügel lang und spitz. Relativ langschwänzig. Einige Arten zeigen Geschlechtsdimorphismus (Männchen sind deutlich größer als die Weibchen).

***Genus Ninox*,** 23 to 26 species. Snall to large owls with rounded heads and no ear tufts. Tight plumage. Wings long with pointed tips. Tails relatively long. Some species are sexually dimorphic (male distinctly larger than female).

Ninox affinis *Ninox scutulata florensis* *Ninox (s.) obscura*

Ninox rudolfi *Ninox connivens* *Ninox rufa* *Ninox strenua*

Gattung *Uroglaux*, 1 Art. Mittelgroßer Falkenkauz mit ziemlich gerundeten und kurzen Flügeln und langem Schwanz. Rundköpfig mit auffälligen gelben Augen.

Gattung *Sceloglaux*, 1 Art, ausgestorben. Mittelgroß, rundköpfig, undeutlicher Gesichtsschleier. Flügel lang, breit und gerundet. Schwanz relativ kurz. Läufe befiedert, Zehen beborstet.

Die Unterfamilie Asioninae besteht aus 3 Gattungen und 9 bis 11 Arten.

Gattung *Pseudoscops*, 1 Art. Mittelgroß, rundköpfig mit auffälligen Federohren. Augen haselnussbraun.

Gattung *Asio*, 7 bis 9 Arten. Mittelgroße, schlanke Eulen mit ausgeprägtem Gesichtsschleier und großen, auffälligen oder kleinen, kaum sichtbaren Federohren. Läufe befiedert, Zehen mehr oder weniger befiedert. Flügel erreichen oder überragen den Schwanz. Ohröffnungen mit großer, hautiger Deckelfalte und kompliziertem Bau. Molekularbiologische Analysen ergaben, dass *Asio stygius* und *Asio clamator* sicher in die Gattung *Asio* gehören.

Genus *Uroglaux*, one species. Medium-sized hawk owl with rather short and rounded wings and a long tail. Head rounded, with conspicuous yellow eyes.

Genus *Sceloglaux*, one species, extinct. Medium-sized owl with rounded head and indistinct facial disc. Wings long, broad and rounded. Tail relatively short. Tarsi feathered, toes bristled.

Subfamily Asioninae consists of 3 genera with 9 to 11 species.

Genus *Pseudoscops*, one species. Medium-sized, round-headed owl with prominent ear tufts. Eyes hazel brown.

Genus *Asio*, 7 to 9 species. Medium-sized, slender owls, with well-developed facial disc and prominent or small, hardly visible ear tufts. Tarsi feathered, toes more or less feathered. Wings reaching or extending beyond tip of tail. Ear aperture with complicated structure. Molecular biological analyses have indicated that *Asio clamator* and *Asio stygius* are distinct species within the genus *Asio* (Wink & Heidrich).

Asio otus *Asio abyssinicus* *Asio madagascariensis*

Gattung *Nesasio*, 1 Art. Mittelgroße Eule ohne Federohren. Schnabel und Füße groß und kräftig. Mittelzehe länger als bei *Asio*, etwa ¾ der Lauflänge.

Diese Zusammenstellung soll zu Kenntnis und Verständnis von Anatomie, Morphologie, Biologie und Systematik der Eulen beitragen. Sollte dies hiermit gelungen sein, so hat dieser Beitrag das Ziel des Autors erreicht.

Genus *Nesasio*, one species. Medium-sized owl without ear tufts. Bill and talons powerful. Middle toe larger than in *Asio*, ¾ of tarsus length.

This overview will help to understand more about anatomy, morphology, biology and also systematic of the owls. If this is successful, this chapter will have attained the author's goal!

Waldkauz, im Flug –Tawny Owl, in flight

Teil II – Die Arten

Part II – The Species

Schleiereule – *Tyto alba* (Scopoli) 1769

Kennzeichen: Tafel 01 Nominatform. Länge 33 bis 43 cm, Gewicht 320 bis 480 g. Mittelgroße Eule mit herzförmigem Schleier. Keine „Federohren", lange, schlanke Beine. Femur länger als Tarsometatarsus, befiedert bis zu den beborsteten Zehen. Kralle der Mittelzehe mit kammähnlicher Zähnelung. Oberkopf und Oberseite gelbbraun bis beigeorange gefleckt mit hellaschgrauer Grundfärbung, schwarz umrandeten weißen Federspitzen, umgeben von feiner schwärzlicher Fleckung. Unterseite reinweiß oder weißlich bis gelborange, variabel, je nach Geschlecht mit mehr oder weniger dunklen Tropfenflecken. Schleier weiß, bräunlich in Umgebung von Augen und Schnabel. Brauner Fleck am Augenwinkel. Schwungfedern und Schwanz mit wenigen dunklen Binden. Weibchen meist mit etwas dunklerem Gefieder. Schnabel gelblich bis pinkweiß, Zehen gelblich braun. Dunenjunge weiß, Mesoptilkleid ähnlich dem der Altvögel, jedoch durch die langen Federdunen flauschiger wirkend.

Verbreitung: Europa, Kanaren, Madeira, auf den Kapverden die meist als Rasse, neuerdings als Art anerkannte *Tyto detorta*. In Asien von Kleinasien bis Zentralchina und Indonesien, Afrika, Komoren und Madagaskar.

Geografische Rassenverbreitung:
***Tyto a. alba* (Scopoli) 1769** Britische Inseln und Westeuropa: östlich bis zur Mischzone längs des Oberrheins mit *Tyto guttata*. Südeuropa mit Balearen und Sizilien, Kanaren mit Teneriffa, Gran Canaria und El Hiero, Nordafrika bis Nordostsudan.
***T. a. guttata* (C. L. Brehm) 1831, Tafel 01** Mittel- und Osteuropa. Meist dunkleres Gefieder als die Nominatform. Oberseits mehr orangebraun mit groberer Fleckung. Unterseite mehr gelbbraun bis rostbeige und grober gefleckt.
***T. a. ernesti* (Kleinchmidt) 1901** Sardinien und Korsika. Extrem helle Rasse, Unterseite meist reinweiß und ungefleckt. Oberseite hellbeigebraun, mit wenig grauen Anteilen und nahezu weißen Armschwingen.
***T. a. erlangeri* (W. L. Sclater) 1921** Kreta und kleinere südgriechischen Inseln, Zypern, Syrien, Irak, Iran und Arabien. Ähnlich der Rasse *ernesti*, oberseits mehr goldbeige und stärker reduziertes Grau. Schwingen und Schwanz kräftiger gebändert.
***T. a. schmitzi* (Hartert) 1900** Madeira und Porto Santo. Brust beigebraun mit grober Fleckung.
***T. a. gracilirostris* (Hartert) 1905** Kanaren: Fuerteventura, Lanzarote, Lobos, Montana Clara Alegranza. Ähnlich *schmitzi*, aber mit schwächerem und schlankerem Schnabel.
***T. (a.) detorta* Hartert 1913** Endemisch auf den Kapverden. Noch dunkler als *guttata* oder *schmitzi*, oberseits weiße, schwarz umrandete Doppelflecke, fehlende Grautöne, deutliche Bänderung von Schwingen und Schwanz. Unterseite beigebraun mit dunklen Tropfenflecken. Gesichtsschleier hellgelbbraun. Wahrscheinlich mit eigenem Artstatus.
***T. a. affinis* (Blyth) 1862** Afrika südlich der Sahara. Ähnlich *guttata*, aber etwas größer, mit kräftigeren Füßen und längeren Tarsen.
***T. a. hypermetra* Grote 1928** Madagaskar und Komoren. Etwas größer und kräftiger als *affinis*, mit deutlichem Schleierrand.
***T. (a.) thomensis* (Hartlaub) 1852** Endemisch auf Sao Thomé im Golf von Guinea. Ähnlich *detorta*, jedoch kleiner und Gefieder noch dunkler. Oberseite dunkelgrau und rotbraun, mit kleinen weißen und schwarzen Flecken. Unterseite goldbraun mit dunklen Flecken. Gesichtsschleier gelbbraun mit dunkler Zone um die Augen. Wahrscheinlich eigene Art.
***T. a. stertens* Hartert 1929** Indischer Subkontinent, im Süden bis Sri Lanka, im Osten bis Zentralchina, Vietnam und Südthailand. Gefieder ähnlich *alba*, Oberseite mit intensiveren blaugrauen Zonen und wenig gelb. Unterseite weiß mit feiner Fleckung.
***T. (a.) javanica* (Gmelin) 1788** Malaien-Halbinsel, Große Sundainseln (Südborneo, Sumatra, Java und Kangean-Inseln). Oberseits deutlich dunkler als *stertens*, mit graubrauner anstatt blaugrauer Grundfärbung. Eventuell eigener Artstatus.

Bestand: Relativ häufig, Bestände schwanken allerdings durch Nahrungsengpässe oder Temperatureinbrüche. Leidet häufig unter mangelnden Nisthöhlen und Pestiziden. Oft Verkehrsopfer aufgrund der Beutejagd entlang der Straßen.

Lebensraum: Offenes Gelände mit Hecken, Rainen, kleinen Gewässern und vereinzelten Bäumen in Siedlungsnähe. Benutzt alte Scheunen, Ruinen, Kirchen zur Rast und Brut. Außerhalb Europas in Savannen, Heiden, offenem Waldland mit Baumhöhlen, Schluchten, Plantagen. Meidet dichtes Waldland und Halbwüsten. Bevorzugt im Tiefland und Hügelland, in vielen Gebieten aber bis in große Höhen.

Stimme: Sitzend und im Flug ist ein lang gezogenes Kreischen zu hören, etwa „chrüüh-ü-ü-hü". Warnruf „kraich – kraich", dazu Fauchen und Schnabelknappen. Jungvogel mit langem „Drohrauschen" und „Bettelschnarchen".

Nahrung: Kleinsäuger, vor allem Feldmäuse, Spitz-, Wald-, Erd- und Schermäuse sowie Ratten. Fledermäuse, Vögel, Amphibien, Reptilien und Großinsekten. Jagt ausschließlich bei Dunkelheit. Suchflug dicht über dem Boden, gelegentlich rüttelnd. Stürzt mit vorgestreckten Fängen auf die Beute. Auch Jagd vom Ansitz aus.

Brut: Monogame Dauerehe. Weibchen wählt den Brutplatz. Bevorzugt sind geräumige, dunkle, störungsfreie Brutplätze in Scheunen, Kirchtürmen, Taubenschlägen, auf Dachböden usw. Nistkästen werden angenommen. Außerhalb Mitteleuropas dienen auch Baumhöhlen und Felsnischen als Brutplatz. Ein bis zwei Jahresbruten von April bis September. 4 bis 7 Eier, in „Mäusejahren" bis 15 Eier. Legeintervall 2 Tage. Brutdauer 30 bis 34 Tage. Während der Brut wird das Weibchen vom Männchen gefüttert. Frisch geschlüpfte

Common Barn Owl – *Tyto alba* (Scopoli) 1769

Descriptive notes: plate 01. (Nominate *alba*) Length 33 to 43 cm, weight 320 to 480 g. Medium-sized owl with heart-shaped facial disc. Long and slender legs, femur longer than tarso-metatarsus, feathered down nearly to the bristled toes. Middle claw serrated comb-like. Crown and upperparts yellowish-brown to buffy-orange, partly with an ashy grey veil, black-framed white spots near feather tips, surrounded by small blackish spots. Underparts pure white, whitish to yellow-orange, variation according to sex, and with more or less drop-shaped spots. Facial disc whitish, with brownish wash near eyes and base of bill. Brownish spot on edge of eye. Flight feathers and tail with few dark bars. Females generally with somewhat darker plumage. Bill yellowish-white to pinkish-white. Toes yellowish-brown. Downy chicks white, mesoptile plumage similar to adults, but fluffier because of long underdowns.

Distribution: Europe, Canary Islands, Madeira, Cap Verde Islands with *T. detorta*, mostly regarded as subspecies, recently with specific rank. Asia from Asia Minor to Central China and Indonesia, Africa, Comoros Islands and Madagascar.

Geographical variations:
***Tyto a. alba* (Scopoli) 1769** British Isles and West Europe, merges eastwards with *Tyto guttata*, with hybrids along upper Rhine river. South Europe (including Balearic Islands and Sicily), Canary Islands with Tenerife, Gran Canaria and El Hiero, North Africa to Northeast Sudan.
***T. a. guttata* (C. L. Brehm) 1831, plate 01** Central and East Europe. Darker in plumage than nominate, upperparts more orange-brown with darker and larger spots. More yellow-brown to rufous-buff below, with coarser spots.
***T. a. ernesti* (Kleinschmidt) 1901** Sardinia and Corsica. Very pale race, below often unspotted and pure white. Above pale buffy-brown with poor grey veil and nearly white secondaries.
***T. a. erlangeri* (W. L. Sclater) 1921** Crete and smaller Southern Greek Islands, Cyprus, Syria, Iraq, Iran and Arabia. Similar to race *ernesti*, but more golden-buff above with less grey veil. Wings and tail more distinctly barred than in *ernesti*.
***T. a. schmitzi* (Hartert) 1900** Madeira and Porto Santo. Buffy-brown breast with coarser spotting.
***T. a. gracilirostris* (Hartert) 1905** Canary Islands: Fuertventure, Lanzarote, Lobos, Montana Clara and Alegranza. Similar to *schmitzi*, but with weaker and slender bill.
***T. (a.) detorta* Hartert 1913** Endemic on Cape Verde Islands. Darker than dark *guttata* or *schmitzi*, above with black-bordered white double spots, no greyish veil and distinctly barred wings and tail. Below buffy-brown, with dark drop-shaped spots. Facial disc pale buffy. Probably specifically distinct.
***T. a. affinis* (Blyth) 1862** Africa south of Sahara. Similar to race *guttata*, little larger with stronger feet and longer, sparsely feathered tarsi.
***T. a. hypermetra* Grote 1928** Madagascar and Comoros Islands. Similar to *affinis*, somewhat stronger and larger, with more distinct rim and stronger spotted below.
***T. (a.) thomensis* (Hartlaub) 1852** Endemic to Sao Thomé in the Gulf of Guinea. Similar to *detorta*, but smaller and darker plumage. Dark grey and rufous-brown above, with small white and black spots. Below golden-brown with dark spots. Facial disc yellowish-brown with dark area round the eyes. Probably specifically distinct.
***T. a. stertens* Hartert 1929** Indian subcontinent to Sri Lanka, east to Southern Central China, Vietnam and South Thailand. Plumage similar to *alba*, but with distinct bluish-grey veil above and little yellow tinge. Below white, with fine dark spots.
***T. (a.) javanica* (Gmelin) 1788** Malay Peninsula, south to Greater Sundas (South Borneo, Sumatra, Java and Kangean Islands). Distinctly darker above than *stertens*, with greyish-brown, not bluish-grey, veil. Specifically distinct.

Status: Relatively common, but populations may fluctuate according to food supply or weather conditions. May starve due to lack of adequate nesting sites and pesticides, killed by traffic during hunting near roads.

Habitat: Open countryside with hedges, banks, small ponds and scattered trees near human settlements. Uses old barns, churches, old buildings for daytime roost and nest sites. Outside of Europe in savanna, heath, open woodland with hollow trees, ravines, plantations. But avoids dense forest and semi-deserts. Usually lowlands, but in many areas in higher altitudes.

Voice: Perched and in flight with a long, harsh, screeching "chrrreech". A shrill purring against intruders, "kraich-kraich", also hissing and bill-snapping. Juveniles with long-lasting rushing sounds, and beg with "snoaring".

Food: Small mammals, primarily field voles. Also shrews,wood mice, grass and meadow voles and rats. Hunts also bats, birds, reptiles, frogs and larger insects. Strictly nocturnal. Searching flight close to ground, sometimes hovering, diving onto prey with talons extended. Hunting from perch predominant in denser vegetation.

Breeding: Monogamous, pair for life. The female favours the nest site spacious, undisturbed and in dark places, inside barns, ruins, church towers, pigeon lofts, attics a.s.o. Optimally placed nest boxes are used. Outside Europe, hollow trees and cavities serve as breeding places. Breed once to twice a year, from April to September. 4 to 7 eggs, but up to 15 in good "vole years". Eggs laid in intervals of two days. Incubation lasts 30 to 34 days, during which female is fed by the male. Weight of freshly hatched chicks ca. 14 g.

Tafel 01 / Plate 01
Schleiereule / Common Barn Owl - *Tyto alba*
oben links / top left: *Tyto alba alba*
unten rechts / bottom right: *Tyto alba guttata*

2009

Küken wiegen ca. 14 g. Nach 40 Tagen beginnen die Jungen herumzuflattern, verlassen den Brutplatz erst nach 2 Monaten. Sterblichkeit im 1. Lebensjahr 70 %, im 2. Jahr bis 50 %. Lebenserwartung 4 Jahre. Höchstalter in freier Natur 22 Jahre.

Bemerkungen: Wie bereits unter Rassenverbreitung erwähnt, haben *Tyto detorta*, *T. thomensis* und *T. javanica* eventuell eigenen Artstatus. Dasselbe gilt auch für die Andamanen-Schleiereule *Tyto deroepstorffi*.

At ca. 40 days of age, the young walk and flutter near nest, which they leave at about two months old. Mortality in the first year about 70 %, in second year up to 50%. Averagely reach an age of 4 years. In wilderness, the species reaches an age of up to 22 years.

Remarks: As written previously (geographical variations) *Tyto detorta* and *T. thomensis* are regarded as specifically distinct. Also the Andaman Barn Owl has recently specific rank.

Amerika-Schleiereule – *Tyto furcata* (Temminck) 1827

Kennzeichen: Tafel 02 Nominatform. Länge 29–38 cm, Gewicht 300–560 g. Ziemlich große Schleiereule, ähnlich der verwandten *Tyto alba*, jedoch größerer Kopf und Körper, meist längere Beine und kräftigere Fänge. Männchen unterseits meist etwas heller als Weibchen. Gefiederfärbung der einzelnen Rassen sehr variabel (siehe geografische Rassenverbreitung). Augen schwarzbraun, Schnabel rahmfarben, Zehen hellgraubraun, Tarsen bis nahe Zehenbasis befiedert und beborstet. Dunenjunge weiß, Mesoptilkleid ähnlich dem Gefieder der Altvögel.

Verbreitung: Von Britisch-Kolumbien bis Mexiko und Mittelamerika, Kuba, Jamaika, Bahamas, die Bermudas, Hispaniola und Kleine Antillen. In Südamerika von Kolumbien und Venezuela bis Feuerland.

Bestand: Im Verbreitungsgebiet lokal mit dünner Besiedlung, oft selten. Nördliche und südliche Populationen leiden unter schneereichen Wintern und Kälteeinbrüchen. Pestizide reduzierten bei dieser Art ganze Populationen. Opfer durch den Straßenverkehr. Brutplatz- und Lebensraumverluste durch rigorose Waldrodung.

Geografische Rassenverbreitung:
***Tyto furcata pratincola* (Bonaparte) 1838** Nord- und Mittelamerika, von Britisch-Kolumbien bis Ostguatemala und Ostnicaragua. Zieht bis zur Karibik. Ähnlich *furcata*, etwas dunkler, Oberseite hellbeigeorange bis hell- oder dunkelgrau, mit dunklen orangebeigen Gefiederteilen. Unterseite weißlich bis hellorange mit großen Tropfenflecken. Armschwingen hell, aber nicht überwiegend weiß wie bei *furcata*. Flügel- und Schwanzbänderung deutlicher als bei Nominatform.
***Tyto f. furcata* (Temminck) 1827** Kuba, Isla de Pinos, Grand Cayman, Cayman Brac und Jamaika. Oberseite hellgelbbraun bis gelborange, mit feinen schwarzen Flecken, am deutlichsten auf dem Kopf. Rücken und Flügeldecken mit grauen Zonen und weißen Spitzenflecken. Flügelbug beigeorange. Armschwingen und Steuerfedern überwiegend weiß, Flügel und Schwanz nur mit schwacher Bänderung. Unterseite mehr oder weniger weiß, mit wenigen feinen Flecken.
***Tyto (f.) bargei* (Hartert) 1892** Endemisch auf Curacao, Kleine Antillen. Gilt meist als Rasse zu *T. furcata*, wegen extremer Kleinheit, rundem Flügelprofil und schwacher Fußbildung oft mit eigenem Artstatus. Im Gefieder sehr ähnlich den Individuen von *Tyto alba*. Kurzflügelig und kurzschwänzig, mit groben, oft dreieckigen Flecken auf der Unterseite.
***Tyto f. tuidara* (J. F. Gray) 1829** Brasilien östlich der Anden und südlich des Amazonas, Argentinien und Chile bis Feuerland. Ähnlich *furcata*, aber kleiner und meist dunkler. Gefieder variabel, mit langen Läufen und kräftigen Füßen. Dunkler Oberkopf und Stirn. Helle Kopf- und Halsseiten. Die Armschwingen bilden ein helles Feld am geschlossenen Flügel.
***Tyto f. hellmayri* Griscom & Greenway 1937** Ostvenezuela, Margarita Insel, Guianas bis Amazonas, im Westen bis Surinam, Trinidad & Tobago und Nordbrasilien. Gefieder sehr ähnlich dem von *tuidara*, jedoch etwas größer und ihr Rassenstatus ist unsicher.
***Tyto(f.) contempta* (Hartert) 1898** Gemäßigte Zonen von Kolumbien und Ecuador, bis Westperu und Westvenezuela. Etwas kleiner als *tuidara*. Auf Ober- und Unterseite extrem variabel. Oberkopf, Rücken und Flügeldecken dunkelgrau, mit feinen hellgrauen Spritzern und weißen Spitzenflecken. Große Handdecken, Arm- und Handschwingen dunkler als bei den anderen Rassen. Unterbauch hellgelbbraun mit dunklen Flecken. Könnte eigenen Artstatus besitzen.

Lebensraum: Liebt offenes Gelände wie *Tyto alba*, einige Rassen leben in tropischem oder subtropischem Wald.

Stimme: Ähnliche Lautäußerungen wie *Tyto alba*. Jagende Individuen lassen ein metallisches Klicken hören.

Nahrung: Beutetiere wie bei *Tyto alba*; Kleinsäuger, vor allem Feldmäuse, Mäuse und Ratten. Fledermäuse, Vögel, Frösche und kleine Reptilien sowie Großinsekten. Jagt bei Dunkelheit, auch in dunkelsten Nächten. Flug- und Ansitzjagd.

Brut: Ähnlich *Tyto alba*, Gelegegröße 4–6 Eier. In Hungerjahren setzen viele Paare mit der Brut aus, hoher Bruterfolg in „Mäusejahren". Brutplätze ähnlich *Tyto alba*, Dachböden, Scheunen, Ruinen, Kirchtürme. Tropische und subtropische Populationen brüten auch in Baumhöhlen, Felsnischen und Spalten. Brutdauer, Nestlingsperiode und Verlassen des Nestes ist mit *Tyto alba* identisch.

Bemerkungen: Die Taxonomie dieser Schleiereule bedarf noch weiterer Untersuchungen.

American Barn Owl – *Tyto furcata* (Temminck) 1827

Descriptive notes: plate 02 (Nominate *furcata*) Length 29 – 38 cm, weight 300 – 560 g. Rather large barn owl, similar to the closely related *Tyto alba*, but with larger and stouter head and body. With longer legs and stronger feet. Males often paler below than females. Colouration of plumage of the different subspecies very variable (see geographical variations). Eyes blackish-brown, bill creamy, toes pale grey-brown, legs feathered or bristled nearly to base of toes. Downy chicks white, mesoptile plumage similar to adult birds, but fluffier.

Distribution: North America, from British Columbia through Mexico and Central America, Cuba, Jamaica, Bahamas, Bermudas, Hispaniola and Lesser Antilles. In South America from Colombia and Venezuela to Tierra del Fuego.

Status: Rather widespread, but rare and locally uncommon in the areas of its distribution. Northern and southermost populations suffer from cold winters with long lasting snow cover. Use of pesticides affects some populations drastically. Many birds also die on roads by traffic. Loss of breeding places or habitats by logging of forests.

Geographical variations:
***Tyto furcata pratincola* (Bonaparte) 1838** North and Central America, from British Columbia south to East Guatemala and East Nicaragua. Some stragglers emigrate into the Caribbean. Similar to nominate *furcata*, a little darker, upperparts pale orange-buff to light and darker grey, veil intermixed with darker orange-buff. Below whitish to pale orange, with coarse brown spots. Secondaries forming a pale area, but not white as in nominate, wing and tail barring more distinct.
***Tyto f. furcata* (Temminck) 1827** Cuba, Isle of Pines, Grand Cayman, Cayman Brac and Jamaica. Upperparts pale yellowish-orange with fine black spots, denser on crown. Back and wing coverts with greyish areas and white spots on feather tips. Bend of wing orange-buff. Secondaries and tail feathers often unmarked white, wings and tail only with faintly darker bars. Below more or less white, with few fine spots.

***Tyto (f.) bargei* (Hartert) 1892** Endemic to Curacao Island in the Lesser Antilles. Often considered conspecific with *T. furcata*, but due to its extreme small-ness, more rounded wings and less powerful feet recently with specific rank. Plumage similar to Mediterranean or Egytian individuals of *Tyto alba*. Short-winged and short-tailed, with coarse, often triangular spots on undersurface.
***Tyto f. tuidara* (J. F. Gray) 1829** Brazil east of Andes and south of the Amazon, from Brazil, Argentina and Chile to Tierra del Fuego. Similar to nominate, but smaller and mostly darker. Plumage variable. Long legs and strong feet. Dark forehead and crown, contrasting with pale sides of head and neck. Secondaries forming a pale area on closed wing.
***Tyto f. hellmayri* Griscom & Greenway 1937** East Venezuela, Margarita Island, Guianas to Amazon, west to Surinam, Trinidad & Tobago and North Brazil. Plumage very similar to *tuidara*, but somewhat larger and separation from this questionable.
***Tyto (f.) contempta* (Hartert) 1898** Temperate zones of Colombia and Ecuador, to West Peru and West Venezuela. Somewhat smaller than *tuidara*. Plumage above and below extremely variable. Crown, back and wing coverts with dark grey veil, fine pale grey mottlings and white spots on feather tips. Secondary coverts, secondaries and primaries much darker than in other races of *furcata*. This taxon may represent a separate species.

Habitat: Rather open country similar to *Tyto alba*, but some subspecies also live in tropical or subtropical forests.

Voice: Similar to *Tyto alba*. Metallic but also clicking calls from flying or hunting individuals.

Food: Similar to *Tyto alba*, small mammals, especially voles, mice and rats. Bats, birds, frogs and small reptiles, also large insects. Nocturnal hunting, also in darkest nights. Hunting from perch and in searching flight.

Breeding: Similar to *Tyto alba*, clutch size 4 – 6 eggs. When prey is rare, many pairs do not breed, but breeding success is high in good "vole-years". Favours breeding places similar to *Tyto alba*, attics, barns, ruins, church towers a.s.o. Owls of tropical and subtropical populations often breed in hollow trees, cavities and caves. Incubation, nestling period and nest leaving similar to *Tyto alba*.

Remarks: The taxonomy of this barn owl needs further study.

Tafel 02 / Plate 02
Amerika-Schleiereule / American Barn Owl
Tyto furcata furcata

2010
Weick

Hispaniola-Schleiereule – *Tyto glaucops* (Kaup) 1852

Kennzeichen: Tafel 03 Typische Schleiereule, aschgrauer Gesichtsschleier und orangebraune Schleierumrandung. Oberseite dunkelgelbbraun, schwarz marmoriert. Unterseite hellgelbbraun mit dunklen Flecken und pfeilförmigen Abzeichen. Flügelbug orangebraun, Flügeldecken gelbbraun, dicht gefleckt. Arm-, Handschwingen und Steuerfedern mit dunkler Bänderung. Lange, gelbbraun befiederte Läufe, Zehen graubraun und beborstet. Augen schwarzbraun. Schnabel horngelb, Krallen schwarzbraun. Dunenjunge weiß, Mesoptilkleid mit vielen rahmweißen Dunen, Flügel und Schwanz ähnlich den Altvögeln.

Verbreitung: Endemische Art der Inseln Hispaniola (Dominikanische Republik und Haiti) und Tortuga. Monotypisch.

Bestand: Durch menschlichen Einfluss stark gefährdet. Etwas häufiger im südlichen Teil der Dominikanischen Republik.

Lebensraum: Im offenen Waldland, trockenen und feuchten Laubwäldern, in Ölpalmen-Plantagen, häufig in der Nähe menschlicher Siedlungen. In Küstenwäldern mit Kalksteinklippen. Von Meereshöhe bis ca. 2000 m.

Stimme: Wenig bekannt, soll aber deutliche Unterschiede zu *Tyto furcata* aufweisen: Lautes Kreischen in Form eines lang gezogenen „krüüüsch“. Kontaktruf ist ein leises „chie-chie-chie“.

Nahrung: Ratten und Mäuse. Sonstige Beutetiere: kleine Nager, Fledermäuse, Eidechsen, Frösche, Vögel und Insekten.

Brut: Gelege besteht aus 2 bis 7 Eiern, Nest in Baumhöhlen, Mulden und Spalten von Kalksteinklippen. Brutzeit Januar bis Juni. Brutdauer in Gefangenschaft ca. 30 bis 32 Tage.

Bemerkungen: Abtrennung von der Amerika-Schleiereule durch sympatrisches Brutvorkommen mit *Tyto furcata pratincola*.

Ashy-faced Barn Owl – *Tyto glaucops* (Kaup) 1852

Descriptive notes: plate 03 Typical barn owl, but with ashy grey facial disc and orange-brown rim. Above dark yellowish-brown, with blackish mottlings. Underparts pale yellow-brown with dark spots and arrow-shaped barring. Edge of wing orange-brown, wing coverts yellowish-brown, with fine mottlings. Secondaries, primaries and tail feathers with numerous dark bars. Legs rather long, feathered yellowish-brown, toes greyish-brown and bristled. Eyes blackish-brown, bill yellowish horn, claws blackish-brown. Juvenile: Downy chicks white, mesoptile with many creamy white downs, wings and tail similar to adult.

Distribution: Endemic species to the islands of Hispaniola (Dominican Republic and Haiti) and Tortuga. Monotypic.

Status: Endangered by human civilisation. More common in the southern part of the Dominican Republic.

Habitat: Open woodlands and dry and moist broadleaf forest. Oil palm plantations, often near human settlements. Coastal forest with limestone cliffs. From sea level up to ca. 2,000 m.

Voice: Little known, according to recent recordings distinctly different from *Tyto furcata*. High-pitched long-lasting screeching, “krüüüsch”. Contact call is a soft “chie-chie-chie”.

Food: Feeding on rats and mice. Abundant prey: small rodents, bats, lizards, frogs, birds and insects.

Breeding: Clutch of 2 to 7 eggs, nest in tree holes, ledge or sinkholes, also caves in limestone cliffs. Breeds January to June. Incubation in captivity ca. 30 to 32 days.

Remarks: Separation with specific rank from American Barn Owl by sympatric breeding with *Tyto f. pratincola*.

Kleine Antillen-Schleiereule – *Tyto insularis* (Pelzeln) 1872

Kennzeichen: Tafel 03 Nominatform. Länge 27–33 cm, Gewicht 260 g. Rötlich brauner Gesichtsschleier mit rotbrauner Umrandung. Kopf und Rücken schwarzgrau mit rostfarbenen Federbasen. Flügeldecken schwarzgrau marmoriert und mit weißen Spitzenflecken. Große Arm- und Handdecken rostfarben, dunkel marmoriert, mit schwarzgrauen Spitzen und weißem Spitzenfleck. Armschwingen heller als Handschwingen, gebändert, mit dunklen Spitzen und weißem Spitzenfleck. Schwanz mit rostfarbenem Anflug, wie die Handschwingen, und vier Binden. Unterseite beige bis zimtfarben, mit Pfeilspitzen- und Wellenzeichnung. Läufe etwa zur Hälfte befiedert, sonst beborstet. Zehen graugelb und beborstet. Augen schwarzbraun, Schnabel gelblich, Krallen schwarzbraun.

Verbreitung: Kleine Antillen (St. Vincent, Grenada, Carriacou, Union, Bequia, Dominica).

Geografische Rassenverbreitung:
Tyto i. insularis **(Pelzeln) 1872** Siehe Kennzeichen. Die Inseln St. Vincent, Grenada, Carriacou, Union und Bequia in den Kleinen Antillen.
Tyto i. nigrescens **(Lawrence) 1878** Dominica in den Kleinen Antillen. Ähnlich der Nominatform, jedoch nahezu ohne die weißen Spitzenflecken auf der Oberseite und mit geringer Unterseitenzeichnung.

Bestand: *Tyto i. insularis* ist stark gefährdet und auf allen Inseln ihres Verbreitungsgebietes selten. *T. i. nigrescens* ist auf Dominica noch ziemlich verbreitet. Beide Rassen sind durch Habitatzerstörung und Pestizide stark gefährdet.

Lebensraum: Offenes Waldland, Buschwerk, Gehölze, Agrarland und Farmland. Baum- und Felsenhöhlen als Brutplatz.

Stimme: Eventuell ähnlich der anderer Schleiereulen. Klicks und schrilles Kreischen wie „krrriiisch“.

Nahrung: Nachtaktiv, Beutetiere entsprechen der Hispaniola-Schleiereule. Kleinsäuger, Reptilien und Frösche, größerer Anteil an Vögeln bis Taubengröße.

Brut: Bruten auf Dominica im September, Küken wurden im April gefunden. Brütet in Baum- und Felshöhlen sowie in Bodenmulden und auf Dachböden. Gelege 3–7 Eier.

Bemerkungen: Häufig als Rasse zu *Tyto alba, furcata* oder *glaucops* gezählt, aber geografisch isolierte Verbreitung.

Lesser Antilles Barn Owl – *Tyto insularis* (Pelzeln) 1872

Descriptive notes: plate 03 (nominate *insularis*) Length 27 – 33 cm, weight 260 g. Facial disc vinaceous-brown with rufous-brown rim. Head and back blackish-grey, rufous-coloured basally. Wing coverts blackish-grey, basally with lighter mottlings and white spots on tips. Primary and secondary coverts basally with dark mottlings, with blackish-grey tips and white spots on tips. Secondaries distinctly paler than primaries, barred, with dark tips and white spot on tip. Tail feathers washed rufous like primaries, with four distinct bars. Below buffy to cinnamon, arrow-shaped and zig-zag-shaped markings, pointing downwards. Tarsi feathered, lower portion bristled. Toes greyish-yellow, bristled. Eyes blackish-brown.

Distribution: Lesser Antilles (St. Vincent, Grenada, Carriacou, Union, Bequia, Dominica).

Geographical variations:
Tyto i. insularis **(Pelzeln) 1872** (see description) Islands St. Vincent, Grenada, Carriacou, Union and Bequia of the Lesser Antilles.
Tyto i. nigrescens **(Lawrence) 1878** Dominica in the Lesser Antilles. Similar to nominate, but white spots above almost lacking and very reduced markings below.

Status: *Tyto i. insularis* vulnerable, rare on all islands of its distribution. *T. i. nigrescens* relatively common on Dominica. Both subspecies vulnerable by habitat destruction and pesticides.

Habitat: Open woodlands, countryside with bushes and groves of trees, agrarian and farm land, areas with tree holes and cliffs with cavities.

Voice: Little known, eventually similar to other barn owls. Clicks and piercing scream, “crrriiish”.

Food: Nocturnal hunter, prey and foraging habits like the Ashy-faced Barn Owl. Beside small mammals, reptiles and frogs, a larger part of birds, up to the size of a pigeon.

Breeding: Eggs in September on Dominica, chicks in April. Natural cavities in trees and rocks, also sinkholes and attics are common nest sites. Clutch 3 – 7 eggs.

Remarks: Often regarded as subspecies of *Tyto alba, furcata* or *glaucops*, but geographical isolated distribution.

Tafel 03 / Plate 03
oben links / top left: Galapagos-Schleiereule / Galapagos Barn Owl - *Tyto punctatissima*
mitte rechts / centre right: Hispaniola-Schleiereule / Ashy-faced Barn Owl - *Tyto glaucops*
unten rechts / bottom right: Kleine Antillen-Schleiereule / Lesser Antilles Barn Owl - *Tyto insularis insularis*

WEick
2010

Galapagos-Schleiereule – *Tyto punctatissima* (G. R. Gray) 1838

Kennzeichen: Tafel 03 Länge 27–33 cm, Gewicht unbekannt. Oberkopf, Rücken und kleine Flügeldecken schwarzbraun mit vielen kleinen, weißen Flecken. Flügelbug rostorange. Große Hand- und Armdecken rostfarben dunkel gebändert. Armschwingen heller graubraun, mit zahlreicher dunkler Bänderung und weißem Spitzenfleck. Handschwingen rostfarben mit breiten Binden und weißem Spitzenfleck auf dunkler Federspitze. Schwanz rostfarben, mit schmaler Bänderung und weißen Endflecken. Schleier schmutzig rötlich braun bis beige, heller am rostfarben begrenzten Schleierrand. Unterseite hellbeige bis rötlich beige, mit Pfeilspitzenflecken und kleinen Querbinden. Bauch heller, oft mit dunkel gerahmten weißen Flecken. Läufe rötlich gelb befiedert. Zehen und Krallen kräftiger als bei *Tyto insularis*, Zehen gelblich und beborstet. Augen schwarzbraun, Schnabel gelblich weiß, Krallen graubraun. Dunenjunge ähneln denen anderer Schleiereulenarten. Jungvögel haben dunkleres Gesicht.

Verbreitung: Endemisch. Galapagosinseln (Fernandina, Isabela, Santiago, Santa Cruz und San Cristóbal). Monotypisch.

Bestand: Spärliche Verbreitung, durchweg selten, gefährdet. Abschuss wegen angeblichem Erbeuten von Hausgeflügel.

Lebensraum: Trockenes Tiefland mit spärlicher Vegetation bevorzugt. Auch in höheren Lagen mit offener Landschaft und in der Umgebung menschlicher Siedlungen.

Stimme: Raues, schrilles, hohes und ziemlich lang anhaltendes „krrriii" sowie katzenähnliche Rufe wurden beschrieben.

Nahrung: Kleine Nager wie Mäuse und Ratten, Vögel, Insekten und Skorpione. Beutegewicht durchschnittlich 35 g.

Brut: In den tieferen Lagen wird das ganze Jahr gebrütet, im Hochland von November bis Mai. Nest in Mulden, Höhlen und Spalten von Felsen, Lavahängen, Bäumen oder am Boden. Kein Nestbau. Gelegegröße 2–3 Eier. Weibchen brütet etwa 30–32 Tage. Jungenentwicklung ähnlich anderer verwandter Schleiereulen.

Bemerkungen: Häufig als Subspezies von *Tyto alba* oder *furcata* betrachtet. Die isolierte geografische Verbreitung sowie deutliche Unterschiede in Morphologie und Gefieder weisen auf eine lange Isolation und eigenen Artstatus hin.

Galapagos Barn Owl – *Tyto punctatissima* (G. R. Gray) 1838

Descriptive notes: plate 03 Length 27 – 33 cm, weight no data. Crown, back and smaller wing coverts blackish-brown with many tiny white spots. Edge of wing rufous-orange. Great primary and secondary coverts with dense dark barring on rufous-orange veil. Secondaries distinctly paler greyish-brown with numerous but indistinct bars and white spots distally. Primaries rufous-orange with wide dark bars and white spots towards the dark tips. Tail rufous-orange with narrow bars and white terminal spots. Facial disc dirty rufous-brown to buffy, paler near the rufous-orange rim. Underparts pale buffy to rufous-buffy, with arrow-shaped spots and small bars. Belly paler, with dark-framed whitish spots. Legs feathered yellowish to rufous. Toes and claws more powerful than in *Tyto insularis*. Toes pale yellowish and bristled. Eyes blackish-brown, bill yellowish-white, claws greyish-brown. Downy chicks similar to other barn owls, juveniles with darker face.

Distribution: Endemic. Galápagos Archipelago (Fernandina, Isabela, Santiago, Santa Cruz and San Cristóbal). Monotypic.

Status: In general scarce, almost rare and uncommon, vulnerable. Persecuted as potential predator of poultry.

Habitat: Dry and poorly vegetated lowlands, also in higher altitudes with open landscapes and near human settlements.

Voice: A hoarse, shrill and rather high-pitched long lasting "krrreee", and cat-like calls are described.

Food: Small rodents such as mice and rats, birds and insects. Also scorpions and spiders. Average weight of the prey is ca. 35 g.

Breeding: In lowlands, breeding the hole year, in higher levels from November to May. Nesting in sinkholes, on ground, caves and small cavities in rocks or walls of lava, tree holes. No nest is built. Clutch 2 – 3 eggs. Incubated by the female for ca. 30 – 32 days. Nesting period and nest leaving similar to other related barn owls.

Remarks: Often regarded as conspecific with *Tyto alba* or *furcata*. But isolated geographical distribution and distinctly different morphology and plumage suggest a longtime isolation and specifical rank.

Andamanen-Schleiereule – *Tyto deroepstorffi* (Hume) 1876

Kennzeichen: Tafel 04 Länge 30–33 cm, Gewicht unbekannt. Typische Schleiereule, deutliche Unterschiede in der Gefiederfärbung zu allen Schleiereulen, mit sehr kräftigen Füßen und Krallen. Schleier rostfarben bis weinrötlich mit orangebrauner Umrandung. Kastanienbrauner Streifen über und unter dem Auge. Oberseite dunkelbraun, beige und schwarz marmoriert, weiße Flecken an den Kopfseiten. Oberkopf, Rücken, Schulterfedern, Flügel- und Oberschwanzdecken rostrot dunkelbraun marmoriert. Federspitzen grauweiß mit schwarz gerahmten orangefarbenen Flecken. Arm- und Handschwingen heller rostfarben, mit zahlreichen schmalen, dunklen Binden und grauweißen Federspitzen sowie schwarz gerahmten orangen Spitzenflecken. Schwanz rostfarben mit fünf schmalen dunklen Binden und hellen Spitzen. Unterseite goldbeige mit winzigen dreieckigen Flecken, Unterbauch weißlich und spärlich gefleckt. Läufe beige bis rostfarben, bis zu den beborsteten Zehen befiedert. Jungvögel bisher unbeschrieben. Augen schwarzbraun, Wachshaut und Schnabel rahmgelb, Zehen und Krallen rötlich grau.

Verbreitung: Endemische Schleiereule der südlichen Andamanen, wahrscheinlich nur längs der Küsten.

Bestand: Es gibt kaum Angaben zum Bestand und nur fünf neuere Beobachtungen, u. A. durch P. Singh.

Lebensraum: Offenes Gelände längs der Küste. Ruheplätze am Tag sind Gebäude oder Baumhöhlen in deren Umgebung.

Stimme: Hohes und kurzes, leicht abfallendes, krächzendes Kreischen: „SSCHRRREit", mit häufigen Wiederholungen.

Nahrung: Nachtaktiv, verlässt Tageseinstand nach Einbruch der Dunkelheit. Nach untersuchten Gewöllen werden vor allem Mäuse und Ratten erbeutet, wahrscheinlich werden auch Vögel und Insekten gejagt.

Brut: Unbekannt, bisher wurden keine Nistplätze gefunden.

Bemerkungen: Unterschiede in Gefieder und Körperproportionen (starke Fänge) scheinen eigenen Artstatus zu rechtfertigen.

Andaman Barn Owl – *Tyto deroepstorffi* (Hume) 1876

Descriptive notes: plate 04 Length 30 – 33 cm, weight no data. In shape and size a typical barn owl, but distinctly different in plumage to all other barn owls. Related to its size with powerful feet and talons. Facial disc rufous to vinaceous, rimmed orange-brown. Chestnut-coloured streak before and behind the eyes. Upper surface dark brown, freckled buffy and blackish and white spots on rear of the head. Crown, back, scapulars, wing and uppertail coverts with rufous ground colour, mottled dark brown. Feather tips greyish-white with blackish–framed, orange-coloured spots. Secondaries and primaries paler in ground colour, with numerous narrow, dark bars and greyish-white feather tips with blackish-framed orange-coloured spots. Tail pale rufous with five narrow dark brown bars and pale tips. Underparts bright golden buffy, with tiny triangular spots, belly becoming whitish with few spots. Legs feathered buffy-rufous down to base of the bristled toes. Juveniles: No data. Eyes blackish-brown, bill and cere creamy-coloured, toes and claws vinaceous-grey.

Distribution: Endemic barn owl, only known from South Andamanes and probably only along the coasts.

Status: Uncertain, known from just five records, recently by P. Singh.

Habitat: Definitely recorded only in open country (fields) along the coasts. Roost in buildings or nearby hollow trees.

Voice: Calls little known; a rather high-pitched and short, slightly downslurred, raspy screech "SSCHREit", repeated several times was recorded.

Food: Nocturnal, leaving its roost in building or tree on every evening at dusk. Bones of mice and rats have been found in collected pellets. Probably also hunts birds and insects.

Breeding: Undocumented and no known nesting sites.

Remarks: Due to plumage and proportional differences (strong feet), this barn owl is considered a separate species.

Tafel 04 / Plate 04
oben / top: Malegassen-Schleiereule / Madagascar Red Owl - *Tyto soumagnei*
unten / bottom: Andamanen-Schleiereule / Andaman Barn Owl - *Tyto deroepstorffi*

Malegassen-Schleiereule – *Tyto soumagnei* (Milne-Edwards) 1878

Kennzeichen: Tafel 04 Länge 28–30 cm, Gewicht 320–435 g. Kleine Schleiereule, Färbung bei Männchen und Weibchen gleich. Altersbedingte Unterschiede im Gefieder unbekannt. Oberkopf, Nacken und die gesamte Oberseite ockergelb bis rotbraun-ockerfarben, mit feiner dunkler Fleckung, am dichtesten auf dem Oberkopf. Schleierrand braunorange, dunkel gefleckt. Weißlich grauer bis beigegrauer Gesichtsschleier, um die Augen und bis Schnabelwurzel etwas dunkler. Schwungfedern auf den Innenfahnen mit weit auseinanderstehender schmaler Bänderung. Unterseite hellbeigeorange mit feinen dunklen Tupfen. Schwanz beigeorange, undeutlich gebändert. Läufe bis zu den Zehen befiedert. Zehen und Krallen sehr kräftig. Iris schwärzlich, Schnabel hellgrau. Füße rötlich hellgrau, Krallen dunkelgrau. Küken weiß bedunt, Jungvögel ähnlich den Alten, jedoch mit kräftigerer Färbung.

Verbreitung: Endemisch auf Madagaskar. Monotypisch.

Bestand: Äußerst selten und stark gefährdet. Es gibt nur wenige neuere Beobachtungen: 1973, 1993 und 1994.

Lebensraum: Feuchte Regenwälder im nordöstlichen Madagaskar. Lichtungen und Rodungen mit Buschwerk. Offenes, an Waldungen grenzendes Gelände. Reisfelder. Von Meereshöhe bis in Höhen von ca. 1200 m.

Stimme: Typische Schleiereulenrufe, häufig beim Verlassen des Rastplatzes zu hören. Lautes, zischendes Kreischen, leicht abfallendes „tschiiirorrr". Der Alarmruf klingt wie „wok wok wok".

Nahrung: Nachtaktiv. Jagt kleine Säugetiere, z. B. Tanreks, Mäuse und Ratten, auch Fledermäuse, Vögel und Insekten.

Brut: Nisthöhle wurde in einem alten Baum in ca. 23 m Höhe gefunden. Zwei Küken fand man im September, flügge Junge im November/Dezember. Junge halten sich etwa vier Monate im Bereich des Nistplatzes auf.

Bemerkungen: Eng verwandt mit der Gruppe *Tyto alba*. Von dieser seltenen Eule und ihrer Biologie ist nur wenig bekannt.

Madagascar Red Owl – *Tyto soumagnei* (Milne-Edwards) 1878

Descriptive notes: plate 04 Length 28 – 30 cm, weight 320 – 435 g. A small barn owl, sexes alike. Crown, nape and entire upperparts yellow-ochre to rufous-ochre with fine dark spotting, densest on the crown. Rim orange-brown, dark spotted. Whitish-grey to buffy-grey facial disc, somewhat darker around the eyes and extending towards the base of the bill. The inner webs of the flight feathers are marked with four to five widely spaced, narrow dark bars. Underparts pale buffy-orange with fine dark spots. Tail buffy-orange with fine barring. Legs feathered down to the base of toes. Toes and talons powerful. Iris blackish, bill creamy to pale greyish, toes pale pinkish-grey, Downy chicks white, juvenile similar to adult, but initially with brighter plumage.

Distribution: Endemic to Madagascar. Monotypic.

Status: Globally threatened, classified as endangered, very rare. Few recent observations exist: 1973, 1993 and 1994.

Habitat: Humid rain forests in Northeastern Madagascar. Clearings, secondary forest and bushes. Also in open habitat adjacent to forests. Rice paddies. From sea level up to about 1,200 m.

Voice: Call is typical for barn owls, often given when leaving the roost. It is a loud, hissing screech, dropping in pitch, "cheeerorrr". Alarm call is a "wok wok wok".

Food: Nocturnal. Prey includes small mammals e.g. tenrecs, mice and rats, probably also bats, birds and insects.

Breeding: One nest has been found in a natural cavity in an old tree ca. 23 m above ground. Two hatched chicks found in September, fledged young in November/Dezember. The young remained in the nesting area for about four months.

Remarks: Close relative of the *Tyto alba* group. Little is known of this rare owl.

Australien-Schleiereule – *Tyto delicatula* (Gould) 1837

Kennzeichen: Tafel 05 Nominatform. Länge 30–39 cm, Gewicht 230–470 g. Oberseite braun- bis hellgrau, spärlich weiß und schwarz gefleckt. Rücken meist ohne gelbliche oder beigebraune Tönung. Kleine Flügeldecken, Alula und Handdecken beigebraun mit schwarzen, grauen und weißen Flecken. Große Decken und Armdecken grau, dicht weiß und schwarz gefleckt mit weißen Spitzenflecken. Armschwingen gelblich bis beigeorange, mit dichter grauer und schwarzer Fleckung, drei dunklen Binden und schwarz umrandeten, weißen Spitzenflecken. Handschwingen mehr beigeorange, dicht gefleckt und mit vier dunklen Binden und weißen, schwarz umrandeten Spitzenflecken. Schwanz relativ kurz, hellgrau bis gelblich oder beigeorange, mit dunkler Bänderung und weißlichen Spitzen. Schleier weißlich mit schmaler, unregelmäßig gefleckter Begrenzung, Halsseiten und Unterseite weiß mit feiner bis grober Fleckung. Läufe schlank, im oberen Teil befiedert, sonst beborstet, Zehen nackt und beborstet. Jungvögel haben oberseits, auf Halsseiten und Brust beigebraunen Anflug und dichtere Unterseitenfleckung. Augen schwarzbraun, Schnabel weißlich, Läufe und Zehen gelblich grau, Krallen dunkelgraubraun. Im Verbreitungsgebiet ist die Gefiederfärbung ziemlich variabel, Unterseite manchmal reinweiß, ohne Fleckung.

Verbreitung: Australien und vorgelagerte Inseln, Tasmanien, Sumba, Sawu, Roti, Timor, Jaco, Wetar, Kisar, Tanimbar-Inseln, Long Island, Neubritannien, Neuirland, Nissan, Buka, Salomonen, Vanuatu, Neukaledonien, Loyalitätsinseln, Fidschi-Inseln, Rotuma, Tonga, Wallis und Futuna, Nive, Samoa, östliches Papua-Neuguinea, auf Neuseeland eingebürgert.

Geografische Rassenverbreitung:
***T. delicatula sumbaensis* (Hartert) 1897** Insel Sumba in den Kleinen Sundainseln. Kopf und Hals heller grau als Nominatform, Rücken, Flügel- und Handdecken schön zimtorange, Armdecken, Armschwingen und Handschwingen gelblich bis beige, dunkel gefleckt und gebändert. Schwanz weißlich mit schmaler dunkler Bänderung.
***T. d. meeki* (Rothschild & Hartert) 1907** Östliches Papua-Neuguinea, Manam und Karkar. Kopf, Nacken, Rücken, Alula und Handdecken mehr beigeorange als *delicatula*, Flügeldecken, Arm- und Handschwingen heller. Schwanz weiß bis beigeweiß mit feiner Bänderung. Unterseitenfleckung pfeilförmig.
***T. d. delicatula* (Gould) 1837** Siehe Kennzeichen. Australien und vorgelagerte Inseln, Tasmanien, Sawu, Roti, Timor, Jaco, Wetar, Kisar und Tanimbar-Inseln, Long Island, Neubritannien, Neuirland, Nissan, Buka, Salomonen, Südvanuatu, Neukaledonien, Loyalitätsinseln, Fidschi-Inseln (nördlich bis Rotuma), Tonga, Wallis und Futuna, Westsamoa und Samoa.
***T. (d.) crassirostris* Mayr 1935** Boang-Insel der Tanga-Gruppe im Bismarck-Archipel. Oberseite dunkler, mehr graublau bis dunkelgrau als Nominatform, Flügel und Schwanz sind dunkler marmoriert und gebändert. Unterseite mit beige-gelbem Anflug und pfeilförmigen Flecken auf den Flanken. Schnabel und

Australian Barn Owl – *Tyto delicatula* (Gould) 1837

Descriptive notes: plate 05 (Nominate) Length 30 – 39 cm, weight 230 – 470 g. Upperparts brownish-grey to pale grey, spotted white and blackish. Back mostly without yellowish or buffy-brown wash. Smaller wing coverts, alula and primary coverts buffy-brown, with blackish, grey and white spots. Greater and secondary coverts greyish, spotted white and blackish, with white spots on tips. Secondaries pale yellowish to buffy-orange, densely spotted grey and blackish, with three dark bars and white, blackish-framed spots on feather tips. Primaries more buffy-orange, densely spotted and with four bars, feather tips with white, blackish-framed spots. Tail relatively short, pale grey to yellowish or buffy-orange, dusky barred and with white tips. Facial disc white with narrow, irregularly spotted rim. Rear of neck and undersurface white, finely or more coarsely spotted. Legs slender, only feathered on the upper part, greater part of tarsi and toes bristled. Immature birds more brown on upperparts, rear of neck and chest with buffy-brown wash, underparts more densely spotted. Eyes blackish-brown, bill whitish, tarsi and toes pale yellowish-grey, claws dark greyish-brown. Underparts sometimes clear white without spots.

Distribution: Australia and offshore islands, Tasmania, Sumba, Sawu, Roti, Timor, Jaco, Wetar, Kisar, Tanimbar Islands, Long Island, New Britain, New Ireland, Nissan, Buka, Solomon Islands, Vanuatu, New Caledonia, Loyalty Islands, Fiji, Rotuma, Tonga, Wallis and Futuna, Nive, Samoa, East Papua New Guinea. Introduced in New Zealand.

Geographical variations:
***T. delicatula sumbaensis* (Hartert) 1897** Sumba Island in the Lesser Sundas. Head and neck paler greyish than in nominate, bright cinnamon-orange on back, wing coverts and primary coverts, secondary coverts, secondaries and primaries pale yellowish to buffy, dark spotted and barred. Tail whitish, with narrow dark bars.
***T. d. meeki* (Rothschild & Hartert) 1907** East Papua New Guinea, Manam and Karkar Islands. Head, nape, back, alula and primary coverts more buffy-orange than nominate, wing coverts, secondaries and primaries distinctly pale. Tail whitish with yellow tinge and fine barring. Spotting below more arrow-shaped.
***T. d. delicatula* (Gould) 1837** (see description) Australia and offshore islands, Tasmania, Sawu, Roti, Timor, Jaco, Wetar, Kisar and Tanimbar Islands, Long Island, New Britain, New Ireland, Nissan, Buka, Solomon Islands including Bougainville, South Vanuatu, New Caledonia, Loyalty Islands, Fiji Islands. North to Rotuma, Tonga, Wallis and Futuna Islands, West Samoa and Samoa.
***T. (d.) crassirostris* Mayr 1935** Boang Island in the Tanga group, Bismarck Archipelago. Upperparts distinctly darker, more bluish-grey to dark grey than nominate, wings and tail distinctly darker vermiculated and barred. Below more buffish tinged and with arrow-shaped spots on flanks. Bill and feet more powerful

Tafel 05 / Plate 05
Australien-Schleiereule / Australian Barn Owl - *Tyto delicatula delicatula*
oben / top: male
unten / bottom: female

WEICK 2010

Fänge viel kräftiger als bei allen anderen Rassen dieser Art. Unterschiede in Gefieder, Füßen und Schnabel weisen auf eigenen Artstatus hin.
***T. d. interposita* Mayr 1935** Santa-Cruz-Inseln, Banks-Inseln und Nordvanuatu. Halsseiten und Unterseite mit ockerrötlichem Anflug.

Bestand: In Australien und einigen vorgelagerten Inseln noch relativ häufig. Populationsgrößen sind vom Vorkommen entsprechender Beutetiere abhängig. Status auf Neuguinea und den weitverstreuten Inseln in Melanesien ist so gut wie unbekannt. Gefährdet durch Zerstörung des Lebensraumes und dem Aufbringen von Nagergiften.

Lebensraum: Halboffenes und offenes Waldland, Agrar- und Weideland, Savannen mit Baumgruppen, felsige Areale mit Höhlen, Halbwüsten und Trockengebiete mit Gestrüpp, felsige vorgelagerte Inseln, Siedlungsbereich.

Stimme: Ein raues, dünnes und fiepsendes Kreischen wie etwa „chrriihäärr" ist vom sitzenden und fliegenden Vogel zu hören.

Nahrung: Kleine Nager wie Mäuse, Ratten oder Wühlmäuse, Fledermäuse, kleine Beuteltiere, auch Flugbeutler. Frösche Eidechsen, Kleinvögel, Insekten und Spinnen. Nachtaktiv, jagt in lautlosem Suchflug und vom Ansitz.

Brut: Brütet in Australien zu jeder Jahreszeit. Nistet in Naturhöhlen, meist Baumhöhlen bis in 20 m Höhe. Die 3 bis 7 Eier werden auf den Höhlenboden zwischen Gewöll- und Beutereste gelegt. Das Weibchen brütet etwa 30 bis 34 Tage und wird vom Männchen mit Beute versorgt. Die Jungen sind mit etwa 50 bis 55 Tagen flügge.

Bemerkungen: Die Taxa *everetti*, *kuehni*, *bellonae*, *lifuensis* und *lulu*, häufig als Subspezies anerkannt, sind hier mit *delicatula* vereinigt, da sie von dieser kaum oder nur wenig unterscheidbar sind, und gelten als Synonyme.

than in all other subspecies of this species. According to the different plumage, bill and feet, recently regarded as full species.
***T. d. interposita* Mayr 1935** Santa Cruz Islands, Banks Islands and North Vanuatu. Rear of neck and underparts washed ochre-orange.

Status: In Australia and some of the offshore islands rather widespread. Populations may increase or decline with numbers of rodents. Status on New Guinea and the vast extended distribution on Melanesian islands uncertain. Endangered by habitat destruction and use of rodenticides.

Habitat: Semi-open and open forests and woodlands, farmland, grassland, bushy open country, rocky areas with caves, semi-deserts, rocky offshore islands, also near human settlements.

Voice: A hoarse, thin and reedy screech, "chrreehairr", is uttered from perch and in flight.

Food: Mainly small rodents such as mice, rats or voles, also bats, small marsupials and gliders. Lizards, frogs, small birds, insects and spiders. Strictly nocturnal hunting, flight silent with rather slow wing beats or from perch.

Breeding: Breeds at all times of the year in Australia. Nests in natural cavities, chiefly in hollow trees, up to 20 m from ground level. 5 to 7 eggs are laid on the bottom of the hole, an a layer of decayed debris and remains of prey. Female incubates alone, being fed by the male. The young are fledged at 50 to 55 days.

Remarks: The taxa *everetti*, *kuehni*, *bellonae*, *lifuensis* and *lulu*, often regarded as subspecies, merged with the widespread nominate *delicatula*, not or hardly distinguable from it, are inseparable and synonymous.

Goldeule – *Tyto aurantia* (Salvadori) 1881

Kennzeichen: Tafel 06 Länge 27–33 cm, Gewicht unbekannt. Kleine und schwachfüßige Schleiereule mit überwiegend goldbeiger Gefiederfärbung. Rücken, Flügeldecken, Handschwingen und Schwanz etwas dunkler. Kopf und Oberseite mit dunkelbraunen Doppelflecken und v-förmigen Abzeichen. Diese sind auf dem Rücken und den Flügeldecken ziemlich groß, größer und kräftiger auf Mantel und Schulterfedern. Arm- und Handdecken dunkel gebändert, mit v-förmigen Subterminalbinden und aufgehellten Spitzen. Armschwingen sind heller als Handschwingen und Schwanz, mit vier dunklen Binden und v-förmigen Abzeichen auf den Spitzen. Handschwingen mit zahlreichen dunklen Binden und dunklen Spitzen. Schwanz mit 5 bis 6 dunklen Binden und hellen Spitzen. Schleier rötlich gelb mit schmaler rostbrauner, dunkel gefleckter Begrenzung. Unterseite heller goldbeige mit dunkelbraunen, parallel angeordneten Doppelflecken. Läufe lang und bis zu den Zehen befiedert. Zehen schwach, nackt und beborstet. Grauweißer Schnabel im Verhältnis zur Körpergröße sehr kräftig. Augen schwarzbraun, Zehen gelblich grau. Krallen hornbraun. Weibchen etwas größer als Männchen. Jungvögel sind bisher unbeschrieben.

Verbreitung: Endemische Art der Insel Neubritannien im Bismarck-Archipel. Monotypisch.

Bestand: Selten mit nur wenigen neueren Feldbeobachtungen, einschließlich von zwei Sichtnachweisen 1978 und 1984 am Rande von Waldungen. Die Art ist durch Rodung des Lebensraumes gefährdet.

Lebensraum: Tropischer Regenwald mit Lichtungen und an Randzonen, Schluchten mit Busch- und Baumbewuchs. Vom Tiefland bis in etwa 1830 m über Meereshöhe.

Stimme: Rufe wie „ka-ka" mit 6-maliger Wiederholung pro Sekunde, auch ein langes, ansteigendes Pfeifen.

Brut: Bisher unbekannt.

Bemerkungen: Von dieser Eule ist von Biologie und Verhalten leider nur wenig bekannt.

Golden Masked Owl – *Tyto aurantia* (Salvadori) 1881

Descriptive notes: plate 06 Length 27 – 33cm, weight no data. A relatively small and weak-footed barn owl with predominantly golden-buffy plumage, somewhat darker on back, wing coverts, primaries and tail feathers. Head and upperparts with dark brown double spots and V-shaped markings. These rather large on back and wing coverts, distinctly larger and stronger on mantle and scapulars. Secondary and primary coverts darkly barred, with V-shaped subterminal bands and pale tips. Secondaries are paler than primaries and tail, with four dark bars and V-shaped markings on tips. Primaries with numerous dark bars and dark tips. Tail with 5 to 6 dark bars and pale tips. Facial disc pale reddish-yellow, with narrow rufous-brown and dark-speckled rim. Underparts somewhat paler golden-buff than upperparts, with dark brown, parallelly arranged double spots. Legs long, feathered down to base of toes. Toes relatively weak, bare and bristled. Bill is rather powerful in relation to body size. Eyes blackish-brown, bill greyish-white and toes yellowish-grey. Claws horn-brown. Female somewhat larger than male. Juveniles undescribed.

Distribution: Endemic species to New Britain Island in the Bismarck Archipelago. Monotypic.

Status: Rare, with only few recent field records, including two sightings in 1978 and 1984 in forest edge habitat. Species is threatened by forest destruction.

Habitat: Tropical rain forest with clearings and forest edges, wooded and bushy ravines. From lowlands up to about 1,830 m above sea level.

Voice: Calls "ka-ka", repeated 6 times per second, and a long ascending whistle are recorded at night.

Breeding: Undescribed.

Remarks: Biology and behaviour of this species are poorly known.

Tanimbar-Schleiereule – *Tyto sororcula* (P. L. Slater) 1883

Kennzeichen: Tafel 06 Nominatform. Länge 29–31 cm, Gewicht unbekannt. Grundfärbung oberseits beigeorange mit großen dunkelbraunen Tupfen und feinen weißen Flecken, Rücken auch mit weißen Doppelflecken. Kopf und Rücken am dunkelsten. Die einzelnen Federn mit beigem und gelblichem Basalteil

Lesser (Tanimbar) Masked Owl – *Tyto sororcula* (P. L. Slater) 1883

Descriptive notes: plate 06 (Nominate *sororcula*). Length 27 – 31 cm, weight no data. Upperparts with buffy-orange ground colour, large dark brown blotches and fine white spots, on back with white double spots. Head and back darkest. Buffy and yellowish basal parts of feathers give a mottled appearance.

Tafel 06 / Plate 06
oben / top: Goldeule / Golden Masked Owl - *Tyto aurantia*
unten / bottom: Tanimbar-Schleiereule / Lesser (Tanimbar) Masked Owl - *Tyto sororcula*

Weick

wirken gescheckt. Armdecken und Armschwingen heller graubeige mit feiner Marmorierung, dunklen Binden und weißen Spitzenflecken. Handdecken und Handschwingen mehr rostfarben mit breiten, dunkelbraunen, hell begrenzten Binden. Schwanz rostfarben, mit dunklen, weiß begrenzten Binden. Schleier rostbeige, dunklere Zone um die Augen bis zur Schnabelwurzel. Schleierrand orangebraun mit dunklen Flecken. Kehle, Brust und gesamte Unterseite weißlich, auf den Hals- und Brustseiten mit beigegelbem Anflug und groben, braunen Flecken und Binden. Läufe sind nur im oberen Teil befiedert. Rest wie Zehen beborstet. Augen schwarzbraun, Schnabel rahmgelb, Zehen gelblich grau, Krallen braun bis schwärzlich. Jugendkleid unbekannt.

Verbreitung: Tanimbar-Inseln Larat und Yamdena, Molukken-Inseln Buru und Seram.

Geografische Rassenverbreitung:
***T. sororcula sororcula* (P. L. Sclater) 1883** Siehe Kennzeichen. Tanimber-Inseln Larat und Yamdena. Es sind nur zwei Bälge in Museen bekannt.
***T. s. cayelii* (Hartert) 1900** Molukken-Inseln Buru und Seram. Etwas größer als Nominatform, mehr rötlich beige Grundfärbung. Oberseite mehr schwarzbraun gefleckt. Es sind nur zwei Bälge bekannt. Vielleicht eigenständige Art. Auf Seram wurde 1987 eine Schleiereule fotografiert, deren Artzugehörigkeit aber unklar ist.

Bestand: Äußerst selten, Angaben zum Vorkommen fehlen völlig. Einrichtung von Schutzgebieten in den Tieflandwäldern auf den Inseln wäre unbedingt notwendig.

Lebensraum: Regenwald (Buru, Seram) oder unberührter Monsunwald (Tanimbar).

Stimme: Drei schrille Pfiffe innerhalb von 2 Sekunden, manchmal gefolgt von 3–4 langsameren Pfiffen sowie hohes Kreischen.

Nahrung: Unbekannt, jedoch sicher ähnlich dem Beutespektrum verwandter Arten.

Brut: Unbekannt.

Bemerkungen: Taxonomie, Ökologie und Biologie sind unbekannt. Erforschung wäre dringend erforderlich, um Schutzmaßnahmen ergreifen zu können.

Secondary coverts and secondaries paler, with greyish-buffy ground colour, fine dense mottling, dark bars and white tips. Primary coverts and primaries more rusty-coloured, with broad, dark brown, whitish-framed bars. Tail also rusty-coloured, with dark, whitish-framed bars. Facial disc rufous-buffy, darker area around eyes, extending to base of bill. Orange-brown, darker-spotted rim. Throat, breast and entire underparts whitish, with buffy-yellowish wash on sides of neck and breast and with coarse brown spots, blotches and bars. Tarsus feathered only on upper part, lower part and toes bare and bristled. Eyes blackish-brown, bill creamy-yellow, toes yellowish-grey, claws brown to blackish. Juveniles unknown.

Distribution: Tanimbar Islands Larat and Yamdena, Moluccas Buru and Seram.

Geographical variations:
***T. sororcula sororcula* (P. L. Sclater) 1883** (see Descriptive notes) Tanimbar Islands Larat and Yamadena. Only known from two museum skins.
***T. s. cayelii* (Hartert) 1900** Moluccas Islands Buru and Seram. Somewhat larger than nominate and with more tawny-buff ground colour. Upperparts with more blackish-brown blotches. Only known from two skins. This taxon probably is a separate species. In 1987 on Seram, a further barn owl was photographed, but its specific rank is not clear.

Status: Extremely rare, without recent data regarding distribution. The conservation of lowland forest on the islands is urgently required.

Habitat: Rain forest (Buru, Seram) or primary monsoon forest (Tanimbar).

Voice: Three screeched whistles over a period of 2 seconds, sometimes preceded by 3 – 4 slower, higher-pitched screeches.

Food: Unknown, but surely similar to the prey of related species.

Breeding: Undescribed.

Remarks: Taxonomy, ecology and biology are unknown and urgently required for conservation.

Taliabu-Schleiereule – *Tyto nigrobrunnea* Neumann 1939

Kennzeichen: Tafel 07 Länge 31 cm, Gewicht unbekannt. Es gibt nur einen Balg dieser Eule, der sich im Staatlichen Museum für Tierkunde in Dresden, Deutschland, befindet. Oberseite dunkelbraun mit weißen Federspitzen auf Kopf, Rücken, Flügeldecken und Schulterfedern. Arm- und Handschwingen einfarbig dunkelbraun ohne Bänderung. Schwanz dunkelbraun mit drei dunkleren Binden. Gesichtsschleier rötlich braun, um die Augen dunkler. Schleierbegrenzung hell mit dunklen Flecken. Unterseite goldbraun, dunkel gefleckt. Unterschwanzdecken hellrostgelb, ungefleckt. Tarsen bis zum unteren Drittel goldbraun befiedert, dieses und die kräftigen Füße beborstet. Augen schwarzbraun, Schnabel grau, nackter Teil des Tarsus und Zehen gelbgrau, Krallen schwarzbraun. Jugendgefieder unbekannt.

Verbreitung: Insel Taliabu, Sulu-Archipel. Monotypisch.

Bestand: Lange Zeit nur durch einen Balg bekannt. Es gibt nur eine neuere Beobachtung und ein Foto. Äußerst selten und stark gefährdet, da es auf der Insel keine Schutzgebiete gibt.

Lebensraum: Wahrscheinlich Regenwaldbewohner, neuerdings in gelichtetem Niederungswald beobachtet, den die Eule wahrscheinlich nur zur Jagd aufsucht.

Stimme: Unbekannt.

Nahrung: Unbekannt.

Brut: Unbekannt.

Bemerkungen: Biologie und Verhalten dieser wohl seltensten Schleiereule sind völlig unbekannt.

Taliabu Masked Owl – *Tyto nigrobrunnea* Neumann 1939

Descriptive notes: plate 07 Length 31 cm, weight no data. Only one skin known, stored in Staatliches Museum für Tierkunde, Dresden, Germany. Upperparts dark brown with white feather tips on head, back, wing coverts and scapulars. Secondaries and primaries uniform dark brown, unmarked. Tail dark brown, with three darker bars. Facial disc reddish-brown, somewhat darker near eyes. Rim paler, dark spotted. Underparts deep golden-brown, dark spotted. Undertail coverts paler, rufous-yellow and unspotted. Legs feathered golden-brown to lower third of tarsus. That and the powerful feet bristled. Eyes blackish-brown, bill greyish, bare part of tarsus and toes yellowish-grey, claws blackish-brown. Juveniles unknown.

Distribution: Taliabu Island, Sulu Archipelago. Monotypic.

Status: Formerly only known from a single skin. Only few recent sight records and one photo. Extremely rare and heavily threatened. No protected areas on the island. Listed as vulnerable.

Habitat: Presumbly rain forest, sighted recently in selective logged lowland forest, which it perhaps enters only for hunting.

Voice: Undescribed.

Food: No data.

Breeding: Undescribed.

Remarks: Biology and behaviour of this presumbly rarest barn owl are totally unknown.

Tafel 07 / Plate 07
oben / top: Minahassaeule, Minahassa-Schleiereule / Minahassa Masked Owl - *Tyto inexspectata* light morph
unten / bottom: Taliabu-Schleiereule / Taliabu Masked Owl - *Tyto nigrobrunnea*

Minahassaeule, Minahassa-Schleiereule
***Tyto inexspectata* (Schlegel) 1879**

Kennzeichen: Tafel 07 Länge 27–31 cm, Gewicht unbekannt. Kleine, kurz- und rundflügelige Schleiereule, mit rostfarbenem Gefieder und relativ kräftigen Fängen. Schleier hellrostfarben, um die Augen bräunlich mit rotbraunem Zügelstreifen. Schleierrand rotbraun, dunkel gesprenkelt. Nacken und Flügelbug am dunkelsten. Oberkopf und Hals rostbraun dicht mit schwarzbraunen und weißen Flecken bedeckt. Zwischen Nacken und Oberrücken heller, als rötlicher, schwarz gefleckter Halbkragen. Rücken und Flügeldecken goldbraun, mit großen, schwarz umrandeten weißen Flecken und dunkler Marmorierung. Große Decken und Armschwingen heller, rötlich gelb mit zahlreicher dunkler Bänderung. Handschwingen und Schwanz rostorange, zahlreich gebändert und mit weißen Spitzen. Unterseite rahm- bis rötlich weiß, mit feinen dunklen Flecken. Läufe rötlich gelb, bis an die Zehen befiedert, Zehen nackt und spärlich beborstet. Das Jugendkleid ist unbekannt. Augen schwarzbraun, Schnabel gelblich, Zehen rötlich grau bis graubraun, Krallen schwarzbraun.

Verbreitung: Minahassa-Halbinsel auf Nordsulawesi. Monotypisch.

Bestand: Spärliche Verbreitung und selten. Es gibt nur wenige Balgbelege und 3 neuere Beobachtungen sowie einen Todfund im Lore Lindu Nationalpark.

Lebensraum: Teilt den Lebensraum mit *Tyto rosenbergi*. Primärwald mit dichtem Lianen-, Farn- und Epiphytenbewuchs, auch in gelichteten Waldungen, Trocken- und Galeriewald, von 100 bis 1500 m Höhe, des Hügel- und Berglandes.

Stimme: Soll ähnlich der Stimme von *Tyto rosenbergi* klingen, aber weicher und höher.

Nahrung: Keine Angaben, jagt bei Dunkelheit wahrscheinlich ähnliche Beutetiere wie andere Schleiereulen ihrer Größe.

Brut: Brutzeit wahrscheinlich Anfang April. Eine mögliche Nisthöhle fand man im Stamm eines Elmerrillia-Baumes. Flügger Jungvogel wurde von den Alten Anfang September in einer 25 m hohen Würgefeige gefüttert.

Bemerkungen: Biologie und Verhalten dieser Schleiereule ist bislang nahezu völlig unbekannt.

Minahassa Masked Owl
***Tyto inexspectata* (Schlegel) 1879**

Descriptive notes: plate 07 Length 27 – 31 cm, weight no data. A small, short- and round-winged barn owl, with rufous appearance and relatively powerful feet. Facial disc pale rufous, with brownish shading around eyes and rufous-brown streak from eye to base of bill. Rim rufous-brown with dark speckles. Nuchal area and bend of wings darker than surrounding plumage. Crown and neck rufous, spotted densely dark brown and white. Nape between head and upper back somewhat paler, forming a rufous-buffy, black-spotted half-collar. Back and wing coverts golden-brown with relatively large white, blackish-framed spots and dark mottling. Greater coverts and secondaries paler rufous-buff with several dark bars. Primaries and tail feathers rufous-orange, with several dark bars and white tips. Underparts creamy to fulvous-white, with fine dark spots. Legs feathered rufous-white to base of toes, the latter bare and sparsely bristled. Juveniles unknown. Eyes blackish-brown, bill yellowish, toes reddish-grey to greyish-brown, claws blackish-brown.

Distribution: Minahassa Peninsula in North Sulawesi. Monotypic.

Status: Sparsely distributed and rare. Known only from few specimens and 3 sightings, one specimen found dead in the Lore Lindu National Park.

Habitat: Occurs alongside the larger *Tyto rosenbergi*. Primary forest with dense lianas, ferns and epiphytes, lightly disturbed hill and lower montane forest, drier forest and riverine forest, from 100 to 1,500 m above sea level.

Voice: Similar to that of *Tyto rosenbergi*, but weaker and less deep.

Food: No data, hunting nocturnal, prey probably similar to that of other barn owls of its size.

Breeding: Evidence of breeding in early April, juveniles beeing fed by adults sighted in early September. One probable nest hole was in an Elmerrillia tree. Fledged young was fed by adults in an about 25 m high strangler fig tree.

Remarks: Biology and behaviour of this barn owl are almost totally unknown.

Manus-Schleiereule – *Tyto manusi* Rothschild & Hartert 1914

Kennzeichen: Tafel 08 Länge 33 cm, Gewicht unbekannt. Gefieder sehr ähnlich einer dunklen Morphe von *T. n. novaehollandiae*, oberseits jedoch dunkler und mit völlig verschiedener Handschwingenzeichnung. Oberkopf, Rücken und kleinere Flügeldecken dunkelgraubraun, schwärzlich gefleckt und marmoriert, mit kleinen weißen Spitzenflecken. Federbasen ocker- bis zimtfarben. Arm- und Handschwingendecken heller, gelblich- bis grau-braun und schwärzlich marmoriert. Arm- und Handschwingen von derselben Grundfarbe, dicht marmoriert und schwach gebändert. Schwanz gelblich grau, dunkler marmoriert und mit weißlich begrenzten Binden. Schleier weißlich, in Augennähe und bis zur Schnabelwurzel rötlich braun. Undeutlicher, schmaler, dunkel gefleckter Schleierrand. Halsseiten und Kehle weißlich, restliche Unterseite und Läufe hellockerrötlich, spärlich und unregelmäßig braun gefleckt. Zehen nackt und dünn beborstet. Küken im ersten und zweiten Dunenkleid ähnlich denen der Neuhollandeule. Jugendkleid unbekannt. Augen schwarzbraun, Schnabel rahm- bis pinkweiß. Zehen gelbgrau bis graubraun. Krallen graubraun bis schwärzlich.

Verbreitung: Insel Manus der Admiralitätsinseln, im Bismarck-Archipel. Wahrscheinlich monotypisch.

Bestand: Keine Sichtbeobachtung seit 1934, äußerst selten und gefährdet. Meidet vermutlich menschliche Ansiedlungen, bewohnt entlegene Gebiete abseits des spärlichen Wegenetzes der Küsten und des Inlandes.

Lebensraum: Regenwald, eventuell ausschließlich im Hügelland und in höheren Lagen.

Stimme: Unbekannt.

Nahrung: Unbekannt.

Brut: Unbekannt.

Bemerkungen: Manchmal als Rasse von *T. novaehollandiae* betrachtet, deutliche Unterschiede in Gefiederzeichnung und das isolierte Vorkommen sprechen für eigenen Artstatus.

Manus Masked Owl – *Tyto manusi* Rothschild & Hartert 1914

Descriptive notes: plate 08 Length ca. 33 cm, weight unknown. Plumage similar to dark morph of *T. n. novaehollandiae*, but with darker upperparts and totally different markings of primaries. Crown, back and smaller wing coverts dark grey-brown, blackish mottled and vermiculated and with small white spots on tips. Basal parts of feathers more ochre to cinnamon. Secondary and primary coverts somewhat paler, yellowish to greyish-brown, blackish vermiculated. Secondaries and primaries with similar ground colour, densely vermiculated and with indistinct bars. Tail feathers yellowish-grey, darker vermiculated and whitish-framed dark bars. Facial disc whitish and with rufous-brown wash around eyes and down to base of bill. Indistinct narrow and dark-spotted rim. Rear of neck and throat whitish, remaining underparts and legs pale ochre-rufous, sparsely and irregularly spotted brown. Toes bare and bristled. Chicks in the first and second coat probably similar to Australian Masked Owl. Juvenile plumage unknown. Eyes blackish-brown, bill creamy- to pinkish-white. Toes yellowish-grey to greyish-brown, claws grey-brown to blackish.

Distribution: Manus Island of Admiralty Islands, Bismarck -Archipelago. Probably monotypic.

Status: No records since 1934, possibly extremely rare and endangered. Suggests that it is confined to areas away from human settlements and the sparse roads away from coastal and inland areas.

Habitat: Rain forest, probably confined to hilly terrain in higher elevations.

Voice: Undescribed.

Food: Undescribed.

Breeding: Undescribed.

Remarks: Sometimes considered conspecific with *Tyto novaehollandia*, but distinctly different plumage and isolated distribution suggest specific rank.

Tafel 08 / Plate 08
oben / top: Neuhollandeule (Neuguinea ssp.) / Australian Masked Owl (New Guinea ssp.) - *Tyto novaehollandiae calabyi*
unten / bottom: Manus-Schleiereule / Manus Masked Owl - *Tyto manusi*

Weick
2010

Neuhollandeule – *Tyto novaehollandiae* (Stephens) 1826

Kennzeichen: Tafel 08 Nominatform *novaehollandiae*. Länge Männchen 33–42 cm, Weibchen 38–55 cm, Gewicht 545–1260 g. Es gibt helle und dunkle Morphen sowie intermediäre Stücke zwischen diesen Formen. Die Männchen sind jedoch meist heller als die Weibchen.
Dunkle Morphe: Oberseite mit rotbrauner Grundfarbe, schwarzbrauner Fleckung und Marmorierung und weißen Flecken. Flügeldecken sind am dunkelsten, Arm- und Handschwingen heller, braungrau. Drei bis vier dunkle Binden auf den Armschwingen, 5–7 Binden auf den Handschwingen. Schwanzfedern braungrau bis rotbraun mit heller begrenzten, dunklen Binden. Unterseite beigeorange mit v-förmigen Flecken auf Hals, Brust und Bauch. Die befiederten Läufe sind ungefleckt. Gesichtsschleier schmutzig beigebraun, um die Augen dunkler und bis an Schnabelbasis reichend. Schmaler hell und dunkel gefleckter Schleierrand. Zehen nackt und beborstet.
Helle Morphe: Ohne rotbraune Grundfarbe. Mit großen, weißen Flecken auf Rücken, Schulterfedern und Flügeldecken. Kopf- und Halsseiten sowie Unterseite weiß mit spärlichen Flecken. Schwungfedern und Schwanz deutlich heller. Gesicht weiß mit kleinem orangefarbenen Fleck vor dem Auge. Augen schwarzbraun, Schnabel weißlich, Zehen gelbgrau bis gelborange, Krallen dunkelbraun bis schwärzlich. Erstes und zweites Dunenkleid weiß, immature Vögel ähneln den Adulten, jedoch durch Unterdunen flauschiger wirkend.

Verbreitung: Südliches Neuguinea und Daru-Inseln, Australien (ohne Inneraustralien), Tasmanien und Maria-Inseln.

Geografische Rassenverbreitung:
T. n. calabyi **(Mason) 1983** Südliches Neuguinea, zwischen Merauke, Tarara und Daru-Inseln. Etwas kleiner als Nominatform. Oberseite ähnlich der dunklen Morphe von *novaehollandiae*, jedoch mit helleren Federbasen. Flügeldecken sind am dunkelsten. Große Arm- und Handdecken heller als bei Nominatform. Arm- und Handschwingen sind heller, mit feinerer Bänderung und Marmorierung. Oberseitenfedern mit weißen, schwärzlich umrandeten Spitzenflecken. Schwanzfedern ähnlich der Nominatform, mit deutlicher weißer Begrenzung der dunklen Binden. Weißer Schleier mit weißer, wenig gefleckter Umrandung. Lange Läufe und kräftige Füße. Läufe bis zum unteren Viertel weiß befiedert. Rest und Zehen beborstet.
T. n. kimberli **Mathews 1912** Melville Island, Westaustralien, Northern Territory und Nordqueensland. Gefiederfärbung sehr variabel, die helle Morphe ist aber immer etwas heller als die der Nominatform.
T. n. novaehollandiae **(Stephens) 1826** Siehe Kennzeichen. Südwest- und Westaustralien, östlich bis Victoria, im Norden bis Nordostqueensland, hauptsächlich längs der Küste, seltener und nur verstreutes Auftreten im Inland.
T. (n.) castanops **(Gould) 1837** Tasmanien und Maria-Insel, eingebürgert auf Lord-Howe-Insel. Irrgast auf Maatsuyker-Inseln. Meist als Rasse zu *T. novaehollandiae* gezählt. Nun mit eigenem Artstatus, große Unterschiede in Geschlechtsdimorphismus, (Größe und Färbung). Geografisch isoliert. Größte aller *Tyto* Taxa, mit kräftiger Fußbildung. Weibchen sind im Gefieder dunkler und erheblich größer als die Männchen. Gesamte Oberseite viel dunkler als Nominatform, Schwingen und Schwanz dunkel und mit breiter Bänderung. Rostbrauner Schleier und braunschwarze Zone unter den Augen. Schleierrand dunkel, viel deutlicher als bei den Rassen der Neuhollandeule. Unterseite gelblich bis rot-braun, mit ziemlich großen und dunklen Flecken. Tarsen bis zu den Zehen befiedert. Die Männchen sind oberseits heller, Schleier bräunlich weiß. Unterseite weißlich bis rötlich beige mit kleinen, dunklen Flecken.

Bestand: Große Unterschiede zwischen den verschiedenen Populalationen in Australien, Tasmanien und Neuguinea. In Nordqueensland, Südostaustralien noch relativ häufig, aber in Abnahme begriffen, starker Rückgang in New South Wales und Victoria. Status der Inlandvorkommen unbekannt, Vögel der Nullarbor Plains wahrscheinlich nur wenige Brutpaare. Auf Tasmanien noch weitverbreitet, aber ebenfalls rückläufig. Status der Neuguinea-Population unbekannt. Die großen Busch- und Waldbrände der letzten Jahre führten zu großen Habitat- und Brutplatzverlusten. Rückgang auch durch rücksichtslose Verfolgung und den Einsatz von Nagergiften.

Lebensraum: Offener Wald mit hohen Bäumen als Rast- und Brutplatz oder dünner Baumbestand und Lichtungen, trockener oder spärlicher Unterwuchs. Bewaldetes Farmland, Galeriewald entlang Flussläufen, Sumpfland, Mangrovenbestände der Küstenregion. In Südaustralien auf baumlosen Ebenen mit Felsspalten, Höhlen und Überhängen.

Stimme: Rufe ähneln *Tyto alba*, sind aber lauter und rauer. Bekannt ist ein wildes Gackern, das mit hohem, rasselndem Kreischen endet. Das Männchen äußert in Umgebung des Nistplatzes weiche, melodische Gurrlaute, die nur aus der Nähe zu vernehmen sind. Bei der Kopula lässt das Weibchen ein hohes Quieken hören.

Nahrung: Säuge- und Beuteltiere verschiedenster Arten und Größe. Von Maus- bis Kaninchengröße und von Kleinbeutlern bis zu großen Kusus, Kuskus und Flugbeutlern. Vögel von der Größe eines Sperlings bis zu der eines Kookaburras oder Flötenvogels. Weitere Beutetiere sind große Käfer und Nachtfalter, Reptilien und Frösche.

Brut: Bruten finden das ganze Jahr statt. Die häufigsten Nestfunde von März bis Juli. Nördliche Vögel und die Rasse *calabyi* auf Neuguinea brüten früher, südliche Vögel und *castanops* auf Tasmanien später. Brut meist in Baumhöhlen, 12 bis 25 m über der Erde. Die 2–4 Eier werden auf den nackten Höhlenboden gelegt. Nistet auch in Felsspalten, Erdhöhlen, Mulden und Felsüberhängen. Das Weibchen brütet alleine und wird vom Männchen gefüttert. Brutdauer etwa 35–42 Tage. Erstes Dunenkleid ist weiß, das zweite rahmweiß. Die Jungeulen sind mit etwa 10–12 Wochen flügge, doch bleiben sie noch für mehrere Wochen

Australian Masked Owl – *Tyto novaehollandiae* (Stephens) 1826

Descriptive notes: plate 08 (Nominate *novaehollandiae*) Length male 33 – 42 cm, female 38 – 55 cm, weight 545 – 1,260 g. Occurs in light and dark colour morphs, with variations and intermediates. Male appearantly lighter in colour than female.
Dark morph: Upperparts with rufous-brown ground colour, with blackish-brown spots and vermiculations and white spots. Darkest on wing coverts. Secondaries and primaries paler, brownish-grey, with 3 – 4 dark bars on secondaries and 5 – 7 bars on primaries. Tail feathers brownish-grey to rufous, with whitish-framed dark bars. Underparts buffy-orange with V-shaped spots on neck, chest and belly. The feathered legs are unspotted. Facial disc dirty buffy-brown, darker near eyes and down to base of bill. Narrow, light- and dark-spotted rim. Toes bare and bristled.

Light morph: Lacks the rufous ground colour. Has dark white spots on back, scapulars and wing coverts. Rear of head and neck and underparts white and sparsely spotted. Flight feathers and tail distinctly lighter, more whitish. Facial disc white with small orange spot in front of the eye. First and second downy plumage whitish. Immatures similar to adults, but with fluffier appearance due to the long and soft underdown. Eyes blackish-brown, bill whitish, toes greyish- to orange-yellow, claws dark brown to blackish.

Distribution: Southern New Guinea and Daru Islands, Australia (without the arid interior), Tasmania and Maria I.

Geographical variations:
T. n. calabyi **(Mason) 1983** Southern New Guinea, between Merauke, Tarara and Daru Islands. Somewhat smaller than nominate. Upper surface similar to dark morph *novaehollandiae*, but with paler basal parts of feathers. Darkest on wing coverts. Greater secondary and primary coverts lighter than in nominate, secondaries and primaries distinctly lighter, with fine barring and dense mottling. Feathers of upper surface with white, blackish-framed spots on tips. Tail feathers similar to nominate, dark bars more whitish bordered. Whitish facial disc, rim mostly whitish with some dark spots. Long tarsi and powerful feet. Tarsi feathered for three quarters, whitish, lower part and toes bristled.
T. n. kimberli **Mathews 1912** Melville Island, West Australia, Northern Territory and North Queensland. Very variable in colouration, but always somewhat paler than light morph of nominate.
T. n. novaehollandiae **(Stephens) 1826** (see description) Southwest and West Australia, east to Victoria, north to Northeast Queensland, mainly in coastal areas, rare and scattered in inland.

T. (n.) castanops **(Gould) 1837** Tasmania and Maria Island, introduced on Lord Howe Island, vagrant to Maatsuyker Island. Often regarded as subspecies of T. novae hollandiae, recently treated as separate species due to sexual dimorphism (in size and colouring). Geographical isolation. Largest of all *Tyto* taxa, with most powerful feet. Females with darker plumage and far larger than males. Entire upperparts distinctly darker than nominate. Flight feathers and tail dark with broad barring. Facial disc rufous brown, blackish-brown area in front of eyes. Rim dark and more distinct than in other subspecies of the Australian Masked Owl. Underparts buffy- to rufous-brown with rather large and dark spots. Tarsi feathered down to base of toes. Male above generally somewhat paler than female, facial disc much paler, more brownish-white. Below whitish to pale rufous-buff, with smaller, dark spots.

Status: Much variation in the density of the different populations in Australia, Tasmania and New Guinea. In North Queensland, Southeast Australia relatively common but declining, strongly declined in New South Wales and Victoria. Status of inland populations uncertain, e. g. Nullarbor Plain birds probably only few pairs. Tasmanian birds fairly common and widespread, but also declining. Status of the New Guinea population unknown. Loss of habitat and breeding places through the catastrophic bush and wood fires in the last years. But also decline due to human persecution and use of rodenticides.

Habitat: Open forest with clearings and tall trees for roosting and breeding, dry understorey with dense or sparse ground cover. Wooded farmland, riparian woodland, swamps and mangrove edges on coastal areas. In South Australia on treeless plains, using caves, rock clefts and overhanging rocks.

Voice: Calls similar to *Tyto alba*, but louder and more rasping. Known is a wild cackling, ending with a high rattling shriek. Male utters soft, rather musical cooing notes near nesting place, audible only at close range. During copulation, the female utters a single, high-pitched squeal.

Food: Mammals and marsupials of various species and size. From mice to rabbits and from planigales and marsupial mice to opossums and gliding phalangers. Birds from size of a sparrow to kookaburra or Australian magpie. Other prey are large beetles and moths, reptiles and frogs.

Breeding: Breeds at any time of the year. But most eggs laid from March to July. Northern birds and subspecies *calabyi* of New Guinea breeding earlier, southern birds and race *castanops* of Tasmania later. Nest site is a large hollow in tall trees, at height of 12 – 25 m. The 2 – 4 white eggs laid on bare ground. Nesting also in caves, underground caves, sinkholes and overhanging rocks. Female incubates alone, for 35 – 42 days. Fed by the male. First downs white, second downs creamy. Young fledged after 10 – 12 weeks, but stay near nesting place for several weeks, cared for by the parents.

Tafel 09 / Plate 09
Fleckenrußeule / Lesser Sooty Owl - *Tyto multipunctata*

2005

im Nistplatzbereich, betreut von den Eltern.

Bemerkungen: Ökologie, Verhalten und Taxonomie der verschiedenen Rassen der Neuhollandeule benötigen weiteren Studiums. Die Rasse *castanops* wird wohl zu Recht häufig als eigenständige Art betrachtet. Auch die Rasse *calabyi* auf Neuguinea ist zur Nominatform im Gefieder deutlich verschieden.

Remarks: The ecology, behaviour and taxonomy of the different subspecies of the Australian Masked Owl require more research. Race *castanops* often treated as valid species, and also *calabyi*, from New Guinea, is distinctly different from the nominate.

Fleckenrußeule – *Tyto multipunctata* Mathews 1912

Kennzeichen: Tafel 09 Eine der apartesten Eulen überhaupt! Länge 31 bis 38 cm und 430 bis 540 g Gewicht. Weibchen etwas schwerer und größer. Kurzschwänzig. Gefieder oberseits rußbraun bis graubraun mit zahllosen weißlichen bis silberweißen Flecken, die größeren häufig rußschwarz umrandet. Rundflügelig, Schwungfedern silbergrau mit dunkler Bänderung. Gesichtsschleier groß, silberweiß, mit rußbrauner, weiß gesprenkelter Umrahmung. Die sehr großen Augen sind schwarzbraun umrandet. Unterseite silber- bis bläulich weiß, mit zahlreichen dunkleren Flecken und Säumen, vor allem auf der Brust. Iris schwarz, Schnabel hellhornfarben, Läufe befiedert, Zehen hellgrau bis rötlich grau. Krallen grau bis schwarzgrau. Die Geschlechter sind im Gefieder gleich.

Verbreitung: Nordostaustralien (Nordostqueensland).

Bestand: Relativ kleines Verbreitungsgebiet, Bestand etwa 2000 Brutpaare. Durch Waldzerstörung gefährdet.

Lebensraum: Regenwald in hügeligem Gebiet bis etwa 300 m Höhe. Lebensraum mit Eukalypten, Baumfarnen etc.

Stimme: Kontaktruf: abfallender, etwa zwei Sekunden dauernder Pfiff. Daneben Trillerpfiffe und schnalzende Laute.

Nahrung: Jagt bevorzugt bei Regen und nahezu totaler Finsternis, häufig von niederem Ansitz oder schlägt Beute am Boden kleiner Lichtungen. Kleinsäuger und -beutler, auch Insekten und gelegentlich Vögel werden erbeutet.

Brut: Brutzeiten sind variabel und von der Regenzeit abhängig. Gelege werden ganzjährig gefunden, meist von März bis Mai. Brutreviere klein (~ 50 ha) und durch Revierrufe abgegrenzt. Die Paare rufen, dicht beieinander sitzend, im Duett. Kopulation meist in der Nisthöhle. Nest in großer Höhle lebender Bäume. Das Weibchen legt die 1–2 mattweißen Eier auf den Mulm des Höhlenbodens. Brutdauer 40 bis 42 Tage. Die beiden Dunenkleider sind weiß bis rußgrau. Junge sind nach etwa 3 Monaten flügge, jedoch noch lange Zeit im Brutgebiet anzutreffen.

Bemerkungen: Diese Schleiereule wird manchmal als Subspezies der etwas größeren, dunkleren und anders rufenden *Tyto tenebricosa* betrachtet. Doch ist ihr Verbreitungsgebiet geografisch getrennt und damit allopatrisch.

Lesser Sooty Owl – *Tyto multipunctata* Mathews 1912

Descriptive notes: plate 09 One of the daintiest owls. Length 31 – 38 cm, weight about 430 to 540 g, females slightly larger and heavier. Tail very short. Upperpart sooty brown to grey-brown, with numerous whitish to silvery white spots, the larger ones mostly bordered sooty black. Round-winged, flight feathers silvery grey, with some distinct darker bars. Facial disc large, silvery white, shading to black around the large eyes, lower edge heavily black. Underpart silvery to bluish white, with many fine dark spots and chevrons, especially on chest. Black irides, pale horny bill, feathered tarsi, the toes pale grey to pinkish grey. Talons grey to greyish black. Sexes similar, juveniles appear similar to adults.

Distribution: Northeastern Australia (Northeast Queensland)

Status: Restricted-range species with relatively small population, ~ 2,000 breeding pairs. Endangered by deforestation.

Habitat: Mountain rain forest, about 300 m above sea level. Optimal habitat with eucalypti, arboreal ferns a.s.o.

Voice: Contact call is a piercing downscale whistle (similar to a boiling kettle). Also, a variety of trills and chirrups.

Food: Has ability to hunt in almost total darkness and rain. Hunts from low perches and takes prey from the ground, using clearings and tracks in the forest. Hunts mainly small mammals and marsupials, also insects and some birds.

Breeding: Season very variable and dependent on rain. Eggs laid in any month, mostly in March to May. Small territories (~ 50 ha), callings of the pairs clearly territorial, perched close together with high-pitched trilling. Voice of female slightly deeper. Copulation usually in nest hole. Nest in large hollow in a living tree. The female lays the 1 – 2 dull-white eggs on the debris inside the hole. Incubation time 40 to 42 days. The first and second downs are white to sooty grey. Young fledged after 3 months, but known to stay in breeding territory for at least several more weeks.

Remarks: Often treated as conspecific with *Tyto tenebricosa*. But differs in size, plumage and vocalisations. Geographically isolated and so a true allopatric species.

Rußeule – *Tyto tenebricosa* (Gould) 1845

Kennzeichen: Tafel 10 Nominatform. Länge: Männchen 37–43 cm, Weibchen 44–51 cm, Gewicht: Männchen 500–700 g, Weibchen 875–1160 g. Sehr kräftige Schleiereule, wirkt im Sitzen durch den großen Kopf und kurzen Schwanz kopflastig. Oberseite von Oberkopf bis Schwanz ruß- bis schwarzbraun, mit feinen weißen Flecken auf Kopf und Hals, etwas größer auf Rücken und Flügeldecken. Die Federn des Rückens, der kleineren Flügeldecken, Arm- und Handschwingen mit kleinen silbergrauen Spritzerchen. Schwanzfedern wie Schwungfedern, aber deutlich gebändert. Schleier graubraun, heller am unteren Schleierrand und dunkler um Augen und Schnabelwurzel. Schleierrand dunkler graubraun. Unterseite graubraun, Bauch und Unterbauch heller sowie mit kleinen weißen Flecken und undeutlicher Bänderung. Läufe bis zu den Zehen graubraun befiedert. Füße sehr kräftig, nackt und beborstet. Männchen sind im Gefieder meist etwas dunkler als die Weibchen, vor allem im Gesicht. Dunenjunge weißlich bis grauweiß. Jungvögel ähneln den Alten, sind aber im Gefieder mehr schwärzlich und haben graue Dunen. Augen sehr groß und schwärzlich, Schnabel weißgrau bis rahmweiß, Zehen graubraun, Krallen dunkelgrau.

Verbreitung: Neuguinea und Südostaustralien.

Geografische Rassenverbreitung:
***Tyto tenebricosa arfaki* (Schlegel) 1879** Neuguinea und Insel Yapen. Kleiner und brauner als Nominatform, Ober- und Unterseite mit größeren weißen Punkten und Flecken, gebänderte Läufe. Manche Individuen ähneln der Fleckenrußeule *Tyto multipunctata*.

Greater Sooty Owl – *Tyto tenebricosa* (Gould) 1845

Descriptive notes: plate 10 (Nominate *tenebricosa*) Length male 37 – 43 cm, female 44 – 51cm, weight male 500 – 700 g, female 875 – 1,160 g. Large and powerful *Tyto* species, when perched, large head and very short tail gives a "top-heavy" appearance. Upperside from head to tail dark sooty- to blackish-brown, with fine white spots on head and neck, becoming larger towards back and wing coverts. Feathers of back, smaller wing coverts, secondaries and primaries with silvery, tiny markings. Tail feathers similar to flight feathers, but distinctly barred. Facial disc greyish-brown, paler towards lower rim and darker around eyes and towards base of bill. Rim dark greyish-brown. Underparts greyish-brown, paler towards belly and abdomen, with small dark spots and indistinct barring. Tarsi densely feathered pale greyish-brown to base of toes. Feet massive and very powerful, bare and bristled. Males often a little darker than females, especially on face. Downy chicks white to greyish-white. Juveniles similar to adults, but plumage more blackish and with fluffy greyish downs. Eyes very large and blackish, bill whitish-grey to creamy, toes greyish-brown, claws dark brown.

Distribution: New Guinea and Southeast Australia.

Geographical variations:
***Tyto tenebricosa arfaki* (Schlegel) 1879** New Guinea and Yapen Island. Smaller size than nominate, plumage browner, with larger white spots and dots above and below and distinctly barred tarsi. Some individuals similar to Lesser Sooty Owl *Tyto multipunctata*.

Tafel 10 / Plate 10
Rußeule / Greater Sooty Owl - *Tyto tenebricosa*
links: altes Weibchen, rechts: Jungvogel / left: adult female, right: juvenile

Weick
2010

Bestand: In intakten Habitaten noch zahlreich, bei Zerstörung derselben starker Rückgang, z. B. in New South Wales. Der Bestand für Australien etwa 2000–7000 Brutpaare. Bestand der Rasse *arfaki* auf Neuguinea ist unbekannt.

Lebensraum: Australien: tiefe, feuchte, mit hohen Eukalypten bestandene Schluchten, mit Unterwuchs aus Baumfarnen und Regenwaldvegetation. Kommt in trockenere Wälder nur zum Jagen. Neuguinea: Regenwald, vom Tiefland bis in 4000 m Höhe, Araukarienwald, oberhalb der Baumgrenze in Kammlagen mit Grasbewuchs nur zur Jagd.

Stimme: Kontaktruf ist ein schrilles, abfallendes Pfeifen von ca. 2 Sekunden. Männchen mit Beute lässt in Nähe des Brutplatzes einen hohen, schrillen Pfiff hören. Bei der Balz weiche, schnalzende Laute von beiden Partnern. Das brütende Weibchen bettelt mit schnurrenden Rufen um Futter.

Nahrung: Hauptsächlich waldbewohnende Säuge- und Beuteltiere von der Größe einer Maus bis hin zum Kaninchen und von Beutelspringmaus bis Ringelschwanzopossum und Riesenflugbeutler. Auf Neuguinea Beuteltiere bis zur Größe von Pademelons. Gleitbeutler, Fledermäuse, Vögel und Käfer. Jagt vom Ansitz oder im Suchflug. Nachtaktiv.

Brut: Brütet von Januar bis September, mit Spitze im April. Lebenslange Paarbildung. Streng territorial, das Territorium unfasst ca. 200–800 ha. Die Bruthöhle befindet sich meist in hohen, alten, aber lebenden Bäumen, auch in Felshöhlen und Spalten. Gelege 1–2, meist 2 Eier. Es überlebt oft nur ein Küken. Brutdauer 35–42 Tage. Das Junge ist mit ca. 60 Tagen flügge, wird aber von den Eltern noch weitere 4–5 Monate betreut und gefüttert.

Bemerkungen: Über einen langen Zeitraum wurde die Fleckenrußeule *Tyto multipunctata* als Rasse zu *T. tenebricosa* gezählt. Es bestehen jedoch große Unterschiede in Größe und Gefiederfärbung. Fraglich ist auch die Rassenzugehörigkeit von *arfaki* zu *tenebricosa*. Im Gefieder ähnelt diese oft mehr der Fleckenrußeule, deren Verbreitungsgebiet zwischen dem von *arfaki* und *tenebricosa* liegt.

Status: Probably widely distributed in optimum conditions, declining where habitat disturbed, e.g. New South Wales. Total Australian population ca. 2,000 – 7,000 pairs. Status of New Guinea subspecies *arfaki* is unknown.

Habitat: Australia: Deep, wet gully forest with tall eucalypts, with substorey of rain forest trees and tree ferns. Occurs in dryer forest only for hunt. New Guinea: Rain forest, from lowland to montane forest up to 4,000 m above sea level. Araucaria forest. Recorded above tree line in grassland and ridges only for hunt.

Voice: Contact call is a piercing, descending shriek of ca. 2 seconds. When male aproaches the nest with prey, he gives a high, piercing trill. During courtship, both sexes utter soft, chirruping trills. Incubating female solicits food by snorring calls.

Food: Primarily arboreal mammals and marsupials from the size of mice to rabbits and from marsupial mice up to ringtails and Greater Gliders. In New Guinea, marsupials up to the size of pademelons, but gliders, bats, birds and beetles are also common prey. Hunting from perch or in searching flight, able to hunt in total darkness.

Breeding: Mostly breeding from January to September, with peak in April. Appears to pair for life. Strongly territorial, territory ca. 200 – 800 ha. Nest usually in hollow of tall, old living tree, sometimes in rock crevices and caves. Clutch 1 – 2, usually 2 eggs. Mostly one chick surviving. Incubation 35 – 42 days, young fledges after ca. 60 days, dependent on parents for further 4 – 5 months, fed by both parents.

Remarks: For a long time, the Lesser Sooty Owl *Tyto multipunctata* was treated as conspecific with *Tyto tenebricosa*, but differs distinctly in size and plumage colouring. Also questionable is the conspecific status of *arfaki*. In plumage often more similar to the Lesser Sooty Owl, which is distributed between the range of *arfaki* and *tenebricosa*.

Prigogine-Eule – *Tyto prigoginei* (Schouteden) 1952

Kennzeichen: Tafel 11 Kleine Schleiereule von 24 bis 28 cm Länge, Gewicht eines Weibchens 195 g. Meist als Maskeneule zur Gattung *Phodilus* gerechnet, da Ähnlichkeiten im Gefieder. Jedoch mit herzförmigem Gesichtsschleier und relativ kleinen Augen wie die Schleiereulen der Gattung *Tyto*. Oberseite kräftig rotbraun, die Federn mit kleinen, schwarz begrenzten, weißen Spitzenflecken. Halsseiten und Nacken etwas heller, Schulterfedern und Flügelrand teilweise schwärzlich oder fein schwarz, weiß und rotbraun gesprenkelt, mit weißen Spitzenflecken. Hand- und Armdecken schwärzlich und rostfarben gebändert. Schwungfedern kastanien- bis rostbraun mit etwa sechs sichtbaren dunklen Bändern. Schwanz rostfarben mit mehreren schmalen schwärzlichen Querbinden. Schleier rötlich cremefarben mit kastanienbraunem Fleck am oberen Schleierrand. Rotbraune Schleierumrandung mit zahlreichen kleinen, dunklen Flecken. Kastanienbrauner Fleck unter den Augen. Unterseite rötlich rahmfarben mit vielen länglichen, schwärzlichen und weißen Flecken. Läufe bis zu den Zehen befiedert. Wachshaut und der schmale Schnabel gelblich hornfarben, Zehen gelblich bis rötlich, die kräftigen Krallen hellgraubraun.

Verbreitung: Itombwe-Berge im äußersten Ostzaire, eventuell auch im angrenzenden Südwestruanda (Nyungwe forest) sowie Nordwestburundi. Monotypisch.

Bestand: Wahrscheinlich die seltenste Eule der Erde! Bislang nur durch einen Balg (1951) und einen Lebendfang (1996) mittels Japannetz belegt. Vorkommen äußerst gefährdet!

Lebensraum: Bergwald mit Bambusdickungen und Graslandflächen, in 1830 bis 2430 m Höhe. Vielleicht auch auf Teeplantagen.

Stimme: Nach unbestätigten, aber wahrscheinlichen Angaben wird ein Ruf mit „wok – wok – wok“ beschrieben.

Nahrung: Sicher nachtaktiv, Nahrung unbekannt.

Brut: Unbekannt.

Bemerkungen: Weder Stimme noch DNA bekannt, Zuordnung zu den Gattungen *Tyto* oder *Phodilus* spekulativ und bedarf eingehender Untersuchungen.

Congo Bay Owl, Itombwe Owl – *Tyto prigoginei* (Schouteden) 1952

Descriptive notes: plate 11 Small barn owl, length about 24 to 28 cm, weight of a female 195 g. Occasionally treated as bay owl of genus *Phodilus* with similarities in plumage. But shape of facial disk and relatively small eyes as in genus *Tyto*.
Deep rufous-brown above, feather tips with small black-edged white spots. Sides of neck and nape paler, scapulars and forewings partly blackish or finely vermiculated blackish, white and chestnut. With black-fringed white spots on feather tips. Primary and secondary coverts barred blackish and rufous-brown. Remiges chestnut to rufous-brown, with six more or less visible dark bars. Tail rufous-brown, with some narrow blackish bars. Facial disk light rufous-creamy, with chestnut-coloured spot on upper end of disc, and rufous rim with some fine spots. Chestnut spot on lower edge of eye. Underparts pale rufous to russet-creamy, with numerous longish, black-fringed white spots. Tarsus feathered to base of toes. Cere and the compressed bill yellowish horn. Toes yellowish to rufous, robust claws light greyish-brown.

Distribution: Itombwe Mountains, extreme East Zaire, also probabely in adjacent Southwest Rwanda (Nyungwe forest) and Northwest Burundi. Monotypic.

Status: Possibly the rarest owl of the world! Since its discovery in 1951 (one skin) only rediscovered by one mist-netted specimen (1996). Apparently rare and endangered!

Habitat: Montane forest with bamboo thickets and grassland at 1,830 to 2,430 m above sea level. Tea estates?

Voice: Unconfirmed but probably Rwandan record based on call, described as "wok-wok-wok".

Food: Apparently nocturnal, food undescribed.

Breeding: Undescribed.

Remarks: Nothing known about vocalisations or DNA, so placements in genera *Tyto* or *Phodilus* are speculative and need further research.

Orient-Maskeneule – *Phodilus badius* (Horsfield) 1821

Kennzeichen: Tafel 12 Nominatform. Relativ kleine Eule, Länge 23–30 cm, Gewicht 220–300 g. Rund- und kurzflügelig, kurzschwänzig, großer Kopf und große Augen. An eine kleine Schleiereule erinnernd, jedoch mit kurzen Läufen, unterschiedlicher Schleierform und dreieckig wirkenden „Federhörnern". Schleier hellpink bis beigeweiß, kastanienbraune Augenumrandung. Gefieder oberseits goldbraun bis kastanienbraun, mit kleinen schwarzen und weißen Flecken. Unterseite pink- bis beigefarben mit spärlichen dunklen Flecken. Große Armdecken und Armschwingen mit wenigen dunklen Flecken und Binden, Flügelrand mit weißen, schwarz gebänderten Außensäumen von Alula, großer Handdecke und äußeren Handschwingen. Schwanz undeutlich gebändert. Kräftige Fänge, Läufe und Zehen befiedert. Jungvögel ähneln den Alten, oberseits etwas heller, aber mit zahlreichen dunklen Schaftstrichen. Iris schwarzbraun, Schnabel hellhornfarben, Zehen cremegelb bis pinkfarben. Die endemische Art Sri Lankas *Phodilus assimilis* unterscheidet sich durch dunklere Färbung sowie kräftigere Bänderung und stärkere schwarzweiße Fleckung und etwas anderer Stimme.

Verbreitung: Etwa vier Subspezies: Nepal, Sikkim, Assam, Nagaland, Manipur, Myanmar, Thailand sowie Ost- und Südchina. Im Süden der Malaien-Halbinsel bis zu den Großen Sundainseln und Philippinen (Samar).

Geografische Rassenverbreitung:
***Phodilus b. saturatus* (Robinson) 1927** Sikkim, Nordostindien, Nordchina, nördliches und mittleres Myanmar und Thailand (ohne Halbinsel), im Osten bis Vietnam und Südostchina. Große Rasse, Gesicht und Unterseite Anflug von pink, Oberseite kastanienbraun, dunkel gefleckt. Schulterfedern ockergelb.
***Phodilus b. badius* (Horsfield) 1821** Malaien-Halbinsel und Südthailand, Große Sundainseln (Sumatra, Nias, Java, Bali, Borneo). Siehe Kennzeichen.
***Phodilus b. parvus* Chasen 1937** Insel Belitung vor der Südostküste Sumatras. Ziemlich selten, klein, mit kleinem Schnabel und kleinen Füßen.
***Phodilus b. arixuthus* Oberholser 1932** Natuna-Inseln (Bunguran, vor Borneo). Nur ein Exemplar bekannt, ähnlich Nominatform, Ober- und Unterseite, Gesicht und Läufe heller. Die weißen Flecke auf Schirmfedern, Rücken und Schulterfedern sind deutlich größer.

Bestand: Dünne Besiedlung, häufiger im südlichen Malaysia, in den Wäldern des Tieflandes. Nicht global gefährdet.

Lebensraum: Dichte immergrüne Primär- und Sekundärwälder, laubabwerfender Mischwald, Plantagen, Mangrovensümpfe. Feuchtes Tiefland, jedoch nicht in direkter Küstennähe, in den Vorgebirgen bis 2200 m Höhe.

Stimme: Laute Serie unheimlicher, melodischer und melancholischer Pfeiftöne, etwa wie „wu-wu-wiehu-u", aber auch „kliet-kliet-kliet" oder „kliek-kliek-kliek". Paare rufen häufig im Duett.

Nahrung: Nachtaktiv und meist unter der Wipfelregion jagend. Kleine Säugetiere, Vögel, Eidechsen, Schlangen und Frösche. Große Insekten wie Käfer und Heuschrecken. Jagt vom Ansitz aus oder dank der kurzen, runden Flügel in schnellem Jagdflug. Sitzt gerne an senkrechten Zweigen oder Bambusrohren.

Brut: Brutzeit: In Nepal, Sikkim und auf Java März bis Juli. Auf Borneo wurden von Oktober bis Dezember Gelege gefunden. Nistet in Baumhöhlen ohne Nistunterlage, Höhlen in Stämmen oder verrotteten Baumstümpfen in 2 bis 5 m Höhe. Eine Brut in Kunsthöhle bekannt. Bruthöhle wird oft über Jahre benutzt. Gelegegröße: 2 bis 4 (5) Eier. Eiablage in Abständen von 2 Tagen. Brutdauer und andere Fortpflanzungsdetails bislang unbekannt.

Bemerkungen: Die Verwandtschaft der Maskeneule innerhalb der Familie Schleiereulen (*Tytonidae*) ist häufig umstritten. Ihr großes stimmliches Repertoire ist grundverschieden zu den Schnarr- und Zischlauten der Schleiereulen (mit Ausnahme der beiden Rußeulen). Der große Schädel und die riesigen Augen unterscheiden sie ebenfalls deutlich von den Schleiereulen. Meist werden die Maskeneulen als Unterfamilie *Phodilinae* abgetrennt.

Oriental Bay Owl – *Phodilus badius* (Horsfield) 1821

Descriptive notes: plate 12 (Nominate *badius*) Relatively small owl, length 23 – 30 cm, weight 220 – 300 g. Short, rounded wings, short tail and big-headed with large eyes. Somewhat resembling a small barn owl, but with short legs, different disc, rising to triangular rudimentary ear tufts. Disc vinous pink to pale buffy, darker chestnut-brown around eyes. Plumage suffused with golden-brown to chestnut-brown above, with fine black and white spots. Sparsely spotted, pale pinkish-buff underparts. Greater secondary coverts and secondaries sparsely spotted and barred. Bend bordered with white, blackish barred outer webs of alula, greater primary covert and outer primaries. Tail with indistinct barring. Powerful feet and tarsi densely feathered. Juveniles like adults, but paler above and with numerous short, black shaft streaks. Irides blackish-brown, bill pale horn-coloured, toes creamy-yellow to pinkish. The endemic species from Sri Lanka, *Phodilus assimilis*, differs in darker plumage, stronger barring and heavier dark and white spots. Recently considered as distinct species, due to different plumage and vocalisation.

Distribution: Four subspecies, Nepal, Sikkim, Assam, Nagaland, Manipur, Myanmar, Thailand, also eastern and southern China. South, through Malay Peninsula to the Greater Sunda Islands and Philippines (Samar).

Geographical variations:
***Phodilus b. saturatus* (Robinson) 1927** Sikkim, Northeast India, northern China, northern and central Myanmar and Thailand (except peninsula) east of Vietnam and Southeast China. Large race, pinkish tinge on face and underparts. Chestnut above and darkly spotted. Scapulars distinctly ochre-coloured.
***Phodilus b. badius* (Horsfield) 1821** Malay Peninsula and southern Thailand, Greater Sundas (Sumatra, Nias, Java, Bali, Borneo). See Descriptive notes.
***Phodilus b. parvus* Chasen 1937** Belitung Island, off southeast Sumatra. Rather rare, small race with small bill and weak feet.
***Phodilus b. arixuthus* Oberholser 1932** Natuna Islands (Bunguran, off northwest Borneo). Known only from one specimen, similar to nominate, but upperparts, underparts, face and tarsi paler, white spots on tertials, back and scapulars distinctly larger.

Status: Very rare throughout range, more common in southern Malaysia, in lowland forests. Not globally threatened.

Habitat: Dense, evergreen primary and secondary forest, mixed deciduous forest, plantations, mangroves. Wet lowlands, but not close to sea coast, up to foothills at 2,200 m above sea level.

Voice: Loud eerie series of highly musical and melancholy whistles, "woo-woo-wee-hoo-oo", alternatively, "kleet-kleet-kleet" or "kliek-kliek-kliek". Pairs often duet together.

Food: Nocturnal, usually hunts under canopy. Small mammals, birds, lizards, snakes and frogs. Large insects, primarily beetles and grasshoppers. Hunts from perch or in a rapid flight suited by the short, rounded wings. Often perching on vertical branches or bamboo canes, behaviour unique among owls.

Breeding: Breeding season: March to July in Nepal, Sikkim and Java. Eggs laid from October to December in Borneo. Nests in unlined tree holes. Holes in trunks or rotten tree stumps, 2 to 5 m from the ground. One breeding in nest box is known. Same nest site used over many years. Clutch: 2 to 4 (5) white eggs. Eggs laid in about 2-day intervals. Incubation and fledgling periods unknown.

Remarks: Relationship of the Bay Owl within the family of Barn Owls (*Tytonidae*) was often discussed. Its musical and complicated vocalisation is completely unlike the rasping and hissing sounds of the Barn Owls (with exception of the Sooty Owls). The immense skull and big eyes set it far apart from the Barn Owls. Usually separated in a subfamily *Phodilinae*.

Sri-Lanka-Maskeneule – *Phodilus assimilis* Hume 1877

Kennzeichen: Tafel 12 Nominatform. Länge 26 cm, Gewicht unbekannt. Oberseite viel dunkler und brauner als bei der ähnlichen Orient-Maskeneule, auf marmorierter Grundfärbung schwarze und weiße Fleckung. Auf dem Kopf und am Flügelbug viel dunkler als bei *P. badius*. Stirnfleck weinrötlich bis pink. Halsband und Schulterfedern goldgelb. Auf Unterseite dunkle, vertikale Doppelflecke. Iris schwarzbraun, Schnabel hornfarben, Zehen pink. Jungvögel bislang unbeschrieben.

Verbreitung: Südindien (Südwest-Ghats, Kerala) und südliches Sri Lanka (feuchte und halbfeuchte Gebiete).

Geografische Rassenverbreitung:
***Phodilus assimilis ripleyi* Hussein & Rezakhan 1978** Ghats, Kerala in Südwestindien. Im Gefieder

Sri Lanka Bay Owl – *Phodilus assimilis* Hume 1877

Descriptive notes: plate 12 (Nominate) Length 26 cm, weight no data. Upperside much darker and browner than in similar Orient Bay Owl, and spotted heavily black and white on vermiculated ground colour. Head and bend of wings much darker than in *P. badius*. Forehead pale vineous to pink. Golden yellow collar and scapulars. Underparts with dark, vertical double spots. Juveniles perhaps not described. Irides blackish-brown, bill pale horn-coloured, toes pink.

Distribution: South India, (Southwest Ghats, Kerala) and South Sri Lanka (wet and semi-wet region).

Geographical variations:
***Phodilus a. ripleyi* Hussein & Rezakhan 1978** Ghats, Kerala in Southwest India. Somewhat darker

Tafel 12 / Plate 12
links / left: Sri-Lanka-Maskeneule / Sri Lanka Bay Owl - *Phodilus assimilis*
rechts / right: Orient-Maskeneule (Belitung ssp.) / Oriental Bay Owl (Belitung ssp.) - *Phodilus badius parvus*

2006

etwas dunkler als Nominatform, ober- und unterseits mit kleinerer Fleckung. Wahrscheinlich nur synonym mit *assimilis*.

***Phodilus a. assimilis* (Hume) 1877** Siehe Kennzeichen. Sri Lanka.

Bestand: Relativ kleine Verbreitungsgebiete und starke Gefährdung durch Zerstörung des Lebensraumes.

Lebensraum: Dichtes, immergrünes Waldland, Mischwald, Mangroven, gelichteter Sekundärwald. Vom Tiefland bis in ca. 1200 m über dem Meeresspiegel.

Stimme: Der Gesang besteht aus drei- bis viersilbiger Serie weinerlicher, tremolierender Pfiffe, erst steigendes, dann fallendes „FWIYUwhyiyu – FUU uwiyu" oder „FII – aijuu – FIJUwaijuu – FIJU waiju".

Nahrung: Nachtaktiv, jagt von Ansitz aus in der Wipfelregion: kleine Säugetiere, Vögel und große Insekten.

Brut: Brutzeit auf Sri Lanka im Oktober und November. Nest in Baumhöhle. Brutbiologie unbekannt.

Bemerkungen: Meist als Rasse zu *P. badius* gezählt, es bestehen jedoch deutliche Unterschiede in Morphologie und Lautäußerungen.

in plumage than nominate, with smaller speckles above and below. Probably only synonym of *assimilis*.

***Phodilus a. assimilis* (Hume) 1877** (see Descriptive notes) Sri Lanka.

Status: Relatively restricted distribution and threatened by habitat destruction.

Habitat: Dense evergreen forest and mixed woodland, mangroves and cut-over secondary forest. From lowland up to about 1,200 m above sea level.

Voice: Song is a three to four notes series of whining, tremulous whistles, first rising than falling, "FWIY-Uwhyiyu FUUuwiyiuu" or "FII-aijuu-FIJU-waijuu-FIJ -waiju".

Food: Nocturnal hunting from perch in undercanopy: small mammals, birds and large insects.

Breeding: Lays in October and November in Sri Lanka. Nest in tree hole. Incubation unknown.

Remarks: Mainly considered a race of *P. badius*, but distinctive in morphology and vocalisations.

Weißstirneule – *Otus sagittatus* (Cassin) 1849

Kennzeichen: Tafel 13 Länge 25 bis 28 cm, Gewicht 110 bis 140 g. Große und langschwänzige Zwergohreule. Oberseite kastanien- bis rotbraun mit dreieckigen, weiß- bis beigebraunen, dunkelbraun gesäumten Flecken. Schulterfedern: Außenfahnen weißlich bis gelblich weiß mit wenigen dunklen Flecken und Binden. Kleine und mittlere Flügeldecken zimtbraun mit wenigen kleinen, hellen Flecken und feinen dunklen Binden. Große Decken heller rotbraun mit weißlichen Spitzenflecken und feiner, dunkler Bänderung. Alula hat helle Außenfahnen und dunkle Binden. Handdecken auf Außenfahnen hellbeige mit 3 bis 4 dunklen Binden. Armdecken hellbeige bis rostbraun mit dunkel umrandeten, hellen Spitzenflecken und 2 bis 3 dunklen Binden. Armschwingen beigebraun mit 4 bis 5 dunkleren Binden. Handschwingen auf den Außenfahnen rahmfarben bis hellbeige, breit, rotbraun gebändert. Schwanz rotbraun mit 6 sichtbaren Binden. Stirn, unterer Teil der langen „Federohren" sowie unterer Teil des Schleiers perlweiß. Bildet einen teilweise hellen Kragen, dessen Federchen schwarz gefleckt sind. Restliche Federohren mit dunkler Bänderung und weißen Rändern. Umgebung der Augen rot- bis rauchgrau. Schleierrand weißlich mit schwarzbraunen Spitzen. Oberkopf hat feine, dunkle Flecke. Hinterkopf mit großen rotbraunen Flecken und kleinen beigen Tupfen. Nackenband fehlt. Oberbrust kastanienbraun mit hellen und dunklen Flecken. Restliche Unterseite rötlich beige bis zimtfarben mit dunklen, pfeilspitzenförmigen Flecken, rotbraun marmoriert. Tarsen befiedert. Jugendkleid ist unbekannt. Augen honig- bis dunkelbraun, Augenränder pink. Wachshaut bläulich weiß. Schnabel elfenbein bis bläulich weiß. Zehen pink bis hellgrau. Krallen hellgrau.

Verbreitung: Südliches Myanmar, Südwestthailand, Malaien-Halbinsel, vermutlich auch Nordsumatra. Monotypisch.

Bestand: Standvogel mit lokalem und spärlichem Vorkommen. Durch stilles Verhalten leicht zu übersehen. In Malaysia lokal etwas häufiger. Durch das rücksichtslose Vernichten der Waldbestände ist diese Eule äußerst gefährdet.

Lebensraum: Tropischer Primärwald, vor allem immergrüne Regenwälder des Tieflandes. Sekundärwald mit hohen Bäumen und dichtem Unterwuchs. Sumpfwälder des Tieflandes, in Malaysia auch im Hügelland bis etwa 700 m Höhe.

Stimme: Hohles, pfeifendes „hu-u-ü-ü", ähnlich dem Ruf von *Otus rufescens*, Beginn und Schluss abrupt. Singt vor allem in mondhellen Nächten.

Nahrung: Untersuchte Vögel hatten hauptsächlich Nachtfalter im Magen.

Brut: Nur wenig ist bisher bekannt, Brutzeit Februar bis März. Nest in Baumhöhlen, Gelege 3 bis 4 Eier.

Bemerkungen: Die Vewandtschaft zu anderen Zwergohreulen ist noch unklar.

White-fronted Scops Owl – *Otus sagittatus* (Cassin) 1849

Descriptive notes: plate 13 Length 25 to 28 cm, weight 110 to 140 g. Large and long-tailed scops owl. Upperparts deep chestnu- to rufous-brown, with whitish to pale buffy triangular, dark brown-framed spots. Scapulars whitish to pale buffy spots on outer webs, with few dark spots and bars. Lesser and medium wing coverts cinnamon-brown with few light spots and fine dark barring. Larger wing coverts pale rufous, with whitish-spotted tips and dark bars. Alula whitish on outer webs with dark bars. Primary coverts on outer webs pale buffy, secondary coverts rufous to buffy with dark-framed white-spotted tips and 2 to 3 dark bars. Secondaries pale buffy-brown with 4 to 5 darker bars. Primaries creamy to pale buffy on outer webs, with broad, rufous-brown bars. Tail bright rufous with about 6 visible dark bars. Forehead, lower part of the long ear tufts and lower part of facial disc off-white, forms a partial ruff, with small blackish spots on the feather tips. Remaining ear tufts with fine barring and white outer margins. Area around eyes rufous to smoky brown. Facial rim pale to whitish, with blackish-brown tips. Crown with fine dark spotting, occiput with larger rufous-brown spots and tiny buffy specklings. Lacks a neck collar. Upper breast deep chestnut, with few pale and dark spots. Remaining underparts rufous-buffy to pale cinnamon, with dark arrow-shaped spots and fine vermiculations. Tarsus feathered. Colour of downy chicks and juvenile plumage is undescribed. Eyes honey to deep dark brown, eyelids pink. Cere bluish-white, bill creamy to bluish-white. Toes pinkish to pale bluish-grey. Claws pale grey.

Distribution: Southern Myanmar, Southwest Thailand, Malay Peninsula, possibly northern Sumatra. Monotypic.

Status: Resident, apparently local and sparse, but status obscured by silent and secret behaviour. Locally more common in Malaysia. Status of this owl is vulnerable, threatened by extensive deforestation.

Habitat: Tropical primary forest, especially evergreen lowland forest. Secondary forest with tall trees and dense understorey. Swamp forest, in Malaysia recorded on foothills up to about 700 m.

Voice: A hollow, whistled "hoo-u-u-u", very like that of *Otus rufescens*, but with more abrupt start and finish. Singing mainly in moonlight nights.

Food: Stomach contents reveal mainly moths.

Breeding: Little known. Laying period February to March. Nest in tree holes, clutch 3 to 4 eggs.

Remarks: Relationship to other scops owls unclear.

Tafel 13 / Plate 13
Weißstirneule / White-fronted Scops Owl - *Otus sagittatus*
oben / top: helles Exemplar / paler specimen
unten / bottom: zimtbrüstiges Exemplar / cinnamon-breasted specimen

Röteleule – *Otus rufescens* (Horsfield) 1821

Kennzeichen: Tafel 14 Nominatform. Länge 15 bis 18 cm, Gewicht 70 bis 83 g. Helle Morphe: Oberseite einschließlich Oberkopf rotbraun bis zimtbraun, mit länglichen oder dreieckigen, gelblich- bis rahmweißen, dunkel gerandeten Flecken. Mantel und Flügeldecken mit größeren Flecken und hellen Schaftstrichen auf Rücken und Unterrücken. Schulterfedern auf den Außenfahnen hellocker bis rahmfarben mit einigen dunklen Flecken und Binden. Handdecken weißlich mit breiter, dunkler Bänderung. Armdecken hellbraun mit hellen, dunkel gerahmten Spitzenflecken. Armschwingen heller braun als Armdecken mit hellockerfarbenen Binden. Handschwingen rahmfarben mit breiten Binden. Schwanz hellbraun, undeutlich dunkel gebändert. Tarsen bis nahe Zehenbasis befiedert, Fänge kräftig. Stirn, sichtbarer Teil der Federohren, Augenbrauen und Kinn hellocker- bis rahmweiß. Untere Fahnen der Federohren rötlich braun und dunkel gebändert. Schleier dunkelbraun bis zimtbraun, nach außen heller, von Federohren bis zum Kinn durch schwarzbraunes Fleckenband begrenzt. Unterseite rötlich beige bis zimtbraun mit wenigen dunklen, rahmfarben umrandeten Flecken. Dunkle Morphe: Oberkopf, Rücken und Flügeldecken tief zimtbraun, Unterseite: Brust zimtbraun, sonst heller zimtbraun. Fleckung und Bänderung entspricht der hellen Morphe. Dunenjunge sind auf Kopf und Rücken dunkelrostbraun, Unterrücken etwas heller, Unterseite rotbraun. Jungvögel ähneln den Alten, sind aber weniger gefleckt. Iris gold- bis kastanienbraun, Augenränder pink bis hellrotbraun, Schnabel weißlich, Zehen fleischfarben bis gelblich.

Verbreitung: Äußerster Süden Thailands (nur 2 lokale Funde), Malaien-Halbinsel, Sumatra, Java, Borneo.

Geografische Rassenverbreitung:
***Otus rufescens malayensis* Hachisuka 1934** Südliches Thailand und Malaien-Halbinsel. Oberseits etwas intensiver rostfarben, unterseits mehr rötlich ockerfarben als Nominatform *rufescens*.
***Otus rufescens rufescens* (Horsfield) 1821** Siehe Kennzeichen. Sumatra, Java, Borneo.

Bestand: Im Süden des Verbreitungsgebietes dünnes, regelmäßiges Vorkommen, in Südthailand sind nur zwei kleine, gefährdete Populationen bekannt. Die Inselvorkommen sind spärlich und abnehmend, starke Gefährdung durch Rodung.

Lebensraum: Bevorzugt Regenwald, vom Tiefland bis in die Vorberge, Bergwald, Sumpfwald und nachgewachsener, hoher Sekundärwald. Unter 1000 m Höhe, meist nur bis etwa 600 m.

Stimme: Ein hohles Pfeifen, „hüü-ü-ü-üü", mit Wiederholungen, zum Schluss leicht abfallend. Singt meist vom Ansitz aus.

Nahrung: Im Magen wurden hauptsächlich Reste von Grashüpfern, Grillen und anderen Insekten gefunden. Diese Eule lebt und jagt hauptsächlich im Bereich der unteren Waldschichten.

Brut: Nur wenig ist bekannt. Brutzeit von März bis April. Auf Java wurden im Juli Küken gefunden. Nest in alten Baumhöhlen von Spechten oder Bartvögeln.

Bemerkungen: Die 1934 von Hachisuka beschriebene Rasse *burbidgei* von Jolo Island (Philippinen) fand keine Anerkennung.

Reddish Scops Owl – *Otus rufescens* (Horsfield) 1821

Descriptive notes: plate 14 (Nominate form) Length 15 to 18 cm, weight 70 to 83 g. Light morph: Upperparts including crown tawny-rufous with small, creamy to light buffy, elongated or triangular spots, framed darker. Larger and more distinct spots on mantle and wing coverts, and with pale shaft streaks on back and rump. Scapulars on outer webs pale ochre to creamy, with few dark spots and bars. Primary coverts whitish with broad dark bars. Secondary coverts fawn-coloured, with pale, dark-bordered spot on the tips. Secondaries paler ochre-brown than secondary coverts, barred indistinctly pale ochre. Primaries pale creamy, with prominent brown bars. Tail rufous-brown, with indistinct dark bars. Relatively large feet, feathered nearly to base of toes. Forehead and conspicuous ear tufts, eyebrows and chin pale ochre to creamy white. Lower part of the ear tufts rufous-brown, with dark bars. Facial disc dark brown to pale cinnamon-buff, becoming paler at the edge from ear tufts to chin, bordered with blackish-brown-spotted rim. Underparts pale rufous-buff to cinnamon-buff,with sparse dark spots, bordered pale creamy. Dark morph: Ground colour on crown, back and wing coverts dark cinnamon-brown, pattern similar to light morph. Below dark cinnamon-brown on chest, remaining underparts pale cinnamon-brown. Downy chicks dark rufous-brown on crown and back, paler on rump. Below rufous-brown. Juveniles similar to adults, but less spotted. Irides golden-brown to chestnut, eyelids pink to pale rufous, bill whitish, toes fleshy-coloured to yellow.

Distribution: Extreme south of peninsular Thailand (only two local records), Malay Peninsula, Sumatra, Java, Borneo.

Geographical variations:
***Otus rufescens malayensis* Hachisuka 1934** Southern Thailand and Malay Peninsula. Above slightly more rufous and more rufous-ochre below than nominate *rufescens*.
***Otus rufescens rufescens* (Horsfield) 1821** (see Descriptive notes) Sumatra, Java, Borneo.

Status: In south of Malay Peninsula regular and uncommon to less common, in southern Thailand only known from 2 small threatened populations. Distribution on the islands rare and declining, threatened by habitat destruction.

Habitat: From lowland to submontane forest, rain forest, swamp forest and tall secondary forest below 1,000 m, mainly up to 600 m above sea level.

Voice: A hollow whistle , "hüü-ü-ü-üü", repeated in intervals, with slightly downward fade at the end. Mainly singing from perches.

Food: Stomach contents reveal mainly grasshoppers, crickets and other insects. This owl lives and hunts entirely in the understratum.

Breeding: Little is known. Laying period from March to April, in July chicks are recorded in Java. Nest in natural tree holes or in old woodpecker or barbet holes.

Remarks: Race *burbidgei* Hachisuka, 1934 from Jolo Island (Philippines) was not accepted as subspecies.

Serendib-Zwergohreule
***Otus thilohoffmanni* Warakagoda & Rasmussen 2004**

Kennzeichen: Tafel 14 Länge 16,5 bis 17 cm, Gewicht unbekannt. Kleine, zierliche Eule, Oberkopf siennabraun, dunkelgraubraun gefleckt und gebändert. Rücken und Mantel rotbraun mit dunklen Flecken und Binden, Umgebung dieser Flecke etwas heller. Alula dunkel mit hellen Säumen auf Außenfahnen. Handdecken mit breiter, dunkler Bänderung. Armdecken hellrostfarben, dunkel gebändert. Arm- und Handschwingen rahmfarben mit dunkler, rostfarbener Bänderung der Außenfahnen, auf Innenfahnen deutlich breiter und dunkler. Schwanz rotbraun mit dunkler, verwaschener Bänderung. Unterseite rostgelb, Bauch und Unterschwanzdecken weißlich gelb mit zahlreichen dreieckigen, dunklen Flecken. Unterschwanzdecken ungefleckt. Läufe im oberen Teil befiedert, unterer Tarsus und Zehen nackt. Augenbrauen und Bereich zwischen den Augen bis zur Schnabelwurzel weißlich bis rahmgelb. Schleier rostbraun mit etwas dunklerem Rand. Schnabelborsten dunkel. Keine sichtbaren Federohren, bei Tarnhaltung werden Pseudo-Federohren sichtbar, ähnlich den Arten der Gattung *Aegolius*. Junge ähneln den Alten, haben noch unvollständigem Schleier und Augenbrauen. Augen gelborange, bei Weibchen gelb, Augenränder breit schwarz, innen pinkfarben. Wachshaut fleischfarbig, Schnabel perlweiß. Nackter Teil der Läufe und die schwachen Zehen pink-weiß, Krallen perlweiß.

Verbreitung: Endemisch im Südwesten Sri Lankas. Monotypisch.

Bestand: Im kleinen Verbreitungsgebiet nicht selten, jedoch durch die Zerstörung des Lebensraumes stark gefährdet.

Serendib Scops Owl
***Otus thilohoffmanni* Warakagoda & Rasmussen 2004**

Descriptive notes: plate 14 Length 16.5 to 17 cm, weight unknown. Small, dainty owl, crown sienna-brown, spotted and barred greyish- brown. Back and mantle more rufous-brown with dark spots and bars, these surrounded with paler colour. Alula dark with pale margins on outer webs. Primary coverts with broad dark barring. Secondary coverts pale rufous, with dark bars. Secondaries and primaries creamy, outer webs distinctly dark barred on rufous ground colour, becoming wider and darker on inner webs. Tail rufous-brown with dark, faded barring. Below light rufous-yellow, paler on belly and lowertail coverts, with numerous dark, triangular spots. Lowertail coverts unspotted. Legs feathered only on upper quarter of tarsus, lower part and toes bare. Eyebrows and area between eyes down to the base of the bill whitish, washed creamy to pale buff. Facial disc pale rufous-brown with somewhat darker rim. Bristles dark. No visible ear tufts, but when alert, pseudo-eartufts are visible, similar to species of genus *Aegolius*. Juvenile: Similar to adult birds, but with incomplete facial disc and superciliaries. Irides yellow-orange, female with more yellow eyes, surrounded by a striking black ring, inner eyelids pink. Cere flesh-coloured. Bill off-white. Bare parts of tarsus and the weak toes pinkish-white, claws off-white.

Distribution: Endemic to Southwest Sri Lanka. Monotypic.

Status: Not rare locally, but with very restricted distribution and so threatened by habitat destruction.

Tafel 14 / Plate 14
oben / top: Serendib-Zwergohreule / Serendib Scops Owl - *Otus thilohoffmanni*
unten: Röteleule / Reddish Scops Owl - *Otus rufescens rufescens*
links / left: typische Morphe / typical morph
rechts / right: dunkle Morphe / dark morph

2010
WENCK

Lebensraum: Tieflandregenwald, dichte und unterholzreiche Sekundärforste mit Bambus, Schlingpflanzen und Baumfarnen. Von 30 bis 530 m über NN. Ansitz meist nur in 1 bis 2,5 m über dem Grund.

Stimme: Sehr ähnlich der Stimme von *Otus rufescens*, Stimme des Weibchens ist etwas höher.

Nahrung: Hauptsächlich Insekten wie Falter und Käfer.

Brut: Keine Informationen, ein voll befiederter Jungvogel wurde im März gefunden. Nest wahrscheinlich in Baumhöhlen.

Bemerkungen: Wurde im Januar 2001 von D. H. Warakagoda entdeckt, 2004 von demselben und P. Rasmussen beschrieben.

Habitat: Lowland rain forest, dense secondary growth with bamboo, creepers and tree ferns. At 30 to 530 m above sea level. Often perches for roosting only 1 to 2.5 m above the ground.

Voice: Very similar to voice of *Otus rufescens*, a musical piping. Voice of female slightly higher-pitched

Food: Mainly insects such as moths and beetles.

Breeding: No data, but a fully-feathered young bird was recorded in March. Nest probably in tree holes.

Remarks: Discovered by D. H. Warakagoda in January 2001, and described by the very same and P. Rasmussen in 2004.

Gelbschnabelzwergohreule – *Otus icterorhynchus* (Shelley) 1873

Kennzeichen: Tafel 15 Nominatform. Länge 18 bis 20 cm, Gewicht 61 bis 80 g. Oberseite zimt- bis beigebraun mit sandfarbenen bis weißen Flecken, mit dunklen Spitzen oder Rändern. Schulterfedern mit weißen bis rahmfarbenen Außenfahnen und dunklem Spitzenfleck, ein helles Band bildend. Flügeldecken dunkler rotbraun als Rücken, mit hellbeigen dunkel gerahmten Flecken und feiner Marmorierung. Alula mit breiter, dunkler Bänderung. Handdecken beigebraun, fein marmoriert. Armdecken gebändert, marmoriert und mit weißem Spitzenfleck. Armschwingen hellbeigebraun, 5 bis 6 dunkle Binden auf den Außenfahnen, auf den Innenfahnen dunkler. Handschwingen auf den Außenfahnen mit 4 bis 5 weißen Flecken und dunkler Bänderung. Schwanz sandfarben mit verwaschenen, dunklen Binden. Oberkopf zimtbraun mit hellbeigen Flecken und Binden, fein marmoriert. Federohren kurz und gerundet, rotbraun, weiß und schwarz gefleckt und gebändert. Schleier hellzimtbraun mit dunkel geflecktem Rand. Augenbrauen rahmfarben bis hellbeige. Unterseite sandfarben bis beigebraun mit weißlichen Längsflecken und feiner Marmorierung, auf der Brust dunkler. Bauch mit größeren weißen Flecken. Große individuelle Unterschiede der Rosttöne und Zeichnung. Jungvögel ähneln den Alten, oberseits aber feiner gezeichnet, Unterseite einfarbiger. Iris hellgeb, Schnabel und Wachshaut rahmgelb, Zehen rötlich beige, Krallen weiß mit grauen Spitzen.

Verbreitung: Liberia, Elfenbeinküste, Ghana, Kamerun, Nordgabun, Nordkongo sowie Nord- und Ostzaire.

Geografische Rassenverbreitung:
***Otus i. icterorhynchus* (Shelley) 1873** Siehe Kennzeichen. Liberia, Elfenbeinküste, Ghana.
***Otus i. holerythrus* (Sharpe) 1901** Südkamerun, Nordkongo, Nord- und Ostzaire. Oberseite tiefrot- und zimtbraun. Zimtbraune Armdecken ohne weiße Flecken. Armschwingen mehr zimtbraun als Nominatform, deutlich gebändert, Schirmfedern mit weißen Flecken und Subterminalbinden. Unterseite mehr rot- bis zimtbraun, Brust ohne Marmorierung, die weißen Flecke sind dunkel gesäumt.

Bestand: Im gesamten Verbreitungsgebiet selten, mit Ausnahme von Liberia, wo die Nominatform in allen bewaldeten Gebieten angetroffen wird. Lokale Gefährdung durch intensiven Holzeinschlag.

Lebensraum: Feuchte, immergrüne Tieflandwälder, abwechslungsreiches Wald-, Busch- und Grasland. Von Meereshöhe bis etwa 1000 m Höhe.

Stimme: Pfeifendes „kwii – eh", am Ende leicht abfallend, sowie ein lang gezogenes „twuuu" wurden notiert.

Nahrung: Jagt bevorzugt bei Dämmerung und Dunkelheit, Beutetiere sind große Insekten wie Heuschrecken, Grillen und Käfer. Der Flug ist schnell und geradlinig, ähnlich einem Sperber.

Brut: Exakte Daten fehlen. Brutzeit wahrscheinlich in Februar und März. In Zaire wurde im Mai ein Küken gefunden, im April Jungvögel in Kamerun. Rastet und brütet in Baumhöhlen.

Bemerkungen: Bildet eventuell mit *Otus irenae* (Kenia) eine Superspezies.

Cinnamon, Sandy Scops Owl – *Otus icterorhynchus* (Shelley) 1873

Descriptive notes: plate 15 (Nominate) Length 18 to 20 cm, weight 61 to 80 g. Upperparts pale cinnamon-brown to pale buffy -brown with light sandy-coloured to whitish spots, framed with dark edges or tips. Scapulars with white or cream-coloured outer webs and dark spot on tips, forming a light band. Wing coverts darker rufous than back, with pale buffy dark-framed spots and dark vermiculations. Alula with wide dark bars. Primary coverts buffy-brown with narrow vermiculations. Secondary -coverts barred and vermiculated, with white spot on the tips. Secondaries pale buffy-brown, with 5 to 6 dark bars on outer webs, darker on inner webs. Primaries with 4 to 5 white spots on outer webs and dark barring. Tail pale sandy-brown with obsolete, indistinct dark bars. Crown cinnamon-brown, spotted with transverse bars and small spots, densely vermiculated. Ear tufts short and rounded, spotted and barred rufous-brown, white and blackish. Facial disc pale cinnamon with darker spotted rim. Superciliaries light creamy to pale buffy. Underparts sandy to pale buffy-brown, with white longish spots and fine vermiculations, darkest on chest. Belly with larger white spots. Wide range of individual variation in colour and markings. Juveniles similar to adults, but finer bars above and less streaked below. Iris pale yellow, bill and cere creamy-yellow, toes reddish-buff, claws whitish with grey tips.

Distribution: Liberia, Ivory Coast, Ghana, Cameroon, North Gabon, North Congo, North and East Zaire.

Geographical variations:
***Otus i. icterorhynchus* (Shelley) 1873** (see Descriptive notes) Liberia, Ivory Coast, Ghana.
***Otus i. holerythrus* (Sharpe) 1901** South Cameroon, North Congo, North and East Zaire. Upperparts more rufous- and cinnamon-brown, secondary coverts cinnamon-brown without white spots, secondaries more cinnamon-brown than nominate *icterorhynchus*, distinctly barred, tertials with white spots and subterminal bars. Underparts more rufous to cinnamon-brown, chest without vermiculations, white spots darkly bordered.

Status: Rare owl throughout its range, with exception of Liberia, where the nominate is present in all forested areas. Endangered locally by deforestation.

Habitat: Humid, evergreen lowland forest, also in variable forest, shrub and grassland mosaic. From sea level up to about 1,000 m.

Voice: A whistled "kwee -ah" with downward inflection and a long lasting "twooo", repeated in intervals are recorded.

Food: Hunts mainly at dawn and dusk, primarily large insects such as grasshoppers, crickets and beetles. Flies fast and directly, similar to an accipiter.

Breeding: Detailed information unknown. Possibly breeding in February and March. Nestling found in Zaire in May, juveniles in Cameroon in April. Roosting and breeding in tree holes.

Remarks: Probably forms a superspecies with *Otus irenae* from Kenya.

Afrika-Zwergohreule – *Otus senegalensis* (Swainson) 1837

Kennzeichen: Tafel 15 Nominatform. Länge 16 bis 19 cm, Gewicht 45 bis 100 g. In Größe und Färbung *Otus scops* ähnlich, die dunklen Zeichnungen sind kräftiger und auffälliger, weniger rindenartig. Hals-, Rücken-, Schultern und Flügeldecken zeigen häufig einen rostgelben Anflug. Es gibt graue und braune Morphen, Färbung und Zeichnung variieren außerordentlich. Einige beschriebene Rassen basieren nur auf Unterschieden von Färbung und Zeichnung und sind Farbmorphen. Stirn und Oberkopf mit

African Scops Owl – *Otus senegalensis* (Swainson) 1837

Descriptive notes: plate 15 (Nominate form) Length 16 to 19 cm, weight 45 to 100 g. Similar in size and colouration to *Otus scops*, but with much heavier and more obvious dark markings and less bark-like plumage pattern. Feathers of neck, back, scapulars and wing coverts often with rufous-buff wash. Occurs in grey and rufous-brown morphs, but colour and pattern varying individually, so synonyms from some subspecies described on the basis of differences in colour and pattern are only colour morphs. Forehead

Tafel 15 / Plate 15
oben links / top left: Gelbschnabelzwergohreule / Cinnamon or Sandy Scops Owl - *Otus icterorhynchus icterorhynchus*
unten links / bottom left: *Otus icterorhynchus holerythrus*, dunkle Rasse / dark race
oben rechts / top right: Afrika-Zwergohreule / African Scops Owl - *Otus senegalensis nivosus*, sehr helle Rasse / very pale race
unten rechts / bottom right: *Otus senegalensis senegalensis*, Nominatform, braune Morphe / nominate race, brown morph

gen Schaftstrichen und feiner Bänderung und Marmorierung. Federohren klein, werden bei Beunruhigung deutlich hochgestellt. Oberseite grau oder bräunlich mit kräftiger, dunkler Streifung, fein gebändert und marmoriert. Schulterfedern auf den Außenfahnen weiß gefleckt, dunkel gestreift und gebändert, bilden ein helles Schulterband. Flügeldecken mit dunklen Schaftstrichen, deutlichen Binden und hellen Flecken nahe der Spitze. Alula ebenfalls gebändert, mit hellem Fleck auf den Außenfahnen. Handdecken hell, mit breiter, dunkler Bänderung. Armdecken bebändert und marmoriert, auf den Außenfahnen mit hellem Subterminalfleck. Schwungfedern und Schwanz auf weißlicher oder gelblich beiger Grundfärbung deutlich gebändert. Handschwingen auf Außenfahnen mit großen, weißen Flecken, breit und dunkel gebändert. Unterseite heller als die Oberseite, fein marmoriert, mit dunklen Schaftstrichen und fischgrätenartiger Bänderung. Schleier grau mit feiner Marmorierung und dunklem Rand. Schlanke, dünn befiederte Tarsen und kleine, graubraune Füße. Krallen schwarzbraun. Dunenkleid weißlich. Immaturvögel ähneln den Adulten, haben aber eine undeutlichere Gefiederzeichnung und wirken heller und flauschiger.

Verbreitung: In Afrika südlich der Sahara und auf der Insel Annobón (vor der Küste Gabuns), fehlt in den bewaldeten Gebieten von Mali, Äquatorialguinea, Gabun und Kongo, ebenso in den Wüsten Namibias.

Geografische Rassenverbreitung:
***Otus s. senegalensis* (Swainson) 1837** Siehe Kennzeichen. Von Senegal und Sierra Leone bis Nordwestäthiopien und Somaliland (ohne Südostkenia), im Süden bis zum südöstlichen Südafrika.
***Otus (s.) pamelae* Bates 1937** Südliches Saudi-Arabien. Häufig auch als Rasse von *Otus brucei* beschrieben, eventuell eigenständige Art. Hellbraungrau und weißlich mit rötlichem Anflug auf den Flügeldecken. Weiße Augenbrauen und Zügel. Heller Schleier, undeutlicher Schleierrand. Helle Unterseite undeutlich gestreift, weiß gefleckt, mit beigegelbem Anflug.
***Otus (s.) socotranus* (Ogilvie-Grant & Forbes) 1899** Insel Socotra (vor der Küste Somalias). Sandfarben-grau mit verwaschener Zeichnung auf der Oberseite. Unterseits hellgrau. Kleiner als die anderen Rassen. Vielleicht mit eigenem Artstatus.
***Otus s. feae* (Salvadori) 1903** Insel Annobón, im Golf von Guinea vor der Küste von Gabun. Viel dunkleres Gefieder als die dunkelste Morphe der Nominatform, mit rostfarbenem Grundton und breiter, kräftiger Streifung auf der Unterseite.
***Otus s. nivosus* Keith & Twomey 1968** Südostkenia. Sehr helle Rasse, auf der Oberseite hellgrau, häufig mit rostfarbenem Anflug auf Hals, Brust und den kleinen Flügeldecken. Unterseite sehr hell, der weiße Bauch ist häufig nahezu ungezeichnet.

Bestand: Lokal noch gute Verbreitung, in Baumsavannen noch häufig. In Südafrika noch weitverbreitet, am Ostkap jedoch bereits selten.

Lebensraum: Bewaldete Savannen, trockenes, offenes Waldland, parkähnliche Landschaften, Kahlschläge, große Gärten mit hohen Bäumen. In Westafrika auch in Mangroven. Von Meereshöhe bis etwa 2000 m über NN.

Stimme: Der Gesang des Männchens ist ein kurzes froschähnliches Schnurren, „kruuup", von etwa einer Sekunde Dauer und in Intervallen von 5 bis 10 Sekunden wiederholt. Das Weibchen ruft in etwas höherer Tonlage.

Nahrung: Nachtaktiv. Hauptsächlich große Insekten wie Käfer, Gottesanbeterinnen, Heuschrecken etc. Skorpione und kleinere Wirbeltiere wie Geckos, Eidechsen und Frösche. Seltener kleine Säugetiere und Vögel. Jagt vom Ansitz aus und zu Fuß oder liest Beutetiere wie Falter und Asseln von der Borke der Stämme und Zweige ab.

Brut: Monogam. Brutzeit mit Beginn der Regenzeit: Februar bis Mai und September in Westafrika, April bis Mai im Sudan, August bis Dezember in Ostafrika, August bis November in Südafrika. Brut in Baumhöhle oder auf Spitze eines abgebrochenen Baumstammes. Brutterritorium klein, manchmal brüten mehrere Paare dicht beieinander, jedoch behauptet jedes Paar sein Territorium. Gelege 2 bis 4 (3) Eier. Diese werden direkt auf den Höhlenboden gelegt. Das Weibchen brütet alleine und wird vom Männchen mit Beute versorgt. Brutdauer 20 bis 24 Tage. Dunenkleid weißgrau. Küken werden 12 Tage gehudert, verlassen nach 26 Tagen die Bruthöhle und werden von den Eltern noch 30 bis 40 Tage gefüttert. Geschlechtsreife wird mit 8 Monaten erlangt.

Bemerkungen: Bildet eventuell mit *Otus brucei*, *scops* und *sunia* eine Superspezies.

and crown with broad shaft streaks and fine barring and vermiculations. Ear tufts small, but well developed when alert. Upperparts grey or brownish, with strong, dark shaft streaks, fine barring and vermiculations. Scapulars with white areas on outer webs and dark barring, forming a white band across shoulder. Wing coverts with dark streaking and barring, near tips with pale spots. Alula also dark barred, with light spot on outer webs. Primary coverts with wide, dark bars on pale ground colour. Secondary coverts barred and vermiculated, with distinct subterminal spot on outer webs. Flight and tail feathers distinctly barred on pale ground colour. Outer webs of primaries with large white spots and wide, dark barring. Underparts distinctly paler than upperparts, with fine vermiculations, dark shaft streaks and "herringbone"-like bars. Facial disc greyish, finely vermiculated and with dark rim. Slender, sparsely feathered legs and relative small, pale greyish-brown feet. Claws blackish-brown horn. Juvenile: Downy chicks whitish. Immature birds similar to adults, but less distinctly marked and with fluffier texture and somewhat paler.

Distribution: Africa south of Sahara including Annobon Island (off coast of Gabon), absent from the forested areas of Mali, Equatorial Guinea, Gabon and Congo, also from the deserts of Namibia.

Geographical variations:
***Otus s. senegalensis* (Swainson) 1837** (see Descriptive notes) From Senegal and Sierra Leone east to Northwest Ethiopia and Somaliland (except southeastern Kenya), southern to southeastern South Africa.
***Otus (s.) pamelae* Bates 1937** Southern Saudi Arabia. Also often regarded as race of *Otus brucei*, but probably a separate species. Pale brownish-grey and whitish, often with rufous tinge on wing coverts. Distinctly white eyebrows and lores. Pale facial disc and indistinct rim. Below pale indistinct streaked, white blotches and pale buffy tinge.
***Otus (s.) socotranus* (Ogilvie-Grant & Forbes) 1899** Socotra Island (off the coast of Somalia). Pale sandy-grey and poorly marked above, pale grey below. Smaller than the other races. Because of its isolated distribution probably specifically distinct.
***Otus s. feae* (Salvadori) 1903** Annobon Island, in Gulf of Guinea, off coast of Gabon. Much darker plumage than the darkest morph of nominate, rusty ground colour and broad, heavy streaking below.

***Otus s. nivosus* Keith & Twomey 1968** Southeast Kenya. Very pale subspecies, pale grey above, neck, chest and smaller wing coverts with rufous wash. Below very pale, belly often nearly plain white.

Status: Locally common, very common in wooded savanna, widespread in South Africa, but considered rare on East Cape.

Habitat: Wooded savanna, dry, open woodland, park-like areas, clearings, large gardens with tall trees. In West Africa also in mangroves. From sea level up to about 2,000 m.

Voice: Song of the male is a short, frog-like purring, "kruuup", one second in duration and at intervals of 5 to 10 seconds. The female sings slightly higher-pitched.

Food: Mainly insects, including beetles, mantes, grasshoppers, cockroaches a.s.o. Also scorpions and small vertebrates such as geckos, lizards and frogs. More rarely small mammals and birds. Hunting from perch, also on foot or pulling prey such as moths or wood lice from the bark of trunks or branches. Strongly nocturnal.

Breeding: Monogamous. Lays with start of rains: February to May and September in West Africa, April to May in Sudan, August to December in East Africa, mainly August to November in South Africa. Nesting in tree holes or on top of broken tree. Small territory, sometimes pairs in close proximity, but still territorial. Clutch 2 to 4 eggs, usually 3. Eggs are laid directly on floor of nest hole. Female incubates alone, fed by male with prey. Incubation 20 to 24 days; chicks with whitish-grey downs. Brooded until ca. 12 days and leave the nest hole at about 26 days. Fed by both parents for further 30 to 40 days. Sexual maturity is reached at 8 months.

Remarks: Probably forms superspecies with *Otus brucei*, *scops* and *sunia*.

Sokoke-Zwergohreule – *Otus ireneae* Ripley 1966

Kennzeichen: Tafel 16 Kleine, meist aufrecht sitzende Zwergohreule. Länge 16 bis 18 cm, Gewicht von 45 bis 50 g. Braune, graue und rostrote Farbmorphe. Oberkopf mit dunkelbrauner Streifung, kleine Federohren. Überaugstreifen und die Kehle rahm- bis ockerfarben, mit dunklen Säumen und Flecken. Oberseite und kleinere Flügeldecken auf brauner, graubrauner oder rostfarbener Färbung fein bekritzelt, mit kleinen weißlichen Flecken und dunklen Pfeilflecken an deren oberen und unteren Ende. Schulterfedern mit weißen Flecken auf den Außenfahnen, bilden einen hellen Schulterstreifen. Der dunkel begrenzte Gesichtsschleier ist beige bis hellrostfarben, mit dunklen Stricheln und Flecken in konzentrischen Ringen. Unterseite heller als Oberseite, Brust mit beige- bis rostfarbenem Anflug, weißen und schwärzlichen

Sokoke Scops Owl – *Otus ireneae* Ripley 1966

Descriptive notes: plate 16 Small, rather upright perching scops owl, length 16 to 18 cm, body weight 45 to 50 g. Occurs in brown, grey and rufous colour morphs. Crown streaked dusky brown, small ear tufts, eyebrows and chin creamy to light buff, spotted and vermiculated with dark margins. Upperparts and lesser wing coverts with tawny-brown, grey-brown or rufous ground colour, dark vermiculated and with small whitish spots and arrow-shaped dark spots before and behind. Scapulars with white spots on outer webs, forming a light scapular stripe. Facial disc buff with dusky rim, dark spotted and scribbled in concentric rings. Below lighter than upperparts, with buffy to rufous wash on chest, white and blackish spots and densely vermiculated and spotted margins. Outer primaries barred blackish brown and white, inner prima-

Tafel 16 / Plate 16
Sokoke-Zwergohreule / Sokoke Scops Owl - *Otus ireneae*
links / left: rotbraune Morphe / rufous morph
rechts / right: graue Morphe / grey morph

Flecken sowie eng stehenden winzigen Punkten und Stricheln auf den Säumen. Äußere Handschwingen weiß und schwarzbraun gebändert, innere Handschwingen, Armschwingen und Armdecken heller, fein gebändert und bekritzelt. Schwanzfedern dunkelbraun gefleckt und bekritzelt. Schnabel horngelb bis schwärzlich. Wachshaut gelb. Iris hellgelb. Läufe dünn befiedert, nackte, mattgelbe Zehen. Geschlechter gleichen sich in Gefieder und Größe. Jungvögel ähneln den Eltern, haben aber gelbgrüne Zehen.

Verbreitung: Sokoke-Arabuko-Urwald an der Küste Südostkenias, Tiefland und Vorberge des Usambara-Gebirges in Nordosttansania. Monotypisch.

Bestand: Kleines Verbreitungsgebiet, wahrscheinlich nur etwa 1000 bis 1500 Brutpaare. Selten und im Bestand gefährdet. In geeigneten Lebensräumen etwa 7 bis 8 Brutpaare pro Quadratkilometer.

Lebensraum: Bevorzugt werden Baumbestände der Gattung *Cynometra*, *Brachylaena* und *Manilkara*, seltener in angrenzenden Brachystegia-Wäldern. Meidet Bäume unter 3 bis 4 m Höhe. Im Tiefland von 50 bis 170 m, in Tansania bis 400 m.

Stimme: Rufe (Männchen?): 5 bis 10 hohe, flötende Pfiffe wie „guuu guuu guuu", in Intervallen von 1 Sekunde wiederholt, meist bei einbrechender Dämmerung bis zu zwei Stunden danach. Weitere Lautäußerungen sind bislang unbekannt.

Nahrung: Hauptsächlich dämmerungs- und nachtaktiv. Jagt meist von Ansitz in 3 bis 4 m über dem Boden. Offenbar werden blattfressende Insekten (Grillen, Sattel- und Gespensterschrecken) bevorzugt.

Brut: Brutverhalten völlig unbekannt.

Bemerkungen: Diese Eulenart ist wahrscheinlich nahe mit *Otus icterorhynchus* aus Zentral- und Westafrika verwandt.

ries, secondaries and secondary coverts paler, finely barred and vermiculated dusky. Tail feathers spotted and vermiculated with darker brown. Bill dark horn-coloured to blackish. Cere yellow. Irides light yellow. Thinly feathered tarsi, toes bare and dull yellow. Sexes similar in plumage and size. Juveniles similar to adults, but feet with greenish-yellow colour.

Distribution: Okoke-Arabuku Forest on the coast of Southeast Kenya and lowlands and foothills east of the Usambara Mountains of Northeast Tanzania. Monotypic.

Status: Restricted range, possibly about 1,000 to 1,500 pairs. Rare and vulnerable owl species, but locally common, 7 to 8 pairs/ km^2.

Habitat: *Cynometra*, *Brachylaena* and *Manilkara* forest, rarely also in adjacent Brachystegia woodland, absent where trees below 3 to 4 m. Lowlands from 50 up to 170 m, but in Tanzania up to about 400 m above sea level.

Voice: Calls (male?) with series of 5 to 10 whistling notes, "ghooo ghooo ghooo", repeated at 1-second intervals, at dawn and two hours after dusk. Nothing else known of further vocalisations.

Food: Hunting mainly during dawn and nocturnal. Hunting from perch, 3 to 4 m above ground. Apparently small, leaf-eating insects (crickets, katydids and phasmids).

Breeding: Breeding habits unknown.

Remarks: Possibly closest related to *Otus icterorhynchus* from Central and West Africa.

Flores-Zwergohreule – *Otus alfredi* (Hartert) 1897

Kennzeichen: Tafel 17 Länge 19 bis 21 cm, Gewicht unbekannt. Stirn weiß mit feiner rotbrauner Marmorierung, die bis zum einfarbig rotbraunen Oberkopf reicht. Kopf- und Halsseiten mit einigen hellen, halbmondförmigen Federn und dunkelrostfarbenen Säumen. Hinterkopf einfarbig dunkelrostfarben, Oberrücken rostfarben mit weißen Säumen, ohne Nackenband. Unterrücken rostbraun, Schulterfedern auf Außenfahnen weiß, nahe der Basis braun gefleckt und mit braunem Spitzenfleck, ein weißes Band bildend. Flügeldecken einfarbig rotbraun, die äußersten 3 bis 4 großen Decken haben einen weißen Spitzenfleck. Alula rostfarben mit hellen Säumen. Handdecken rostfarben mit hellem Fleck auf Mitte der Außenfahnen. Schirmfedern rotbraun, undeutlich gebändert. Armschwingen einfarbig rotbraun. Handschwingen zimtbraun mit kleinen, weit auseinanderliegenden weißen Dreiecksflecken auf den Außenfahnen, nicht bis zum Federschaft reichend. Schwanz rotbraun, undeutlich dunkler gebändert. Kurze, breite und gerundete Federohren sind dunkelrotbraun. Augenbrauen und Zone zwischen den Augen weiß, in Stirnbefiederung übergehend. Schnabelborsten rostfarben mit schwarzen Spitzen. Schleier hellrostfarben ohne dunklen Schleierrand. Ohrdecken haarartig zerschlissen und verlängert, verdecken den oberen Teil des Schleiers. Kehle und Brust hellrostfarben mit kleinen weißen Flecken, manche dunkel begrenzt, fein gebändert. Unterbrust weiß gefleckt und dunkel gebändert. Bauch heller, fein gebändert, mit wenigen weißen Doppelflecken. Unterschwanzdecken weißlich, undeutlich gebändert. Tarsen bis zum unteren Viertel dicht befiedert. Iris gelb bis orange-gelb, Augenrand pink, Wachshaut und Schnabel gelblich, nackter Teil des Laufes, Zehen und Krallen mattgelb. Füße kleiner und schwächer als bei *Otus spilocephalus* oder *Otus magicus*. Jungvögel etwas matter gefärbt als Altvögel, ohne weiße Flecke auf den Flügeldecken, weiße Handschwingenbänderung schmaler, ohne den weißen Anflug auf dem Bauch.

Verbreitung: Insel Flores (Kleine Sundainseln), Ruteng und Toto Mountains, 2010 auch im Westen der Insel um Mbeliling (Unca Lolos) entdeckt und fotografiert durch dänische Ornithologen.

Bestand: War für lange Zeit nur durch die drei 1896 gesammelten Bälge bekannt. 1994 wiederentdeckt (1 Alt- und 1 Jungvogel). Nun neue Funde im Westen von Flores. Sehr selten und durch Zerstörung des Habitats gefährdet.

Lebensraum: Nahezu unzugängliche Wälder mit Steilhängen, in Küstennähe und Inland, bis in Höhen von 1400 m über NN.

Stimme: Gesangsserien wie „gogogogo" ähneln Gesang der ebenfalls auf Flores vorkommenden Ralle Rallina fasciata.

Brut: Unbekannt.

Bemerkungen: Biologie und Ökologie unbekannt. Noch in jüngster Zeit als rote Morphe von *Otus magicus albiventris*, Flores-Rasse der Molukken-Zwergohreule bestimmt. Zahlreiche Unterschiede in Morphologie und Stimme beweisen eigenen Artstatus.

Flores Scops Owl – *Otus alfredi* (Hartert) 1897

Descriptive notes: plate 17 Length 19 to 21 cm, weight unknown. Forehead white, fine rufous vermiculations extending to the uniform rufous-coloured crown. Sides of head and neck with some pale, scaly feathers, with dark rufous margins. Occiput and hindneck uniform dark rufous, upper back rufous, webbed white, but forming no collar. Lower back rufous, scapulars with white outer webs, brown spots near base and on tips, forming a white band across the shoulders. Wing coverts uniform rufous-brown, except the outer 3 to 4 greater coverts with white spots on tips. Alula dark rufous, pale-margined. Primary coverts rufous, with pale spot on mid of outer webs. Tertials rufous with obsolete bars. Remaining secondaries uniform rufous-brown. Primaries cinnamon-brown with small, widely spaced, triangular, white spots, not extending to the shaft. Tail rufous-brown, with obsolete barring. Ear tufts short, broad and rounded, dark rufous-brown. Eyebrows and area between the eyes white, extending to forehead. Lores very long, rufous with black tips. Facial disc pale rufous without dark rim. Ear coverts elongated and hair-like, obscuring the upper part of disc. Throat and chest pale rufous with small whitish spots, some bordered blackish and with fine dark barring. Lower breast distinctly spotted white and with fine, dark barring. Belly pale, with indistinct fine bars and few white double spots. Lowertail coverts whitish, barring obsolete. Tarsi densely feathered except distal quarter. Iris yellow to orange-yellow, rim of eyes pinkish, cere and bill yellowish, bare part of tarsus and toes dull yellow, claws dull yellow. Feet smaller and weaker than in *Otus spilocephalus* or *Otus magicus*. Juvenile little duller than adult bird, no white spots on wing coverts, white bars on primaries narrower, no whitish wash on belly.

Distribution: Flores Island (Lesser Sundas) Ruteng and Toto Mountains, 2010 recorded and photographed in the west of the island, near Mbeliling (Cunca Lolos) by Danish ornithologists.

Status: For long time known only from three specimens, collected in 1896. Rediscovered in 1994 (1 adult, 1 juvenile). Recently recorded in west of Flores. Rare and threatened by loss of habitat.

Habitat: Nearly undisturbed forest with steep slopes, near coast and inland up to 1,400 m above sea level.

Voice: Song very similar to the also in Flores living rail Rallina fasciata. Series of "gogogogo" notes are recorded.

Breeding: Unknown.

Remarks: Biology and ecology largely unknown. Recently treated as a rufous morph of *Otus magicus albiventris*. Validity as a separate species by distinction in morphology and voice.

Tafel 17 / Plate 17
oben / top: Flores-Zwergohreule / Flores Scops Owl - *Otus alfredi*
unten / bottom: Molukken-Zwergohreule, Flores ssp. / Moluccan Scops Owl, Flores ssp. - *Otus magicus albiventris*

Weick
2010

Molukken-Zwergohreule – *Otus magicus* (S. Müller) 1841

Kennzeichen: Tafel 17 Nominatform. Länge 22 bis 25 cm, Gewicht 114 bis 165 g. Gefieder sehr variabel, mit graubraunen, rotbraunen und gelbbraunen Morphen sowie zahlreichen Übergangsformen. Oberkopf mit breiten Schaftstrichen und feiner Bänderung. Oberseite unterschiedlich gestreift und gebändert, Längsstreifen meist kräftig. Schulterfedern mit hellem Fleck auf den Außenfahnen, der auch undeutlich sein kann. Innenfahnen gebändert und mit dunklem, dreieckigem Spitzenfleck. Flügeldecken meist dunkler als Rücken, mit dunklen Schaftstreifen, feiner Bänderung und Marmorierung. Äußerste Decken haben helle Flecke. Alula gebändert und hell gefleckt. Hand- und Armdecken fein gebändert, marmoriert und hell gefleckt. Schirmfedern sind gebändert (im Unterschied zur nahe verwandten *Otus manadensis*). Armschwingen sind auf heller Grundfärbung deutlich gebändert. Handschwingen weißlich, kräftig und breit gebändert. Schwanz mit zahlreichen, eng marmorierten Binden auf hellem Grund. Unterseite viel heller als Oberseite, auf der Brust am dunkelsten. Meist kräftig gestreift und mit unterbrochener Bänderung fein marmoriert und hell gefleckt. Schnabel und Füße kräftig. Tarsen distal 6 bis 9 mm unbefiedert, Laufrückseite meist nackt. Deutliche, spitz verlaufende Federohren, längs gestreift. Kurze, weiße oder hellbeige Augenbrauen, fein gefleckt. Schnabelborsten sind schwarz mit weißer Basis. Heller Schleier mit feiner grauer, rotbrauner oder beiger Marmorierung und unauffälligem, dunklem Schleierrand. Kinn und Kehle hell. Iris gelb, Wachshaut und Schnabel gelblich grau. Nackte Teile des Laufs und Zehen graubraun, Krallen hornfarben mit dunklen Spitzen. Jungvögel ähneln den Alten, sind jedoch undeutlicher gezeichnet.

Verbreitung: Kleine Sundainseln: Lombok, Sumbawa, Flores, Lomblen, Wetar. Molukken-Inseln: Morotai, Halmahera, Ternate, Bacan, Obi, Buru, Ambon, Seram und Kasiruta.

Geografische Rassenverbreitung:
Otus m. morotensis **(Sharpe) 1875** Nordmolukken: Morotai und Ternate. Gefieder ähnlich der Rasse *leucospilus*, jedoch meist etwas dunkler.
Otus m. leucospilus **(G. R. Gray) 1860** Nördliche Molukken: Halmahera, Kasiruta und Bacan. Oberseite ähnlich *albiventris*, Grundfärbung gelbbraun, Schleier heller, unterseits mit auffälligen weißen Flecken, vor allem auf Bauch und den Unterschwanzdecken.
Otus m. obira **Jany 1955** Nördliche Molukken: Obi-Inseln. Etwas kleiner als die Nominatform, im Gefieder aber sehr ähnlich.
Otus m. magicus **(S. Müller) 1841** Südliche Molukken: Seram, Ambon, eventuell auch Aru-Inseln. Siehe Kennzeichen.
Otus m. bouruensis **(Sharpe) 1875** Südliche Molukken: Buru. Gesamte Oberseite mit sandfarbener bis beigebrauner Färbung. Unterseite: auf der Brust sandfarben, restliche Unterseite überwiegend weiß, ähnlich *albiventris*, manchmal mit hellem Nackenband.
Otus m. albiventris **(Sharpe) 1875** Kleine Sundainseln: Lombok, Sumbawa, Flores, Lomblen. Klein, mit schwächeren Füßen, Tarsen nur zum Teil befiedert. Oberkopf, Rücken und Brust längs gestreift und fein gebändert. Schulterfedern auf beiden Fahnen weiß oder mit rostfarbenem Anflug, teilweise gebändert, mit dreieckigem, schwarzem Spitzenfleck. Flügel kräftig gebändert. Bauch und Unterschwanzdecken weiß, schwach gezeichnet. Federohren deutlich und spitz, gestreift. Augenbrauen und Zügel weißlich, Schnabelborsten schwarz. Diese Rasse hat keine rostbraune Morphe.
Otus (m.) tempestatis **(Hartert) 1904** Kleine Sundainseln: Insel Wetar. Klein, schwache Füße wie *albiventris*, Läufe aber völlig befiedert. Federohren runder als bei den anderen Rassen von *magicus*. Rote Morphe fuchsrot, Oberseite marmoriert mit feinen, dunklen Schaftstrichen. Brust zimtfarben mit breiten Schaftstreifen. Restliche Unterseite mit weißer Grundfärbung, Bauch zimtbraun und schwarz gezeichnet. Iris schwefelgelb. Diese Rasse besitzt auch eine graue Morphe.

Bestand: Lokal noch gutes Vorkommen auf Buru, Seram und Halmahera, es fehlen Angaben zu den übrigen Inselvorkommen. Einige Rassen leben in bereits stark zerstörten Habitaten und sind äußerst gefährdet.

Lebensraum: Tiefland, küstennahe Wälder und Sumpfwälder, nachgewachsene Sekundärwälder, Baumbestände in Siedlungsnähe, Plantagen, dicht bewaldete Kalksteinformationen. Im Hügelland bis 900 m, manchmal bis 1500 m Höhe.

Stimme: Territorialruf des Männchens ist ein raues, bellendes und rabenähnliches Krächzen: „kwoork", das in kurzen oder längeren Intervallen wiederholt wird. Weibchen ruft ähnlich, aber in höherer Tonlage.

Nahrung: Hauptsächlich Insekten und andere Gliederfüßer, gelegentlich auch kleine Wirbeltiere.

Brut: Brutbiologie wahrscheinlich wie bei verwandten Arten. Auf Ambon wurden im November und Dezember Nestjunge gefunden.

Bemerkungen: *Otus magicus* bildet wahrscheinlich mit *Otus manadensis* und *mantananensis* eine Superspezies.

Moluccan Scops Owl – *Otus magicus* (S. Müller) 1841

Descriptive notes: plate 17 (Nominate form) Length 22 to 25 cm, weight 114 to 165 g. Plumage very variable, occurs in grey-brown, rufous-brown and yellow-brown morphs with various intermediates. Crown with strong shaft streaks and fine barring. Upperside variably streaked and barred, shaft streaks mostly strong. Scapulars with pale spot on outer webs, which can be indistinct, barred on inner webs and with dark, triangular spot on tips. Wing coverts mostly darker than back, with dark shaft stripes, fine barring and vermiculations. The outermost coverts with light spots. Alula also barred and pale-spotted. Primary and secondary coverts finely barred, vermiculated and pale-spotted. Tertials distinctly barred (different to closely related *Otus manadensis*). Secondaries distinctly barred on light ground colour. Primaries with strong and wide barring on whitish ground colour. Tail with numerous, dense vermiculated bars on light ground colour. Underparts much paler than upperparts, darkest on chest, usually coarsely streaked and with broken crossbars and fine vermiculations on pale ground colour. Bill and feet strong. Tarsi unfeathered distally 6 to 9 mm above base of toes and mostly unfeathered on rear side. Ear tufts distinct and prominent, narrowly pointed and heavily streaked. Earbrows short, white or washed buffy, finely spotted. Bristles whitish with black tips. Facial disc pale, finely vermiculated greyish, buffy or rufous, with not very prominent dark rim. Chin and throat pale. Iris yellow, cere and bill pale yellowish-grey. Bare parts of tarsi and toes greyish-brown, claws horn with dark tips. Juvenile: Similar to adult, but with indistinct markings.

Distribution: Lesser Sundas: Lombok, Sumbawa, Flores, Lomblen, Wetar. Moluccas: Morotai, Halmahera, Ternate, Bacan, Obi, Buru, Ambon, Seram and Kasiruta.

Geographical variations:
Otus m. morotensis **(Sharpe) 1875** Northern Moluccas: Morotai and Ternate. Plumage similar to race *leucospilus*, but most specimens are darker in plumage.
Otus m. leucospilus **(G. R. Gray) 1860** Northern Moluccas: Halmahera, Kasiruta, Bacan. Upperparts similar to *albiventris*, but with buffy to fulvous ground colour, facial disc distinctly paler, and underparts distinctly white spotted mainly on belly and undertail coverts.
Otus m. obira **Jany 1955** Northern Moluccas: Obi Islands. Somewhat smaller than nominate, very similar in plumage.
Otus m. magicus **(S. Müller) 1841** Southern Moluccas: Seram, Ambon, probably Aru Islands (see Descriptive notes).
Otus m. bouruensis **(Sharpe) 1875** Southern Moluccas: Buru. Whole upperparts with sandy to buffy ground colour. Underparts: Chest also with sandy ground colour, remaining underparts whitish, similar to *albiventris*, sometimes with pale nuchal band.
Otus m. albiventris **(Sharpe) 1875** Lesser Sundas: Lombok, Sumbawa, Flores, Lomblen. Small, with weak feet and claws and not fully-feathered tarsus. Crown, back and chest streaked and with fine crossbars. Scapulars white on both webs, or with rufous wash, partly barred and with black, triangular spot on tip. Flight feathers strongly barred. Belly and undertail coverts white, less barred. Ear tufts distinct and pointed, with dark streaking. Eyebrows and lores whitish, bristles black. No rufous morph in this subspecies.

Otus (m.) tempestatis **(Hartert) 1904** Lesser Sundas: Wetar Island. Small and with weak feet as in *albiventris*, but tarsi fully feathered. Ear tufts more rounded than in other races of *magicus*. Red morph bright foxy red. Above fine dark shaft streaks and vermiculations. Breast pale cinnamon with blotchy shaft streaks. Remaining underparts more uniform than *albiventris*, white ground colour, belly beautifully mottled black and cinnamon. A grey morph also occurs.

Status: Locally common in some areas such as in Buru, Seram and Halmahera, but no data from remaining ranges. Some forms occur in heavily degraded areas and are extremely threatened.

Habitat: Lowland, coastal forests, swamp forests, secondary growth, tall tree groves near settlements, plantations, densely forested limestone cliffs. In foothills up to 900 m above sea level, sometimes up to 1,500 m.

Voice: Territoral call of male is a harsh, barking and raven-like croak "kwaark", repeated in intervals, sometimes more rapidly repeated. Call of female similar, but slightly higher-pitched.

Food: Mainly insects and other arthropods, occassionally small vertebrates.

Breeding: Few information. Nest probably in tree holes, as other related species. Nestlings found in November and December in Ambon.

Remarks: *Otus magicus* probably forms superspecies with *Otus manadensis* and *mantananensis*.

Tafel 18 / Plate 18
oben links / top left: Fuchseule / Mountain Scops Owl - *Otus spilocephalus spilocephalus*
oben rechts / top right: *O. s. vandewateri*, Sumatra ssp.
unten links / bottom left: *O. s. luciae*, Borneo ssp.
unten rechts / bottom right: Stresemann-Zwergohreule / Stresemann's Mountain Scops Owl - *Otus stresemanni*

Weick
2010

Fuchseule – *Otus spilocephalus* (Blyth) 1846

Kennzeichen: Tafel 18 Nominatform. Länge 17 bis 20,5 cm, Gewicht 50 bis 110 g. Variabel gefärbte kleine Eule, manche Rassen sind polymorph. Oberseite sand- oder rotbraun, gestreift, gebändert und marmoriert. Stirn und Oberkopf sandbraun und heller als der Rücken, die meisten Federchen mit beigeweißen, dunkel gesäumten Flecken, auf Nacken und Oberrücken zu Binden verbreitert, formen einen mehr oder minder deutlichen Kragen. Schulterfedern sind auf den Außenfahnen strahlend weiß, Spitzen dunkelbraun gefleckt, Innenfahnen sind beigebraun mit dunkelbraunen Binden. Kleine und mittlere Flügeldecken rehbraun mit dunkelbraunen Schaftstreifen und Binden. Große Decken ähnlich, etwas heller und mit hellen Flecken auf den Außenfahnen. Alula dunkel, hell gesäumt. Handdecken rehbraun mit feiner Marmorierung. Armdecken rehbraun, eng gebändert und marmoriert, heller Spitzenfleck auf der Außenfahne. Die innersten Armschwingen (Schirmfedern) sind weitgehend einfarbig beige- bis rehbraun, schwach marmoriert. Restliche Armschwingen rehbraun mit breiten, dunkel gesäumten braunen Binden, zur Spitze hin undeutlicher werdend. Handschwingen breit, weißlich und schwarzbraun gebändert, im Spitzenbereich aufgehellt. Schwanz hat 8 bis 9 undeutliche Binden, basal und auf den äußeren Federn deutlicher sichtbar. Gesichtsschleier rehbraun, um die Augen dunkler, mit kleinen, dunklen, konzentrischen Flecken. Ohrdecken sind haarähnlich zerschlissen. Schleierrand sandbraun bis hellbeige mit schwarzbraunen Federchen begrenzt. Zügelbefiederung mit den Schnabelborsten sehr lang, weiß mit schwarzen Spitzen. Kinn rahmweiß. Unterseite sandfarben, rotbraun gebändert. Dunkle Längsstreifung, weiße Doppelflecken oder Subterminalbinden sowie schwarze, dreieckige Spitzenflecke. Unterbauch und Unterschwanzdecken weißlich mit feiner Längsstreifung und Binden. Tarsen bis zu oder nahe an die Zehen befiedert. Jungvögel: matter gefärbt, auf Kopf und Rücken stärker und enger gebändert, Gefieder ist flauschiger als bei den Alten. Iris gelb, Augenränder bräunlich pink. Schnabel rahmgelb bis horngelb. Füße fleischfarben bis rötlich braun.

Verbreitung: Pakistan, Nepal, Himalaja in Nord- und Ostindien, bis Sikkim und Myanmar, Südostchina, Taiwan. Südlich bis Südostasien, Malaien-Halbinsel, Sumatra und Borneo.

Geografische Rassenverbreitung:
***Otus s. huttoni* (Hume) 1870** Nordpakistan, im Osten bis Zentralnepal (Himalaja), bis 2600 m über NN. Viel heller, mehr graubraun als Nominatform, ohne den stark rostbraunen Anflug und ohne eine rotbraune Morphe.
***Otus s. spilocephalus* (Blyth) 1846** Siehe Kennzeichen. Zentralnepal, im Osten bis Arunachal Pradesh und Myanmar, in 1500 bis 2750 m Höhe.
***Otus s. latouchi* (Rickett) 1900** Nordthailand und Laos bis Südostchina und Hainan. Mit rotbrauner Morphe. Stirn, Oberkopf, Mantel, Flügeldecken und Armschwingen sind rotbraun, Rücken dunkelbraun, Zeichnung wie Nominatform. Schwingen und Schwanz ähnlich der Nominatform, Unterseite aber undeutlicher und ohne die hellen und dunklen Flecken.
***Otus s. hambroecki* (Swinhoe) 1870** Bergland von Taiwan. Oberseits dunkel- bis kastanienbraun mit kräftiger Zeichnung. Deutliches Nackenband. Unterseite rostgelb fein marmoriert, wenige dunkle Flecke und helle Doppelflecke. Heller Schleier und relativ lange, zweifarbige Federohren.
***Otus s. siamensis* Robinson & Kloss 1922** Südthailand bis Südvietnam (Bergland). Dunkler als die Nominatform mit ähnlicher Zeichnung auf Ober- und Unterseite. Ohne Nackenband. Federohren ähnlich auffallend und lang wie bei *hambroecki*.
***Otus s. vulpes* (Ogilvie-Grant) 1906** Bergland der Malaien-Halbinsel. Dunkelrostrot, ähnlich *O. s. luciae*, ober- und unterseits jedoch mehr fuchsrot und einfarbiger. Helle Flecken auf Unterseite mehr beigegelb statt weiß.
***Otus s. luciae* (Sharpe) 1888** Berge Borneos. Dunkle Eule mit kräftiger Ober- und Unterseitenzeichnung. Kein Nackenband. Rotbraune bis beigebraune Oberseite mit schwärzlicher Zeichnung. Schulterfedern gelblich weiß mit dunklen Spitzenflecken und gebänderten Innenfahnen. Armschwingen rotbraun, marmoriert, ohne deutliche Bänderung. Handschwingen breit schwarz und hellgelbbraun gebändert. Schwanz rotbraun, distal undeutlich gebändert. Iris grüngelb.
***Otus s. vandewateri* (Robinson & Kloss) 1916** Berge Sumatras bis etwa 2600 m über NN. Tief rot- bis sepiabraun, deutliches weißes Nackenband. Ober- und Hinterkopf mit dunkler Zeichnung und beige- bis rahmfarbenen Flecken. Rücken sepiabraun mit wenigen hellen Säumen, schwärzlich marmoriert. Schulterfedern mit weißen Flecken auf den Außenfahnen und schwarzen Spitzenflecken. Flügeldecken tief sepiabraun, schwärzlich gebändert und marmoriert. Alula dunkel, mit 2 bis 3 hellen Flecken auf den Außenfahnen. Handdecken dunkel, schwärzlich marmoriert. Armdecken etwas heller beigebraun, vertikal marmoriert. Armschwingen heller beigebraun und sepia, schwärzlich vertikal marmoriert, undeutlich gebändert. Handschwingen sepia mit weißen, schwarz gerandeten Flecken auf den Außenfahnen. Schwanz sepia mit undeutlicher dunkler Bänderung. Unterseite nahezu so dunkel wie die Oberseite, aber mit wenigen schwärzlichen Binden und Flecken, undeutlichen beigen Binden und vereinzelten hellen Federbüscheln. Unterbauch und Unterschwanzdecken grau bis perlweiß. Tarsen sind basal zu etwa 2/3 befiedert.

Bestand: Großes Verbreitungsgebiet mit unterschiedlicher Bestandsdichte, lokal verbreitet von Pakistan bis Myanmar, in Bangladesch selten, häufiger im Bergland von Thailand, der Malaien-Halbinsel und Südvietnam. Auf Borneo und Sumatra selten.

Lebensraum: Feuchte, dichte und immergrüne Wälder mit Kastanien, Eichen, Kiefern und Rhododendren. Im Süden in tropischem, montanem Regenwald mit Schluchten, Felsen und Steilhängen. Lebt im unteren Bereich dichter Vegetation. Von 600 bis 2600 m, meist jedoch über 1200 m Höhe, seltener bis 2800 m über NN.

Stimme: Sehr ruffreudig. Hoher, schneidender Doppelpfiff. „Wju-wju" oder „pliu-pliu", in Intervallen von 5 bis 10 Sekunden. Pfiff des Weibchens ist weicher und einsilbig.

Mountain Scops Owl – *Otus spilocephalus* (Blyth) 1846

Descriptive notes: plate 18 (Nominate form) Length 17 to 20.5 cm, weight 50 to 110 g. Plumage highly variable, some races are polymorphic. Upper side sandy-brown or rufous, striped, barred and vermiculated. Forehead and crown sandy-brown, paler than back, most feathers with distinct buffy-white, dark-bordered spots, often broadened on nape and upper back into bars, forming more or less an ill-defined collar. Scapulars with bright white spots on outer webs, dark brown-spotted on tips, inner webs dark buffy, with dark bars. Smaller and median wing coverts fawn-brown with dark shaft stripes and bars. Larger coverts similar, but somewhat paler and with light spots on outer webs. Alula dark, pale-margined. Primary coverts dark fawn-brown, finely vermiculated. Secondary coverts fawn-coloured, densely barred and vermiculated, with light spot on tip of outer web. The innermost secondaries (tertials) are nearly uniform fawn-coloured and indistinctly vermiculated. Remaining secondaries pale fawn-brown, with dark-bordered brown bars, distally indistinct and diffuse. Primaries with wide whitish and blackish-brown barring, distally paler. Tail with 8 to 9 indistinct bars on centre, basally and on outer ones more distinctly visible. Facial disc pale fawn-brown, darker around eyes, with small, dark, concentric spots. Ear coverts hair-like, sandy-buff tipped blackish, outer ones more fulvescent. Lores and bristels very long, white with blackish tips. Chin creamy white. Underparts sandy-brown with rufous bars and dark shaft stripes, whitish double spots or white subterminal bars and black, triangular spots on tips. Lower belly and lowertail coverts whitish with indistinct and narrow shaft lines and crossbars. Tarsus densely feathered down to or near base of toes. Juvenile: Duller rufous, more barred on head and back, plumage fluffier than in adult birds. Irides yellow, eyelids brownish-pink, bill creamy to pale horn, feet pale fleshy to fleshy-brown.

Distribution: Pakistan, Nepal, Himalayas in northern and eastern India, to Sikkim and Myanmar, Southeast China, Taiwan. South to Southeast Asia, Malay Peninsula, Sumatra and Borneo.

Geographical variations:
***Otus s. huttoni* (Hume) 1870** North Pakistan, East to Central Nepal (Himalaya), up to 2,600 m above sea level. Much paler, more greyish-brown than nominate, lacks strong rufous wash and without rufous morph.
***Otus s. spilocephalus* (Blyth) 1846** (see Descriptive notes) Central Nepal, east to Arunachal Pradesh and Myanmar, in 1,500 to 2,750 m.
***Otus s. latouchi* (Rickett) 1900** North Thailand and Laos to Southeast China and Hainan. With a strongly rufous morph. Forehead, crown, mantel, wing coverts and secondaries deep rufous-brown, back darker brown with markings as in nominate. Primaries and tail similar to nominate. Below markings indistinct and without pale and blackish spots.
***Otus s. hambroecki* (Swinhoe) 1870** Mountains of Taiwan. Upperside dark brown or chestnut with strong markings and distinct pale nape collar. Underparts buffy to rusty with fine vermiculations, few dark spots and light double spots. Pale facial disc and relatively long bicoloured ear tufts.
***Otus s. siamensis* Robinson & Kloss 1922** South Thailand to South Vietnam (mountains). Darker plumage than nominate, but with similar markings above and below. Lacks pale nape collar. Ear tufts also long and distinct as in *hambroecki*.
***Otus s. vulpes* (Ogilvie-Grant) 1906** Mountains of the Malay Peninsula. Dark rufous, similar to *O. s. luciae*, but above and below more foxy red and more uniform. Pale spots below more buffy than white.

***Otus s. luciae* (Sharpe) 1888** Mountains of Borneo. Heavily marked and dark overall. No collar. Rufous-brown to buffy-brown with black bars on upper side. Scapulars yellowish-white, with dark spots on tips and bars on inner webs. Secondaries rufous, darkly vermiculated but indistinct bars. Primaries barred black and tawny-buff. Tail rufous with less distinct bars distally. Iris greenish-yellow, eyelids brownish-pink.

***Otus s. vandewateri* (Robinson & Kloss) 1916** Mountains of Sumatra, up to about 2,600 m above sea level. Deep rufescent to sepia-brown and distinct white nape collar. Crown and occiput with distinct dark markings and buffy to creamy spots. Back deep sepia-brown with few buffy margins and blackish vermiculations. Scapulars with bright white spots on outer webs and black spots on tips. Wing coverts also deep sepia, blackish barred and vermiculated. Alula dark with 2 to 3 pale spots on outer webs. Secondary coverts dark, with black vermiculations. Primary coverts paler buffy-brown, vertically darkly vermiculated. Secondaries somewhat paler buffy-brown, with longitudinal, blackish vermiculations, forming indistinct bars. Primaries dark sepia with white, blackish-bordered spots on outer webs. Tail sepia with indistinct dark bars. Underparts nearly as dark as upperparts, but with some blackish bars and spots, indistinct buffy bars and light feather tufts. Lower belly and lower tail coverts greyish to off-white. Tarsi feathered about 2/3 basally.

Status: Reasonably common throughout great distribution range, locally common from Pakistan to Myanmar, rare in Bangladesh, more common in the mountains of Thailand, Malay Peninsula and South Vietnam. Rare in Borneo and Sumatra.

Habitat: Humid, dense and evergreen forest with chestnut, oaks, pines and rhododendron. In south tropical, montane rain forest with ravines, rocks, gullies and steep slopes. Mainly in lower part of dense vegetation. From 600 up to 2,600 m, mostly above 1,200 m, sometimes up to 2,800 m above sea level.

Voice: Very vocal. High-pitched, piercing, two-note whistle, "wheu-wheu" or "plew-plew", in intervals of 5 to 10 seconds. Whistle of female softer and single note.

Tafel 19 / Plate 19
Angelina-Zwergohreule / Javan Scops Owl - *Otus angelinae*

Weick
2006

Nahrung: Nachtaktiv. Jagt meist in dichter Vegetation unterhalb des Kronenbereiches, oft dicht über dem Boden. Beute: hauptsächlich Insekten wie Falter, Gottesanbeterinnen, Käfer etc. Schlägt auch kleine Säugetiere und Vögel.

Brut: Brutzeit nur bei nördlichen Rassen *huttoni* und *spilocephalus* bekannt: März bis Juni. Nest in Baumhöhlen von 1,5 bis 7,5 m Höhe. Legt meist 3 bis 4 (auch 2 oder 5) Eier. Diese werden auf den nackten Höhlenboden gelegt. Das Weibchen brütet alleine und wird in dieser Zeit vom Männchen mit Nahrung versorgt.

Bemerkungen: Taxonomie und Biologie dieses heterogenen Artkomplexes bedarf weiterer Studien und auch einer Revision der Artzugehörigkeit. Zum Artstatus von *Otus stresemanni* siehe Beschreibung dieser Art (Bemerkungen).

Food: Nocturnal. Hunts in dense vegetation beneath the canopy, often close to ground. Prey mainly insects such as moths, mantes, beetles, cicades a.s.o. Also takes small mammals and birds, perhaps also lizards.

Breeding: Laying period only known from the northern races *huttoni* and *spilocephalus*: March to June. Nest in tree holes, 1.5 to 7.5 m from ground. Clutch 3 to 4 (also 2 or 5) eggs, layed on unlined floor of the nest hole. Female incubates alone, fed by the male with prey.

Remarks: Taxonomy and biology of this heterogenous species complex needs further studies and a revision of specific status. Regarding specific rank of *Otus stresemanni*, see description of this species.

Stresemann-Zwergohreule

***Otus stresemanni* (Robinson) 1927**

Kennzeichen: Tafel 18 Länge 18 cm, Gewicht unbekannt. Bislang nur durch einen Balg und die Erstbeschreibung von 1922 bekannt. Ober- und Unterseite ohne Bänderung oder Marmorierung. Kein Nackenband. Stirn weißlich bis hellbeige mit feinen dunklen Schaftstrichen und Binden. Oberkopf, Hinterkopf und Hals hellzimtbraun mit kleinen, weißen Tupfen. Rücken dunkelzimtbraun mit weißen Flecken. Schulterfedern auf Außenfahnen mit größeren weißen, dunkel begrenzten Flecken. Innenfahnen zimtbraun. Die Schulterfedern bilden kein Schulterband wie bei *Otus spilocephalus*. Die Flügeldecken sind dunkler zimtbraun mit wenigen weißen Spitzenflecken. Alula zimtbraun mit weißen Randflecken und Säumen. Handdecken zimtbraun. Armdecken heller als Flügeldecken mit jeweils hellem Rand und Spitzenfleck. Armschwingen heller als Armdecken, helle Flecken auf Außenfahnen bilden 3 bis 4 Binden. Schwanz rotbraun, dunkelbraun gebändert. Augenbrauen, Zügel einschließlich Schnabelborsten weißlich bis rötlich gelb. Federohren rötlich gelb, dunkelbraun gefleckt und gebändert. Schleier beigeorange mit dunkleren, konzentrischen Ringen. Unterer Schleierrand wird durch dunkle Federchen begrenzt. Kehle weiß bis hellbeige. Brust und Oberbauch beigeorange mit weißen bis rahmfarbenen Flecken und schwarzen Spitzen. Unterbauch hellbeige mit wenigen großen, weißlichen Flecken. Unterschwanzdecken weiß bis hellbeige. Tarsen bis an die Zehen befiedert. Iris gelb bis grünlich gelb, Schnabel rahmfarben, Augenränder graubraun, Zehen hellorangebraun, Krallen braun mit dunklen Spitzen.

Verbreitung: Nur durch ein Exemplar vom Mount Korinchi, Scola Dras, auf Sumatra bekannt.

Bestand: Keine neueren Kenntnisse seit der Erstbeschreibung. Sicher äußerst selten und aufs Höchste gefährdet.

Lebensraum: Dichter, immergrüner Regenwald in ungefähr 900 m über dem Meeresspiegel.

Stimme: Unbekannt.

Nahrung: Unbekannt.

Brut: Unbekannt.

Bemerkungen: Häufig als helle Morphe von *O. s. vandewateri* bestimmt, zahlreiche Unterschiede im Gefieder sprechen für eigenen Artstatus.

Stresemann's Mountain Scops Owl

***Otus stresemanni* (Robinson) 1927**

Descriptive notes: plate 18 Length 18 cm, weight unknown. Up to date only known by one specimen (skin) and the description in 1922. Upper- and underparts without barring or vermiculations. No nuchal collar. Forehead whitish to buffy, finely streaked and barred. Crown, occiput and neck pale cinnamon with small, white spots. Back little darker cinnamon-brown, spotted white. Scapulars with somewhat larger white spots on outer webs, dark-bordered, inner webs dark cinnamon-brown. Scapulars form no shoulder band like in *Otus spilocephalus*. Wing coverts darker cinnamon-brown than back, with white spots on tips. Alula dark cinnamon with few white spots on outer webs and pale margins. Primary coverts dark cinnamon-brown. Secondary coverts somewhat paler than wing coverts, pale spots on outer webs form 3 to 4 bars. Tail rufous-brown, barred dark brown. Superciliaries, lores including bristles whitish to pale buffy. Ear tufts pale buffy, spotted and barred dark brown. Facial disc pale buffy-orange with somewhat darker concentric rings. Lower rim bordered with dark feathers. Throat whitish to pale buffy. Breast and upper belly buffy-orange, with white to creamy spots and blackish tips. Lower belly pale buffy with few large whitish spots. Lowertail coverts white to pale buffy. Tarsi feathered down to base of toes. Iris yellow to greenish-yellow, bill creamy, rims of eyes greyish-brown, toes pale orange-brown, claws brown with dark tips.

Distribution: Only known from a single specimen, collected at Scola Dras, Mount Korinchi, Sumatra.

Status: Now new information since the first description. Considered rare and highly endangered.

Habitat: Dense, evergreen rain forest in about 900 m above sea level.

Voice: Unknown.

Food: Unknown.

Breeding: Unknown.

Remarks: Often regarded as light colour morph of *O. s. vandewateri*, but several distinct plumage features, and so regarded as specifically distinct.

Angelina-Zwergohreule – *Otus angelinae* (Finsch) 1912

Kennzeichen: Tafel 19 Länge 16 bis 18 cm, Gewicht von 75 bis 90 g, eine der kleineren Arten in der Gattung *Otus*. Der Gesichtsschleier fahl rostfarben, Federn der Schnabelbasis sind weiß mit dunklen Spitzen. Auffälliger weißer Überaugstreif mit schmalen dunklen Säumen. Weiße, breite, an den Enden rotbraun und schwarz gefleckte Federohren. Schwärzlicher Schleierrand, von den Federohren bis zum weißlichen Kinnstreifen. Oberkopf dunkelbraun mit feinen rostbraunen und hellen Federsäumen und Fleckchen. Am Hinterkopf undeutliches, beige- bis rostfarbenes Fleckenband, durch ein schmales, dunkelbraunes Band von der weißlichen, schwarz gesäumten Nackenbinde getrennt. Restliche Oberseite dunkelbraun mit feinen, rotbraunen und dunklen Spritzern. Schulterfedern mit weißen, schwarz gesäumten Außenfahnen. Handdecken schwärzlich. Einige der großen Decken und äußerste Armdecken sind auf den Außenfahnen bzw. Spitzen weiß gefleckt. Äußerste Handschwinge schwärzlich, auf der Außenfahne mit fünf rostfahlen Binden. Die restlichen Handschwingen dunkelbraun bekritzelt und mit fünf bis sechs breiten, hellen, z. T. dunkler gefleckten Querbinden. Die äußeren Armschwingen auf den Außenfahnen mit vier bis fünf hellen, dunkel

Javan Scops Owl – *Otus angelinae* (Finsch) 1912

Descriptive notes: plate 19 With a length of 16 to 18 cm and a weight of 75 to 90 g, the Javan Scops Owl is one of the smaller species of the genus *Otus*. Facial disc pale rusty, bristles at base of bill white with dark tips. Prominent white superciliaries, with fine dark margins, extending in broad, white ear tufts, rufous and black spotted at tips. Rim blackish, from ear tufts down to the whitish chin stripe. Crown dark brown, with fine rufous and pale margins and spots. Occiput with a row of pale buffy-spotted feathers, separated by a narrow dark brown band from a distinctly spotted whitish black-margined nuchal band. Remaining upperside dark brown, sprinkled with fine rufous and dark vermiculations. Scapulars with clear white black-margined spots on outer webs. Primary coverts blackish, some of greater coverts and the outermost secondary coverts with white spots respectively tips on outer webs. Outermost primary blackish, with five pale rusty bars on outer web. Remaining primaries dark brown vermiculated, with five to six broad, light bars (partly spotted). Some of outer secondaries with four to five pale, darker vermiculated bars, the innermost brown vermiculated and distinctly paler on inner webs. Tail feathers dark brown vermiculated, outermost

Tafel 20 / Plate 20

oben / top: Komoren-Zwergohreule / Grand Comoro Scops Owl - *Otus pauliani*

links / left: dunkeläugiges Exemplar / dark-eyed specimen

rechts / right: gelbäugiges Exemplar / yellow-eyed specimen

unten / bottom: Anjouan-Zwergohreule / Anjouan Scops Owl - *Otus capnodes*

links / left: braune Morphe / brown morph

rechts / right: dunkle Morphe / dark morph

WEICK
2010

marmorierten Binden, die inneren braun marmoriert, auf den Innenfahnen deutlich heller. Schwanzfedern dunkel, mit feiner brauner Marmorierung, die äußeren mit undeutlichen Binden. Unterseite rostfahl, dunkler bespritzt und rostfarben gefleckt. Brustseiten und Flanken mit einigen schwarzen Längsflecken mit Grätenmuster und rostfarbener Sprenkelung. Undeutlichere, dunkle Spritzflecke und Längsstreifen, auch auf den Flanken. Bauchmitte fahlweiß, rostfarben gefleckt und bekritzelt. Unterbauch und Unterschwanzdecken weiß, rostfarben überflogen. Lauf bis zu den Zehen weiß befiedert. Schnabel gelb, graugelb an Basis und Wachshaut. Zehen rötlich bis beigegelb. Krallen gelblich, mit dunklen Spitzen. Iris orangegelb bis goldorange. Augenlider braunrötlich. Monotypisch.

Verbreitung: Endemisches Vorkommen im Bergland Westjavas.

Bestand: Selten, jedoch auch leicht übersehbar. Gefährdet durch die Vernichtung unberührter Waldungen. Aus zwei Gebieten Westjavas bekannt, dem Nationalpark Gunung Gede/Pangrango sowie Gunung Tangkubanprahn.

Lebensraum: Unberührte, montane Regenwälder mit Baumarten der Gattungen *Altingia*, *Castanopsis*, *Ficus* und *Quercus*, mit einem Kronenbereich von 40 bis 55 m sowie reichlichem Unterwuchs, in Höhenlagen von 1000 bis 2500 m.

Stimme: Meist still, Laute sind nur bei Gefahr oder in Stress-Situationen (Brutplatznähe) zu vernehmen. Der Alarmruf besteht aus einem harten und explosiven „puuh – puuh", das einige Male wiederholt wird und plötzlich abbricht. Auch ein weiches „wuuk – wuuk" und ein katzenähnliches Fauchen wie „ttch – ttschischsch" wurde vernommen.

Nahrung: Großinsekten wie Grillen, Heuschrecken, Gottesanbeterinnen und Käfer, kleine Eidechsen und Schlangen. Greift die Beutetiere anscheinend meist vom Stamm, von Zweigen, Blättern oder am Boden, weniger im Flug.

Brut: Altvögel mit jeweils zwei flüggen Jungen im Juli, Brutverhalten unbekannt. Brütet vermutlich wie andere Zwergohreulen in Baumhöhlen oder möglicherweise in epiphytischen Vogelnestfarnen des Kronenbereichs.

Bemerkungen: Diese Zwergohreule scheint nahe mit der Radscha-Zwergohreule aus Sumatra und Borneo verwandt zu sein.

indistinctly barred. Below pale buffy to rusty, darker sprinkled and with rufous spots. Sides of chest and flanks with some blackish-rufous vermiculated herringbone-like markings, also finely dark spotted and streaked on flanks. Belly pale whitish, more or less rusty spotted or vermiculated. Abdomen and lowertail coverts white or rufous-tinged. Tarsus feathered whitish down to base of toes. Bill yellow, greyish-yellow on base and cere. Toes pinkish-flesh to buffy-yellow. Claws yellowish with dark tips. Irides orange-yellow to golden-orange. Eyelids brownish-pink. Monotypic.

Distribution: Endemic on mountains of western Java.

Status: Rare but elusive owl, endangered by destruction of virgin forest. Known only from two localities in West Java; the Gunung Gede/Pangrango National Park and from Gunung Tangkubanprahn.

Habitat: Montane, primary forest, comprised of *Altingia*, *Castanopsis*, *Ficus* and *Quercus*, with upper canopy of 40 to 55 m, and dense undergrowth. In elevation of 1,000 to 2,500 m.

Voice: Less vocal and often silent. Only under conditions of extreme stress or agitation (e.g. on nest site). In alarm, does produce a hard, explosive "pooo pooo", repeated and then abruptly stopped. Further a soft "woook-woook" and a cat-like hissing sound "tch-tschischsch" is known.

Food: Large insects such as crickets, grasshoppers, manatids and beetles, also small lizards and snakes. Snatches its prey with the claws from trunk, branch, foliage or ground, rarely in flight.

Breeding: A family with two fledglings was observed in July, but now other information is known. Probably breeds in tree holes or possibly in epiphytic bird's nest fern in the upper canopy, like other members of scops owls.

Remarks: This scops owl probabely is related to the Radjah Scops Owl of Sumatra and Borneo.

Komoren-Zwergohreule – *Otus pauliani* Benson 1960

Kennzeichen: Tafel 20 Länge 16 bis 20 cm, Gewicht 69,5 g. Es gibt eine hellere und eine dunklere Morphe. Oberseite dunkelgraubraun oder braun mit undeutlicher, heller Bänderung. Schulterfedern haben auf den Außenfahnen hellbeige Flecke, auf den Innenfahnen undeutliche Bänderung und einen dunklen Spitzenfleck. Kopf, Nacken und Hals sind dunkelgraubraun oder braun und deutlicher gebändert als bei *Otus capnodes*. Flügeldecken in Färbung wie der Rücken, mit wenigen hellen Flecken. Alula graubraun mit hellen Randflecken. Handdecken hell und dunkel gebändert. Armdecken dunkelgraubraun oder braun, fein marmoriert, mit hellen Randflecken. Armschwingen sind etwas heller graubraun, dunkel marmoriert und undeutlich hell gebändert. Handschwingen mit 6 bis 7 weißen, dunkel begrenzten Binden auf den Außenfahnen, die graubraune Grundfärbung ist fein marmoriert. Schwanz graubraun, undeutlich heller gebändert. Federohren kaum oder nicht sichtbar, Augenbrauen schmal, hell und fein gefleckt. Schleier grau oder braun, heller gefleckt und mit dunklen, konzentrischen Ringen. Flauschige Ohrdecken, die den oberen Schleier teilweise verdecken. Dichte, kurze Schnabelbefiederung. Undeutlicher Schleierrand, unterer Teil mit wenigen dunklen Federn. Zone an Kinn und Kehle weißlich. Unterseite hell- bis dunkelrostbeige, eng marmoriert, mit dunklen Schaftstreifen und Binden sowie einigen weißen Doppelflecken. Tarsus an Fersengelenk und der proximalen Hälfte befiedert. Iris dunkelbraun, manchmal gelb, eventuell vom Alter abhängig, Wachshaut und Schnabel graubraun mit heller Spitze. Nackter Teil des Laufes und Zehen gelblich grau bis graubraun, Krallen schwarzbraun. Färbung der Küken unbekannt, Immaturkleid ähnelt dem Alterskleid.

Verbreitung: Endemische Art auf Grande Comoro (Insel Ngadzidja im Archipel der Komoren). Monotypisch.

Bestand: Stark gefährdete Art, im Bereich des Mount Karthala kommen etwa 1000 Brutpaare auf 100 km² vor. Reduzierung des Lebensraumes seit 1983 um ca. 25 %.

Lebensraum: Intakter Bergwald, Waldränder, Gebirgshänge mit angrenzenden Baumheiden zwischen 500 und 1800 m Höhe.

Stimme: Hohes, pfeifendes „tuut" oder „chuu" in Abständen von 1 bis 2 Sekunden, Wechsel zu schnelleren Serien von kürzeren, abfallenden „cho"-Rufen, in Intervallen und bis zu 10 Minuten andauernd. Das Weibchen ruft „chu-iit", häufig im Duett mit dem Männchen.

Nahrung: Nachtaktiv. Ernärung ist unbekannt. Die schwachen Füße deuten auf überwiegende Insektennahrung hin.

Grand Comoro Scops Owl – *Otus pauliani* Benson 1960

Descriptive notes: plate 20 Length 16 to 20 cm, weight 69.5 g. Occurs in somewhat lighter and darker morphs. Upperparts dark grey-brown or brown, with indistinct paler barring. Scapular spotted buff on outer webs, indistinctly barred mainly on inner webs and with dark spot on tips. Crown, nape and neck dark greyish-brown or brown and more distinctly barred than in *Otus capnodes*. Colour of wing coverts similar to back, with few pale spots. Alula dark greyish-brown with pale outer webs. Primary coverts barred pale and dark. Secondary coverts dark greyish-brown or brown, finely vermiculated and with fine pale spots on outer webs. Secondaries somewhat paler greyish-brown, darkly vermiculated and with indistinct pale barring. Primaries with 6 to 7 white dark-bordered bars on outer webs on grey-brown, finely vermiculated ground colour. Tail greyish-brown with indistinct pale barring. Ear tufts not or hardly visible, eyebrows narrow, light and with fine, dark spots. Facial disc grey or brown, pale-spotted and with dark, concentric rings. Ear coverts fluffy, obscuring the upper part of disc. Lores and bristles dense and short. Rim indistinct, with few dark feathers on lower part. Area below bill, chin and throat whitish. Underparts pale to dark rufous-buff, densely vermiculated, few dark shaft streaks and crossbars and few white double spots. Tarsus feathered on rear edge and proximal half, darkly barred. Iris dark brown, sometimes yellow probably depending on age. Cere and bill greyish-brown with pale tip. Bare part of tarsus and toes yellowish grey or pale grey-brown, claws blackish-brown. Juvenile: Colouring of chicks unknown, immature birds similar to adults.

Distribution: Endemic to Grand Comoro (Ngadzidja Island, Comoro Archipelago). Monotypic

Status: Critically endangered, a minimum of ca. 1,000 pairs may exist within a range of ca. 100 km². Habitat loss of 25 % since 1983.

Habitat: Primary upland forest or forest edges and slopes extending to adjoining tree heaths, at 500 to 1,800 m above sea level.

Voice: High, whistled "toot" or "choo" at intervals of 1 to 2 seconds, quickly turning into faster series of shorter, downslurred "cho" notes, repeated at intervals and lasting for 10 minutes. Female calls "choeit", often duetting with male.

Food: Largely unknown. The weak talons suggests that it normally takes insects. Nocturnal.

Tafel 21 / Plate 21
oben / top: Seychelleneule, Seychellen-Zwergohreule / Seychelles Scops Owl - *Otus insularis*
unten / bottom: Pembaeule, Pemba-Zwergohreule / Pemba Scops Owl - *Otus pembaensis*
links / left: dunkle Morphe / dark morph
rechts / right: helle Morphe / light morph

Weick
2011

Brut: Brutzeit vermutlich von September bis Dezember. Die Eulen sind das ganze Jahr über sehr ruffreudig und streng territorial. Größe des Territoriuns etwa 5 ha. Das Nest befindet sich wahrscheinlich in Baumhöhle.

Bemerkungen: *Otus pauliani, capnodes, mayottensis* und *pembaensis* wurden lange Zeit als Rassen zu *Otus rutilus* gezählt. Neuerdings haben alle eigenständigen Artstatus. Zu diesem Artenkomplex kamen in neuerer Zeit noch *Otus madagascariensis* und *moheliensis* durch Erstbeschreibungen hinzu.

Breeding: Laying period probably from September to December. The owls are very vocal throughout the year and highly territorial. Size of territory about 5 ha. Nest probably in tree hole.

Remarks: *Otus pauliani, capnodes, mayottensis* and *pembaensis* have hitherto been regarded as races of *Otus rutilus*. Recently all are considered with own specific rank. Few years ago, *Otus madagascariensis* and *moheliensis* have been described as new species, also within this species complex.

Anjouan-Zwergohreule – *Otus capnodes* (Gurney) 1889

Kennzeichen: Tafel 20 Länge 22 cm, Gewicht 119 g. Es sind drei Farbmorphen bekannt: graubraun, rotbraun und tief kaffeebraun. Im lockeren Oberkopfgefieder sind die kleinen Federohren meist unsichtbar. Rotbraune Morphe: dunkelbrauner Kopf, Nacken und Hals, feine weiße Flecken auf Stirn und Augenbrauen und feine beige Bänderung. Einige Nackenfedern haben weiße Säume. Oberseite braun bis rotbraun mit feinen beigen Flecken und Binden. Die Schulterfedern sind deutlicher weiß bis hellbeige gefleckt. Flügeldecken braun, dunkelsepia gebändert und gestreift, mit weißbeigen Doppelflecken. Alula dunkelbraun mit hellen Randflecken. Äußere Armdecken braun mit zwei hellen Binden und hellem Spitzensaum. Die inneren Armdecken sind eng marmoriert und gebändert. Handdecken rotbraun, hell gebändert und mit hellen Endsäumen. Schirmfedern fein marmoriert und bekritzelt und undeutlich beigeweiß gebändert. Restliche Armschwingen sind deutlicher gebändert und dunkel gerandet. Handschwingen dunkelgraubraun, auf den Außenfahnen mit schmalen, länglichen weißen Randflecken. Schwanz lang und eckig, dunkelgraubraun oder braun, mit fünf schmalen, gewellten Binden auf den Außenfahnen. Tarsen bis zum distalen Drittel befiedert, weiß, sepia und beige gebändert und marmoriert. Schleier graugelb, fein dunkel gefleckt, um die Augen etwas dunkler, mit dunklem Schleierrand. Lange, schwarze Schnabelbefiederung mit weißer Basis. Unterseite sepia oder rotbraun, weiß bis rahmfarbig gefleckt und gebändert. Graubraune Morphe: hat eine ähnliche Zeichnung wie die rotbraune, wirkt aber insgesamt etwas heller und die Unterseite ist deutlicher gezeichnet. Dunkle Morphe: dunkel schokoladen- bis tiefkaffee- oder schwarzbraun. Fleckung auf Kopf und Rücken ist diffus. Das gesamte Gefieder hat keine weißen Flecke oder Binden! Der Schleier ist beigebraun marmoriert, vor allem am oberen, tiefschwarzen Schleierrand. Die Unterseite ist etwas heller als der Rücken. Zeichnung auf der Brust ist kaum sichtbar. Der Bauch ist deutlicher grau-gelbbraun gezeichnet. Unterbauch und Unterschwanzdecken mit spärlicher und undeutlicher Zeichnung. Gefieder der Jungvögel ist bisher unbekannt. Iris grüngelb, Augenränder graubraun, Wachshaut und Schnabel dunkelhorngrau oder graugrün. Nackte Teile des Tarsus und Zehen gelbgrün oder gelbgrau, die Sohlen sind gelb.

Verbreitung: Inse Anjouan (Ndzouani) im Komoren-Archipel. Monotypisch.

Bestand: Population besteht wahrscheinlich nur aus 100 bis 200 Brutpaaren und ist durch die begrenzte Gebietsgröße, Waldrodung und Bejagung äußerst gefährdet. Die Art wurde erst 1992 durch Safford wieder entdeckt.

Lebensraum: Beschränkter Restwald an Kraterhängen im steilen Bergland oberhalb 550 m, meist über 800 m Höhe.

Stimme: Lang gezogener Pfiff, „piii-o-iii" oder „piii-uuu", in Intervallen, mit 3 bis 5 Wiederholungen. Auch ein lang gezogenes, raues Kreischen, etwa wie „chriii-o-iii", wurde vernommen. Ruft manchmal auch am Tag.

Nahrung: Bisher keine genauen Angaben, fängt jedoch wahrscheinlich Insekten.

Brut: Auch hierüber fehlen bislang genaue Angaben, nistet wahrscheinlich in Baumhöhlen.

Bemerkungen: Häufig als Subspezies von *Otus rutilus* beschrieben, unterschiedlichen Lautäußerungen und Gefiedermerkmale weisen zweifellos auf eigenen Artstatus hin.

Anjouan Scops Owl – *Otus capnodes* (Gurney) 1889

Descriptive notes: plate 20 Length 22 cm, weight 119 g. From this owl, three colour morphs occur: grey-brown, rufous-brown and deep coffee brown. Fluffy feathering on crown and nape, ear tufts small and mostly invisible. Rufous-brown morph: With dark brown colouring on crown, nape and neck, finely spotted white on foreneck and eyebrows and narrow buffy bars and spots. Some nuchal feathers with distinct white margins. Upper side brown to rufous-brown, with narrow buffy spots and barring. Scapulars somewhat more distinctly spotted white to buffy. Wing coverts brown, with dark sepia shaft streaks and crossbars, also pale buffy double spots. Alula dark brown, few pale spots on outer margins. Outer secondary coverts brown with two pale bars and pale margins. The innermost densely vermiculated and barred. Primary coverts rufous-brown, with narrow pale barring and pale margins. Tertials finely vermiculated and grizzled, with indistinct buffy-white barring. Other secondaries barred somewhat more distinct, the pale spots dark-bordered. Primaries dark grey-brown with narrow and long white spots on outer webs. Tail long and square, dark greyish-brown or brown, with five wavy white bars on outer webs. Tarsus with distal third bare, feathering white, sepia and buffy. Facial disc pale greyish-buffy and with fine darker spots, around eyes somewhat darker, with distinct dark brown rim. Long, blackish whiskers with white base. Underparts sepia to rufous-brown, buffy or creamy spotted and barred.
Grey-brown morph: With similar markings like the rufous-brown one, but with somewhat paler apearance. Markings on lower surface more distinct. Dark morph: Has dark chocolate to deep coffee brown or blackish-brown plumage, diffuse spots and bars on head and back. No white spots or bars anywhere on plumage! Facial disc vermiculated buffy, mainly on upper orbital area. Rim deep blackish. Lower surface somewhat paler than back. Spots and bars on chest hardly visible, on belly somewhat more distinct greyish-buffy in colour, abdomen and lowertail coverts with diffuse and sparse markings. Plumage of juveniles unknown. Iris greenish-yellow, rims of eyes greyish-brown, cere and bill dark horn-grey or greyish-green. Bare part of tarsus and toes dull yellowish-green or yellowish-grey, soles are yellow.

Distribution: Anjouan (Ndzuani) Island in Comoro Archipelago. Monotypic.

Status: The population is estimated to possibly be 100 to 200 pairs and is critically endangered due to its restricted range, deforestation and hunting. Apparently extinct due to over-collecting since 1886 but rediscovered by Safford in 1992.

Habitat: Restricted primary forest on mountains and crater slopes above 550 m, mostly above 800 m above sea level.

Voice: Prolonged whistle, "peee-o-eee" or "peee-ooo", repeated 3 to 5 times at intervals. Also a long, harsh screech is known, "chree-o-ee". Sometimes calls during daylight.

Food: No definite data, probably preying insects.

Breeding: No definite data, nest probably in tree holes.

Remarks: Often treated as subspecies of *Otus rutilus*, but different vocalisation and plumage indicates doubtless specific rank.

Seychelleneule, Seychellen-Zwergohreule
***Otus insularis* (Tristram) 1880**

Kennzeichen: Tafel 21 Länge 20 cm, Gewicht unbekannt. Ähnelt gelbbrauner oder rotbrauner Morphe von *Otus magicus*, hat aber kleine, kaum sichtbare Federohren. Kleiner, mit kurzem Schwanz. Lauf ist unbefiedert. Beigebraune und rotbraune Farben sind vorherrschend. Oberkopf und Nacken beigebraun, dunkel gefleckt und mit kleinen, weißlichen Tupfen. Oberseite auf beigebraunem Grund gefleckt, gebändert und gestreift. Außenfahnen der Schulterfedern weiß gefleckt mit dunklem Spitzenfleck, Innenfahnen sind gebändert. Flügeldecken beigebraun, dunkel gebändert und gestreift, äußerste Decken sind auf Außenfahnen weiß gefleckt. Alula dunkel, mit hellen Flecken auf den Außenfahnen. Handdecken dunkel, mit winzigen hellen

Seychelles Scops Owl
***Otus insularis* (Tristram) 1880**

Descriptive notes: plate 21 Length 20 cm, weight unknown. Similar to buffy or rufous morph of *Otus magicus* but with minute, hardly visible ear tufts and smaller size, with relatively short tail. Tarsus unfeathered. Buffy and rufous colours are dominant. Crown and nape buffy-brown with dark spots and tiny whitish speckles. Upperparts darkly spotted, barred and streaked, on buffy-brown ground colour. Scapulars whitish on outer webs, with dark tip, barred on inner webs. Wing coverts buffy brown, darkly barred and streaked, outermost coverts with whitish spots. Alula dark, with few pale spots on outer webs. Primary coverts dark, with few tiny pale spots on outer webs. Secondary coverts and secondaries pale buffy, darker banded and

Tafel 22 / Plate 22
Beccari-Zwergohreule / Biak Scops Owl - *Otus beccarii*
oben / top: Weibchen, braune Morphe / female brown morph
unten / bottom: Männchen, rotbraune Morphe / male rufous morph

WEICK.
2011

Flecken auf den Außenfahnen. Armdecken und Armschwingen hellbeige, dunkel gebändert und marmoriert, mit rotbraunem Anflug. Handschwingen mit beigeweißen, dunkel begrenzten Flecken, breite, dunkelbraune Binden mit rostfarbenem Anflug. Schwanz hellbeige und dunkel gebändert. Augenbrauen hellbeige, dunkel gesäumt. Federohren sind hellbeige, mit schwärzlichen Spritzern nahe den Spitzen. Schleier rahmfarben bis hellbeige, braun gefleckt und dunkel begrenzt. Kinn und Kehle rahmfarben. Unterseite rahmfarben bis beige, Brust mit breiten Längsstreifen und feinerer Bänderung. Schmalerer Längsstreifen, Binden mit zahlreichen weißen Flecken auf Flanken und Bauch. Läufe lang und kräftig, unbefiedert. Große, kräftige Füße. Dunenjunge auf beigem Grund breit und dunkel gebändert, Mesoptilkleid ähnlich den Altvögeln. Augen gelb, Wachshaut und Schnabel grüngelb mit dunkler Spitze. Nackter Lauf und Zehen grauweiß, Sohlen pink. Monotypisch.

Verbreitung: Endemische Art. Seychellen, Insel Mahé. Früher auch auf anderen Inseln des Archipels, dort ausgestorben.

Bestand: Galt lange Zeit als ausgestorben, 1959 auf Mahé wiederentdeckt. Sicht- und Fotonachweise. Es wurden etwa 90 bis 180 Brutplätze registriert. Wahrscheinlich zahlreicher als bislang angenommen. Stark gefährdet.

Lebensraum: Sekundärwald in höheren Lagen, Steilhänge und Schluchten. In Höhen von 250 bis 600 m, liebt Wassernähe.

Stimme: Tiefe, krächzende Rufe ähnlich *O. magicus*. „Krohk-kraa-wohk-kraa" wird in Intervallen wiederholt. Klopfende Rufserien wie „tok-tok-tok". Oft sind beide Rufe vermischt vernehmbar. Rufreihen bis 20 Minuten andauernd.

Nahrung: Insekten, Baumfrösche, Eidechsen, Chamäleons. Magenuntersuchungen ergaben Heuschrecken, Käfer, Eidechsen und einige pflanzliche Stoffe. Streng nachtaktiv.

Brut: Brutbiologie nur wenig bekannt. Bei Kopulation ist offenbar ein hoher Pfiff zu hören. Bruten im Oktober und April, flügge Junge im November und Juni, was zwei jährliche Brutzyklen vermuten lässt. Nest in einer Baumhöhle im Nationalpark Morne Seychellois in 440 m Höhe enthielt ein Ei. Vermutlich wird auch in Felslöchern oder Geröllhalden (am Boden?) gebrütet.

Bemerkungen: Ursprünglich wegen der nackten Läufe und kleinen rudimentären Federohren in der monotypischen Gattung *Gymnoscops*.

vermiculated. Primaries with buffy-white and dark-bordered spots, the wider, dark brown bands with rufous wash. Tail pale buffy and darkly banded. Eyebrows pale buffy, darker edged. The short ear tufts are pale buffy, with black scribbles near tips. Facial disc creamy to pale buffy, brown-spotted and dark-rimmed. Chin and throat creamy. Underparts with creamy to buffy ground colour, broadly streaked and with fine crossbars on breast, narrower streaking and barring on flanks and belly, with numerous white spots. Tarsi long and heavy, feathered only on very top. Large feet. Juvenile: Downy fledglings broadly dark-banded on buffy ground colour. Mesoptile similar to adult. Eyes yellow, bill and cere greenish-yellow with dark tip. Bare tarsus and toes greyish-white, soles of toes pinkish. Monotypic.

Distribution: Endenic species, Seychelles, Mahé Island. Formerly occured also on other islands of the archipelago, but now extinct on these.

Status: Declared extinct for a long period, but rediscovered. Recently several sightings and photos. About 90 to 180 territories are known. Probably more numerous as thought. Extremely threatened.

Habitat: Secondary forest in upper altidutes, steep slopes and ravines. Areas near water are favoured.

Voice: Deep, croaking calls similar to *Otus magicus*, "krohk-kraah-wohk-kraa", repeated in intervals. Also knocking series are recorded, "tok-tok-tok". The two calls often interspersed, sequence may last up to 20 minutes.

Food: Insects, tree frogs, lizards, chameleons. Stomach contents include grasshoppers, beetles, lizards and some vegetable matter. Strictly nocturnal.

Breeding: Only few data. High-pitched whistle apparently given during copulation. Breeding in October and April, fledged young seen in November and June, suggesting twice-yearly breeding cycles. One nest found in 1999 at 440 m in Morne Seychellois National Park in a tree hole. It contained one egg. May also nest in cleft and between boulder fields (on ground?).

Remarks: Originally placed in monotypic genus *Gymnoscops* based on unfeathered tarsi and tiny vestigial ear tufts.

Pembaeule, Pemba-Zwergohreule

***Otus pembaensis* Pakenham 1937**

Kennzeichen: Tafel 21 Länge 16 bis 17 cm, Gewicht unbekannt. Kleine Zwergohreule mit kurzen Federohren, mit gelblich rostfarbener bis tief rotbrauner Morphe, dazwischen mit Farbübergängen. Helle Morphe: Oberkopf und Nacken hellbeige bis rostfarben, auf dem Nacken feine dunkle Schaftstriche. Rücken und Mantel beige-rostfarben. Außenfahnen der Schulterfedern weißlich mit dunklem Spitzenfleck, bilden helles, dunkel gebändertes Band. Flügeldecken und Alula rostbraun mit hellen Flecken und Säumen. Schirmfedern und mittlere Armschwingen hellrostfarben, äußere Armschwingen mit einigen hellen Flecken auf Außenfahnen. Handschwingen dunkler rotbraun, auf den Außenfahnen hell gefleckt. Schwanz nahezu ungebändert. Stirn hellrosfarben, weiß gefleckt, dunkle Schaftstriche. Augenbrauen weiß mit feinen Schaftstrichen. Federohren kurz, auffällig hell, rostfarben gesäumt. Schleier rahmfarben, um die Augen rostfarben, mit dunklen Begrenzungsflecken auf den Halsseiten. Zügel und Ohrdecken kurz. Kinn und Kehle rahmfarben. Unterseite grau oder gelblich weiß bis gelblich rostfarben, rostfarben gefleckt, Flanken und Bauch fein marmoriert und gebändert, mit oder ohne Schaftstriche. Tarsen kurz und stämmig, dicht befiedert.
Rotbraune Morphe: Oberseite einfarbig tief rotbraun, auf Oberkopf und Nacken dunkle Schaftstriche. Schulterfedern hellbeigeorange mit dunklem Spitzenfleck. Flügeldecken und Armschwingen tief rotbraun. Handschwingen auf Außenfahnen hell gefleckt, Bänderung bildend. Schwanz rotbraun, auf den äußeren Federn gebändert. Augenbrauen rahmfarben, Schleier rahm- bis gelblich rostfarben, um die Augen dunkler. Unterseite gelblich rostfarben bis tief rotbraun, dunkle Schaftstriche, teilweise schwach gebändert. Tarsen bis zu den Zehen dicht befiedert. Dunenjunge bisher unbekannt. Im Mesoptilkleid zeigen sich bereits die Farbmorphen. Helle Jungvögel sind undeutlich gelblich rostfarben bis zimtgelb gebändert. Iris gelb, Wachshaut und Schnabel matt grünlich bis gelbgrau mit dunkler Spitze. Zehen grau, Sohlen gelblich.

Verbreitung: Insel Pemba vor der Küste von Nordtansania. Monotypisch.

Bestand: Noch weitgehend gute Verbreitung und Vorkommen, aber durch ständige Biotopverluste gefährdet.

Lebensraum: Halboffene Gebiete mit gutem Baumbestand, häufig in Gewürznelken- und Mangopflanzungen. Ruht im dichten Unterwuchs, oft nahe dem Boden.

Stimme: Einsilbiges „hu" in unregelmäßigen Abständen oder in schneller Folge geäußertes „hu-hu-hu". Stimme des Männchens klingt tiefer und länger als die des Weibchens. Im Duett ruft das Paar „huu-hu-huu-hu-huu-hu".

Pemba Scops Owl

***Otus pembaensis* Pakenham 1937**

Descriptive notes: plate 21 Length 16 to 17 cm, weight unknown. Occurs in buffy-rufous to rufous-brown morphs, with intermediates varying considerably in colour. Pale morph: Crown and nape pale buffy-rufous with fine dark shaft lines on the nape. Back and mantle uniform buffy-rufous. Outer webs of scapulars whitish with dark tips, forming a light, dark-barred line across the shoulder. Wing coverts and alula with few pale spots and margins. Tertials and centrally secondaries uniform pale rufous, the outermost secondaries with few pale spots on outer webs. Primaries darker rufous, with pale spots on the outer webs. Tail nearly unbarred. Forehead pale buffy-rufous, irregularly spotted whitish and with few dark shaft lines. Eyebrows whitish few dark shaft streaks. Ear tufts short but distinct, pale- and rufous-edged. Facial disc creamy, more rufous around eyes, rimmed with dark spots only on rear of neck. Rictal bristles and auriculars relatively short. Chin and throat creamy. Below pale greyish- or yellowish-white to buffy-rufous, more or less spotted rufous, flanks and belly finely vermiculated or barred rufous, with or without fine shaft lines. Tarsi short and stout, densely feathered.
Rufous morph: Uniform deep rufous above, dark shaft lines on crown and nape. Scapulars pale buffy-orange with dark tips. Wing coverts and secondaries uniform rufous-brown. Alula with few pale spots on outer webs. Primaries with pale spots on outer webs, forming narrow bands. Tail deep rufous-brown, only barred on the outermost rectrices. Eyebrows creamy, facial disc creamy to buffy rufous, darkest area around eyes. Underparts pale buffy-rufous to deep rufous-brown, with few dark shaft streaks and narrow barring on abdomen and lowertail coverts. Tarsi densely feathered down to toes. Downy chicks undescribed. Mesoptile colour morph immediately evident. Pale young vaguely barred buffy-rufous to buffy-cinnamon, most distinctly on crown and tail. Irides yellow, cere and bill dull greenish to yellow-grey with dark tip. Toes greyish, soles yellowish.

Distribution: Pemba Island, off North Tanzania. Monotypic.

Status: Fairly common and widespread, but restricted range renders it vulnerable.

Habitat: Semi-open well-wooded areas, often in clove and mango plantations. Roosts in dense undergrowth, often near ground.

Voice: Monosyllabic "hu" given in irregular intervals, or in fast runs "hu-hu-hu". Voice of male lower and longer note than of female. Pairs duet "huu-hu-huu-hu-huu-hu".

Tafel 23 / Plate 23
oben / top: Siau-Zwergohreule / Siau Scops Owl - *Otus siaoensis*
mitte / centre: Sangihe-Zwergohreule / Sangihe Scops Owl - *Otus collari*
unten / bottom: Manado-Zwergohreule, Peleng ssp. / Sulawesi Scops Owl, Peleng ssp. - *Otus manadensis mendeni*

WEick
2010

Nahrung: Hauptsächlich Insekten. Jagt vom Ansitz aus, die Beute wird sowohl am Boden, von den Zweigen als auch im Flug erbeutet. Streng nachtaktiv.

Brut: Brutzeit vermutlich von August bis Oktober. Nest wahrscheinlich in Baumhöhlen.

Bemerkungen: Verwandtschaft zu anderen Zwergohreulen ist unklar.

Food: Mainly insects. Hunts from perch, dropping on the prey on ground, on branches or hawks it in flight. Nocturnal.

Breeding: Breeding biology fairly unknown. May breed from August to October. Nest probably in tree holes.

Remarks: Relationship to other scops owls unclear.

Beccari-Zwergohreule – *Otus beccarii* (Salvadori) 1876

Kennzeichen: Tafel 22 Länge 23 cm, Gewicht Männchen 114 g, Weibchen 140 g. Braune und rotbraune Morphe. Färbung von Schleier, Flügel und Schulterfedern ähnlich *Otus manadensis*. Auf Ober- und Unterseite keine Längsstreifung. Braune Morphe (hier scheinen nur die Weibchen eine braune Morphe zu bilden, was dann natürlich auch für einen Sexualdimorphismus spricht): Oberkopf und Oberseite braun mit enger und schmaler, schwarzbrauner Bänderung, auf dem Nacken auffällige, enge weiße Bänderung. Stirn mit wenigen dunklen Strichen und spärlichen weißen Flecken. Federohren braun, schwarzbraun gebändert, mit wenigen hellbeigen Flecken. Schulterfedern auf Außenfahnen weiß mit rotbraunem Subterminalband, schwarz gesäumt und schwarzer Endsaum. Oberflügeldecken wie der Rücken gefärbt, einige äußerste große Decken mit weißen Flecken. Alula und Handdecken braun, schwarzbraun bebändert, wenig weiß auf Außenfahnen. Armdecken heller braun als Flügeldecken, beigeweiß gefleckt und dunkel gesprenkelt. Schirmfedern heller als Armdecken, gebändert und dunkel gesprenkelt. Restliche Armschwingen wie Schirmfedern, aber deutlicher hell gebändert. Handschwingen dunkelbraun, Außenfahnen längliche weiße Flecke. Schwanz dunkel- und rotbraun gebändert. Äußerste Schwanzfeder mit sieben weißen Flecken auf Außenfahne. Schleier braun, schwarzbraun gesprenkelt, Ohrdecken weiß gefleckt, Schleierrand schwarzbraun. Schnabelbefiederung an Basis weiß, Spitzen braun bis schwarzbraun. Augenbrauen weiß, über den Augen endend. Kinn und Kehle weiß mit wenigen dunklen Binden, an den Halsseiten dunkel begrenzt. Unterseite rotbraun, deutlich weiß gebändert, die weißen Binden sind auf beiden Seiten dunkelbraun gesäumt. Flanken und Unterbauch weiß, rotbraun gefleckt, dunkelbraun gesprenkelt. Unterschwanzdecken weiß, rotbraun gebändert, schwarzbraun gesprenkelt und gesäumt. Tarsus befiedert. Rotbraune Morphe: Eventuell nur Männchen? Oberseits dunkelrostbraun, mit enger und feiner schwarzbrauner Querwellung. Wirkt daher viel dunkler als braune Morphe. Flügel ebenfalls deutlich dunkler als bei der braunen Morphe. Unterseite rostbraun und weißlich gebändert, wirkt durch die feinere weiße Bänderung dunkler als braune Morphe. Jugendkleid: unbekannt. Iris gelb, Schnabel graugelb, Füße gelb bis gelborange.

Verbreitung: Endemisch auf der Insel Biak, vor der Küste von Nordwest-Neuguinea.

Bestand: Nur wenig ist bekannt, es existieren 3 Museumsbälge, 1973 wurde nur noch 1 Paar im einzigen noch intakten Waldgebiet der Insel gesichtet. Ein Großteil der Waldungen auf Biak ist gerodet oder stark gelichtet, daher ist diese Eule extrem gefährdet und nahe der Ausrottung.

Lebensraum: Dicht bewaldete Gebiete, undurchdringliche Forste, manchmal auch nahe menschlichen Siedlungen.

Stimme: Raue, krächzende, krähenähnliche Rufe, ähnlich denen von *Otus magicus*, die oft in Serien wiederholt werden.

Nahrung: Im Magen wurden Insekten gefunden, wahrscheinlich werden auch kleine Wirbeltiere erbeutet.

Brut: Es gibt keine Informationen.

Bemerkungen: Galt als konspezifisch mit Manado-Zwergohreule *Otus manadensis* oder Molukken-Zwergohreule *Otus magicus*.

Biak Scops Owl – *Otus beccarii* (Salvadori) 1876

Descriptive notes: plate 22 Length 23 cm, weight male 114 g, female 140 g. Occurs in a brown and a rufous morph. Colouration of facial disc, wings and scapulars indicate close relationship to *Otus manadensis*. But adult birds lack any trace of shaft streaks on upper and lower surface. Brown morph (possibly sexual dimorphism, only female?): Crown and upperparts brown with dense and narrow, blackish-brown barring, feathers of hindneck are heavily barred white. Forehead with few dark streakings, sparsely speckled white. Ear tufts brown, barred blackish-brown, with few buffy spots. Scapulars white on outer webs, with a subterminal rufous bar, bordered distally black and with black terminal band. Upper wing coverts like the back, with few white spots on the outermost greater wing coverts. Alula and primary coverts barred brown and blackish-brown, with few white bars on outer webs. Secondary coverts paler brown than wing coverts, indistinctly spotted pale buffy-white and darkly speckled. Tertials lighter brown than secondary coverts, indistinctly pale-banded and darker speckled. Remaining secondaries as tertials, but with somewhat more distinct pale bands. Primaries dark brown and interrupted by white, longish spots on outer web. Tail mixed dark brown and rufous, the outermost tail feather with seven white spots on the outer web. Facial disc speckled brown and blackish-brown, ear coverts spotted whitish. Loral feathers whitish with brown to blackish-brown tips. Eyebrows white and ending above eyes. Chin and throat whitish with few dark narrow bars, rear of neck dark-bordered. Below rufous-brown, heavily barred with white, the white bars above and below bordered darker brown. Flanks and abdomen whitish, spotted rufous and speckled dark brown. Lowertail coverts white, barred rufous on distal third and darker brown-speckled and -edged. Tarsi feathered. Rufous morph (Possibly sexual dimorphism, only males?): Above dark rufous-brown, feathers heavily but very narrowly waved blackish-brown, giving a distinct darker appearance than in brown morph. Wings distinctly darker than in the brown morph. Below barred rufous and whitish, but white bars narrower, giving a much darker appearance than in brown morph. Tarsus feathered rufous and blackish-brown, distally near to toes. Juvenile: Unknown. Iris yellow, bill greyish-yellow, feet yellow to yellow-orange.

Distribution: Endemic on Biak Island, off Northwest New Guinea.

Status: Very poorly known, three skins are stored in museums, one pair recorded in 1973 by a survey in the only undisturbed forest left on the island. Most of the forest of Biak has been degraded or destroyed, so this owl is extremely threatened and in danger of extinction.

Habitat: Heavily wooded areas, dense forest, locally near human settlements.

Voice: Hoarse, croaking, corvid-like notes, similar to that of *Otus magicus*, often repeated in series.

Food: Examined stomach contains only insects, possibly hunts also small vertebrates.

Breeding: No information.

Remarks: Often treated as conspecific with Sulawesi Scops Owl *Otus manadensis* or the Moluccas Scops Owl *Otus magicus*.

Manado-Zwergohreule – *Otus manadensis* (Quoy & Gaimard) 1830

Kennzeichen: Tafel 23 Länge 19 bis 22 cm, Gewicht 83 bis 93 g. Nominatform. Gefieder sehr variabel, mit graubrauner, gelbgrauer, selten auch rostbrauner Morphe. Diese Eule ist kleiner als die sehr ähnlichen Molukken-Formen von *Otus magicus*. Fußbildung schwächer, die Läufe sind zur Hälfte oder bis nahe Zehen befiedert. Schirmfedern nur mit angedeuteter Bänderung. Die Handschwingen sind weniger auffällig gebändert als bei *magicus*. Kleine auffällige „Federohren". Oberseite tiefbraun, sepia oder braungrau, dicht, aber unregelmäßig gesprenkelt und gefleckt. Beiderseits der Schaftstriche undeutliche Bänderung und kleine, hellbeige Flecke. Schulterfedern auf Außenfahnen mit hellen Flecken und dunklen Spitzen, oft undeutlich gebändert und gefleckt. Armdecken und Armschwingen beige gebändert. Handschwingen auf Außenfahnen mit zahlreichen kleinen hellbeigen Flecken, die braunen Binden sind meist dunkel gesäumt. Schwanz mit zahlreichen undeutlichen Binden. Schleier braungrau oder sepia, undeutlich dunkel begrenzt. Halsseiten

Sulawesi Scops Owl – *Otus manadensis* (Quoy & Gaimard) 1830

Descriptive notes: plate 23 (Nominate) Length 19 to 23 cm, weight 83 to 93 g. Highly variable plumage, grey-brown, yellowish-grey and very rare rufous morphs occur. Generally smaller than the very similar Moluccan forms of *Otus magicus*. With smaller feet, tarsi feathered down to half-length or near to base of toes. Tertials indistinctly barred. Primaries barred less distinct than in *magicus*. Ear tufts short but prominent. Upperparts drab brown, sepia or brownish-grey, densely but irregularly freckled and mottled darker, indistinctly banded and with pale buffy spots. Scapulars with pale spots on outer webs, dark tips, indistinctly barred and spotted. Secondary coverts and secondaries with less prominent buffy bands, primaries with numerous small pale buffy spots on outer webs, the brown bands mostly bordered dark brown. Tail with numerous, but indistinct bands. Facial disc brownish-grey or sepia, indistinctly bordered by small, dark-tipped feathers, more distinct on rear of neck. Pale supercilium small, with small spots, ending above

Tafel 24 / Plate 24
oben / top: Philippinen-Halsbandeule, Rasse der Insel Negros / Philippine Scops Owl, race of Negros Island - *Otus megalotis nigrorum*
unten / bottom: Radscha-Zwergohreule / Radjah Scops Owl - *Otus brookii brookii*

Weick
2011

mit deutlicher breiter, dunkler Bänderung. Helle Augenbrauen klein und wenig auffällig, mit kleinen Flecken und über den Augen endend. „Federohren" kurz, dunkel gefleckt. Kinn und Kehle weißlich, spärlich hellgrau oder hellbraun gefleckt. Brustfärbung ähnlich der Oberseite, deutlicher gestreift, mit feiner, unterbrochener Bänderung und heller Fleckung. Restliche Unterseite heller, mit dunklen Schaftstreifen und feiner Bänderung auf weißlichem Grund. Tarsen bis zur Hälfte (*mendeni*) oder bis nahe Zehen befiedert. Rostbraune Morphe äußerst selten. Jungvögel ähnlich den Alten, sind auf Kopf, Nacken und Mantel jedoch deutlich gebändert. Augen gelb, Schnabel schmutzig horngelb. Zehen gelbgrau, Krallen hornbraun.

Verbreitung: Sulawesi, Banggai-Inseln (Peleng und wahrscheinlich auch Labobo), Insel Siau (nördlich Sulawesi).

Geografische Rassenverbreitung:
***Otus (m.) siaoensis* (Schlegel) 1873** Insel Siau, nördlich von Sulawesi. Eventuell mit eigenem Artstatus. Klein, 19 cm lang. Beigebraune Grundfärbung. Breites, rötlich beiges, unvollständiges Halsband. Flügel und Schwanz kurz, unterscheidet sich in der Schwingenformel deutlich von *manadensis*. Stirn, Oberkopf und Rücken deutlich gestreift und gefleckt. Schulterfedern mit unauffälligen, helleren Außenfahnen. Schirmfedern sind wie bei Nominatform nur undeutlich gebändert. Armschwingen mit 5 hellen rostgelben Binden. Handschwingen haben auf den Außenfahnen zahlreiche kleine weißliche Flecken. Schwanz mit zahlreicher undeutlicher Bänderung. Brustfärbung und -zeichnung ähnlich manadenis, die restliche Unterseite mit breiter, beigebrauner Bänderung und undeutlichen Schaftstrichen auf heller Grundfarbe. Unterschwanzdecken fein gestreift und gebändert. Schleier beigebraun, undeutlich begrenzt, mit einigen kräftigen, dunklen Flecken an den Halsseiten. Kinn und Kehle weißlich, Augenbrauen rostgelb. Läufe bis 4 mm über den Zehen befiedert. Ein Balg dieses Taxons befindet sich im Museum Leiden, Holland.
***Otus m. manadenis* (Quoy & Gaimard) 1830** Sulawesi. Siehe Kennzeichen.
***Otus m. mendeni* Neumann 1939, Tafel 23** Banggai-Inseln (Peleng, wahrscheinlich auch Labobo). Bisher nur durch 3 Bälge bekannt, zwei graue und eine rostrote Morphe. Letztere befindet sich im Staatl. Museum für Tierkunde in Dresden, Deutschland. Oberseite fein gesprenkelt und gestreift. Schulterfedern auf den Außenfahnen hell gefleckt, jede mit dunklem Spitzenfleck. Wenige helle Flecke auf den Flügeldecken. Die Schirmfedern sind wie bei der Nominatform nur undeutlich gebändert. Armschwingen deutlich gebändert. Außenfahnen der Handschwingen mit zahlreichen kleinen weißen Flecken. Unterseite hell, auf Brustseiten und Flanken rostfarben, fein gestreift und gebändert. Die Tarsen nur zur Hälfte befiedert. Zwei weitere Taxa werden des Öfteren dieser Art zugeordnet, aber auch als Rassen von *Otus magicus* oder eigenständige Arten behandelt:
***O. (m.) sulaensis* (Hartert) 1898** Sula-Inseln (Taliabu, Seho, Mangole, Sanana). Größer und mit kürzeren Federohren als *manadensis*. Tarsen sind zu 2/3 nackt, auf der Rückseite gänzlich unbefiedert. Die Schirmfedern sind wie bei *magicus* deutlich gebändert!
***O. (m.) kalidupae* (Hartert) 1903** Tukangbesi-Inseln (Insel Kaledupa). Wenig größer als *manadensis*, im Gefieder mehr gleichförmig, mit feinerer Zeichnung. Schaftstriche auf Ober- und Unterseite schwächer. Schirmfedern sind deutlich gebändert. Schleier deutlicher. Tarsen sind bis zu den Zehen befiedert.

Bestand: Auf Sulawesi noch verbreitet und nicht selten. Populationen vor allem in Nationalparks. Von Siau und den anderen Inselpopulationen fehlen Nachweise, dort wohl bereits erloschene oder äußerst gefährdete Bestände.

Lebensraum: Feuchtes Waldland (Kahlschläge, Randzonen) mit hohem jährlichen Niederschlag und hohen Durchschnittstemperaturen. Von den Niederungen und Vorbergen bis in Höhen von etwa 2500 m über NN.

Stimme: Gesang des Männchens der Nominatform ist ein helles, ansteigendes und klagendes „pluu-ehk" oder „uu-ehk", mit Wiederholungen in Intervallen. Ein schnelles „kik-kok-kok-kok" sowie ansteigende Pfiffe wie „oi-oi-oi" wurden registriert. *O. sulaensis*: Rufe sind sehr verschieden von *manadensis* und *magicus*. Schnelle, feine, halbhohe und trillernde Rufe. Jede Rufserie kann etwa 2 Minuten andauern. Die Rufe von *siaoensis* und *kalidupae* sind unbekannt.

Nahrung: Nachtaktiv. Fängt wahrscheinlich Insekten und andere Gliederfüßer, eventuell auch kleine Wirbeltiere.

Brut: Keine Informationen. Brutzeit beginnt vermutlich kurz vor Beginn der Monsune. Nest in Baumhöhlen.

Bemerkungen: Bildet wahrscheinlich mit *Otus elegans* und *Otus collari* eine Superspezies.

eyes. Ear tufts short, darkly spotted. Chin and throat whitish, with few pale greyish or brownish spots. Breast similar to upperparts, but more distinct streaking and broken fine barring and pale spots. Remaining parts of undersurface paler, also with dark shaft lines and fine barring on whitish ground colour. Tarsi feathered down half (*mendeni*) or near to base of toes. Rufous morph very scarce. Juvenile: Similar to adult but more barred, especially on crown, hindneck and mantle. Eyes yellow, bill dirty-yellowish horn. Toes yellowish-grey, claws brownish horn.

Distribution: Sulawesi, Banggai Islands (Peleng and probably Labobo), Siau Island, north of Sulawesi.

Geographical variations:
***Otus (m.) siaoensis* (Schlegel) 1873** Siau Island, north of Sulawesi. Probably specifically distinct. Small, about 19 cm. Ground colour buffy-brown. Distinct and broad but incomplete band on neck. Wings and tail relatively short, but wing formula distinct from *manadensis*. Forehead and crown dark. Back darkly streaked and spotted. Scapulars with less prominent paler outer webs. Tertials with indistinct barring as in nominate *manadensis*. Secondaries with 5 pale rufous-yellowish bands. Primaries with numerous small, whitish spots on outer webs. Tail with numerous, but indistinct bars. Colouring and markings on breast similar to *manadensis*, but remaining lower parts with broad, buffy-brown barring and indistinct shaft streaks on pale ground colour. Lowertail coverts with sparse, narrow streaking and barring. Facial disc buffy-brown, indistinctly rimmed, but with some broad, dark spots on rear of neck. Chin and throat whitish, superciliaries pale rufous-yellow and more distinct than in nominate. Tarsi feathered down to about 4 mm to toes. Known only from one skin, stored in Museum Leiden, Netherlands.
***Otus m. manadensis* (Quoy & Gaimard) 1830** Sulawesi (see Descriptive notes).
***Otus m. mendeni* Neumann 1939** Banggai Islands (Peleng Island and possibly Labobo). Only known from three skins, two grey and one rufous morph, the latter stored in Staatl. Museum Tierkunde Dresden, Germany (Plate 23). Upperparts very finely and indistinctly speckled and streaked above. Scapulars with distinct pale spots and dark tips. Few pale spots on wing coverts. Tertials indistinctly barred, as in nominate *manadensis*. Secondaries with less prominent barring. Primaries with numerous small whitish spots on outer webs. Pale ground colour below, more rufous on sides of chest and flanks, finely streaked and barred. Tarsi distally less than half feathered. Two further taxa sometimes are included in this species, but also treated as conspecific with *Otus magicus* or with own specifical rank.

***Otus (m.) sulaensis* (Hartert) 1898** Sula Islands (Taliabu, Seho, Mangole, Sanana). Distinctly larger and with shorter ear tufts than *manadensis*. Has distally unfeathered tarsi, rear of tarsi bare. Tertials more distinctly banded than in *magicus*!
***Otus (m.) kalidupae* (Hartert) 1903** Tukangbesi Islands (Kaledupa Island). A bit larger than *manadensis*, more uniform plumage, finer patterned, shaft streaks above and below not as bold. Tertials more distinctly banded. Facial disc more distinct and tarsi feathered down to toes.

Status: Fairly common and widespread in Sulawesi, occurs in nature reserves and national parks. No recent data from Siau and other island populations. Endangered or vulnerable, extinct on Siau.

Habitat: Humid forest (clearings and edges) with high annual rainfall and high mean annual temperatures. From lowland and hills up to about 2,500 m above sea level.

Voice: Nominate race: Territorial song of male is a clear, upward-inflected, mournful "ploo-ehk" or "uu-ehk", repeated in intervals. Also a rapid "kik-kok-kok-kok", alternating with rising whistles "oi-oi-oi". *O. sulaensis*: Calls are different from *manadensis* and *magicus*, suggesting distinct specific rank: Rapid series of median-pitched, almost trilled notes. Duration of each series up to 2 minutes. Calls of *siaoensis* and *kalidupae* unknown.

Food: Nocturnal. Possibly mainly insects and other arthropods, possibly also small vertebrates.

Breeding: Almost no information: Indication that breeding may begin just before start of monsoon season. Nest probably in tree holes.

Remarks: Probably forms superspecies with *Otus elegans* and *Otus collari*.

Sangihe-Zwergohreule – *Otus collari* Lambert & Rasmussen 1998

Kennzeichen: Tafel 23 Länge 19 bis 20 cm, Gewicht 76 g. Kleine, bräunliche Zwergohreule mit mäßig langen „Federohren" und kurzen, undeutlichen Augenbrauen, noch unauffälliger als bei *O. manadensis*. Schwanz und Flügel relativ lang. Schwingenformel ähnlich *Otus siaoensis* und unterschiedlich zu *Otus manadensis*. Kleine, schwache Füße und Krallen. Oberkopf mit schmalen, schwarzen Schaftstrichen. Hinterhals, Rücken und Mantel mit kurzen, schwärzlichen Schaftstrichen dicht marmoriert und mit kleinen hellbeigen Flecken. Schulterfedern sind auf Außenfahnen hellbeige, mit großen, dreieckigen, schwarzen Flecken. Innenfahnen gebändert und marmoriert. Schirmfedern sind nur andeutungsweise gebändert. Arm-

Sangihe Scops Owl – *Otus collari* Lambert & Rasmussen 1998

Descriptive notes: plate 23 Length 19 to 20 cm, weight 76 g. Rather small, generally brownish scops owl with moderate ear tufts, short, indistinct eyebrows, less obvious than in *Otus manadensis*. Wings and tail relatively long, wing formula similar to *Otus siaoensis* and different from *Otus manadensis*. Small and weak feet and claws. Crown with narrow, blackish shaft streaks. Nape, back and mantle with short, blackish shaft streaks, dense vermiculations and small, pale buffy spots. Scapulars pale buffy on outer webs, with large, triangular black spots, barred and vermiculated on inner webs. Tertials with indistinct barring as in *Otus manadensis*. Secondaries and primaries banded dark brown and buffy. Tail has irregular, narrow dark

Tafel 25 / Plate 25
oben / top: Japan-Halsbandeule / Japanese Scops Owl - *Otus semitorques semitorques*
unten / bottom: Ryu-Kyu-Halsbandeule / Ryu-Kyu Scops Owl - *Otus semitorques pryeri*

Weick
2011

und Handschwingen dunkelbraun und beige gebändert. Schwanz unregelmäßig dunkelbeige gebändert und mit breiteren braunen Binden. Der Schleier ist heller als seine Umgebung, am dunkelsten zwischen Augen und Schnabel. Schleierrand besteht aus dunklen Federchen, die nach außen hell begrenzt sind. Federohren beige gefleckt, mit schwarzen Schaftstreifen und rundlichen Spitzenflecken. Kinn und Kehle heller als ihre Umgebung, seitlich durch dunkle Binden begrenzt. Unterseite heller als als Oberseite, mit schwarzer Streifung und feiner Marmorierung. Tarsenbefiederung endet am Laufgelenk. Jugendkleid bislang unbekannt. Iris gelb, Schnabel hornbraun, Zehen hellgrau oder hellbraun.

Verbreitung: Sangihe-Insel, nördlich von Sulawesi. Monotypisch.

Bestand: Auf dem kleinen Inselareal noch ziemlich gut verbreitet, Angaben zum Bestand fehlen. In von Menschen bewohnten Gebieten und Pflanzungen anzutreffen. Durch Zerstörung des Lebensraumes und Pestizide gefährdet.

Lebensraum: Wälder, Plantagen, bevorzugt Mischkulturen. Nachwachsender Sekundärwald. Kulturland mit gutem Baumbestand. Bis in Höhen von 315 m über NN.

Stimme: Hohes, abfallendes flötendes Pfeifen „kliiir“, Wiederholungen in Abständen von 8 bis 15 Sekunden, schnellere Version mit 3 Rufen pro Sekunde.

Nahrung: Keine Informationen, wahrscheinlich vorwiegend Insekten.

Brut: Unbekannt.

Bemerkungen: Bislang meist als identisch mit *manadensis* angesehen, jedoch stimmlich deutlich verschieden.

buff bands and wider brown bands. Facial disc paler than surrounding plumage, darkest between eyes and bill. Darkly feathered rim, bordered pale on rear. Short, indistinct whitish eyebrows, with dark spots and webs. Ear tufts with buffy spots, blackish shaft streaks and roundish spots on tips. Chin and throat much paler than surroundings, bordered with dark bars on rear of neck. Underparts somewhat paler than upperparts, with prominent, blackish streaking and fine vermiculations. Tarsal feathering ends just above tarsal joint. Juvenile plumage unknown. Irides yellow, bill horn-brown, toes pale grey or pale brown.

Distribution: Sangihe Island, north of Sulawesi. Monotypic.

Status: Rather common and widespread within single-island range, but no data on numbers. Species readily tolerates man-altered habitats, occuring in plantations. Endangered by destruction of its natural habitat and pesticides.

Habitat: Forest, mixed plantations, secondary growth, agricultural area with groves of trees and bushes. Up to 315 m from sea level.

Voice: Clearly different from *O. manadensis*: High-pitched, downslurred and clear fluty whistle "kleeer", repeated at intervals of 8 to 15 seconds, also a faster version, with about three calls per second.

Food: No information, probably mainly insects.

Breeding: No information.

Remarks: Hitherto thought to be same species as *manadensis*, but vocal differences support treatment as separate species.

Radscha-Zwergohreule – *Otus brookii* (Sharpe) 1892

Kennzeichen: Tafel 24 Nominatform. Länge 21,5 bis 25 cm, Gewicht unbekannt. Überwiegend braune Zwergohreule, mit auffälligen, auf Innenseite weißen Federohren. Oberseite rotbraun mit dunklen Schaftstreifen und kräftiger Bänderung. Rahmfarbene Flecke, vor allem auf den großen Flügel- und Armdecken und der Alula. Weißes Band auf dem Hinterhals, ein zweites im Nacken, breiter weißer Fleck am Hinterkopf. Außenfahnen der Schulterfedern weiß mit schwarzem Spitzenfleck. Armschwingen dunkelrotbraun marmoriert mit hellerer Bänderung. Handschwingen dunkelbraun, auf Außenfahnen breit rahmfarben gebändert. Schwanz rotbraun, beigebraun gebändert und dunkler marmoriert. Federohren lang, Innenseiten weiß, außen rotbraun mit dunkler Bänderung. Augenbrauen weiß, dunkler gefleckt. Zügel und Schnabelborsten lang und dicht, an der Basis weiß. Schleier beigebraun mit dunklen Fleckchen, um die Augen dunkler. Deutlicher Schleierrand. Unterseite rahm- bis hellrostfarben mit dunkelbraunen Schaftstreifen, welliger Bänderung und feiner Marmorierung. Bauch und Unterschwanzdecken weiß, wenig gebändert. Dicht befiederte Tarsen. Füße kräftig, Zehen nackt. Jungvögel der Nominatform noch unbekannt. Iris chrom- bis orangegelb. Schnabel blassgelb mit dunkler Spitze. Zehen gelbgrau. Krallen gelblich mit dunklen Spitzen.

Verbreitung: Bergregionen Sumatras und Borneos.

Geografische Verbreitung:
***Otus brookii brookii* (Sharpe) 1892** Siehe Kennzeichen. Berge Nordwestborneos. Nur 2 Exemplare vom Mount Dulit und ein Todfund (1986) vom Mount Kinabalu.
***Otus brookii solokensis* (Hartert) 1893** Berge Sumatras. Oberseits brauner, weniger rotbraun, Ober- und Unterseite mit gelblich beigem Anflug. Unterseite mit breiteren dunklen Schaftstreifen. Schnabel weißlich. Jungvögel sind auf der Oberseite dunkelrotbraun gebändert, auf der Unterseite stärker gefleckt.

Bestand: In Borneo extrem selten oder bereits erloschener Bestand. Auf Sumatra wahrscheinlich noch leidlich gute Verbreitung innerhalb der bekannten Gebiete, aber sicher stark gefährdet.

Lebensraum: Montaner Regen- oder Nebelwald, wahrscheinlich nur im subtropischen Teil innerhalb des Verbreitungsgebietes. In Höhen von 900 bis 2500 m, meist zwischen 1200 bis 2225 m Höhe. In den mittleren Etagen dichter Wälder.

Stimme: Helle, monotone Rufe wie „whe-uuu“ werden in Intervallen von 7 bis 10 Sekunden wiederholt. Rufe wie „gwuu“ lässt der Vogel offenbar meist im Flug hören.

Nahrung: Hauptsächlich Insekten wie Heuschrecken, Grillen und Falter, aber auch Frösche und kleine Reptilien.

Brut: Im Juli wurden auf Sumatra zwei flügge Jungvögel, von beiden Eltern gefüttert und betreut, gefunden. Weitere Informationen fehlen.

Bemerkungen: Bildet möglicherweise mit *Otus angelinae* eine Superspezies.

Radjah Scops Owl – *Otus brookii* (Sharpe) 1892

Descriptive notes: plate 24 (Nominate) Length 21.5 to 25 cm, weight unknown. Predominantly brown scops owl, with prominent ear tufts, with white on inner side. Upperparts rufous-brown heavily marked with dark bars and blackish-brown shaft streaks. Some creamy spots especially on greater wing coverts, secondary coverts and alula. Conspicuous white collar on hindneck (above mantle), a second on nape and a broad white spot on occiput. Scapulars with black-tipped white spots on outer webs. Secondaries dark rufous-brown stippled, barred pale buffy-brown. Primaries dark brown, with broad, creamy bars on outer webs. Tail barred rufous-brown and buffy-brown, darkly vermiculated. Ear tufts long and prominent, white on inner side, outer side rufous-brown with dark barring. Eyebrows white, darker spotted. Long and dense lores and bristles, white on base. Facial disc buffy-brown, spotted with tiny darker spots, darkest area around the eyes, distinct rim. Underparts creamy to pale rufous, with dark brown shaft streaks, wavy barring and fine vermiculations. Belly and undertail coverts whitish with few bars. Tarsi heavily feathered. Feet powerful, toes bare. Juvenile of nominate are undescribed. Irides chrome-yellow to orange-yellow. Bill pale yellow tipped darker. Toes yellowish-grey. Claws yellowish with dark tips.

Distribution: Montane regions of Sumatra and Borneo.

Geographical variations:
***Otus brookii brookii* (Sharpe) 1892** (see Descriptive notes) Mountains of Northwest Borneo. Only known by 2 specimens from Mount Dulit and one dead bird collected (1986) from Mt. Kinabalu.
***Otus brookii solokensis* (Hartert) 1893** Mountains of Sumatra. Browner above, less rufous. Plumage with more yellowish-buff wash. Broader dark shaft streaks below. Bill whitish. Juvenile: Above dark rufous-brown barred, strongly spotted below.

Status: In Borneo only recorded by two specimens from mount Dulit and the collected bird from Mount Kinabalu, extremly rare or extinct population. Possibly more widespread in Sumatra, but surely endangered.

Habitat: Montane rain or cloud forest, perhaps only in the subtropical zones within its range. Between about 900 to 2,500 m, mostly from 1,200 to 2,225 m above sea level. Frequents middle storeys of dense forest.

Voice: Clear, monotonous calls "wha-ooo", repeated in intervals of 7 to 10 seconds. Also "gwou" notes are recorded, apparently uttered in flight.

Food: Mainly insects such as grasshoppers, crickets and moths, also frogs and small reptiles.

Breeding: Two fledged young were recorded in July in Sumatra, fed and accompanied by both parents. No other information.

Remarks: Probably form a superspecies with *Otus angelinae*.

Tafel 26 / Plate 26
Ponderosa-Zwergohreule / Flammulated Owl - *Psiloscops flammeolus*

WEICK
2006

Philippinen-Halsbandeule – *Otus megalotis* (Walden) 1875

Kennzeichen: Tafel 24 Nominatform. Länge 23 bis 28 cm, Gewicht 180 bis 310 g. Eine der größten Zwergohreulenarten der Alten Welt. Graubraune und rotbraune Morphe. Graubraune Morphe oberseits tiefbraun bis olivbraun, deutlich gestreift und gebändert. Flügeldecken, Arm- und Handschwingen ebenso gefärbt, mit wenigen weißen Flecken auf einigen Flügel-, Hand- und Armdecken. Armschwingen hellolivbraun gebändert, die Handschwingen mit breiten, hellen Binden auf den Außenfahnen. Schwanz tiefbraun bis olivbraun, mit 6 bis 7 graubraunen Binden. Schulterfedern sind auf Außenfahnen weißlich. Stirn und Oberkopf dunkel, parallelogrammförmig gefleckt (Merkmal gilt auch für Rasse *everetti* und *nigrorum*). Deutliches, helles Nackenband bildet Kontrast zu den dunklen Federn von Hinterkopf und Mantel. Augenbrauen weißlich. Lange, auf Innenseite weiße Federohren. Schleier beigebraun mit feiner dunkler Fleckung. Beigeweißer Kragen auf Kehle und Halsseiten, dunkel begrenzt. Unterseite mit hellgraubraunem Anflug, dunklen, pfeilförmigen Schaftstreifen und enger, feiner Bänderung und Marmorierung. Tarsen bis an die Zehen dicht befiedert. Rotbraune Morphe. Mit ähnlicher Zeichnung und Bänderung, aber hellrostbrauner Grundfarbe und hellrostfarbenem Anflug auf Augenbrauen, Federohren sowie auf den Flecken der Schulterfedern. Jungvögel entsprechen Morphe der Altvögel, sind auf der Unterseite jedoch stärker gebändert, in rotbrauner Morphe mehr zimtfarben als adulte Vögel. Iris goldbraun bis orangebraun. Wachshaut und Schnabel horn- bis fleischfarben. Zehen weißgrau bis gelbgrau, Krallen helloliv mit dunklen Spitzen.

Verbreitung: Philippinen-Inseln, mit Ausnahme von Palawan.

Geografische Rassenverbreitung:
***Otus megalotis megalotis* (Walden) 1875** Luzon, Marinduque und Catanduanes. Siehe Kennzeichen.
***Otus megalotis everetti* (Tweedale) 1897** Samar, Leyte, Dinagar, Bohol, Mindanao und Basilan. Kleiner als Nominatform, Länge 24 cm, Gewicht 125 bis 150 g, Tarsenbefiederung reicht nicht bis zu den Zehen. *O. m. boholensis* Mc. Gregor, 1907, von Insel Bohol, ist von *everetti* kaum unterscheidbar und daher synonym.
***Otus megalotis nigrorum* (Rand) 1950** Insel Negros. Kleiner als *everetti*, Länge 22 cm, Gewicht 130 g. Gefieder deutlich verschieden von *everetti*, mit prächtiger rostfarbener Kopffärbung, Federohren auf den Außenseiten rostfarben. Innenseiten, Augenbrauen und Kehlband weiß mit dunklen Sprenkeln. Brust rostfarben, Bauch mehr weiß mit feiner dunkler Zeichnung.

Bestand: Es gibt es nur ungenaue Angaben zwischen „wahrscheinlich gefährdet" bis „noch weitverbreitet". Scheint lokal noch guten Bestand zu haben, ist aber durch Waldrodung in Teilen des Verbreitungsgebietes stark gefährdet.

Lebensraum: Tropisches Waldland und Sekundärwälder, bevorzugt sind dichte Waldteile. Auf Luzon von 450 bis 1550 m Höhe, sonst meist bis in etwa 1200 m, lokal bis 2000 m über dem Meeresspiegel.

Stimme: Gesang besteht aus einer Reihe von 3 bis 6 lauten, abfallenden Rufen, ähnlich *Otus lempijii*, die einzelnen Rufe sind länger. Rufe können in Abständen von 5 bis 30 Minuten wiederholt werden. Bei Dunkelheit ist auch ein kräftiges „oik-oik-uuk" zu vernehmen.

Nahrung: Untersuchungen des Magens ergaben nur Insektennahrung.

Brut: Brütet wahrscheinlich von Dezember bis März. Auf Luzon wurden im Februar flügge Jungvögel gefunden, auf Negros Gelege. Legt 3 bis 4 Eier, es wurden aber Paare mit nur einem Jungen gefunden. Nest in Baumhöhlen.

Bemerkungen: Die 3 Taxa unterscheiden sich in den Rufen deutlich von *Otus bakkamoena*. Neuere DNA-Studien deuten auf Artselbstständigkeit aller drei Taxa hin.

Philippine Scops Owl – *Otus megalotis* (Walden) 1875

Descriptive notes: plate 24 (Nominate) Length 23 to 28 cm, weight 180 to 310 g. One of the largest Old World scops owls. Occurs in grey-brown and rufous morphs. Greyish-brown morph: Above deep brown or olive-brown, distinctly streaked and barred. Wing coverts, secondaries and primaries similar in colour, but with few white spots on some secondary and primary wing coverts. Secondaries banded pale olive-brown, primaries with pale, broad bars on outer webs. Tail deep brown to olive-brown, with 6 to 7 greyish-brown bars. Scapulars whitish on outer webs. Forehead and crown with dark, parallelogram-shaped markings (also in subspecies *everetti* and *nigrorum*). Distinctly pale nuchal band, contrasting with the dark-bordered feathers of nape and mantle. Eyebrows whitish. Long ear tufts with white on inner side. Facial disc buffy-brown, finely spotted darker. Throat and rear of neck shows broad, whitish-buffy ruff, bordered with dark rim. Underparts washed pale greyish-brown, with dark arrowhead-like shaft streaks and fine, wavy cross-bars and vermiculations. Tarsi feathered down to base of toes. Rufous morph: With similar markings and barring, but with pale rufous-fawn ground colour, eyebrows, ear tufts and spots on scapulars washed with pale rufous. Juvenile similar to respective adult morph, but more barred below, rufous morph more deeply cinnamon-coloured than adult birds. Iris golden-brown to orange-brown. Cere and bill pale horn or flesh. Toes whitish-grey to yellowish-grey, claws pale olive with darker tips.

Distribution: Philippine Islands, except Palawan.

Geographical variations:
***Otus megalotis megalotis* (Walden) 1875** Luzon, Marinduque and Catanduanes (see Descriptive notes).
***Otus megalotis everetti* (Tweedale) 1897** Samar, Leyte, Dinagar, Bohol, Mindanao, Basilan. Smaller than nominate race, length about 24 cm, weight 125 to 150 g. Tarsus feathering not reaching toes. *O. m. boholensis* Mc. Gregor, 1907, of Bohol Island is doubtfully distinct from *everetti* and synonym.

***Otus megalotis nigrorum* (Rand) 1950** Negros Islands. Smaller than *everetti*, length about 22 cm, weight 130 g. Plumage differs distinctly from *everetti*, head with bright rufous colour, ear tufts on outer sides rufous, inner sides, eyebrows and throat band white with few dark spreckles. Below rufous chest, rest whitish with fine markings.

Status: Few reliable data. Report vary from "probably endangered" to "widely distributed". May be locally common, but threatened by forest clearance and destruction in some parts of its range.

Habitat: Tropical forest and secondary woodland, mainly in dense parts. In Luzon from 450 m up to 1,550 m, mostly up to 1,200 m, locally up to 2,000 m above sea level.

Voice: Song is a loud sudden series of 3 to 6 descending notes, similar to *Otus lempijii*, but notes longer. Calls may repeated in intervals of 5 to 30 minutes. Utters shortly after dusk a powerful "oik-oik-ook", utters at dusk also "oik-oik-uuk".

Food: Stomach contents revealed only insects as prey.

Breeding: Lays probably from December to March. Young fledglings on Luzon in February, in May in Negros. Clutch 3 to 4 eggs, but families with one young are recorded. Nest probably in tree holes.

Remarks: Formerly treated as conspecific with *Otus bakkamoena*, but vocally distinct. Recent DNA studies suggest that all three taxa may even be separate species.

Japan-Halsbandeule – *Otus semitorques* Temminck & Schlegel 1850

Kennzeichen: Tafel 25 Nominatform. Länge 23 bis 25 cm, Gewicht 130 g. Graubraun, lang- und spitzflügelig, lange „Federohren". Stirn und Oberkopf graubraun, schwarzbraun und hellbeige gefleckt. Oberseite graubraun mit kräftiger, schwarzbrauner Quer- und Längszeichnung, hellbeigen Flecken und graugelbem Anflug. Helles Halsband und darüber ein zweites, unvollständiges Nackenband, manchmal auch nur Nackenfleck. Schulterfedern gebändert und mit schmalen, hellen Außensäumen, kein deutliches Schulterband bildend. Kleine und mittlere Flügeldecken am dunkelsten, graubraun mit schwarzbraunen Abzeichen. Flügelbug und Alula weiß. Große Flügeldecken grau- und schwarzbraun gezeichnet, die Äußersten mit hellem Randfleck. Armdecken heller graubeige, Binden dunkelbraun, fein marmoriert, die Äußersten mit hellem Randfleck. Handdecken dunkel, undeutlich gebändert. Armschwingen graubeige, dunkel gebändert und fein marmoriert. Breite Bänderung auf Außenfahnen aus eckigen, hellen, dunkel gerandeten Flecken mit feiner schwarzbrauner Marmorierung. Schwanz graubraun mit 7 bis 8 dunkelbraun marmorierten Binden. Schleier graubraun bis graubeige mit dunkleren Fleckchen. Augenbrauen auffallend weiß, deutliche Federohren teilweise weiß. Zügel, Kinn und Kehle überwiegend weiß. Unterseite hellgraubeige, dunkel gestreift und fein gebändert und gefleckt. Tarsen und Zehen dicht befiedert. Äußerste Zehenglieder sind nackt.

Japanese Scops Owl – *Otus semitorques* Temminck & Schlegel 1850

Descriptive notes: plate 25 (Nominate) Length 23 to 25 cm, weight 130 g. Greyish-brown, relatively long, pointed wings, with prominent ear tufts. Forehead and crown greyish-brown, freckled blackish-brown and pale buffy. Upperparts greyish-brown, with coarse blackish-brown markings, pale buffy spots, tinged pale buffy-grey. Distinct pale collar on hindneck, and a second, incomplete one on nape, sometimes only as a large spot. Scapulars barred, edged with pale on outer margins, but no disinct band across shoulder. Lesser and median wing coverts darkest, greyish-brown with blackish-brown markings. Bend of wing and alula white. Greater coverts similar to lesser coverts, but outermost with light spot on outer web. Secondary coverts somewhat paler greyish-buff, with dark brown-vermiculated bands outermost with pale spot on outer webs. Primary coverts dark, indistinctly barred. Secondaries paler greyish-buff, darker barred and finely vermiculated. Primaries with square pale spots, bordered blackish-brown, the broad barring with fine, blackish-brown marbled bands. Tail greyish-brown with 7 to 8 dark brown bands. Facial disc pale greyish- brown to pale greyish-buff, with darker tiny spots. Prominent white eyebrows, the distinct ear tufts partly white. Lores, chin and throat mainly white. Below pale greyish-buff with dark shaft streaks and delicate transverse bars. Tarsi and toes densely feathered, the outermost limbs of the toes are bare.

Tafel 27 / Plate 27
oben links / top left: Marmor-Kreischeule, Kritzel-Kreischeule, braune Morphe / Vermiculated Screech Owl, brown morph - *Megascops vermiculatus vermiculatus*
Oben rechts / top right: rotbraune Morphe / rufous morph
unten / bottom: Nacktbein-Kreischeule / Bare-shanked Screech Owl - *Megascops clarkii*

WEick
2011

Jungvögel auf Kopf, Rücken und der Unterseite graubeige. Augen rotorange bis feurig rot. Wachshaut und Schnabel horngrau, sichtbare Zehenteile graugelb, Krallen grau-hornfarben.

Verbreitung: Südliche Kurilen und Hokkaido, südlich bis Yakushima (einschließlich Sado, Tsushima, Goto-Inseln und Yakushima). Ussuriland und Sachalin. Eventuell auch Korea und Nordchina. Izu- und Ryukyu-Inseln.

Geografische Rassenverbreitung:
Otus s. semitorques **Temminck & Schlegel 1844** Siehe Kennzeichen. Südliche Kurilen (Urup südlich bis Kunaschir) und Hokkaido, südlich bis Yukashima (einschließlich Sado, Tsushima, Goto-Inseln und Yakushima). Zieht im Winter bis zu den Izu- und Ryukyu-Inseln.
Otus s. ussuriensis **(Buturlin) 1910** Ussuriland und Insel Sachalin. Im Winter vielleicht auch Brutvogel in Korea und Nordchina. Der Nominatform sehr ähnlich, insgesamt etwas heller und mit orangegelben Augen.
Otus s. pryeri **(Gurney) 1889** Izu- (Insel Hachijo) und Ryukyu-Inseln (Okinawa und Yagachishima), vielleicht auf Iriomote. Etwas kleiner als *semitorques*, Oberseite kräftig rotbraun überflogen, Unterseite hellrotbraun. Füße nackt, Iris gelb bis orangegelb. Gefiederzeichnung der Nominatform sehr ähnlich. Jungvögel ähneln den Alten. Kopf, Nacken, Brust und Bauch matter gefärbt, Zeichnungen sind verwaschener. Noch ohne helle Außensäume auf den Schulterfedern.

Bestand: Lokal noch gutes Vorkommen, auf Tsushima häufig, leidliches Vorkommen auf Kyushu, Shikoku, Honshu und Sado. Auf Hokkaido selten. Von der Subspezies *pryeri* gibt es keine Verbreitungsangaben, soll vielleicht auf Iriomote vorkommen. Keine unmittelbare Gefährdung, scheint die Nachbarschaft zum Menschen zu tolerieren.

Lebensraum: Wälder des Tieflandes, Agrarland mit Gehölzen, Ebene und Hügelland mit gutem Baumbestand, bis in Höhen um 900 m. Im Winter auch in Parks, großen Gärten und im urbanen Siedlungsbereich.

Stimme: Ruft ziemlich tief und klagend „whuup", in langen Intervallen vorgetragen. Auch ein katzenähnliches Miauen wahrscheinlich vom Weibchen geäußert. Weitere Rufe sind „kuu" oder „kwii", „kwii-kwii" und „piu-uuh".

Nahrung: Hauptsächlich Insekten, Spinnen, kleine Nagetiere wie Mäuse und Wühlmäuse, kleine Vögel, Frösche, Eidechsen und Krustentiere. Dämmerungs- und nachtaktiv.

Bemerkungen: Bildet mit anderen nahe verwandten Arten wie *Otus mentawi*, *Otus lempijii*, *Otus bakkamoena* die Superspezies-Gruppe *Otus bakkamoena*.

Juvenile: Greyish-buff, diffusely barred on head, back and lower surface. Eyes red-orange to fiery red. Cere and bill greyish horn, visible parts of toes greyish-yellow, claws greyish horn.

Distribution: Southern Kuriles and Hokkaido, south to Yukashima (including Sado, Tsushima, Goto Island and Yakushima). Ussuriland and Sakhalin, probably also Korea and North China. Izu and Ryukyu Islands.

Geographical variations:
Otus s. semitorques **Temminck & Schlegel 1844** (see Descriptive notes) Southern Kuriles (Urup south to Kunashir) and Hokkaido, south to Yakushima (including Sado, Tsushima, Goto Island and Yakushima). Migrating in winter to Izu and the Ryukyu Islands.
Otus s. ussuriensis **(Buturlin) 1910** Ussuriland and Sakhalin Island. Winter and probably breeding in Korea and North China. Very similar to nominate, but with somewhat paler appearance and orange-yellow eyes.
Otus s. pryeri **(Gurney) 1889** Izu (Hachijo Island) and Ryukyu Islands (Okinawa and Yagachishima). Possibly present in Iriomote. Somewhat smaller than *semitorques*, strong rufous wash above, paler rufous below, bare toes, eyes yellow to orange-yellow. Plumage markings very similar to nominate. Juvenile similar to adult, but head, nape, breast and belly less rich coloured, markings less distinct. Lacking the clear pale margins on outer webs of the scapulars.

Status: Locally common, very common in Tsushima, fairly common in Kyushu, Shikoku, Honshu and Sado. Less common to rare in Hokkaido. Race *pryeri* is poorly known, reported as present in Iriomote. No obvious threats and appear able to live in proximity to man.

Habitat: Lowland forest, farmland with groves of trees, wooded plains and forested hillsides, up to about 900 m above sea level. In winter also in parks and well-wooded gardens around villages and towns.

Voice: Rather deep and mournful "whoop", uttered in long intervals. Also a cat-like mew, perhaps the call of the female. Other calls are "koo" or "kwe", "kwee-kwee" or "pew-u".

Food: Mainly insects, spiders, small rodents such as mice and voles, small birds, frogs, lizards and crustaceans. Crepuscular and nocturnal.

Remarks: Forms with other closely related species such as *Otus mentawi*, *Otus lempijii*, *Otus bakkamoena* etc. the *Otus bakkamoena* subspecies group.

Ponderosa-Zwergohreule – *Psiloscops flammeolus* (Kaup) 1853

Kennzeichen: Tafel 26 Sehr kleine Zwergohreule mit kurzen Federohren, Länge 15 bis 17 cm, Gewicht von 45 bis 63 g. Es gibt eine dunklere graubraune sowie eine zimtrostfarbene Morphe, jedoch mit zahlreichen Zwischenstufen, im Norden grauer, im Süden mehr zimtfarben. Gesichtsschleier graubraun, mit rostfarbener Augenumrandung und feinen, dunklen konzentrischen Ringen. Weiße Überaugstreifen. Schleierrand ist schwärzlich bis kastanienbraun und dunkel gefleckt. Dahinter rostgelb gesäumte Fleckenreihe. Das restliche Gefieder hat dunkle Schaftstriche, eine kryptische, dunkle Sprenkelung mit mehr oder minder rostfarbenem Anflug. Schulterdecken mit großen orange bis zimtfarben überflogenen Außenfahnen bilden auffälligen Schulterstreifen. Äußere große Flügel- und Armdecken mit weißlichen Außenfahnen bzw. äußeren weißen Spitzenflecken. Schwungfedern mit hellen und dunklen Querbinden. Steuerfedern ähnlich, aber mit undeutlicher Bänderung. Unterseite mit dunkler Streifung und Marmorierung, auf der Brust dunkler. Schwarze Schaftstriche oft mit zimtfarbenem Anflug. Läufe grau-braun bis zu den Zehen befiedert. Augen dunkelbraun, Schnabel graubraun mit heller Spitze, Zehen pink bis bräunlich, Krallen schwärzlich. Dunenkleid weißlich. Mesoptilkleid ähnlich dem Altvogel, Unterseite mit grauer Bänderung auf weißlicher bis hellgrauer Grundfarbe, ohne Längsstreifung. Rostroter Anflug auf Schleier und Kopf.

Verbreitung: Im Bergland Südwestkanadas und den USA, südlich bis Mexiko (zieht im Winter bis Zentral- und Südmexiko), Guatemala und El Salvador.

Bestand: Bestand ist schwer einzuschätzen, in den USA wahrscheinlich abnehmend, in Kanada gefährdet. In Mexiko lokal noch zahlreich, jedoch durch eine geringe Fortpflanzungsrate auch hier abnehmend. Hauptursachen des Bestandsrückganges sind Pestizide und Umstrukturierung bzw. Zerstörung der Lebensräume.

Lebensraum: Offene Nadel- oder Mischwaldungen des Berglandes mit dichtem Unterwuchs. Bevorzugt sind Bestände von Gelbkiefer, Pappeln, Eichen und Douglasien. Bewohnt im westlichen Nordamerika die mittleren Höhenlagen, in Mexiko aber in Höhen von 1000 bis 3000 m anzutreffen.

Stimme: Hauptruf des Männchens ist ein extrem tief klingendes weiches „huut", „buu" oder „wuup", in regelmäßigen Intervallen von 2 bis 4 Sekunden wiederholt. Bei Eindringen eines Rivalen in das Brutrevier erklingt ein schnelleres, dreisilbiges „buup-buup-buup", Betonung der dritten Silbe, oder eine rauere, langsamere Version desselben.

Flammulated Owl – *Psiloscops flammeolus* (Kaup) 1853

Descriptive notes: plate 26 Tiny scops owl with short ear tufts, length 15 to 17 cm, weight 45 to 63 g. Two morphs exist, a darker greyish-brown and a more or less cinnamon-rufous one, but with numerous intermediates, generally greyer in north, more cinnamon in south. Facial disc greyish-brown, washed rufous around eyes and with fine dark concentric rings. Distinctly white superciliaries. Facial rim blackish to chestnut and dark spotted, edged with light buffy-margined spots. Rest of plumage with dark shaft stripes and cryptic dark mottles, more or less tinged rufous to cinnamon. Scapulars with large, orange- to cinnamon-tinged outer webs, forming a distinct scapular stripe. Outer great wing and secondary coverts with withish outer webs respectively outer white tips. Flight feathers with lighter and darker bars. Tail feathers with similar indistinct bars. Underparts greyish-brown mottled and vermiculated, with blackish shaft stripes, darker on chest. Blackish shaft stripes often tinged with cinnamon. Tarsus densely feathered to bare toes. Irides dark brown, bill greyish brown with light tip, toes pinkish to brownish, claws dark. Juveniles as downy chicks whitish, mesoptile similar to adult, but with greyish barring on whitish or pale grey ground colour and without the shaft stripes. Rufous wash on facial disk and crown.

Distribution: Mountains of Southwest Canada and USA, south to Mexico (winters in Central and Southern Mexico), Guatemala and El Salvador.

Status: This highly elusive species is difficult to gauge, but possibly with declining population in USA and vulnerable in Canada. In Mexico locally fairly common, but endangered by low reproductive rate. Potential threats by pesticides, pollution and habitat destruction.

Habitat: Open coniferous or mixed montane forest with dense undergrowth. Especially with Ponderosa pine, aspen, oak and douglas fir. In Western North America restricted to mid elevation montane zone, in Mexico found at 1,000 to 3,000 m above sea level.

Voice: The primary call of the male is an extremely low-pitched, mellow "hoot", "boo" or "woop", produced in regular intervals about 2 to 4 seconds. When an intruding male is detected in the territory, the call is a more rapid three-syllable "boop-boop-boop", with the last note accented, or a hoarse, but quieter version of the same call.

Tafel 28 / Plate 28
oben links / top left: Zimt-Kreischeule, zimtbraunes Männchen / Cinnamon Screech Owl, cinnamon-brown male - *Megascops petersoni*
mitte rechts / centre right: rostfarbenes Weibchen / rufescent female
unten / bottom: Koepcke-Kreischeule / Koepcke's Screech Owl - *Megascops koepckae*

Weick
2011

Nahrung: Vorwiegend nachtaktiv, von Baum zu Baum fliegend auf der Suche nach Beutetieren. Vom Ansitz aus gesichtete Beute wird oft im Rüttelflug von Blättern oder Nadeln des Kronenbereiches abgelesen oder direkt vom Boden aufgenommen. Beutetiere sind hauptsächlich nachtaktive Insekten (Schwärmer, Nachtfalter), aber auch Spinnen, Käfer, Grillen und Skorpione. Gelegentlich auch Kleinsäuger (Spitz- und Wühlmäuse) und Singvögel.

Brut: Monogam, „Seitensprünge" verpaarter Vögel sind bekannt. Manchmal nisten mehrere Paare auf engerem Areal, sodass sich Territorialgrenzen überschneiden. Brutzeit von Mai bis August. Das Männchen singt in seinem Brutareal, um Weibchen anzulocken. Bruthöhle ist meist eine Spechthöhle, aber auch Naturhöhlen im Stamm eines Baumes und Nistkästen in 3 bis 12 m Höhe werden benutzt. Die 3 bis 4 Eier werden allein vom Weibchen in 21 bis 24 Tagen bebrütet, während es vom Männchen mit Nahrung versorgt wird. Die Jungen werden von beiden Eltern gefüttert und verlassen nach etwa 25 Tagen die Bruthöhle. Die Ästlinge bleiben noch etwa eine Woche im Nestbereich, werden aber weitere 4 bis 5 Wochen von den Eltern betreut und folgen diesen bei der Futtersuche.

Bemerkungen: Die Färbungsvarianten der Ponderosa-Zwergohreule scheinen kontinuierlich zu sein, die biometrischen Unterschiede verschieben sich klinal. Zuordnung in Subspezies ist problematisch, daher gilt diese Art als monotypisch. Sie unterscheidet sich von *Megascops* vor allem im Gesang, nach neueren DNA-Ergebnissen auch deutlich von der Gattung *Otus*. So muss die Ponderosa-Zwergohreule einer eigenen Gattung *Psiloscops* (Coues) 1899 zugeordnet werden.

Food: Distinctly nocturnal hunting, flies from tree to tree in search of food. Locates prey from perch, than captures it from foliage or needles, at canopy while hovering, or picked up from ground. Prey are primarily nocturnal insects such as moths or owlet moths, but also spiders, beetles, crickets and scorpions. Sometimes small mammals (such as shrews or moles), or small passerines.

Breeding: Monogamous, but extra-pair copulation occurs. Sometimes several pairs may nest quite close to another, so the borders of territories overlap. Breeding season Mai to August. The male sings in his territory in order to attract females. Nest in holes of trees, mostly from woodpeckers, but also natural cavities and nest boxes, 3 to 12 m above ground. 3 to 4 white eggs, the female incubates alone and is fed by its male. Young are fed by both parents, after 25 days they leave the nest hole, remaining no more than 100 m from the nest for one week, and are cared for by both parents for about 4 to 5 weeks, following the parents in feeding trips.

Remarks: Individual plumage variation appears to be continous, the biometric differences possibly clinal. So regarding subspecies seems problematic and this species is considered monotypic. This species differs from *Megascops* by lacking the typical trilled song, but also differs from genus *Otus* in DNA evidence. So the Flammulated Owl belongs to its own genus *Psiloscops* Coues, 1899.

Nacktbein-Kreischeule – *Megascops clarkii* (Kelso & Kelso) 1935

Kennzeichen: Tafel 27 Länge 23 bis 24,5 cm, Gewicht 123 bis 186 g. Relativ groß. Großer Kopf und kleine, unauffällige „Federohren". Kopf hellbeigerötlich bis hellkastanienbraun, heller als Rücken, mit dunklen Schaftstreifen und Bänderung. Die kleinen Federohren sind orange-rostfarben mit schwarzen Spitzenflecken. Rücken beigerötlich, schwarz gestreift und gebändert. Schulterfedern auf den Außenfahnen weiß, mit braunen und schwarzen Spitzen, auf Innenfahnen ähnlich den Rückenfedern. Flügeldecken dunkler als Rücken, die innersten einfarbig dunkelbraun, die restlichen beige-rostfarben gefleckt und gebändert, äußere große Decken haben auf den Außenfahnen beigeweiße Subterminalflecke. Alula beige-rostfarben, Außenfahnen dunkel gebändert und hell gefleckt. Handdecken dunkel, in Spitzennähe heller gebändert. Armdecken auf beige-rötlichem Grund gebändert und marmoriert, Spitzen heller. Schirmfedern und innere Armschwingen undeutlich gebändert, gefleckt und marmoriert. Äußere Armschwingen und Handschwingen sind hellzimtfarben gebändert und unregelmäßig dunkel marmoriert und gefleckt. Schwanz zimtbraun, unregelmäßig hell gefleckte Binden. Augenbrauen bilden einen schmalen Überaugstreifen. Schleier beige bis zimtbraun, Ohrdecken dunkelbeige bis rotbraun, schwarzbraun gebändert. Der untere Teil der Schleierbegrenzung ist deutlich dunkel gefleckt. Zügel zimtbeige, Schnabelborsten mit schwarzen Spitzen. Kinn und Kehle beige bis zimtbeige, mit dunklen Schaftstreifen. Unterseite: auf Brust und Oberbauch mit beigerötlicher Grundfarbe, Federn haben schwarze Schaftstriche und schwarz marmorierte Binden, rostfarben gefleckt, mit weißen, eckigen Querflecken, zeigen schönes, dreifarbiges Muster. Flanken und Unterbauch teilweise weiß, undeutlich gezeichnet. Unterschwanzdecken weiß, hellrostfarben und schwarz bekritzelt. Tarsen nur im oberen Teil befiedert. Jungvögel: Oberseits beige-zimtfarben, weißlich gefleckt und dunkel gebändert. Unterseite beige mit zimtfarbener Bänderung. Iris zitronengelb, Schnabel hellgelb, Basis und Wachshaut grüngelb bis blaugrau. Lauf und Zehen pinkbraun bis fleischfarben, Krallen hornbraun mit dunklen Spitzen.

Bestand: Nicht unmittelbar gefährdet. Beschränkte Verbreitung in Costa Rica (Schutzgebiete) und im Hochland von Panama und Darién. Populationsgrößen unbekannt. Gefährdung durch Landgewinnung für Milchwirtschaft und Rodung des Nebelwaldes.

Verbreitung: Lokale Vorkommen von Costa Rica bis Panama und dem äußersten Nordwestkolumbien. Monotypisch.

Lebensraum: Nebelwald und dichter, feuchter Bergwald, auch in gelichtetem Bergwald, in Höhen von 900 bis 2350 m, gelegentlich bis 3300 m über NN.

Stimme: Hauptgesang des Männchens ist ein tiefes, dreisilbiges „wuuug-wuuug-wuuug", in Abständen von mehreren Sekunden wiederholt. Zweiter Gesang ist tiefes, rythmisches „bu-bu-Buuh-Buuh-bu", manchmal etwas ansteigend. Rufe des Weibchens klingen etwas höher. Häufig wird auch im Duett mit dem Partner gesungen.

Nahrung: Jagt bei Dämmerung und nachts, an Waldrändern, in Kahlschlägen und im Kronenbereich. Beute: große Insekten wie Käfer und Grillen. Auch Spinnen und kleine Wirbeltiere werden erbeutet.

Brut: Brutbiologie nahezu unbekannt. Legt von Februar bis Mai, Brut in Baumhöhlen. Das bislang einzige gefundene Nest befand sich in einer Eiche (Quercus copeyensis). Flügge Junge wurden von Mai bis August gefunden.

Bemerkungen: Die erste, nun synonyme Benennung dieser Eule war *Bubo nudipes* Vieillot, 1807. Verwandtschaft zu anderen Kreischeulen ist unklar.

Bare-shanked Screech Owl – *Megascops clarkii* (Kelso & Kelso) 1935

Descriptive notes: plate 27 Length 23 to 24.5 cm, weight 123 to 186 g. Relatively large screech owl with large head and small, indistinct ear tufts. Head paler than back, sandy-rufous inclining to pale chestnut, feathers with black shaft streaks and crossbars. Small ear tufts are orange-rufous with black spots on tips. Back dark buffy- to sandy-rufous, streaked and barred blackish. Scapulars white on outer webs, tipped black and light brown, inner webs similar to back feathers. Wing coverts distinctly darker than back, innermost uniform dark brown, the remaining wing coverts barred and spotted sandy-rufous, some of the outermost greater coverts have buffy-white spots near the tips. Alula dark buffy-rufous, barred darker and with pale spots. Primary coverts dark, with few paler bars near tips. Secondary coverts barred and vermiculated on buffy-rufous ground colour, paler on tips. Tertials and innermost secondaries indistinctly barred, mottled and vermiculated. The outer secondaries and primaries are pale cinnamon-barred. These pale bands and the darker interspaces are mottled or irregularly vermiculated dusky. Tail cinnamon-brown, irregular pale-spotted bands. Eyebrows with few pale bars forming a narrow superciliary stripe. Facial disc tawny to pale cinnamon, ear coverts deep tawny to russet, barred blackish-brown. Lower part of facial rim is well defined by dark barring. Loral feathers bright pale cinnamon, bristles with black tips. Chin and throat tawny to cinnamon, with dark shaft streaks. Below with buffy or sandy-rufous ground colour on breast and upper belly, most feathers vermiculated black and with black shaft line, rufous-spotted and whitish square, transverse spots, forming beautiful three-coloured pattern. Flanks and abdomen partly white, markings less distinct. Lowertail coverts white, sparsely vermiculated sandy-rufous and black. Tarsi feathered on upper part. Juvenile: Cinnamon-buff above, speckled white and barred dusky. Underparts buffy and barred dull cinnamon. Iris lemon yellow, bill light yellow, base and cere greenish-yellow to bluish-grey. Tarsus (partim) and toes pinkish-brown to pale flesh-coloured, claws horn-brown with dark tips.

Status: Not immediately threatened. Restricted distribution in Costa Rica (e.g. protected areas) and highlands of Panama and Darién. Unknown population levels. Threatened by development of dairy industry and destruction of dense cloud forest.

Distribution: Locally from Costa Rica to Panama and extreme northwestern Colombia. Monotypic.

Habitat: Cloud forest and dense, humid mountain forest, sometimes occurs in thinned upland forest. From about 900 m to 2,350 m, locally up to 3,300 m above sea level.

Voice: Primary song of male is a deep, trisyllabic "wooog-wooog-wooog", repeated in intervals of a few seconds. Secondary song is a deep "bu-bu-Booh-Booh-bu", the latter notes sometimes higher-pitched. Female calls slightly higher-pitched. Song often in duet with the partner.

Food: Hunts at dusk and at night, on forest edges, clearings and in canopy. Prey captured on ground or on branches with the talons, mainly large insects such as beetles and crickets, also spiders and small vertebrates.

Breeding: Breeding biology nearly unknown. Lays from February to May, breeds in cavities of trees. The only known nest was in an oak (Quercus copeyensis). Fledged young have been seen from May to August.

Remarks: The first, now synonymous name of this owl was *Bubo nudipes* Vieillot, 1807. Relationship with other screech owls unclear.

Tafel 29 / Plate 29
Nebelwald-Kreischeule / Cloud forest Screech Owl - *Megascops marshalli*

Marmor-Kreischeule, Kritzel-Kreischeule

***Megascops vermiculatus* (Ridgway) 1887**

Kennzeichen: Tafel 27 Nominatform. Länge 20 bis 23 cm, Gewicht 100 bis 110 g. Graubraune, braune und rotbraune Morphe. Braune Morphe: Oberseite braun bis rotbraun, dicht dunkelbraun marmoriert und bekritzelt, ohne Längsstreifung. Ausgenommen Stirn und Oberkopf dunkle Fleckung. Außenfahnen der Schulterfedern weiß oder beigeweiß grob gefleckt, Spitzen hellbraun und schwarz gefleckt. Äußerste mittlere und große Flügeldecken auf Außenfahnen subterminal weiß gefleckt. Alula auf Außenfahnen mit unregelmäßigen hellen Flecken, proximal und Spitzen dicht marmoriert. Handdecken dunkel, mit beigebrauner Bänderung. Armschwingen und innere Handschwingen gelb- bis zimtbraun gebändert, dicht dunkelgraubraun marmoriert und dunkelbraun begrenzt. Äußere Handschwingen auf den zimt- bis dunkelbraunen Außenfahnen länglich und zimtweiß gefleckt. Schleier hellbraun, fein marmoriert und undeutliche Begrenzung. Augenbrauen und Federohren hell und dunkel gefleckt und marmoriert. Unterseite auf Brust und Oberbauch hellbraune Grundfärbung, grob und eng dunkel marmoriert. Brust manchmal mit undeutlichen Schaftstrichen. Restliche Unterseite weiß, feiner marmoriert, manchmal mit v-förmiger Bänderung. Schenkelbefiederung dunkelbraun gefleckt und gebändert. Befiederung der Tarsen reicht nicht bis zu den Zehen. Jungvögel: oberseits matt beigebraun, Unterbauch und Flanken mit grauweißen Federdunen bedeckt. Graue Morphe: oberseits und unterseits mit dunklerer (kälterer) Grundfarbe. Helles Nackenband. Rotbraune Morphe: Kopf, Halsseiten und Oberseite einfarbig prächtig rostfarben bis kastanienbraun, auf Stirn und Oberkopf dunkle Schaftstriche. Äußerste mittlere und große Flügeldecken, Alula und Schulterfedern auf den Außenfahnen weiß, wie bei brauner Morphe. Hand- und Armdecken, Armschwingen und innere Handschwingen rostfarben, dunkler gebändert und dicht marmoriert. Äußere Handschwingen auf Außenfahnen rotbraun mit halbrunden, weißlichen Flecken, Innenfahnen mehr zimt-rostfarben. Schwanz mit undeutlicher dunkler Bänderung, nur auf Innenfahnen deutlich. Augenbrauen rotbraun mit hellen Flecken. Federohren rostfarben. Schleier helles Rostbeige, durch hellere Flecken begrenzt. Kinn, Kehle und Brust zimt-rostfarben, beige- bis rostig weiß marmoriert und gebändert. Restliche Unterseite weiß oder rostweiß, braun und rotbraun marmoriert, teilweise unregelmäßig gebändert. Lauf teilweise befiedert. Nackte Teile entsprechen brauner und grauer Morphe.

Verbreitung: Nordöstliches Costa Rica bis Nordwestkolumbien, Venezuela, Nordbrasilien, Ostecuador, Peru und Nordbolivien.

Geografische Rassenverbreitung:
***Megascops v. vermiculatus* (Ridgway) 1887** Siehe Kennzeichen. Nordöstliches Costa Rica bis Nordwestkolumbien und Nordvenezuela.
***Megascops (v.) roraimae* (Salvin) 1897** Regionen Roraima, Duida und Neblina in Südvenezuela und Nordbrasilien. Größe wie *vermiculatus*, viel dunkler, stärker gezeichnet. Unterseite mit breiten Schaftstrichen und Binden, ohne Marmorierung. Artstatus?
***Megascops (v.) napensis* (Chapman) 1928** Ostecuador und Ostkolumbien. Dunkles Zimtbraun mit hellen Augenbrauen und hellem Nackenband. Bauch und Abdomen weiß. Manchmal mit brauner Iris. Wahrscheinlich eigenständige Art.
***Megascops (v.) helleri* (Kelso) 1940** Peru. Hellzimtbeige, Brust, Bauch und Abdomen eng marmoriert. Eventuell konspezifisch mit *napensis*.
***Megascops (v.) bolivianus* (Bond & de Schauensee) 1941** Peru. Ähnlich *helleri*, jedoch ganz verschiedenes Bauchgefieder, grob gefleckt und mit Schaftstreifen statt Marmorierung. Konspezifisch mit *napensis* oder eigenständige Art.

Bestand: Keine unmittelbare Gefährdung. Lokal noch gute Verbreitung. Gefährdung durch Rodung.

Lebensraum: Feuchter, tropischer Wald und Regenwald. Tiefland und Vorgebirge von 250 bis 1500 m Höhe. Subspezies *roraimae* lebt im Regenwald der Tepuis und anderer Berge, in 1000 bis 1800 m Höhe. Lokal in tieferen Lagen.

Stimme: Hauptgesang ist ein schnelles, krötenähnliches Trillern, sanft beginnend, lauter werdend und ansteigend, leiser endend. Weitere Rufe sind „guur" oder „kuuu". Subspezies *roraimae* und *napensis* haben ähnliche Rufe, aber mit deutlich schnelleren Tonfolgen.

Nahrung: Hauptsächlich große Insekten und andere Geradflügler. Möglicherweise auch kleine Wirbeltiere.

Brut: Brutbiologie nahezu unbekannt. Im Norden des Verbreitungsgebietes beginnt die Brutzeit im März. Gelege besteht aus 3 Eiern. Nest hauptsächlich in natürlichen Baumhöhlen oder in alten Nisthöhlen anderer Vögel.

Bemerkungen: Nahe verwandt mit *Megascops guatemalae* und häufig als Rasse derselben betrachtet.

Vermiculated Screech Owl

***Megascops vermiculatus* (Ridgway) 1887**

Descriptive notes: plate 27 (Nominate race) Length 20 to 23 cm, weight 100 to 110 g. Occurs in grey-brown, brown and rufous morphs. Brown morph: Above brown to russet, densely vermiculated dusky, without shaft streaks. Forehead and crown with blackish irregular spots. Scapulars irregularly spotted or blotched with white or buffy-white on outer webs, light brown and black on tips. Outermost middle and greater wing coverts with white spots on outer webs subterminally. Alula with pale spots on outer webs, darkly vermiculated proximally and on tips. Primary coverts dusky, with tawny barring. Secondaries and inner primaries banded light tawny-brown to cinnamon, these and the darker interspaces mottled and vermiculated grey-brown and borderd darker. Outer primaries on outer webs cinnamon to dark brown, with longish spots of cinnamon-white. Facial disc light brown, darker vermiculated and indistinctly rimmed. Eyebrows and ear tufts inconspicuous, mottled and vermiculated pale and dark. Below pale brown ground colour on breast and upper belly, darkly vermiculated coarsely and densely. Breast sometimes with indistinct dusky shaft lines. Rest of underparts white, similar but finely vermiculated, sometimes with V-shaped bars. Thighs barred and mottled dark brown. Tarsus not feathered down to toes. Juvenile: Dull buffy-brown above, abdomen and flanks covered with greyish-white down feathers. Grey morph: Above and below with darker (colder) ground colour. Pale nuchal band. Rufous morph: Head, sides of neck and upperparts uniform bright rufous to chestnut. Forehead and crown very indistinctly streaked dusky. Outermost median and greater wing coverts, alula and scapulars marked with white on outerwebs, similar to brown morph. Primary and secondary coverts, secondaries and inner primaries rufous, banded darker and densely vermiculated. Outer primaries rufous-brown with longish, white spots on outer webs, wich blend into cinnamon-rufous on inner webs. Tail with indistinct dark bands, distinct on inner webs. Eyebrows rufous with pale spots, ear tufts uniform rufous. Facial disc pale rufous-buff, rimmed by few paler spots. Chin, throat and chest cinnamon-rufous, barred and vermiculated irregularly buffy- to rufous-white. Rest of underparts white to rufous-white, vermiculated brown to rufous-brown, forming irregular bars. Tarsus feathered partim, bare parts similar to brown and grey morph.

Distribution: Northeast Costa Rica to Northwest Colombia, Venezuela, North Brazil, East Ecuador to Peru and North Bolivia.

Geographical variations:
***Megascops v. vermiculatus* (Ridgway) 1887** (see Descriptive notes) Northeastern Costa Rica to northwestern Colombia and North Venezuela.
***Megascops (v.) roraimae* (Salvin) 1897** Regions of Roraima, Duida and Neblina in South Venezuela and North Brazil. Similar in size to *vermiculatus*, much darker, more coarsely patterned. Below with broad crossbars and no vermiculations. Species status?
***Megascops (v.) napensis* (Chapman) 1928** Eastern Ecuador and eastern Colombia. Plumage dark cinnamon, with distinct white eyebrows and pale nuchal band. Belly and abdomen whitish as in *vermiculatus*. Sometimes with brown iris. Probably separate species.
***Megascops (v.) helleri* (Kelso) 1940** Peru. Pale cinnamon-buff, breast, belly and abdomen with dense vermiculations. Sometimes regarded as conspecific with *napensis*.
***Megascops (v.) bolivianus* (Bond & de Schauensee) 1941** Peru. Similar to *helleri*, but belly pattern very different, with coarse barring and shaft streaks, rather than vermiculations. Sometimes regarded as conspecific with *napensis* or separate species.

Status: Not immediately threatened. Locally not rare, but at least in long term threatened by forest destruction.

Habitat: Humid, tropical forest and rain forest in lowland and foothills from 250 up to 1,500 m above sea level. Subspecies *roraimae* inhabits rain forest of the tepuis and other mountains at 1,000 to 1,800 m, locally in lower elevations.

Voice: Primary song is a very fast, toad-like trill, beginning softly, becoming louder, than dropping in pitch and fading out towards the end. Also utters "gooor" and "kooo" calls. Song of subspecies *roraimae* and *napensis* similar, but distinctly faster notes per phrase.

Food: Mainly large insects and other arthropods. Possibly also small vertebrates.

Breeding: Breeding biology poorly known. Lays from March in north of the distribtion range. Clutch three eggs. Nest in natural tree cavity or old nest hole of other birds.

Remarks: Often considered conspecific with *Megascops guatemalae* and closely related with this.

Tafel 30 / Plate 30
Weißkehleule / White-throated Screech Owl - *Megascops albogularis*
links / left: dunkelste Rasse / darkest subspecies - *Megascops a. remotus*
rechts / right: Nominatform / nominate race - *Megascops a. albogularis*

WEICK
2006

Koepcke-Kreischeule – *Megascops koepckeae* (Hekstra) 1982

Kennzeichen: Tafel 28 Länge 24 cm, Gewicht 110 bis 148 g. Große und dunkelgraue Kreischeule. Kurze, deutliche Federohren, helle Stirn, dunkler Oberkopf, ohne auffälliges Nackenband. Oberseite dunkelgraubraun, breit gebändert, breite, proximale Schaftstreifen mit wenigen ockerfarbenen und weißlichen Flecken. Federspitzen sind marmoriert. Schulterfedern auf Außenfahnen weiß mit schwarzen Spitzen. Flügeldecken dunkelgraubraun, hellgrau gebändert und mit dunklen Schaftstreifen. Äußerste Flügeldecken sind auf Außenfahnen weiß gefleckt. Alula, Hand- und Armdecken hellgrau, dunkel gebändert und marmoriert. Armschwingen undeutlich hellgraubraun und dunkelgraubraun gebändert, dicht gefleckt und marmoriert. Handschwingen hell- und dunkelgraubraun gebändert, dunkle Binden sind schwarzbraun begrenzt, Spitzen sind einfarbig dunkel. Schwanz dunkelbraun mit schmalen ockerfarbenen Binden und dichter Fleckung. Schleier weißgrau, dunkler gefleckt, am Rand heller, Schleierrand deutlich schwarz gefleckt. Augenbrauen weiß, dunkel gefleckt, Stirn und Zügelfedern weiß. Federohren kurz und mit dunklen Schaftstreifen und Binden. Kinn und Kehle grauweiß mit feiner Bänderung. Unterseite grauweiß mit breiten, schwarzbraunen Schaftstreifen und dunklen, welligen Binden, Spitzen meist marmoriert. Beiderseits der Schaftstreifen großer heller Doppelfleck. Unterbauch und Unterschwanzdecken heller, feiner gezeichnet. Tarsen befiedert. Jungvögel unbekannt. Iris gelb, Augenränder schwärzlich, Wachshaut grau, Schnabel grau mit heller Spitze. Zehen graubraun, Krallen dunkelhornfarben mit schwarzen Spitzen.

Verbreitung: Nordwest- bis Südwestperu, Hänge und Täler der Hochanden, südlich bis Lima und eventuell bis Bolivien.

Bestand: Weitgehend unbekannt, soll lokal noch gut verbreitet sein, meist jedoch selten und wahrscheinlich gefährdet.

Lebensraum: Bewaldete Gebiete und trockene Waldstücke der Täler und Steilhänge in den Anden der oberen montanen Zone von 2500 bis 4500 m Höhe.

Stimme: Gesang: Serie tiefer, leicht ansteigender Töne wie „kju-kju-kju-kju-kju-kju-kju", mit abfallendem letzem Ton.

Nahrung: Informationen fehlen, fängt jedoch wahrscheinlich große Insekten wie Käfer und Falter.

Brut: Keine Informationen.

Bemerkungen: Ursprünglich als Rasse der Choliba-Kreischeule, *Megascops choliba*, beschrieben. Es bestehen jedoch deutliche Unterschiede in Morphologie und den Lautäußerungen.

Zimt-Kreischeule – *Megascops petersoni* (Fitzpatrick & O'Neill) 1986

Kennzeichen: Tafel 28 Länge 21 cm, Gewicht 88 bis 119 g. Relativ kleine Kreischeule, das Gefieder variiert von beige-zimtbraunen bis rostfarbenen Extremen, die Unterschiede entsprechen nahezu Farbmorphen. Beige-zimtbraunes Gefieder: Oberkopf beige-zimtbraun mit dunkelbrauner welliger Bänderung. Hals, Nacken und Rücken zimtbraun mit dunkelbrauner Bänderung und marmorierten Federspitzen. Schmales, hellbeiges Nackenband (jede Feder mit dunklen Binden). Schulterfedern ungezeichnet hellbeige. Schirmfedern und Flügeldecken wie Rückenfärbung, jedoch etwas heller und stärker marmoriert. Schwungfedern hellbraun, amberbraun gebändert. Schwanz braun, schwarzbraun gebändert, distal gefleckt. Schleier warmes Braun, dicht dunkelbraun gefleckt, nahe dem Schleierrand schwärzlich gebändert. Federohren beige bis braun mit schwarzen Spitzenflecken. Augenbrauen rötlich beige, braun gefleckt. Schnabelfedern und Borsten braun und steif. Unterseite einfarbig rötlich beige bis zimtfarben. Kinn-, Kehl- und Brustfedern dunkelbraun, wellig gebändert. Unterbrust, Bauch und Flanken zimtbraun mit feinen Schaftstrichen und dunkelbraunen Querbinden. Tarsen bis nahe den Zehen befiedert, spärliche distale Befiederung. Rostfarbenes Gefieder: Oberkopf, Mantel und innere Schirmfedern dunkelrostfarben, meist ohne Binden, undeutlich marmoriert. Schulterfedern wie zimtbraune Variante. Flügel ähnlich zimtbrauner Variante, jedoch tief rostfarbene Grundtöne. Schwanz mehr rotbraun. Federohren beige rostfarben mit dunklen Spitzenflecken. Augenbrauen wie zimtbraune Variante. Schleier einfarbig rostbraun, nahezu ungefleckt. Unterseite: rostbraun, Bänderung meist durch breite, dunkle rostbraune Flecke ersetzt. Unterbrust und Bauch mit breiten, dunklen Schaftstreifen und undeutlichen Binden. Jungvögel unbekannt. Iris dunkelbraun, Wachshaut und Schnabel graugrün, Zehen fleischfarben, Krallen hellhornfarben mit dunklen Spitzen.

Verbreitung: Südöstliches Ecuador, südlich bis zur Region La Peca und Nordwestperu. Möglicherweise Ostanden Kolumbiens.

Bestand: Wenig bekannte Art mit begrenztem Verbreitungsgebiet. Wahrscheinlich selten, durch Waldrodung gefährdet.

Lebensraum: Feuchter Nebelwald mit dichtem Unterwuchs, reichlich Moosen und Epiphyten, von etwa 1700 bis 2500 m Höhe.

Koepcke's Screech Owl – *Megascops koepckeae* (Hekstra) 1982

Descritive notes: plate 28 Length 24 cm, weight 110 to 148 g. Large and rather dark grey screech owl. Short but distinct ear tufts, pale forehead, dark crown, lacks nuchal band. Above dark greyish brown, with indistinct broad barring, broad shaft streaks proximally and few ochre and whitish spots, feather tips vermiculated. Scapulars with white outer webs and blackish tips. Wing coverts dark grey-brown, with dark shaft streaks and barring, and few pale spots. Outermost wing coverts spotted whitish on outer webs. Alula, primary and secondary coverts pale grey-brown, darkly barred and vermiculated. Secondaries with indistinct pale grey-brown and dark grey-brown bands, densely mottled and vermiculated. Primaries distinctly pale grey and dark grey-brown banded, the dark bands bordered blackish-brown, with dark uniform tips. Tail dark brown with narrow ochre bands and dense specklings. Facial disc whitish-grey, darker spotted and speckled. Rim prominent blackish. Eyebrows whitish, mottled darker. Forehead and lores around bill whitish. Ear tufts short with dark shaft streaks and few bars. Chin and throat greyish-white with fine bars. Underparts greyish-white, with broad, blackish-brown shaft stripes, and distinct dark, wavy crossbars, tips densely vermiculated. Shaft stripe rimmed with distinct white or greyish-white double spot. Abdomen and lowertail coverts more whitish and with narrow markings. Tarsi ochre with dark speckles. Juvenile: Not described. Iris yellow, orbital rim dark to blackish, cere grey, bill greyish with pale tip. Toes greyish-brown, claws dark horn with blackish tips.

Distribution: Northwest to Southwest Peru, Andean slopes and valleys, south to Lima, possibly to Bolivia.

Status: Unknown, but probably not uncommon locally, but mostly rare and possibly vulnerable.

Habitat: Wooded areas and dry forest patches on Andean slopes and valleys, in upper montane zone at 2,500 to 4,500 m above sea level.

Voice: Song is a sequence of low, slightly rising notes such as "ku-ku-ku-ku-ku-ku-ku", with the last note falling.

Food: No Information, prey probably large insects such as beetles and moths.

Breeding: No information.

Remarks: Koepcke's Screech Owl originally was described as subspecies of the Tropical Screech Owl, *Megascops choliba*, but distinctly different in morphology and vocalisations.

Cinnamon Screech Owl – *Megascops petersoni* (Fitzpatrick & O'Neill) 1986

Descriptive notes: plate 28 Length 21 cm, weight 88 to 119 g. Small screech owl, plumage is varying from buffy cinnamon-brown to rufescent extremes, and are nearly as different as colour morphs. Buffy cinnamon-brown plumage: Crown buffy cinnamon-brown with dark brown wavy bars. Neck, nape and back cinnamon-brown with dark brown bars and vermiculated feather tips. Narrow, pale buffy nuchal band (each feather with bars). Scapulars unmarked, pale buffy. Tertials and wing coverts like back, but slightly paler, stronger vermiculated. Remiges banded pale brown and dark umber-brown. Tail brown, banded blackish-brown, spotted distally. Facial disc warm brown, most feathers densely spotted dark brown, barred blackish near rim. Ear tufts buffy to brown, mottled blackish on tips. Eyebrows warm buffy, tipped with brown spots. Loral feathers and bristles brown and stiff. Underparts uniform rich warm buffy to cinnamon. Feathers of chin, throat and chest with dark brown, wavy bands. Lower breast, belly and flanks cinnamon-brown, with fine shaft streak and dark brown transverse bars. Tarsus feathered nearly to toes, distal feathering sparse. Rufescent plumage: Crown, mantle and tertials dark rufous-brown, almost with diffuse vermiculations. Scapulars similar to cinnamon-brown variant. Wings with similar markings as cinnamon-brown variant, but with deep rufous ground colour. Tail also deep rufous-brown. Ear tufts buffy-rufous with dark mottled tips. Eyebrows similar cinnamon-brown variant. Facial disc more uniform, lacks fine spots and bars. Underparts: More rufous, crossbars mostly are replaced by broad, diffuse patches of dark rufous-brown. Lower breast and belly with broad, dark shaft streaks and diffuse bars. Juvenile: Undescribed. Iris dark brown, cere and bill greyish-green, toes pinkish-flesh, claws pale horn with dark tips.

Distribution: Southeastern Ecuador, south to La Peca region in Northwest Peru. Possibly also in eastern Andes of Colombia.

Status: Very poorly known restricted-range species. Described as probably rare and threated by forest destruction.

Habitat: Moist cloud forest with dense undergrowth and rich mosses and epiphytes, from about 1,700 to 2,500 m above sea level.

Tafel 31 / Plate 31
oben / top: Palau-Zwergohreule, Männchen / Palau Owl, male - *Pyrroglaux podarginus*
mitte links / centre left: Kuba-Kreischeule / Cuban Screech Owl - *Gymnoglaux lawrencii*
mitte rechts / centre right: Nacktfußeule, Puerto-Rico-Kreischeule, rote Morphe / Puerto Rican Screech Owl, red morph - *Megascops nudipes nudipes*
unten / bottom: braune Morphe / brown morph - *Megascops nudipes nudipes*

2011
Weick

Stimme: Hauptgesang besteht aus ziemlich schnell vorgetragener Serie von 5 bis 7 u-Tönen, leicht ansteigend, dann fallend. Auch wurden einzelne „wiuw"-Rufe vernommen, die eventuell Kontaktrufe sein könnten.

Nahrung: Wahrscheinlich vorwiegend Insekten, eventuell auch kleine Wirbeltiere.

Bemerkungen: Bildet wahrscheinlich eine Superspezies mit *Megascops marshalli*, mit der sie ursprünglich und irrtümlich als *Otus huberi* beschrieben wurde.

Voice: Primary song is a series of rather rapidly uttered 5 to 7 u-notes, rising slightly and then dropping, whole phrase lasting 5 to 6 seconds. Also single "wew" notes may be contact calls.

Food: Probably mainly insects, possibly also small vertebrates.

Remarks: Possibly forms superspecies with *Megascops marshalli*, both formery included in invalid designation *Otus huberi*.

Nebelwald-Kreischeule – *Megascops marshalli* (Weske & Terborgh) 1981

Kennzeichen: Tafel 29 Länge 20 bis 23 cm, Gewicht 115 g. Oberseits tief kastanienbraun mit irregulärer dunkler Querbänderung und Marmorierung. Oberrücken und Nacken einfarbig rötlich beige und dunkel gesäumt, bildet ein deutliches Nackenband. Oberkopffärbung wie Rücken, jedoch mit kräftiger schwarzer Fleckung und Querstreifung. Am Hinterkopf weißes, dunkel begrenztes Band. Kleine, weiße bis beige Federohren, mit rostfarbenen und schwarzen Flecken und Säumen. Überaugstreif abwärts bis zur Wachshaut weißlich mit rostfarbenen Säumen. Äußere Schulterfedern mit weißen oder beigeweißen Endflecken auf der Außenfahne, schwarz gesäumt. Die übrigen Schulterdecken sind wie der Rücken gefärbt. Die Schirmfedern und die meisten Flügeldecken entsprechen der Rückenfärbung, äußerste Armdecken mit beigeweißen Spitzenflecken auf Außenfahne. Die Handschwingen sind auf den Außenfahnen beigeweiß und dunkel gebändert, Armschwingen dunkel- und hellbraune Bänderung. Schwanz hat etwa acht rostfarbene und dunkle Binden, die zur Spitze hin schmäler und undeutlicher werden. Dichte, dunkle Schnabelborsten. Schleier rostfarben bis kastanienbraun, Augenumgebung, Fleck über dem Auge und Zügel dunkelbraun. Schleierrand breit, von den Federohren bis zur Kehle schwarz, dort von weißlichem Fleck begrenzt. Kehle rostfarben mit dunklen Schaftstrichen. Halsseitenfärbung wie Rücken. Oberbrust überwiegend rostfarben, mit verwaschenen Längsstreifen und Binden sowie einzelnen weißen Flecken. Unterbrust weißlich mit gleichmäßigen, breiten, schwarzen, zum Ende breiter werdendem Schaftstreifen und feiner schwarzer Querbänderung, auf weißer oder rostfarben überflogener Grundfärbung. Bauch weißlich mit deutlichen Längsstreifen und feiner Querwellung, dadurch gleichmäßiges, weißes Fleckenmuster. Unterbauch und Unterschwanzdecken ähnlich, rostfarben überflogen. Läufe befiedert, Zehen nackt, fleischfarben. Iris dunkelbraun, Wachshaut grau, Schnabel graugrün mit gelber Spitze. Immature Vögel ähneln den Alten, Schwanz aber enger gebändert und mit zehn Querbinden. Kontrast der Oberseitenfärbung mit den helleren Schwungfedern ist stärker als bei den Altvögeln.

Verbreitung: Zentral- und Südperu (Cordillera Yanachaga) und Cuzco (Cordillera Vilcabamba). Monotypisch.

Bestand: Bestand ist nicht unmittelbar gefährdet. Lokal noch größere Dichte. Auf Dauer Gefährdung durch Rodung.

Lebensraum: Feuchter, moosüberwucherter Nebelwald, mit Epiphyten, Farnen und Kletterbambus sowie dichtem Unterwuchs. Bäume erreichen eine Höhe von 40 m und bilden ein ungleichmäßiges, oft unterbrochenes Kronendach. Von 1900 bis etwa 2500 m über NN, wahrscheinlich sogar noch in höheren Lagen.

Stimme: Gesang besteht aus einer ziemlich schnell vorgetragenen, gleichmäßigen Reihe von „ü-ü-ü"-Tönen, von 5 bis 10 Sekunden Dauer, die in kurzen Intervallen wiederholt werden.

Nahrung: Wenig ist bekannt! Die nachtaktive Eule jagt wahrscheinlich im Kronenbereich große Insekten.

Brut: Scheint von Ende Juni bis Mitte August zu brüten. Nistet in Baumhöhlen oder benutzt die Nester anderer Vögel.

Bemerkungen: Beim heutigen geringen Kenntnisstand eine Verwandschaft zu anderen nebelwaldbewohnenden Kreischeulen anzunehmen wäre nur Spekulation.

Cloud forest Screech Owl – *Megascops marshalli* (Weske & Terborgh) 1981

Descriptive notes: plate 29 Length 20 to 23 cm, weight 115 g. Dorsal colouration of the owlet rich chestnut brown, irregularly barred and mottled with blackish. Feathers of upper back and nape unmarked buffy-rufous with dark margins, forming a concealed nuchal band. Crown like back, but more intensively black spotted and barred. Occiput with a whitish band, feathers white with narrow dusky margins. Short ear tufts, buffy or whitish, with rufous and blackish spots and tips. Superciliary and loral feathers whitish, tipped rufous. Outer scapulars with white or buffy-white spots on outer web, with narrow blackish margins, remaining scapulars coloured like back. Tertials and most of wing coverts like back, but outer secondary coverts with buffy-white spots on tip of outer web. Outer webs of primaries banded distinctly dusky and light buffy-white, the secondaries less distinctly banded dusky and tawny. Tail with about eight rufous and dusky bands, less distinct and narrower towards the tip. Facial bristles dense, dark and well-developed. Facial disc rufous to chestnut, eye bordered blackish-brown, extending to dusky patch above eye and bordering loral feathers. Broad blackish rim, extending from the ear tufts down to the malar area, this bordered by a small whitish patch. Throat feathers rufous with small dusky shaft streaks. Sides of neck coloured like the back. Upper breast mainly rufous, barred and streaked dusky, with some white double spots. Lower breast whitish with a scattering of blotchy black streaking, the individual feathers rufescent to white, with narrow blackish crossbars and blackish distally broad shaft streak. Belly with a pattern of black, longish shaft streaks and traverse markings, which give a white-spotted appearance. Abdomen and undertail coverts similar with rufous wash. Tarsus completely feathered and tawny-coloured. Toes unfeathered, fleshy pink. Iris dark brown, cere greyish, bill greyish-green with yellow tip. Immature birds similar to adult, but tail barred narrowly with ten bands. Contrast between the rich colouration of the upperside and the paler remiges is stronger than in adult birds.

Distribution: Central and South Peru (Cordillera Yamachaga) and Cuzco (Cordillera Vilcabamba). Monotypic.

Status: Poorly known, but not globally threatened and not uncommon locally. Destruction of forest habitat is probably a long-term threat.

Habitat: Humid, mossy cloud forest with epiphytes, ferns, climbing bamboo and dense undergrowth. The tallest trees reach 40 m in height, forming an irregular and broken canopy. From 1,900 to 2,500 m above sea level, but possibly in higher elevations.

Voice: The song seems to be a rather fast, regular series of "e-e-e" notes (like the German ü), phrase lasting 5 to 10 seconds, repeated in short intervals.

Food: Poorly known! The nocturnal owl probably hunts large insects in the canopy.

Breeding: Appears to breed from late June to mid-August. Probably breeds in natural holes of trees or in nests of other birds.

Remarks: The relationship to other cloud forest-inhabiting screech owls is unclear, because our knowledge of these owls is poor and so only speculation.

Weißkehleule – *Megascops albogularis* (Cassin) 1849

Kennzeichen: Tafel 30 Eine der größten und dunkelsten Kreischeulen, ohne Federohren, aber mit lockerer, langer Kopfbefiederung. Länge 23 bis 27 cm, Gewicht 130 bis 185 g. Nominatform *M. a. albogularis* (Ostanden von Kolumbien bis nordöstliches Ecuador) mit dunklem Gesichtsschleier, ohne Schleierrand. Überaugstreifen undeutlich weiß gefleckt. Lockere Oberkopfbefiederung dunkelbraun mit schwärzlichen Kritzeln und zahlreichen weißlichen, beige- und rostfarbenen Flecken und Säumen. Oberseite dunkelbraun mit ähnlicher Zeichnung wie der Kopf, aber mit schwarzen Schaftstrichen. Schulterfedern ohne weiße Außenfahnen, aber heller als das restliche Rückengefieder. Flügel und der lange Schwanz sind hell und dunkel gebändert, Schirmfedern und Armschwingen weniger deutlich als die Handschwingen. Ausgeprägte

White-throated Screech Owl – *Megascops albogularis* (Cassin) 1849

Descriptive notes: plate 30 One of the largest and darkest screech owls, without ear tufts but with a fluffy and long-feathered head. Length 23 to 27 cm, weight 130 to 185 g. Nominate *M. a. albogularis* (East Andes of Colombia to Northeast Ecuador) with dark facial disc, lacking a rim. Eyebrows indistinctly white spotted. The fluffy feathers of crown and nape, carried rather loose, are fuscous brown, blackish mottled and with numerous white, buffy and rufous spots and margins. Upperside similar to head, but with distinct blackish shaft streaks. Scapulars without white outer webs, but distinctly lighter than remaining upperside. Wings and the long tail barred light and dark, tertials and secondaries less distinct than primaries. Dense and prominent bristles. Chin and throat with white zone one each side of the bill. Underparts tawny-buff to

Tafel 32 / Plate 32
oben / top: Nordbüscheleule, Nordweißgesichteule / Northern White-faced Owl - *Ptilpsis leucotis*
unten / bottom: Grant-Weißgesichteule / Southern White-faced Owl - *Ptilopsis granti*

Schnabelborsten. Kinn und Kehle mit ausgedehnter weißer Zone beiderseits des Schnabels. Unterseite orangebraun bis beigebraun, Oberbrust dunkler, mit schwärzlichen Schaftstrichen und Binden sowie weißen Doppelflecken. Unterbrust und Bauch bis zu den Unterschwanzdecken mehr beige-rostfarben, mit dunklen Schaftstrichen und angedeuteter Bänderung. Läufe beigebraun befiedert, bis zum Zehenansatz. Zehen grau fleischfarben. Iris orangegelb bis matt dunkelorange.

Verbreitung: Anden von Kolumbien und Nordwestvenezuela, südlich durch Ecuador und Peru bis Zentralbolivien.

Geografische Rassenverbreitung:
***M. a. meridensis* (Chapman) 1923** Anden von Merida, Venezuela, heller als Nominatform, Stirn und Überaugstreifen weißer. Kopf und Oberseite mehr gefleckt, Unterseite heller ockerfarben und mehr weiß.

***M. a. albogularis* (Cassin) 1849** (siehe Kennzeichen) Ostanden von Columbien und Nordostecuador.

***M. a. remotus* (Bond & Meyer de Schauensee) 1941** Ostanden von Peru bis Bolivien. Dunkelste Form, Oberseite und Brust rußbraun bis schwärzlich, Bauch und Unterschwanzdecken ocker- bis weißbeige.
***M. a. macabrum* (Bonaparte) 1850** Westliche Anden von Kolumbien und Westecuador bis Westperu. Ähnlich Nominatform, aber feinere Unterseitenzeichnung. Dunenjunge sind fahl beigegrau mit dunkler Gesichtsmaske und auffälligen Schnabelborsten. Ästlinge sind den Altvögeln ähnlich, aber mit verwaschenerer Zeichnung.

Bestand: Lokales Vorkommen, meist geringe Dichte (wird eventuell übersehen). Relativ häufig in Ecuador und Peru.

Lebensraum: Kronenbereich und Randzonen montaner Regen- und Nebelwälder (mit Epiphyten- und Bambusbeständen) der oberen subtropischen und gemäßigten Zonen beiderseits der Anden. Geht manchmal bis dicht unter die Baumgrenze. Vorkommen von 2500 bis 3600 m über NN. Lokal in tieferen Lagen von 1300 bis 2100 m.

Stimme: Gesang des Männchens ist ein weiches, in schneller Folge vorgetragenes „wup-wup-wup-wudup-wudup-wudup-wuuh". Länge bis 20 Sekunden. Männchen und Weibchen singen auch im Duett, Weibchen in etwas höherer Tonlage. Eine andere Rufreihe klingt etwas rauer, etwa wie „churrochurro-churrochurro-churrochurro-gugugugug".

Nahrung: Nachtaktiv. Jagt in der Hauptsache Insekten und andere Gliederfüßler. Wahrscheinlich auch kleine Wirbeltiere.

Fortpflanzung: Brütet in Peru wahrscheinlich im Juli. In Ecuador wurden von Oktober bis Januar Nestjunge gefunden, in Peru im März, in Venezuela im September. Soll am Boden nisten. Nimmt wahrscheinlich auch Nester anderer Vögel und Baumhöhlen als Nistplatz.

Bemerkungen: Wegen seiner Größe und Kopfbefiederung wurde die Weißkehleule früher den Gattungen *Ciccaba* und *Pseudociccaba* zugeordnet. Sie ähnelt sehr wenig den Kreischeulen. Daher die monotypische Gattung *Macabra*.

orange-brown, darker on upper breast with blackish shaft streaks and crossbars, and white double spots. Lower breast and belly towards abdomen becoming more rufous-buffy, with sparse dusky streaking and crosshatching. Tarsi densely feathered buffy-brown to the base of toes. Toes greyish-pink. Claws horn-coloured with dark tips. Irides orange-yellow to dull dark orange.

Distribution: Andes from Colombia and Northwest Venezuela south through Ecuador and Peru to Central Bolivia (Cochabamba).

Geographical variations:
***M. a. meridensis* (Chapman) 1923** (Andes of Merida, Venezuela) lighter in colour than nominate, forehead and supercilia much whiter, crown and back more spotted, belly more buffy and with more white, especially on abdomen.
***M. a. albogularis* (Cassin) 1849** (see Descriptive Notes) Eastern Andes of Columbia and Northeast Ecuador.
***M. a. remotus* (Bond & Meyer de Schauensee) 1941** East Andes (from Peru to Bentral Bolivia). Darkest race, upperside and breast almost sooty to blackish, belly more buffy and white, especially on abdomen.
***M. a. macabrum* (Bonaparte) 1850** West Andes from Columbia and West Ecuador to West Peru. Very similar to nominate, but with finer pattern below. Juvenile: Down feather plumage pale buffy-grey with dark mask and prominent long bristles. Fledglings similar to adults, but less distinctly marked dorsal and ventral.

Status: Local or low density (probably overlooked). Relatively common in Ecuador and Peru.

Habitat: In the canopy and borders of montane rain and cloud forest, usually heavily loaded with epiphytes and bamboo thickets, in the upper subtropical and temperate zones on both slopes of the Andes. Sometimes occuring up to shortly below tree line. Recorded from 2,500 to 3,600 m, locally in lower elevation from 1,300 to 2,100 m.

Voice: Song of the male is a fast, mellow gabbling, "whup-whup-whup-whudup-whudup-whudup-whuuu". Sometimes lasting 20 seconds or more. Male and female may sometimes be heard duetting, the voice of the female slightly higher-pitched, "churrochurro-churrochurro-chur-rochurro-gugugugug". Also gives single hoots.

Food: Strictly nocturnal. Possibly hunts mainly insects and other arthropods. Evidently also small vertebrates.

Breeding: Poorly known; breeding in Peru possibly in July, hatchling found from October to January (Ecuador), in March (Peru), in September (Venezuela). Said to nest on the ground. Probably also uses nests of other birds and tree holes for nesting.

Remarks: According to its large rounded head and remarkable size, the White-throated Screech Owl formerly was placed in the genera *Ciccaba* and *Pseudociccaba*. This owl indeed is very different from other screech owls and should placed into a monotypic genus or subgenus *Macabra*.

Nacktfußeule, Puerto-Rico-Kreischeule
***Megascops nudipes* (Daudin) 1800**

Kennzeichen: Tafel 31 Nominatform. Länge 20 bis 23 cm, Gewicht 103 bis 154 g. Graubraun oder rotbraun, rundköpfige Kreischeule ohne sichtbare „Federohren". Graubraune Morphe: Oberseite braun bis graubraun mit unregelmäßigen, hellen braunen Binden und Kritzeln. Hinterkopf, Rücken und Schulterfedern mit dunklen Schaftstreifen. Außenfahnen der Schulterfedern und einige äußere große Flügeldecken mit weißen Flecken. Armschwingen fein bekritzelt und undeutlich gebändert. Handschwingen auf Außenfahnen braun und weiß gefleckt. Schwanzfedern braun, dunkler bekritzelt und mit unterbrochener heller Bänderung deutlich auf den Innenfahnen. Augenbrauen und Zügel weiß mit hellrostfarbenem Anflug und dunklen Schäften. Ohrdecken hell- und dunkelbraun gebändert. Unterseite überwiegend weißlich, mit dunklem Schaftstreifen und zahlreicher brauner Bänderung und Marmorierung. Unterbauch und Unterschwanzdecken meist ungefleckt. Oberer Teil der Läufe hellbraun befiedert. Rotbraune Morphe: Oberseite matt zimt- oder rotbraun, meist einfarbig. Außenfahnen der Schulterfedern weiß oder rostweiß, dunkel gesäumt. Flügelzeichnung wie graubraune Morphe, zimt- bis rotbraun. Schwanz matt rotbraun, mit schmaler Bänderung. Augenbrauen, Zügelfedern, Kinn und Kehle weiß, manchmal mit rostweißem Anflug, starker Kontrast zur zimtfarbenen Umgebung. Weiß der Kehle reicht bis zu den Ohrdecken. Halsseiten, manchmal Kehle dunkel gebändert. Unterseite weiß, mit Schaftstrichen, Binden und Kritzeln zimtbraun gezeichnet. Brust, Brustseiten, Bauch, Flanken und Unterschwanzdecken kaum gezeichnet oder nur mit braunen, lanzettförmigen Schaftstrichen. Dunenkleid einfarbig weiß. Mesoptilkleid ähnlich Altvogel, jedoch Oberkopf, Hals, Mantel und Unterrücken meist ungezeichnet zimtbraun. Unterseite helles Zimtbraun, mit breiter, brauner Bänderung. Iris orangebraun, Wachshaut und Schnabel grüngelb mit heller Spitze. Läufe und Zehen horngelb, Krallen dunkelhornfarben mit schwarzen Spitzen.

Puerto Rican Screech Owl
***Megascops nudipes* (Daudin) 1800**

Descriptive notes: plate 31 (Nominate) Length 20 to 23 cm, weight 103 to 154 g. Greyish-brown or rufous, relatively small, round-headed screech owl, without visible ear tufts. Greyish-brown morph: Above brown to greyish-brown, marked with irregular bars and vermiculations of paler brown. Nape, back and scapulars showing dark shaft lines. Scapulars and some of the greater outermost wing coverts, few white spots on outer webs. Secondaries vermiculated and with indistinct bands. Primaries spotted on outer webs brown and whitish. Tail feathers brown, darker vermiculated, with interrupted pale bars, better defined on inner webs. Eyebrows and lores whitish with pale rufous wash and dusky shafts. Auricular region narrowly barred light and dark brown. Underparts mostly whitish, feathers with dusky shaft streaks and brown barring and vermiculations. Abdomen and undertail coverts less marked or immaculate white. Upper part of tarsi feathered. Rufous morph: Above dull cinnamon or russet, often uniform. Scapulars white or rufous-white, duskily margined. Wings marked as in grey-brown morph, but with cinnamon or rufous ground colour. Tail dull rufous-brown, with indistinct narrow bars. Eyebrows, lores. chin and throat white, sometimes with rufous-white wash, in strong contrast with surrounding, deep cinnamon colouring. White of throat extending to auricular region. Rear of neck, sometimes throat, with dark barring. Underparts chiefly white, broken by crossbars and vermiculations of cinnamon-rufous, predominantly on chest and sides of breast. Belly, flanks and undertail coverts less marked or with brown, lanceolate shaft lines. Downy covering entirely dull white. Mesoptile similar to adult, but crown, neck, back and rump less patterned, plain cinnamon-brown. Underparts light cinnamon-brown, regular and broad brown barring. Iris orange-brown, cere and bill greenish-yellow with light tip. Tarsi and toes horn, claws dark horn with blackish tips.

Tafel 33 / Plate 33
Rotohreule, Mindanao-Ohreule / Giant Scops Owl - *Mimizuku gurneyi*

2005
WEICK

Verbreitung: Puerto Rico, Isla de Vieques, Isla de Culebra und die angrenzenden Jungferninseln St. Thomas, St. Croix, Tortola, Virgin Corda und wahrscheinlich Insel Guana.

Geografische Rassenverbreitung:
***Megascops nudipes nudipes* (Daudin) 1800** Sehe Kennzeichen. Puerto Rico.
***Megascops nudipes newtoni* (Lawrence) 1860** Isla de Vieques, vor Puerto Rico (hier wahrscheinlich ausgestorben), Culebra, Jungferninseln St. Thomas, St. John, St. Croix, Virgin Corda, Tortola und vielleicht Guana. Gefieder ähnlich Nominatform, aber mit rotbraunem Anflug. Unterseite weniger dicht gezeichnet. Möglicherweise nur eine Farbmorphe.

Bestand: Teilweise gefährdet, sehr begrenztes Verbreitungsgebiet. Vorkommen auf Puerto Rico noch intakt, ohne unmittelbare Gefährdung. Die Rasse *newtoni* ist sehr selten und wohl bereits ausgestorben.

Lebensraum: Gehölze und Waldland, Kaffeeplantagen, Küstendickichte, kleine Wäldchen und Baumgruppen nahe Siedlungsbereichen. Tagsüber in Höhlen oder dichtem Wipfelbereich. Von Meereshöhe bis etwa 900 m über NN.

Stimme: Hauptgesang des Männchens ist ein ziemlich tiefes trillerndes „rrurrr". Der Zweitgesang ist ein kürzeres, in der Mitte ansteigendes, dann absinkendes und ausklingendes „rruorrr". Männchen und Weibchen singen auch im Duett. Gesang des Weibchens ist ähnlich, aber höher. Außerdem werden auch gackernde und kichernde Laute geäußert.

Nahrung: Große Insekten wie Heuschrecken und Grillen, vermutlich auch kleine Wirbeltiere. Nachtaktiv.

Brut: Brutzeit von April bis Juni. Nest in Baumhöhlen und Löchern von Kalksteinfelsen. Brütet auch in oder an Gebäuden. Gelege: 1 bis 4 (meist 2) Eier. Weibchen brütet allein und wird vom Männchen mit Futter versorgt.

Bemerkungen: Bildete früher eine Gattung mit der Kuba-Kreischeule *Gymnoglaux lawrencii*.

Distribution: Puerco Rico, Isla de Vieques, Isla de Culebra and adjacent Virgin Islands: St. Thomas, St. Croix, Tortola, Virgin Corda and probably Guana Island.

Geographical variations:
***Megascops nudipes nudipes* (Daudin) 1800** (see Descriptive notes) Puerto Rico
***Megascops nudipes newtoni* (Lawrence) 1860** Isla de Vieques, east off Puerto Rico (probably extinct), unconfirmed record from nearby Culebra Island, Virgin Islands: St. Thomas, St. John, St. Croix, Virgin Corda and probably Guana Island. Plumage similar to nominate, but with more rufous wash. Less densely patterned below. Possibly only a colour morph.

Status: Not globally threatened, restricted-range species. Common in Puerto Rico, with no immediate threats obvious. Race *newtoni* is extremely rare, possibly extinct.

Habitat: Forest and woodland of all types, also coffee plantations, coastal thickets, small groves with trees, near urban areal. Roosts in caves or dense foliage by day. From sea level up to 900 m.

Voice: Primary song of male is a relatively deep trill "rrurrr". The secondary song is shorter, slightly rising in middle, then dropping and fading out, "rruorr". Male and female also duetting. Song of female is similar, but higher-pitched. Also cacklings and laughing notes are uttered.

Food: Mainly insects such as grasshoppers and crickets, possibly also small vertebrates. Nocturnal.

Breeding: Breeding season from April to June. Nest in tree holes or caves in limestone cliffs. Sometimes in or at human buildings. Clutch 1 to 4 (usually 2) eggs. Female incubates alone, fed by the male during this time.

Remarks: Formed genus with the Cuban Screech Owl *Gymnoglaux lawrencii* previously.

Kuba-Kreischeule – *Gymnoglaux lawrencii* Sclater & Salvin 1868

Kennzeichen: Tafel 31 Länge 20 bis 23 cm, Gewicht 80 g. Kleine Eule mit dickem Kopf, ohne Federohren. Oberseite olivbraun, ohne Bänderung oder Kritzel. Auf dem Kopf beige-rötliche Flecke, Rücken, Schulterfedern und Flügeldecken mit rundlichen weißen Flecken. Armschwingen mit hellen Binden, Handschwingen mit großen, rundlichen, hellbeigen bis weißen Flecken. Schwanz matt braun mit Andeutung von schmaler, heller Bänderung und nur 10 Schwanzfedern. Stirn, Augenbrauen, untere Schleierhälfte hellbraunbeige bis rahmweiß, Schleierseiten olivbraun. Unterseite hellbeigebraun oder rahmweiß, mit braunen, schmalen, lanzett- oder pfeilförmigen Streifen. Brust mit beigebraunem Anflug und hellbräunlicher Fleckung. Läufe sind total nackt. Die Flügel reichen nicht bis zur Schwanzspitze. Dunenjunge weiß, Mesoptilkleid ähnelt den Altvögeln, oberseits aber weniger gefleckt. Unterseite ist auf der Brust deutlich dunkler. Iris braun, Wachshaut graugelb oder graugrün, Schnabel hellhorngelb, Läufe und Zehen hellgelbbraun, Krallen hornfarben mit dunklen Spitzen.

Verbreitung: Kuba und Isla de Pinos. Das Taxon *exsul* (Bangs) 1913 ist ein Synonym der Nominatform.

Bestand: Angaben unsicher, scheint aber lokal noch gute Bestände und eine weite Verbreitung zu haben.

Lebensraum: Waldland, Dickungen, Plantagen, Palmen-Mischwald, halboffenes Kalksteingelände mit Höhlen und Spalten.

Stimme: Besitzt nur einen Hauptgesang: Männchen ruft tief und deutlich „cu-cu-cu-guguguk". Die Rufe des Weibchens klingen ähnlich, jedoch höher, ungefähr wie „huihuihui".

Nahrung: Hauptsächlich große Insekten, erbeutet aber auch kleine Schlangen, eventuell auch kleine Vögel. Nachtaktiv.

Brut: Brutsaison von Januar bis Juni. Nest in Baumhöhlen, auch in Spalten von Kalksteinfelsen. Legt 2 Eier, die vom Weibchen allein bebrütet werden. Ein Paar besetzte mehr als sieben Jahre dasselbe Brutrevier.

Bemerkungen: Die Kuba-Kreischeule unterscheidet sich von allen Taxa der Gattung *Megascops*: Schwanz lang, 10-fedrig, überragt die Flügelspitzen. Läufe lang, nackt, mit gekörnelter Oberfläche. Männchen hat nur einen Hauptgesang.

Cuban Screech Owl – *Gymnoglaux lawrencii* Sclater & Salvin 1868

Descriptive notes: plate 31 Length 20 – 23 cm, weight 80 g. Small owl, with large head and lacking ear tufts. Above olive-brown without barrings or vermiculations. Forehead and crown with buffy-rufous spots, back, scapulars and wing coverts with roundish, white spots. Secondaries with lighter crossbands, primaries with large, roundish spots of pale, dull buffy to dirty white. Tail dull brown, with indications of narrow, pale bands. Tail with only 10 feathers. Forehead, eyebrows, lower part of facial disc dull pale buffy-brown to creamy white. Orbital and auricular region olive-brown. Below pale buffy-brown or creamy white, each feather with distinct shaft stripe of brown, linear or lanceolate, sometimes with arrow-shaped tips. Breast washed pale buffy-brown and with pale brown spots. Tarsi totally bare. Wings not reaching the tail tips. Downy chicks white, mesoptile similar to adult, but less spotted above. Below darker coloured on breast. Iris brown, cere greyish-yellow or greyish-green, bill pale yellowish-horn, tarsi and toes pale yellow-brown, claws horn with dark tips.

Distribution: Cuba and Isle of Pines. Taxon *exsul* (Bangs) 1913 regarded as synonym of nominate.

Status: Data uncertain, considered as locally common and widely distributed.

Habitat: Woodland, thickets, plantations, mixed palm forest, semi-open limestone area with caves and crevices.

Voice: This species only has a primary song! Song of male is a series of clear, low notes, "cu-cu-cu-gugu guk". Song of female is similar but higher-pitched, "huihuihui".

Food: Mainly large insects, also hunting frogs and small snakes, possibly also small birds. Nocturnal.

Breeding: Breeding season from January to June. Nest in tree holes, sometimes in caves of limestone cliffs. Female incubates the clutch of 2 eggs alone. Record of pair living more than 7 years in same territorial area.

Remarks: Cuban Screech Owl differs in many aspects from all taxa of the genus *Megascops*: Tail relatively long, wings not reaching to tail tips. Tarsi long, totally bare with tiny knots. Tail with only ten feathers. Male has only a primary song.

Tafel 34 / Plate 34
Virginiauhu / Great Horned Owl - *Bubo virginianus*
links / left: *Bubo virginianus virginianus*
rechts / right: *Bubo virginianus wapacuthu*

WEICK
2006

Palau-Zwergohreule – *Pyrroglaux podarginus* (Hartlaub & Finsch) 1872

Kennzeichen: Tafel 31 Länge 20 bis 22 cm, Gewicht unbekannt. Männchen: relativ klein, dunkelrotbraun und dickköpfig. Keine sichtbaren Federohren. Oberkopf und Oberseite rotbraun, undeutlich dunkel gebändert, Hals etwas heller. Schulterfedern weiß gefleckt, mit schwarzen Binden. Einige große Flügeldecken mit weißen Schaftstrichen und kleinen Spitzenflecken, dunkel gebändert. Flügel beige-rotbraun mit hellen Flecken auf Alula, Hand- und Armdecken sowie den Armschwingen, Flecke sind meist schwärzlich gerahmt. Außenfahnen der Handschwingen proximal mit weißen, schwarz gerahmten Flecken, distal mit schwärzlichen Flecken gebändert. Oberschwanzdecken weiß gefleckt. Schwanz rotbraun, dunkelbraun gebändert. Stirn und Augenbrauen weiß bis rötlich beige mit dunkelbraunen, schmalen Binden. Zügel mit langen, schwarzen Schäften. Schleier, Kehle und Hals weißlich bis hellrostfarben, fein dunkelrotbraun gebändert. Oberbrust rotbraun, dunkelbraun gebändert. Unterbrust und Bauch rostfarben, schwarzbraun gebändert und bekritzelt sowie weiße, schwarz gerahmte Flecke und Binden. Oberster Teil des Laufes befiedert. Weibchen: ähnlich dem Männchen, oberseits dunkler, deutlicher gebändert. Unterseite dunkler rotbraun, helle rötlich beige Fleckung. Dunenjunge über den Augen, auf Kehle und Bauch beige bis rötlich braun, Oberseite und Brust dunkler. Jungvögel ähneln den Alten, oberseits dunkler braun. Augenbrauen und Rücken beigeocker, schwarzbraun gebändert. Unterseite weiß gebändert. Iris braun oder orangebraun, Wachshaut und Schnabel rahmweiß, Läufe und Zehen grauweiß.

Verbreitung: Palau-Inseln (Mikronesien): Babelthuap, Koror, Peleliu und Angaur. Monotypisch.

Bestand: Letzte Bestandsangaben stammen von einer Untersuchung im Jahr 1945. Nach späteren Angaben soll diese auf begrenztes Gebiet beschränkte Art lokal noch gute Bestände haben. Nun aber als äußerst gefährdet eingestuft.

Lebensraum: Regenwald, lebt meist im mittleren und oberen Bereich der Bäume. In Schluchten und Mangrovensümpfen.

Stimme: Gesang des Männchens besteht aus einer Serie von tiefen, sanften Einzelrufen wie „kwuk-kwuk-kwuk". Die Rufe variieren in Länge und Klarheit. Rufe des Weibchens sind höher. Paar singt während der Balz auch im Duett.

Nahrung: Große Geradflügler und Hundertfüßer, Gliederfüßer und Regenwürmer.

Brut: Brutzeit: Februar und März. Paare bleiben das ganze Jahr über beisammen. Territorial. Territorien sind wahrscheinlich klein, etwa 100 bis 200 m im Durchmesser. Nest in Baumhöhlen, eventuell unter Schlingpflanzen.

Bemerkungen: Früher oft zur Gattung *Otus* gerechnet. Yamashina führte 1938 für diese Art den Gattungsnamen *Pyrroglaux* ein.

Palau Owl – *Pyrroglaux podarginus* (Hartlaub & Finsch) 1872

Descriptive notes: plate 31 Length 20 to 22 cm, weight unknown. Male: Relatively small, dark rufous and large-headed owl. No visible ear tufts. Crown and upper surface rufous, with indistinct darker barring, paler on rear of neck. Scapulars with white spots and black barring. Some greater wing coverts with fine shaft lines and tiny spots on tips, barred darker. Wings buffy-rufous, with pale spots on alula, primary and secondary coverts and secondaries, these spots mostly are margined with black. Outer webs of primaries proximally banded with white blackish-framed spots, distally with blackish spots. Uppertail coverts spotted white, tail rufous-brown, barred. Forehead and eyebrows whitish, tinged rufous-buff and barred with narrow dark brown bands. Lores with long, blackish shafts. Feathers of face, throat and neck pale rufous-buff, distinctly barred with narrow bands. Upper breast pale rufous with dark brown barring. Lower breast and belly pale rufous with blackish-brown bars and vermiculations, and white, black-framed spots and bands. Upper part of tarsus feathered. Female: Similar to male, but darker above with more distinct barring. Below darker russet, pale buffy-rufous spots less distinct. Downy chicks pale buffy-rufous on superciliaries, throat and belly, darker on back and breast. Immature similar to adult, but darker brown above, eyebrows and back distinctly barred with buffy-ochre and blackish-brown, underparts more heavily barred white. Iris brown or orange-brown, cere and bill creamy-white, tarsi and toes greyish-white above, white below.

Distribution: Palau Islands (Micronesia): Babelthuap, Koror, Peleliu and Angaur. Monotypic.

Status: Last data regarding this owl are from a survey in 1945. Later statements suggests that this restricted-range species is still rather common locally. Nevertheless now considered highly endangered.

Habitat: Rain forest, mainly in middle and upper level of woodland trees. Often in deep ravines and mangrove swamps.

Voice: Song of male is a series of low, mellow single notes "kwuk-kwuk-kwuk", uttered in intervals. The notes may vary in length and quality. Voice of the female is similar, but higher-pitched. Male and female duet in courtship.

Food: Great orthopterans and centipeds, arthropods and earthworms.

Breeding: Breeding season in February and March. Pairs stay together troughout the year. Territorial. Territory possibly small, about 100 to 200 m in diameter. Nest in tree holes, possibly also below climbers.

Remarks: Often placed in genus *Otus*. New genus *Pyrroglaux* introduced in 1938 by Yamashina.

Nordbüscheleule, Nordweißgesichteule
***Ptilopsis leucotis* (Temminck) 1820**

Kennzeichen: Tafel 32 Relativ große Zwergohreulenverwandte, Länge 23 bis 25 cm, Gewicht etwa 200 g. Lange, dunkel bekritzelte Federohren, die Außenfahnen schwärzlich mit weißen Flecken. Weißer Schleier mit breiter schwarzer Umrandung. Oberkopf und Nacken hellbraungrau mit dunklen Schaftstrichen und feiner Querwellung. Oberseite fahl graubraun, mit schwärzlichen Schaftstreifen und feiner bis kräftiger Bänderung. Schulterfedern mit weißen Außenfahnen und schwarzen Endsäumen. Flügel und Schwanzfedern graubraun mit dunkler Bänderung. Unterseite sandfarben mit dunklen Schaftstrichen und feiner Querwellung. Brust- und Bauchmitte häufig weißlich mit wenigen Schaftstreifen. Läufe bis zur Zehenhälfte befiedert, weiß mit feinen dunklen Schaftstrichen. Eine dunkle Morphe ist im Gefieder ähnlich, aber mit dunklerer Grundfärbung, auf Schleier, Oberseite und Bauch hellocker. Oberkopf viel dunkler und mit wenigen weißen Flecken und Säumen. Eine hellere Form mehr sandfarben und mit grauer Bänderung, für den Sudan als Rasse margarethae benannt, gilt meist nur als helle Farbmorphe. Iris orangegelb bis rotorange, Schnabel graublau mit horngelber Spitze, beborsteter Zehenteil rötlich braun. Krallen schwärzlich. Mesoptilkleid grauweiß, auf Kopf, Nacken und Rücken graubraun, Schleierrand deutlich dunkler. Jungeulen sind heller als Altvögel, mehr graubraun mit hellgrauem Gesicht und gelben Augen.

Verbreitung: Afrika, südlich der Sahara, von Senegambien bis zum Sudan und Somalia, nördliches Uganda sowie Nord- und Zentralkenia.

Bestand: Von selten bis lokal ziemlich häufig, weitverbreitet in zusagenden Habitaten. In Somalia selten, mit nur 11 Nachweisen. Bestand nicht unmittelbar gefährdet, in einigen Schutzgebieten noch gute Verbreitung.

Lebensraum: Savannen und Halbwüsten mit einzelnen Bäumen, Baumgruppen und Gestrüpp. Baumbestandene Oasen, Flussläufe, Waldränder und Lichtungen. Trockensavannen mit dornigen Baumarten. Fehlt in Wüsten und dichtem Regenwald.

Northern White-faced Owl
***Ptilopsis leucotis* (Temminck) 1820**

Descriptive notes: plate 32 Rather large relative of the scops owls, length 23 to 25 cm, average weight 200 g. Long ear tufts with blackish outer webs and fine dark vermiculations. White facial disc with broad, blackish rim. Crown and nape greyish-brown with dark shaft streaks and fine barring. Upperside pale greyish-brown with blackish shaft streaks and fine to strong barring. Scapulars with white outer webs, edged black. Flight feathers and tail greyish-brown, with dark bands. Below somewhat lighter, more sandy, with dark shaft streaks and fine vermiculations. Mid of chest and belly often whitish with few dark streakings. Tarsi feathered down to basal half of toes, whitish with few thin shaft streaks, visible parts of the toes bristled. A darker morph, similar in plumage, but with more ochraceous tinge on disc, upperside and belly. Crown much darker, with few white spots and margins. A lighter variant, more sandy-coloured, with greyish barring occurs in Sudan, described as subspecies P. l. margarethae, mostly regarded as light colour morph. Irides orange-yellow to deep red-orange, bill greyish-blue, tip horny-yellow. Bristled part of toes pinkish-brown. Claws blackish. Mesoptile greyish-white, more greyish-brown on crown, nape and back, distinct dark rim. Juveniles paler than adult birds, more greyish-brown, face grey-brown and with yellow eyes.

Distribution: Africa, south of the Sahara, from Senegambia east to Sudan, Somalia, northern Uganda and northern and central Kenya.

Status: Uncommon to locally rather common, widespread in suitable habitats. Rare in Somalia with only 11 records. Not globally threatened. Occurs in some protected areas.

Habitat: Savannas or semi-deserts with scattered trees, small groves and thorny shrubs. Wooded desert water courses, forest edges and clearings. Dry savannas with thorny trees. Absent in deserts and tropical rain forest.

Tafel 35 / Plate 35
Magellan-Uhu / Magellanic Horned Owl - *Bubo magellanicus*

WEICK
2006

Stimme: Gesang des Männchens besteht aus zweisilbigem, weichem und flötendem „pu – pruh", das in Intervallen wiederholt wird. Weibchen ruft ähnlich, aber weicher und höher. Kontaktruf ist ein tiefes „to – wit – to – wiiiht" von beiden Partnern. Nestjunge betteln mit zischenden Lauten.

Nahrung: Kleine Wirbeltiere und Wirbellose, wie Falter; Schwärmer, Grillen, Käfer, Skorpione und Spinnen, kleine Reptilien, Vögel und Säuger. Die Beute wird in der Regel ganz verschluckt. Kleinsäuger bilden den größten Anteil der Beutetiere. Weitgehend nachtaktiv. Rastet am Tag in den Baumkronen oder in dichtem Gebüsch. Bei Störungen wird der Körper schlank und steil aufgerichtet, die Federohren aufrecht gestellt und die Augen zugekniffen, eine typische Tarnhaltung. Jagt meist vom Ansitz aus, um aus dem Gleitflug die Beute zu schlagen.

Brut: Monogam; Brutzeit von Januar bis September, in Ghana von Oktober bis Januar. Brütet in Nestern anderer Vögel, gelegentlich in Höhlen von Bäumen. Meist Einzelbrüter, bei gutem Nahrungsangebot können mehrere Paare dicht beieinander brüten. Legt 3 bis 4 Eier. Weibchen brütet ab dem ersten Ei, vom Männchen für kurze Zeit abgelöst. Brutdauer ca. 30 Tage. Küken tragen ein weißes Neoptilkleid, nach 16 Tagen folgt diesem ein graubraunes Mesoptilkleid. Männchen versorgt Weibchen und Junge mit Nahrung. Ab dem 27. Tag Ästling. Flugfähig ab dem 30. bis 32. Tag. Die Jungen werden von den Eltern mindestens noch für zwei Wochen mit Nahrung versorgt.

Bemerkungen: Die nördliche und südliche Form der Weißgesichteule werden meist als Rassen einer Art betrachtet. Deutliche Unterschiede in DNA und Stimme bedingen aber eine artliche Trennung.

Voice: The song of the male is a disyllabic, mellow fluting, "po-prooh", repeated several times in intervals of 4 to 8 seconds. The female song is similar, but weaker and higher-pitched. A low "ta-wit-ta-weet" uttered by both sexes. Young birds beg with this sing-songs.

Food: Small vertebrates and invertebrates such as moths, owlet moths, crickets, beetles, scorpions, spiders, small reptiles, birds and mammals. Prey is generally swallowed whole, including small birds. Lots of the prey consists of small mammals. This owl is strictly nocturnal. Roosting by day in trees or dense bushs. If alarmed, it elongates its body, raises its long ear tufts and closes its eyes to slits, a typical camouflage behaviour. Hunts from perch, by flapping and gliding low over the ground, catching prey.

Breeding: Monogamous; lays eggs from January to September, in Ghana from October to January. Occupies nests of other birds, sometimes also nesting in cavities or crevices of trees. Solitary breeding, but sometimes, when food is abundant, several pairs may breed quite close together. Lays 3 to 4 eggs, incubation by female from the first egg on, but when the female leaves the nest, the male takes over briefly. Incubation period about 30 days. Male feeds female and chicks. Chicken with whitish neoptile down, gradually replaced by more greyish-brown, mesoptile by day 16. At 27 days, the young leave the nest and appear fully feathered. By 30 to 32 days, they are able to fly. But they are cared for and fed by the adults for at least another two weeks.

Remarks: The Northern and Southern White-faced Owl are often treated as conspecific. But significant differences in DNA and vocalisation indicate specific distinctness.

Südbüscheleule, Südweißgesichteule
***Ptilopsis granti* (Kollibay) 1910**

Kennzeichen: Tafel 32 Größe und Gewicht wie Nordbüscheleule. Das Gefieder ist generell dunkler und grauer, mit zahlreicheren und deutlicheren schwarzen Abzeichen und stärker kontrastierendem weißen Gesicht. Beide Arten variieren individuell, auch bei dieser Eule gibt es graubraune Individuen. Die Irisfarbe ist orangerot bis leuchtend rot.

Verbreitung: Afrika: von Südostgabun, dem mittleren Kongo, dem südlichen Zaire, Süduganda und Südkenia bis Namibia, der nördlichen Kap-Provinz und Natal.

Bestand: Nicht unmittelbar gefährdet, noch relativ häufiges Vorkommen in weiten Gebieten. In Kenia und Nordtansania und den nördlicheren Verbreitungsgebieten meist selten. Kommt jedoch in einer Anzahl von Schutzgebieten und Nationalparks vor.

Lebensraum: Trockensavannen mit vereinzelten dornigen Baumarten, dornigem Gebüsch und trockene, offene Waldungen (z. B. Mopanewälder). Galeriewälder entlang von Flüssen, Waldränder, Lichtungen, meidet jedoch Wüsten.

Stimme: Der Gesang ist ein stotterndes Trillerstakkato, etwa wie „pupupupupupu – puupiju". Leicht ansteigend, oft in Intervallen wiederholt. Andere Rufe ähneln denen der Nordbüscheleule.

Nahrung: Beutetiere ähnlich denen von *P. leucotis*, oft etwas größer und schwerer.

Brut: Ähnliches Brutverhalten wie *P. leucotis*, Brutzeit jedoch von Mai bis November, Spitze im Juli und August.

Bemerkungen: Die Verbreitungsgebiete dieser beiden sehr ähnlichen Arten *P. leucotis* und *P. granti* scheinen sich zu überlappen (Sympatrie), es wäre zu klären, ob dort Hybriden (Ruf) zu finden sind. Monotypisch.

Southern White-faced Owl
***Ptilopsis granti* (Kollibay) 1910**

Descriptive notes: plate 32 Similar in size and body mass to the Northern White-faced Owl. Differs from *P. leucotis* by darker and greyer colouration, more and bolder markings and more contrasting white face. But individual variation in both species, also in this owl some specimens are more grey-brown. Eyes orange-red to bright red.

Distribution: Africa, from Southeast Gabon, Central Congo, Southern Zaire, Southern Uganda and Southern Kenya, south to Namibia, North Cape Province and Natal.

Status: Not globally threatened, reasonably common in most of range. Scarce in Kenya and northern Tanzania, generally rare in the northern limits of distribution. Occurs in a number of protected areas throughout its range.

Habitat: Dry savannas with scattered thorny trees, acazia thorn veld and dry open woodland (e.g. Mopane woodlands). Wooded areas along rivers, forest edges, clearings, but avoids deserts.

Voice: The song is a rapid, stuttering staccato trill, "popo-popopo-poopeeu", the poopeeu slightly rising in pitch, repeated in intervals of several seconds. Other vocalisations are similar to *Ptilopsis leucotis*.

Food: Very similar to that of *P. leucotis*, probably hunts somewhat larger prey than its northern counterpart.

Breeding: Similar to *P. leucotis*, but laying between May and November, with a peak in July and August.

Remarks: Perhaps distribution range of these very similar species *P. leucotis* and *P. granti* overlaps locally (sympatric), this needs further study due to vocal hybridisation. Monotypic.

Rotohreule, Mindanao-Ohreule – *Mimizuku gurneyi* (Tweeddale) 1879

Kennzeichen: Tafel 33 Mittelgroße Eule mit „Federohren". Länge etwa 30 bis 35 cm. Weibchen etwas größer als das Männchen. Gewicht unbekannt. Braune und rotbraune Farbmorphe. Der rotbraune Gesichtsschleier ist beigeweiß gerandet. Beigeweiße Überaugstreifen bilden v-förmige Zeichnung auf der Stirn. Rücken und Oberschwanzdecken dunkelrotbraun mit schwarzbrauner Längsstreifung. Hellrostfarbenes Hinterhalsband. Schwanz und Flügel rostfarben, undeutliche schwarzbraune Bänderung. Außenfahnen der Schulterfedern cremeweiß, formen ein deutliches Band. Die Endsäume der großen Flügel und Armdecken bilden zwei deutliche Flügelbinden. Flügeldecken rotbraun mit dunkler Streifung und angedeuteter Bänderung. Kehle hell, Halsseiten rostbraun mit dunkler Streifung, Brust und Bauch rostbraun bis hellbeige oder

Giant Scops Owl – *Mimizuku gurneyi* (Tweeddale) 1879

Descriptive notes: plate 33 Medium-sized owl with ear tufts. Length about 30 to 35 cm, female a little larger than male. Weight unknown. Individuals vary from brown to rufous-brown. Facial disc rufous with a buffish-white ruff. Eyestripes buff-white and V-shaped on front. Back and rump dark rufous with dark, blackish-brown streaking. Light rufous collar. Tail and flight feathers rufous, with indistinct blackish brown barring. Outer webs of scapulars creamy, forming a conspicuous light band. Webs of greater wing and secondary coverts, forming two distinct wingbars. Remaining wing coverts are rufous with dark streaking and traces of barring. Throat pale, sides of neck rufous with dark streaking, breast and belly rufous to light buff or creamy-white, with large, blackish-brown streaking. Tarsus feathered to toes. Bill greyish to bluish

Tafel 36 / Plate 36
Uhu / Eurasian Eagle Owl - *Bubo bubo*
singendes Männchen / singing male

cremeweiß, mit dunkler Streifung. Läufe bis zu den Zehen befiedert. Schnabel grau bis bläulich hornfarben, helle Spitze. Iris braun, Augenring gräulich. Füße graubraun bis fleischfarben, Krallen hellgrau.

Verbreitung: Endemisch auf den Philippinen-Inseln Dinagat, Siargao und Mindanao. Monotypisch.

Bestand: Selten. Der Bestand wird von Bird Life International als Endangered/Gefahr auszusterben eingestuft.

Lebensraum: Primär- und Sekundärwälder, Waldränder. Höhere Bereiche dichten Unterwuchses. Vom Tiefland bis in etwa 1500 m (2000 m) Höhe. Auch in kleinen Gehölzen, inmitten Grasland, weitab vom nächsten Wald. Am Tag meist dicht am Stamm sitzend.

Stimme: Lauter, brummender und melancholischer Einzelruf, der alle 10 bis 20 Sekunden wiederholt wird und Serien von 5 bis 10 Rufen umfasst: „wäokk" oder „auokk".

Nahrung: Wahrscheinlich kleine Vögel und Säuger sowie größere Insekten. Jedoch fehlen exakte Angaben.

Brut: Die Eulen rufen am intensivsten von Februar bis Mai, weitere Angaben fehlen.

Bemerkungen: Früher als Art der Gattung *Otus* und als kleiner Uhu, Gattung *Pseutoptynx*, betrachtet. Jetzt in der monotypischen Gattung *Mimizuku*.

horn with light tip. Irides brown, eyering greyish. Feet greyish-brown to fleshy coloured. Claws light grey.

Distribution: Endemic species on Philippines (Dinagat, Siargao and Mindanao). Monotypic.

Status: Rare, listed as Endangered by Bird Life International.

Habitat: Primary and secondary forest and forest edges (usually foraging high in the understorey). From lowlands up to about 1,500 m (sometimes to 2,000 m). Has been found also in small groves in grassland, far away from forest. Roosts sitting closely against trunks of trees or at daytime.

Voice: A loud single growling and melancholic call, repeated in intervals of 10 to 20 seconds, in series of 5 to 10 notes, "waokk" or "owkkk".

Food: Probably small birds and mammals, also large insects. But no distinct information.

Breeding: The owls are vocally active in February to May, no further information is known.

Remarks: Formerly placed in the extensive genus *Otus*, and as a small eagle owl in genus *Pseutoptynx*. Placement in the monotypic genus *Mimizuku* seems the best.

Virginiauhu – *Bubo virginianus* (Gmelin) 1788

Kennzeichen: Tafel 34 Große und kraftvolle Eule mit langen „Federohren". Weibchen größer als Männchen, beide mit kräftigen, vollständig befiederten Fängen. Länge Männchen 43 bis 51 cm, Weibchen bis 60 cm. Gewicht Männchen 650 bis 1450 g, Weibchen 1000 bis 2600 g. Das Gefieder zeigt bei nahezu allen Rassen zwei oder mehr parallel variierende Farbmorphen; z. B. fahlhell oder schwarzbraun, hellgrau oder dunkelgrau, graubraun oder dunkelbraun, beige lohfarben oder rotbraun etc. Dazu variiert auch die Farbe des Gesichtsschleiers von weißlich über grau, beige oder orangebraun bis dunkelbraun. Oberseite mit unregelmäßiger Bänderung, Marmorierung und Schaftstrichen. Außenfahnen der Schulterfedern oft weißlich, unregelmäßig gefleckt und gebändert. Schwingen und Schwanz mit dunkler Bänderung und Fleckung, Schulterfittich unregelmäßig gebändert mit Kritzeln und Flecken. Schleier mit dunkler Einfassung. Augenumgebung weißlich. Schmaler heller Überaugstreif. Oberkopf und Hals ähnlich der Rückenfärbung, jedoch mit feinerer Zeichnung. Kehle und Kinn weiß, durch dunkle Fleckenreihe getrennt. Federn der Oberbrust mit dunklen Schaftstrichen, gebändert und gefleckt, die restliche Unterseite mit breiter Bänderung und Schaftstrichen. Unterschwanzdecken mit einigen Binden. Läufe und Zehen dicht befiedert. Krallen lang und kräftig. Iris gelb bis orangegelb. Augenlider schwärzlich, Schnabel und Wachshaut graublau. Krallen hornbraun bis schwärzlich. Jungvögel: Dunenjunge weißlich, Mesoptilkleid hellbeigebraun, mit undeutlicher Bänderung auf Unterseite, Rücken und Schultern. Federn sehr flauschig.

Verbreitung: Zahlreiche Subspezies von Alaska über Mittel- und Südamerika bis Brasilien und Zentralargentinien. Fehlt auf der pazifischen Seite und den zentralen Teilen der Anden, ebenso von Peru bis Chile und in Patagonien sowie Feuerland. (Dort durch *Bubo magellanicus* vertreten.)

Geografische Rassenverbreitung:
***Bubo virginianus saturatus* Ridgway 1877.** Küste Westalaskas bis Südostalaska, im Süden bis Washington, Nordost- und Westoregon, Britisch-Kolumbien, Nord- und Zentralalberta und Nordkalifornien (Monterey).
***B. v. pacificus* Cassin 1854** Südwesten der USA, Kalifornien, ohne Nord- und Südoregon, West- und Zentralnevada. Südliches bis nordwestliches Baja California.
***B. v. wapacuthu* (Gmelin) 1788** Kanada von der James Bay bis Mackenzie-Tal, nördlich bis zur Baumgrenze, südlich bis Nord-Alberta, Saskatchewan, Zentralmanitoba und nördliches Ontario.
***B. v. heterocnemis* (Oberholser) 1904** Östliches Nordamerika, Ungave-Halbinsel, Labrador, im Süden bis Nova Scotia, Ontario und Nordmaine.
***B. v. occidentalis* Stone 1896** Alberta, südliches Saskatchewan und Manitoba, südlich bis Nordostkalifornien, Nevada, Colorado, Kansas und westlicher Teil von Minnesota.
***B. v. virginianus* (Gmelin) 1788** Südliches Ontario, Quebec, New Brunswick, Nova Scotia, südlich durch Oklahoma, Ostkansas und Osttexas bis Florida.
***B. v. pallescens* Stone 1897** Südwesten der USA und Nordmexiko.
***B. v. elachistus* Brewster 1902** Baja California, von 30° n. Br. nach Süden bis Cabo San Lucas.
***B. v. mayensis* Nelson 1901** Mittelamerika, von Mexiko, Yucatanhalbinsel und Honduras südlich bis Westpanama.
***B. v. nacurutu* (Vieillot) 1817** Tropisches Tiefland östlich der Anden, von Tucuman, Argentinien, durch Paraguay, Bolivien, den Mato Grosso, British Guiana, Venezuela bis Kolumbien. Wahrscheinlich auch im Osten Argentiniens, Uruguay und im östlichen Brasilien.
***B. v. deserti* Reiser 1905** Nördliches Zentralbahia und Santarem, Südostbrasilien.
***B. v. nigrescens* Berlepsch 1884** Anden, vom nordwestlichen Peru bis Ecuador und Kolumbien.

Great Horned Owl – *Bubo virginianus* (Gmelin) 1788

Descriptive notes: plate 34 Very large and powerful owl, with prominent long ear tufts. Female larger than male, both with powerful, fully feathered talons. Length male 43 to 51 cm, female up to 60 cm. Weight male 650 to 1,450 g, female 1,000 to 2,600 g. Plumage with a parallel variation within most subspecies, two or more colour morphs, e.g. light pale or blackish-brown, light grey or dark grey, greyish-brown or dark brown, buffy-tawny or rufous etc. Facial disk also variable in colour, from whitish to greyish, buffy or orange-brown to dusky brown. Upperparts mottled, vermiculated and with dark shaft streaks. Scapulars with white spots on outer webs, irregularly marked with spots and bars. Flight and tail feathers distinctly banded and spotted dusky, tertials irregularly barred, mottled and vermiculated. Facial disk distinctly rimmed, whitish area around eyes. Eyebrows narrow and whitish. Crown and neck similar to back, but with finer pattern. Chin and throat white, divided by a row of small, dark spots. Feathers of upper breast with dark shaft streaks, crossbars and blotches. Remaining underparts coarsely barred and with shaft streaks. Undertail coverts with some barring. Tarsus and toes densely feathered. Talons long and powerful. Irides yellow to dull orange-yellow. Eyelids blackish. Bill and cere bluish-grey. Claws horn-brown to blackish. Juvenile: Downy chicks whitish, mesoptile buffy-brown, indistinctly barred below and on upperside. Feathers fluffy.

Distribution: Numerous subspecies: America, from Alaska to Central and South America, south to Brazil and Central Argentina. Absent from Pacific slopes and central parts of the Andes, from Peru to Chile, also from Patagonia and Tierra del Fuego. (Replaced by *Bubo magellanicus*).

Geographical variations:
***Bubo virginianus saturatus* Ridgway 1877** Coast of West Alaska to Southeast Alaska, south to Washington, Northeast & West Oregon, British Columbia, North & Central Alberta and North California (Monterey).
***B. v. pacificus* Cassin 1854** Southwest USA, California, without North, West & Central Nevada, south to Northwest Baja California.
***B. v. wapacuthu* (Gmelin) 1788** Canada, from James Bay to Mackenzie Valley, north to the tree line, south to North Alberta, Saskatchewan, South Manitoba and North Ontario.
***B. v. heterocnemis* (Oberholser) 1904** Ungave Peninsula, Labrador, south to Nova Scotia, New Brunswick, Ontario and northern Maine.
***B. v. occidentalis* Stone 1896** Alberta, South Saskatchewan, South Manitoba, south to Northeast California, Nevada, Colorado, Kansas and West Minnesota.
***B. v. virginianus* (Gmelin) 1788** South Ontario, Quebec, New Brunswick, Nova Scotia, south through Oklahoma, East Kansas and East Texas to Florida.
***B. v. pallescens* Stone 1897** Southwest USA and northern Mexico.
***B. v. elachistus* Brewster 1902** Baja California, from 30 ° N, south to Cabo San Lucas.
***B. v. mayensis* Nelson 1901** Central America, from Mexico, Yucatan Peninsula and Honduras south to West Panama.
***B. v. nacurutu* (Vieillot) 1817** Tropical lowlands east of the Andes, from Tucuman, Argentina, through Paraguay, Bolivia, the Mato Grosso, British Guiana, Venezuela to Colombia. Probably also in East Argentina, Uruguay and East Brazil.
***B. v. deserti* Reiser 1905** Northern Central Bahia and Santarem, Southeast Brazil.
***B. v. nigrescens* Berlepsch 1884** Andes, from Northwest Peru to Ecuador and Colombia.

Tafel 37 / Plate 37
Wüstenuhu / Pharaoh Eagle Owl - *Bubo ascalaphus*
links / left: typical morph
rechts / right: pale morph, sometimes named ssp. *deserti*

Wo sich die Verbreitungsgebiete einiger Rassen überlappen, sind Mischformen feststellbar. Zahlreiche in der Amerikanischen AOU Checklist benannte Subspezies sind kaum unterscheidbar oder nur individuelle oder parallel variierende Farbmorphen. Weick, F., 1999: Taxonomie der Amerikanischen Uhus. Ökol. Vögel, 22 (2): 363–387. Maße, Beschreibungen und Abbildungen der Subspezies.

Lebensraum: Kommt in den vielfältigsten Habitaten vor; halboffene Landschaften mit Bäumen, kleinen Gehölzen, offenes Waldland, Buschland, Laub-, Misch- und Nadelwald, Aufforstungen, Sumpfwald, offenes Agrarland, Parks mit alten Bäumen und Halbwüsten. Von Meereshöhe bis etwa 4000 m im Hochgebirge, in den Anden bis 4500 m.

Bestand: Weitverbreitet, lokal noch relativ zahlreich, aber meist in nur geringer Dichte, in vielen Regionen gefährdet oder bereits verschwunden. Hauptursachen: Zerstörung der Lebensräume, illegaler Abschuss und Giftköder sowie Pestizide. Auch als Verkehrsopfer und durch Stromschlag an Überlandleitungen. Nicht unmittelbar gefährdet.

Stimme: Männchen ruft während der Paarungszeit tief „huhuhuuu-huuh – huuh", in Intervallen wiederholt. Weibchen ruft höher und in anderem Rhythmus „hu-huhuhU-hooh". Beide Partner rufen auch im Duett. Außerdem ein lang gezogenes Kreischen. Bei Beuteübergabe lässt das Männchen gutturale, glucksende Laute vernehmen.

Nahrung: Weites Spektrum an Beutetieren; von kleinen Säugern bis zur Größe von Hasen und Opossums, Vögel bis Gänse- und Reihergröße, auch zahlreiche kleine Greifvögel und Eulen, Reptilien, Amphibien und Großinsekten. Kleinere Säugetiere bilden das Hauptkontingent der Beute. In Nordkanada können Schneeschuhhasen etwa 80 % des Beuteanteils betragen. Jagt bevorzugt bei Dämmerung oder nachts, im Norden auch bei Tageslicht, vom Ansitz aus oder im Gleitflug. Die Beute wird durch die kräftigen Krallen und Biss in Kopf oder Nacken getötet. Kleine Beutetiere werden ganz verschlungen, größere zerteilt, überschüssige Beute wird in Verstecken deponiert.

Brut: Brutzeit je nach Verbreitungsgebiet von Dezember bis Juli. Weibchen brütet meist schon bei Minustemperaturen und geschlossener Schneedecke. Männchen beginnt nach Abgrenzen seines Territoriums mit der Werbung. Als Nistplatz dient ein altes Nest anderer großer Vögel, große Baumhöhle, Felsüberhang, Felsspalt oder Vertiefung auf Felssims oder am Boden. Weibchen legt meist 2 (bis 6) Eier und brütet alleine ab dem ersten Ei. Brutdauer 28 bis 35 Tage. Mänchen versorgt das brütendede Weibchen mit Nahrung. Huderperiode etwa zwei Wochen. Junguhus verlassen mit 6 bis 7 Wochen das Nest, fliegen aber erst nach etwa 10 bis 12 Wochen gut. Sie werden von den Eltern bis zu fünf Monaten betreut. Geschlechtsreife wird meist im zweiten Lebensjahr erlangt.

Wanderungen: Meist Standvogel, nördliche Vögel streichen im November und Dezember weit südlich und südöstlich.

Bemerkungen: Lange Zeit wurde *Bubo magellanicus* als Subspezies des Virginiauhus betrachtet, jedoch gibt es deutliche Unterschiede in der DNA, der Simme und in der Morphologie.

Some subspecies intergrading by sympatric distribution. Numerous geographical subspecies, named in the AOU Checklist of North American Birds, are poorly differentiated or colour morphs only. Weick, F., 1999: Taxonomie der Amerikanischen Uhus, Ökol. Vögel, 22 (2): 363 - 387. Measurements and description of plumage of subspecies.

Habitat: Habitat very variable, semi-open landscapes with trees, groves, open woodland, shrubs, deciduous, mixed and coniferous forest, secondary growth, swampy woodlands, open farmland, parks with old trees and semi-desert. From sea level up to about 4,000 m high mountain chain, in Andes to 4,500 m.

Status: Widespread and locally frequent, but considered endangered and density low, only few populations estimated. Declining by destruction of habitat (agriculture), human persecution and the use of poisoned baits and pesticides. Also by roadkills and man-made objects (e.g. electrocution by power lines). Not globally threatened.

Voice: Male during courtship utters a deep "hu huhooo-hooh-hooh", repeated in intervals. The female has a similar but higher-pitched song with a different rhythm, "hu-huhuhU-hooh". Both may be heard duetting. Both sexes utter also striding screams. While offering food to the female, the male utters guttural, glucking sounds.

Food: Very diverse range of prey, including small mammals up to the size of hares and opossums, birds to the size of geese and herons, including numerous smaller raptors and owls, also reptiles, amphibians and large insects. But the majority are small mammals. In North Canada, snow hares represent 80 % of diet. Hunts by dusk or during the night, in northern ranges also by daylight (midsummer), from perch or gliding over open areas. Kills prey with its powerful talons or biting head or nape with the bill. Small items swallowed whole, larger dismembered first. Surplus food is quite often stored in depots.

Breeding: Breeding season corresponding with distribution range from December to July. Female often incubates in sub-zero temperatures, when snow covers the ground. After marking his territory, the male makes contact with the female. Normally uses an old nest of other large birds, a large tree hole, beneath rock overhang or cave, or a depression on the ground. Female normally lays 2 (to 6) eggs. Female incubates alone from the first egg on, for 28 to 35 days. Male brings food to the nest. Brooding period until two weeks. The young leave the nest at 6 to 7 weeks, but fly well after 10 to 12 weeks. They are cared for by the parents up to five weeks after that. Sexual maturity probably in the second year.

Movements: Mostly resident, but some movement by northern birds in November and December, far to South or Southeast.

Remarks: For a long time, *Bubo magellanicus* was included with the Great Horned Owl, but distinctly different in DNA, voice and morphology.

Magellan-Uhu – *Bubo magellanicus* Lesson 1828

Kennzeichen: Tafel 35 Relativ kleine Uhuart, Länge 45 cm, Gewicht 830 g. Ähnlich dem Virginiauhu *Bubo virginianus*, unterscheidet sich durch kleinere Gestalt, kürzere Federohren und Schnabellänge und schwächere Fänge. Unterschiede im Gesang und bei DNA-Untersuchungen (PCR- und DNA-Sequenzierung). Gefieder variiert von graubraun bis dunkelbraun, Unterseite mit feinerer, engerer und aufgelösterer Bänderung als sein Verwandter. Schleier ist mit deutlicher dunkler Begrenzung eingefasst. Unterschiede auch durch die mehr querovale Gesichtsform. Die Weibchen sind oft dunkler und kontrastreicher gefärbt als die Männchen. Oberseite graubraun mit dunklen Schaftstrichen, Kritzeln und Flecken und zackig verlaufender Querbänderung. Schulterdecken ohne deutlich weiß gefleckte Außenfahnen. Schirmfedern mehr bekritzelt und marmoriert als die dunkel gebänderten Schwungfedern. Schwanzfedern mit undeutlicher dunkler Bänderung. Kehle weiß und mit einer Reihe dunkler Flecken begrenzt. Unterbauch nahezu ungezeichnet und schmutzig weiß, Unterschwanzdecken gebändert. Lauf- und Zehenbefiederung schmutzig weiß. Iris gelb, Augenlider schwarz. Schnabel und Wachshaut bläulich grau, Krallen dunkelhornfarben bis schwärzlich. Dunenjunge weiß, Mesoptilkleid hell, deutliche dunkle Schleierbegrenzung, Unterseite weißlich bis hellbeige, mit undeutlicher, enger, dunkler Bänderung, Gefieder wirkt sehr flauschig.

Verbreitung: Zentralperu, Bolivianisches Hochland, Chile, Süd- und Westargentinien, südlich bis Feuerland und Kap Horn.

Bestand: Noch relativ gute Bestände; in Chile, Patagonien und Feuerland weitverbreitet. In Zentralchile Zunahme durch Einbürgerung von Kaninchen. Gefährdung durch Auslegen von vergifteten Fuchsködern und Straßenverkehr.

Lebensraum: Felsige Hochlandweiden, Buschland, halboffene Südbuchenwälder (*Nothofagus*) und felsige Halbwüsten. Wichtig sind Tageseinstände, z. B. Büsche, Bäume oder Felsen. Meidet dichte und geschlossene Waldungen. Von Meereshöhe bis in die Hochanden von 2500 bis 4500 m.

Magellanic Horned Owl – *Bubo magellanicus* Lesson 1828

Descriptive notes: plate 35 Relatively small species of horned owl, length 45 cm, weight of one male 830 g. Very similar to the Great Horned Owl *Bubo virginianus*, but differing in smaller size, shorter ear tufts and bill and weaker talons. Also differs in vocalisations and DNA sequences (PCR and DNA evidence). General plumage colouration varies from light grey-brown to dark brown, but below with narrower and finer barring, much denser and more broken barring, than its larger relative. Facial disk more distinctly dark rimmed. Further differs by a more oblique facial shape. Females often distinctly darker and more contrasting in plumage than males. Upperparts greyish-brown, with dark shaft streaks, mottling, dots and a serrated barring. Scapulars without distinct white spots on outer webs. Tertials more vermiculated and with serrated barring and streaking, flight feathers with dark barring, tail with more indistinct dark barring. Throat white, bordered ventrally by a row of dark dots. Abdomen nearly unbarred and dirty white, undertail coverts distinctly barred. Tarsus and toes feathered and dirty white. Irides bright yellow, with blackish eyelids. Bill and cere bluish-grey, claws dusky horn-coloured to blackish. Downy chicks whitish, mesoptile relatively pale-coloured, facial disc distinctly rimmed, below whitish to pale buffy, with indistinct but dense dark barring and fluffy.

Distribution: Central Peru, Highlands of Bolivia, Chile, South and West Argentina, south to Tierra del Fuego and Cape Horn.

Status: Widespread and rather frequent in Chile, Patagonia and Tierra del Fuego. Increased in Central Chile by introduction of rabbits. Threatened by poisoned baits for foxes and traffic.

Habitat: Rocky upland pasture, shrublands, semi-open *Nothofagus* forest and rocky semi-deserts. Shelter for roosting in shrubs, trees or cliffs during daytime. Avoid dense or closed forest. From sea level up to montane areas, in Andes from 2,500 to 4,500 m.

Tafel 38 / Plate 38
Sprenkeluhu, Grauuhu / Vermiculated Eagle Owl - *Bubo cinerascens*

Stimme: Reviergesang ist häufig im Duett zu hören, Männchen: „wu – BUH – oo" oder „wu – BUH – qworrr", Weibchen singt ähnlich, aber mit länger vibrierendem „qworrr"-Laut.

Nahrung: Dämmerungs- und nachtaktiv, jagt aber im Süden während der 24 Stunden hellen „Sommertage" auch am Tage. Kleine Säugetiere bis Kaninchengröße, Vögel, Reptilien und größere Wirbellose. Jagt gerne vom Ansitz aus.

Brut: Brutsaison beginnt im Spätwinter. Nistet in Felshöhlen, unter Überhängen, Bodenmulden oder Nestern anderer Vögel. Legt 2–3 weiße Eier. Weibchen brütet ab dem ersten Ei und wird vom Männchen mit Futter versorgt. Brutdauer 28 Tage. Die Jungen werden von beiden Eltern gefüttert und verlassen noch vor dem Flüggewerden das Nest.

Bemerkungen: Galt lange Zeit als Rasse *B. v. nacurutu* des Virginiauhus. Traylor (1958) trennte *magellanicus* wegen morphologischer Unterschiede von dieser Uhurasse als monotypisch ab. König, Heidrich & Wink wiesen 1996 auf Unterschiede in Gesang und DNA-Sequenzierung hin und bestätigten so die Eigenständigkeit dieser Art.

Voice: Both sexes with a very similar courtship song, male a deep hollow hooting, "hoo-HOO-ooh" or "hoo-HOO-quorrr", female gives longer, vibrating "quorr" note.

Food: Hunting by dusk and dawn and nocturnal, also by day in south of its range, where close to 24 hours daylight during "summer". Hunts small mammals up to the size of rabbits, also birds, reptiles and large invertebrates. Often uses rock or tree as lookout perch.

Breeding: Breeding season begins in late winter. Nest in cavity on cliffs, beneath rock overhang, in shallow depression on the ground or in nests of other birds. 2 to 3 white eggs. Female incubates for 28 days, from the first egg on alone, being fed by the male. The young are fed by both parents and leave the nest before they are able to fly.

Remarks: Merged with *Bubo virginianus nacurutu*, a subspecies of the Great Horned Owl. But Trayler (1958) divided *magellanicus* from this polytypic species due to different morphological characters. Later, König, Heidrich & Wink (1996) showed also different vocalisations and DNA evidence. Monotypic species.

Uhu – *Bubo bubo* (Linnaeus) 1758

Kennzeichen: Tafel 36 Nominatform. Die größte Eule Europas, sehr groß und massig, Länge 58 bis 71 cm, Gewicht 1550 bis 2700 g beim Männchen, 1750 bis 4200 g beim Weibchen. Geschlechtsdimorphismus, die Weibchen sind deutlich größer und schwerer als die Männchen. Auffällige Federohren, dicker, runder Kopf, großer, kräftiger Schnabel und gewaltige Fänge. Dicht befiederte Zehen. Oberseits dunkelrostbraun mit kräftigen schwarzen Streifen und Kritzeln. Schulterfedern und Mantel mit großen, hellen Flecken und dunklen Kritzeln auf den Außenfahnen, markante Streifen bildend. Unterseite gelblich bis orangebraun, auf der Brust breit, dunkel gestreift und fein gebändert. Bauch mit feiner Längsstreifung und dichten Querwellen. Kehle weiß. Läufe und Zehen dicht gelblich braun befiedert und mit kleinen Binden. Augen sehr groß, orangegelb bis orangerot, Schnabel und Krallen schwarz. Dunenjunge überwiegend weißlich. Mesoptilkleid gelblich graubraun mit zahlreichen undeutlichen dunklen Querbinden auf Kopf, Rücken, Schultern und Unterseite. Federohren kaum sichtbar, durch das flauschige Gefieder verdeckt. Flügel und Schwanz sind bereits ähnlich dem Alterskleid. Es sind noch viele Mesoptildunen vorhanden.

Verbreitung: Über das kontinentale Europa und Nordafrika weitverbreitet, lokal jedoch sehr selten. Fehlt in England, Irland und auf Island. Von der Iberischen Halbinsel und Marokko bis Nordskandinavien, Sibirien, Nordindien, Himalaja östlich bis Sachalin. Von Ostsibirien bis Südchina. Unregelmäßig und lokal in Nordjapan.

Geografische Rassenverbreitung:
***Bubo b. hispanus* Rothschild & Hartert 1910** Iberische Halbinsel, früher auch in Algerien und Marokko. Ähnlich Nominatform, etwas kleiner, heller und grauer.
***Bubo b. bubo* (Linnaeus) 1758** In Europa von Pyrenäen und Mittelmeerraum bis Bosporus und Ukraine. Im Norden bis Skandinavien, Moskau und Nordwestrussland. Siehe Kennzeichen.
***Bubo b. ruthenus* Zhitkov & Buturlin 1906** Mitteleuropäisches Russland, im Osten bis zu den Vorbergen des Ural, südlich bis zur Wolgamündung. Heller und grauer als *bubo* und weniger gelbbraun im Gefieder.
***Bubo b. interpositus* Rothschild & Hartert 1910** Bessarabien, Krim, Kaukasus, Kleinasien, Palästina, Syrien und Iran. Dunkler und rostfarbener als *ruthenus*. Sympatrisches Vorkommen mit *Bubo ascalaphus*.
***Bubo b. sibiricus* (Gloger) 1833** Westsibirien und Baschkirien, bis zum mittleren Ob und Westaltai, im Norden bis zur Taiga. Sehr hell: Färbung rahmweiß mit dunklen Abzeichen, Oberkopf, Nacken und Unterseite mit schmalen, dunklen Schaftstrichen, reduzierte dunkle Flecke auf Rücken, Schulterfedern und Flügeldecken, Unterbrust und Bauch fein gestreift und gebändert. Dunkle Handdecken bilden Kontrast zum restlichen Flügel.
***Bubo b. yenisseensis* Buturlin 1912** Zentrales Sibirien zwischen Ob, Baikalsee, Altai und Nordmongolei. Dunkler und grauer, mehr gelbliche Grundfärbung als der benachbarte *sibiricus*.
***Bubo b. jakutensis* Buturlin 1908** Nordostsibirien. Oberseits dunkler und brauner als *yennisseensis*, unterseits deutlicher gezeichnet als *sibiricus*.
***Bubo b. ussuriensis* Polyakov 1915** Südostsibirien bis Nordchina, Sachalin und Kurilen. Oberseits dunkler als *jakutensis*, Unterseite mit ockerfarbenem Anflug.
***Bubo b. kiautschensis* Reichenow 1903** Korea und China, im Süden bis Sichuan und Yunnan. Kleiner, dunkler, mehr bräunlich und rostfarben als *ussuriensis*.
***Bubo b. turcomanus* Eversmann 1835** Gebiet zwischen Wolga, oberem Ural, der Küste des Kaspischen Meeres und Aralsee, im Osten bis Transbaikalien und Tarimbecken bis Westmongolei. Hell und mit gelblicher Grundfarbe, weniger gestreift und bekritzelt als die Rassen *nikolskii* und *omissus*. Grauer als *hemalachana*.
***Bubo b. omissus* Dementiev 1932** Turkmenien, Iran und Chinesisches Turkestan. Hellockerfarbene Wüstenrasse, Unterseite mit feiner Zeichnung.
***Bubo b. nikolskii* Zarudny 1905** Iran bis Pakistan. Kleiner als *omissus*, mehr rostfarbener Anflug, oberseits heller.
***Bubo b. hemachalana* Hume 1873** Tien Shan bis Pamir, nördlich bis Kara Tau, südlich bis Belutschistan und Himalaja. Mehr hellbraune Färbung.

Eurasian Eagle Owl – *Bubo bubo* (Linnaeus) 1758

Descriptive notes: plate 36 (Nominate *bubo*) The largest owl of Europe, very large and heavy, length 58 to 71 cm, weight of male 1,550 to 2700 g and of female 1,750 to 4,200 g. Sexually dimorphic, females distinctly larger and heavier than the males. Prominent ear tufts, large, rounded head and powerful bill and feet. Fully-feathered toes. Above dark rusty-brown with heavy black streaking and vermiculations. Scapulars and mantle with large pale and darkly vermiculated spots on outer webs, forming prominent streaking. Underparts pale buffy to orange-brown, breast with broad dark streaking and narrow crossbars. Belly with fine, dark shaft lines and fine, dense crossbars. Throat white. Tarsi and toes densely feathered, pale buffy with small bars. Eyes very large, orange-yellow to orange-red, bill and claws black. Juveniles: Downy chicks whitish. Mesoptile pale buffy-brown, underparts with many indistinct dark bars on head, back, mantle and underparts. Ear tufts hardly visible, indicated by fluffy feathers. Flight and tail feathers similar to adult. Much mesoptile down are still present.

Distribution: Widespread in continental Europe and North Africa, but locally very rare. Absent in Britain, Ireland and Iceland. From Iberian Peninsula and Morocco to northern Scandinavia, Siberia, northern India, Himalayas east to Sakhalin. From eastern Siberia to southern China. Accidentally and locally in northern Japan.

Geographical variations:
***Bubo b. hispanus* Rothschild & Hartert 1910** Iberian Peninsula, formely Atlas Mountains in Algeria and Morocco. Similar to nominate, but slightly smaller, paler and greyer plumage.
***Bubo b. bubo* (Linnaeus) 1758** Europe from Pyrenees and Mediterranean east to the Bosporus and Ukraine. North to Scandinavia, Moscow and northwest Russia (see Descriptive notes).
***Bubo b. ruthenus* Zhitkov & Buturlin 1906** Central European Russia, east to foothills of the Ural Mountains and south to mouth of Volga River. Paler and greyer than *bubo* and less buffish.

***Bubo b. interpositus* Rothschild & Hartert 1910** Besarabia, Crimea, Caucasus, Asia Minor, Palestine, Syria and Iran. Occurs sympatrically with *B. ascalaphus*.
***Bubo b. sibiricus* (Gloger) 1833** West Siberia and Bashkiria, to middle Ob River and West Altai Mountains, north to limits of the taiga. Very pale colour, creamy-white with narrow, dark shaft streaks, limited dark spots on back, scapulars and wing coverts, lower breast and belly with narrow crossbars. Primary coverts dark and contrasting with rest of wing.

***Bubo b. yenisseensis* Buturlin 1912** Central Siberia between Ob River, Lake Baikal, Altai Mountains and North Mongolia. Darker, greyer, with more yellowish ground colour than *sibiricus*.
***Bubo b. jakutensis* Buturlin 1908** Northeastern Siberia. Plumage above darker and browner than *yennisseensis*, more distinctly markings below than *sibiricus*.
***Bubo b. ussuriensis* Polyakov 1915** Southeastern Siberia, North China, Sakhalin and Kuriles. Darker above than *jakutensis*, more ochre wash below.
***Bubo b. kiautschensis* Reichenow 1903** Korea and China, south to Sichuan and Yunnan. Smaller, darker, more tawny and rufous than *ussuriensis*.
***Bubo b. turcomanus* Eversmann 1835** Between Volga and upper Ural, Caspian coast and Aral Sea, east to Transbaikalia and Tarim basin to western Mongolia. Pale and yellowish, less streaked and vermiculated than *nikolskii* and *omissus*. Brown feathers less contrasting. Greyer than race *hemalachana*.

***Bubo b. omissus* Dementiev 1932** Turkmenia, adjacent Iran and Chinese Turkestan. Pale ochre-coloured desert race, markings below narrow.
***Bubo b. nikolskii* Zarudny 1905** Iran to Pakistan. Smaller than *omissus*, more rufous wash, less dark above.
***Bubo b. hemachalana* Hume 1873** Tien Shan to Pamir Mountains, north to Kara Tau, south to Baluchistan and the Himalayas. General colouration pale brown.

Tafel 39 / Plate 39
Usambara-Uhu / Usambara (Nduk) Eagle Owl - *Bubo vosseleri*

2007
Weick

Bestand: In vielen Teilen Europas gefährdet. In Mitteleuropa hat der Bestand seit 1970 zugenommen, Gesamtbestand etwa 2600 Brutpaare, etwa 800 Brutpaare für Deutschland. Zahlreiche Verluste durch Verkehr, Stromleitungen und Windkraftanlagen. Pestizide und andere Gifte sind schuld am Bestandsrückgang. Bestandszahlen aus dem asiatischen Raum fehlen völlig.

Lebensraum: In Mitteleuropa hauptsächlich in reich gegliederten Landschaften mit Felswänden, Steinbrüchen, Steilhängen, vereinzelten Baum- oder Buschgruppen und Gewässernähe. Offene Wälder mit Lichtungen, Kulturland, nahe am oder direkt im Siedlungsbereich. Meidet dichten Wirtschaftswald. Von Meereshöhe bis zur Baumgrenze.

Stimme: Männchen ruft tief und monoton „Buho" oder „Uu-o", beide Silben in dichter Folge und wie eine klingend. Das Weibchen ruft höher und deutlich zweisilbig „u-Hu" oder „u-Juh". Zur Brutzeit wird auch im Duett gerufen. Alarmruf klingt wie „ka-ka-kau". Bettelrufe der Jungen klingen wie „dschie" oder schrill wie „tschatt-tschatt-tschatt".

Nahrung: Säugetiere von Maus- und Spitzmausgröße bis zu Feldhase und Rehkitz. Igel sind eine bevorzugte Beute. Vögel vom Sperling bis zum Wanderfalken oder Auerhuhn und alle Eulen. Amphibien, Reptilien, Insekten und Regenwürmer. Nimmt bei Beutemangel auch Aas. Tötet Beute mittels der starken Fänge und Kopfbiss. Zerteilt die Beute in Stücke zum Hinunterschlingen oder Transport. Kleinere Beutetiere werden ganz verschluckt.

Brut: Mit einem Jahr geschlechtsreif, brütet erst mit 2 bis 3 Jahren erfolgreich. Monogame Dauerehe. Nistplatzwahl erfolgt durch das Weibchen. Nistet bevorzugt in Überhängen, Felsnischen, auf Felsbändern und am Fuße von Felsen oder Bäumen. Nimmt gelegentlich auch Horste von Greifvögeln oder Reihern. Eine Jahresbrut. Legebeginn Ende Januar. Meist 2 bis 3 Eier. Legeintervall 3 bis 4 Tage. Das Weibchen brütet meist ab dem ersten Ei. Brutdauer 31 bis 36 Tage. Frisch geschlüpfte Küken wiegen etwa 60 g und haben bis zum 4. Tag geschlossene Augen, werden 2 Wochen gehudert. Stehen erst nach 4 Wochen und machen ab der 5. Woche Flattersprünge. Sie fliegen im Alter von etwa 50 Tagen, sicheres Fliegen erst mit etwa 2 Monaten. Die Junguhus werden bis zur 25. Lebenswoche von beiden Eltern versorgt. Sterberate im ersten Jahr bei etwa 70 %, in den folgenden Jahren bei etwa 20 %. Ringvögel erreichten in freier Wildbahn ein Alter von 20 Jahren.

Bemerkungen: Der Eurasische Uhu *Bubo bubo* bildet mit den nahe verwandten Arten Bengalenuhu *Bubo bengalensis* und Wüstenuhu *Bubo ascalaphus* eine Superspezies.

Status: Endangered in many parts of Europe. Successful reintroductions in Central Europe. Total Central European population estimated as 2,600 pairs, about 800 pairs for Germany. Endangered by kills on roads and railway tracks, power lines and wind power plants. Endangered by pesticides and other toxic chemicals in some areas. No detailed data on Asian populations.

Habitat: In Central Europe wide range of landscapes and open areas with rocks, quarries, steep slopes, with scattered groves of trees and bushes, often near water. Open forest with clearings, cultivated open or semi-open areas, sometimes near or in human settlements. Avoids dense extensive forest. From sea level up to timberline.

Voice: Song of the male is a deep, monotonous and resonant hoot "Bu-oh" or "Oo-o", the two syllables very drawn together. The female has a similar higher-pitched song, clear disyllabic "u-Wooh". Male and female duet during courtship. Alarm call "ka-ka-kau". Young begs with "dscheee" or a screaming "tschatt-tschatt-tschatt".

Food: Mammals, ranging from small mice and shrews to hares and fawn. In Central Europe, hedgehogs are a favorite prey. Birds from sparrow to the size of peregrine or capercaillie and all owls. Also amphibians, reptiles, large insects and earthworms. Eats carrion when live prey is scarce. Kills prey with the powerful talons and bite in the head. Tears prey into pieces for swallowing or carriage. Small prey is swallowed whole.

Breeding: Reach maturity at one year, but successful breeding at 2 to 3 years. Monogamous, solitary. The female selects the favoured nesting place. Nest on cliff ledges, rocky slopes, sheltered by overhanging rocks, caves, larger crevices or on ground on the base of a trunk or between rocks. Sometimes uses old tree nests of birds of prey or herons. One clutch per year. Laying begins in late January. Lays 2 to 3 eggs, at intervals of 3 to 4 days. The female incubates alone, starting from first egg. Incubation 31 to 36 days. Newly hatched chick has a weight of 60 g. Their eyes open on day 4 and they are brooded for about 2 weeks. Young standing on feet at about 4 weeks, at 5 weeks flapping of the wings. At 50 days, they are able to fly, but not able to fly well before 2 months. Fledged young are cared for by both parents for about 25 weeks. Mortality in the first year at 70%, in following years at about 20%. Oldest known age in wilderness at least 20 years.

Remarks: The Eurasian Eagle Owl *Bubo bubo* forms a superspecies with the closely related Rock Eagle Owl *Bubo bengalensis* and the Pharaoh Eagle Owl *Bubo ascalaphus*.

Wüstenuhu – *Bubo ascalaphus* Savigny 1809

Kennzeichen: Tafel 37 Von *Bubo bubo* durch kleineren Wuchs, kürzere „Federohren" und helleres Gefieder unterscheidbar. Länge 45 bis 50 cm, Gewicht: Männchen 1900 g, Weibchen 2300 g. Helle, rötlich bis ockersandfarbene, kräftige Eule, kurze, dunkel gefleckte Federohren, cremefarbener bis heller rötlich gelber Schleier. Dunkler, oft undeutlicher Schleierrand. Kopf, Hals und Oberseite mit gelblich rostfarbener Grundfärbung, dunklen Flecken und Kritzeln sowie hellen Flecken. Flügeldecken dunkler, mit heller bis weißer Fleckung. Schwung- und Schwanzfedern mit heller und dunkler Bänderung. Weißer Kehlfleck. Unterseite cremefarben bis beige oder rötlich sandfarben. Oberbrust mit schwarzbraunen, keilförmigen Längsflecken, restliche Unterseite mit feiner, rötlich brauner Querbänderung. Läufe und Zehen voll befiedert. Eine als Subspezies B. a. desertorum bezeichnete Morphe ist heller, mehr sandfarben, mit blasserer Zeichnung sowie weißlichem Schleier und auffallend heller Unterseite. Iris gelborange bis rotorange. Wachshaut grau, Schnabel und Krallen schwärzlich. Dunenjunge weiß, auf Stirn, Rücken und Flügel etwas dunkler. Mesoptilkleid ähnlich den Altvögeln, aber oberseits flauschiger wirkend.

Verbreitung: Nord- und Nordwestafrika, Rif- und Atlasgebirge, Großteil der Sahara (südl. bis Tschad), Mauretanien, Mali, Niger, Nordägypten, Sudan und Westäthiopien, Arabien, Syrien, Israel und Palästina bis zum Irak.

Bestand: Es fehlen weitgehend Angaben zu Populationsgrößen (z. B. Israel, 1990 ca. 50 Brutpaare). Im Großteil des Verbreitungsgebietes noch nicht selten. Aber lokale Gefährdung durch menschliche Einflüsse.

Lebensraum: Felsige Wüsten, Halbwüsten, Bergland mit Felsen und Schluchten, Hügelland mit vereinzelten Bäumen und Sträuchern, Wadis, Umgebung von Oasen. Übergänge zur Trockensavanne (z. B. Sahel).

Stimme: Ruft in etwas höherer Tonlage als *Bubo bubo*, Einzelruf tiefes „buo". Bei der Balz auch dreisilbige Rufe: „hu – hu – huuh", leicht ansteigend. Rufe werden in kurzen Intervallen wiederholt oder sind im Duett zu hören. Aufgeschreckt (im Nestbereich) ist ein quäkender Ruf vernehmbar. Junguhus betteln mit rauem Kreischen.

Nahrung: Dämmerungs- und nachtaktiv. Hauptbeute sind kleine Nager wie Rennmäuse oder Gundis, Vögel, Fledermäuse und Reptilien. Auch größere Tiere werden erbeutet, wie Fenneks, Hasen und Igel. Gejagt wird meist vom Ansitz.

Brut: Monogame Dauerehe. Brütet in Bodenmulden, auf Felsbändern, unter Überhängen oder in Baumhöhlen. Nimmt auch Nester größerer Vögel. Brutrevier wird über mehrere Jahre beibehalten. Brutzeit

Pharaoh Eagle Owl – *Bubo ascalaphus* Savigny 1809

Descriptive notes: plate 37 Distinguished from *Bubo bubo* by smaller size, shorter ear tufts and paler appearance. Length 45 to 50 cm, weight of males about 1,900 g, females average 2,300 g. Pale rufous to ochre-sandy-coloured, powerful owl, with short, dark speckled ear tufts and creamy to tawny rufous facial disk, bordered by dark, often indistinct rim. Head, neck and upperparts with tawny-buff ground colour and blackish-brown spots and vermiculations, with pale spotting. Wing coverts darker, variably spotted white. Flight feathers and tail barred light and dark. Conspicuous white throat, underparts creamy to buff or pale tawny. Upper breast with blackish-brown, drop-shaped streaks, remaining underparts with fine, rufous crossbars. Tarsi and toes fully feathered A distinctly paler morph, often regarded as subspecies B. a. desertorum, with a whitish face and pale sandy-coloured, also paler spotting and barring and pale, sandy-coloured underparts. Irides dull orange-yellow to deep red-orange. Cere greyish, bill and claws blackish. Downy chicks whitish, slightly darker on forehead, back and wings. Mesoptile similar to adult, but fluffier above by remaining downs for several months.

Distribution: North and Northwest Africa, Rif and Atlas Mountains, most of the Sahara (south of Chad), Mauretania, Mali, Niger, northern Egypt, Sudan, West Ethiopia, Arabia, Syria, Israel and Palestine to Iraq.

Status: Little information on population levels (e.g. Israel 1990, about 50 pairs). Possibly not uncommon in most of its distribution range. But locally endangered by human persecution.

Habitat: Rocky deserts and semi-deserts, hills with gorges and cliffs, wadis with cliffs and shrubs, outcrops of oases, extending into dry savanna (e.g. Sahel).

Voice: Slightly higher-pitched than *Bubo bubo*, single, deep and downward inflected "buo". In courtship, a trisyllabic "hu-hu-hoooh", slightly increasing. Phrases are repeated in short intervals, or duetting by both sexes. When alarmed, utters a loud quacking call (against intruders). Large chicks beg with hoarse screams.

Food: Crepuscular and nocturnal hunting. Main diet is small rodents, such as gerbils or gundis, also birds, bats and reptiles. But also larger animals such as desert foxes, hares, hedgehogs and scorpions. Normally hunts from a perch.

Breeding: Monogamous; pairs for life. Nesting in a shallow scrape on the ground, on a rock face or overhang of a rock, also in old nests of larger birds. The same territory maintained for some years. Lays at

Tafel 40 / Plate 40
Shelley-Uhu, Bindenuhu / Shelley's Eagle Owl - *Bubo shelleyi*

Weick
2011

Februar bis März, 2 bis 4 Eier. Legeabstand 2 bis 4 Tage. Weibchen brütet ab dem 1. Ei alleine, vom Männchen auf dem Nest gefüttert. Brutdauer 31 bis 36 Tage. Die Küken werden allein vom Weibchen etwa 2 Wochen lang gehudert und gefüttert. Die Junguhus verlassen mit 20 bis 35 Tagen das Nest, mit 52 bis 70 Tagen flugfähig. Sie werden von den Eltern 20 bis 26 Wochen betreut. Im folgenden Jahr fortpflanzungsfähig, Brut aber nicht vor dem 2. oder 3. Lebensjahr.

Bemerkungen: Oft als Subspezies dem Uhu *Bubo bubo* zugeordnet. Unterschiede in den Rufen und der Morphologie. Mischbruten wurden im Überlappungsgebiet zu *B. bubo interpositus* nachgewiesen. Mit *Bubo bubo* nahe verwandt.

February to March, 2 to 4 white eggs. Laying intervals 2 to 4 days, female incubates from first egg on alone about 31 to 36 days, and is fed on the nest by the male. The chicks brooded and fed by the female alone for about two weeks. Young leave the nest at 20 to 35 days and are fully fledged at 52 to 70 days. Cared for by the the parents for 20 to 26 weeks. Reach maturity in the following year, but don't normally breed before two or three years of age.

Remarks: Formerly treated as conspecific with Eagle Owl *Bubo bubo*, separation based on different vocalisations and morphology. Intergrades with *B. bubo interpositus*. Closely related to the Eurasian Eagle Owl *Bubo bubo*.

Sprenkeluhu, Grauuhu – *Bubo cinerascens* Guérin Méneville 1843

Kennzeichen: Tafel 38 Relativ kleiner Uhu, kleiner und grauer als der Fleckenuhu *Bubo africanus*. Länge 42 cm, Gewicht etwa 500 g. Gefiederfarbe braun und graubraun, oberseits mit weißen Flecken, deutlich weniger gefleckt als *Bubo africanus*, dem er oft als Rasse zugerechnet wird. Oberseite graubraun mit feiner dunkler Marmorierung und Bänderung mit einigen helleren und dunkleren Flecken. Schleier hellgraubraun mit dunklen, feinen, konzentrischen Ringen und schwärzlichem Rand. Augenbrauen weißlich, die Federohren sind etwas kürzer als beim Fleckenuhu. Schulterfedern auf den Außenfahnen weiß gefleckt und dunkel gebändert und bilden ein undeutliches, helles Schulterband. Schwingen und Schwanz braungrau, mit breiter, heller Bänderung und feiner Kritzelung. Kehle weißlich, restliche Unterseite weißgrau, fein gebändert und marmoriert. Auf Brust und den Halsseiten zahlreiche braungraue Flecke, Bauch und Unterschwanzdecken mit feiner Bänder- und Kritzelung und graubraunen, verwaschenen Flecken. Läufe dicht befiedert, Zehen teilweise nackt. Dunenjunge grauweiß. Jungvögel mit langen, weichen bräunlichen Dunen, Federn auf Rücken und Brust bereits deutlich gebändert und marmoriert. Augen dunkelbraun, Augenränder pink, Schnabel schwarz mit grauer Spitze, Wachshaut braungrau, Zehen grau.

Verbreitung: In Afrika südlich der Sahara, von Senegambien und Kamerun östlich bis Äthiopien (nördlich des Regenwaldes) und Somalia, südlich bis Norduganda und Nordkenia.

Bestand: In Sierra Leone noch gute Bestände, im größten Teil seines Verbreitungsgebietes selten, jedoch nicht umfassend gefährdet.

Lebensraum: Trockene Wüsten und Halbwüsten, felsiges Gelände, Berghänge mit Buschwerk und Bäumen. Offenes und halboffenes Grasland mit Dornbüschen und hohen Bäumen oder Euphorbien. Meidet dichtes Waldland.

Stimme: Ähnlich *Bubo africanus*. „Kuoh-whuu", die erste Silbe klingt recht explosiv, die zweite tiefer und abfallend.

Nahrung: Nachtaktiv. Großinsekten wie Heuschrecken und Käfer, kleine Säugetiere und Vögel, Reptilien und Frösche. Jagt vom Ansitz aus und im Flug. Insekten werden gerne in Nähe von Lichtquellen erbeutet.

Brut: Nest in Baumhöhlen, auf großen Astgabeln oder unter Felsüberhängen. Nimmt manchmal auch das Nest anderer großer Vögel. Brutzeit: im Großteil des Verbreitungsgebietes von November bis Mai, in Nigeria im August, in Somalia von März bis Mai. Legt 1 bis 3 Eier, die nur vom Weibchen bebrütet werden. Brutbiologie ähnlich dem Fleckenuhu *Bubo africanus*.

Bemerkungen: Wird häufig als konspezifisch dem Fleckenuhu zugerechnet, ist aber morphologisch sehr verschieden. In den mit *Bubo africanus* sympatrisch bewohnten Gebieten sind bisher keine Mischbruten bekannt.

Vermiculated Eagle Owl – *Bubo cinerascens* Guérin Méneville 1843

Descriptive notes: plate 38 Relatively small eagle owl, smaller and greyer than Spotted Eagle Owl *Bubo africanus*. Length 42 cm, weight about 500 g. Plumage mixed brown and greyish-brown, with white spots above, especially on mantle, but distinctly lesser spotted than *Bubo africanus*, often treated as conspecific with this. Upperparts greyish-brown with fine dark vermiculations and barring and with some lighter and darker spots. Facial disc pale greyish-brown with some darker, concentric rings, and blackish rim. Superciliaries whitish, ear tufts rather shorter than in Spotted Eagle Owl. Scapulars with white spots and few dark bars on outer webs, forming an indistinct white band across the shoulder. Flight feathers and tail browngrey, barred with broad, pale, fineky vermiculated bands. Throat whitish, remaining underparts grey-white, finely barred and vermiculated. Sides of neck and chest with numerous brownish-grey spots, belly and undertail coverts narrowly barred and vermiculated, with some pale greyish-brown spots. Tarsus pale and densely feathered. Toes partly bare. Downy chicks greyish-white. Juvenile with long, fluffy brownish down, growing feathers on back and breast distinctly barred and vermiculated. Eyes dark brown, eyelids pinkish, cere brownish-grey, bill blackish with grey tip, toes greyish.

Distribution: Sub-Saharan Africa, from Senagambia and Cameroon, east to Ethiopia (north of the rain forest) and Somalia, south to North Uganda and North Kenya.

Status: Common in Sierra Leone, but rare to uncommon through most of other range. Not globally threatened.

Habitat: Dry rocky desert and semi-desert with tumbled rocks, hillside with scrub and scattered trees. Open and semi-open savanna, with thornbushes and some tall trees or euphorbias. Avoids dense woodland.

Voice: Similar to *Bubo africanus*, "Kuoh-whoo", first syllable rather explosive, the second deeper and downslurred.

Food: Nocturnal, hunts large insects such as grasshoppers and beetles, small mammals and birds, reptiles and frogs. Hunting from perch and hawks aerial prey. Recorded feeding on insects attracted by light.

Breeding: Nest in tree holes, large forking of tree or among rocks, in a sheltered cliff ledge. Sometimes occupies the nest of another large bird. Lays from November to May in most of range. August in Nigeria, from March to May in Somalia. Lays 1 to 3 eggs, incubated by the female alone. Breeding biology similar to Spotted Eagle Owl, *Bubo africanus*.

Remarks: Often regarded as conspecific with the Spotted Eagle Owl, but morphologically distinct and not known to interbreed in the overlapping (sympatric) areas.

Usambara-Uhu – *Bubo vosseleri* Reichenow 1908

Kennzeichen: Tafel 39 Ähnelt sehr dem Guinea-Uhu *Bubo poensis*, ist aber deutlich größer (45 bis 48 cm Länge) und schwerer (770 bis 1050 g Gewicht). Unterschiede in den Lautäußerungen sowie isoliertes Vorkommen (allopatrisch). Schleier orange-rotbraun, dunkel umrandet. Lange, gefleckte Federohren. Braune Oberseite, weißliche, fein gebänderte und gestreifte Unterseite, grobere, dunkelbraune Brustfleckung als *poensis*. Schulterfedern mehr rostgelb, auf Außenfahnen nur wenig weiß. Flügel und Schwanz brauner als bei *Bubo poensis*. Augen gelborange bis orangebraun, Augenlider sind bläulich, Wachshaut, Schnabel und Zehen blaugrau, Krallen dunkelgrau. Dunenkleid weißlich, Mesoptilkleid weiß bis gelblich rostfarben. Kopf mit dunklen Überaugenflecken und dunklem Schleierrand. Federohren undeutlich und schwach gebändert. Schnabelborsten dunkel. Schwungfedern, Alula und Schwanz bereits ähnlich dem Alterskleid, starker Kontrast zum restlichen Mesoptilgefieder. Jungvögel: hellrostfarben mit feiner Bänderung, Schulterfedern weißer als im Alterskleid, kontrastieren mit dem restlichen alterskleidähnlichen Oberseitengefieder.

Usambara (Nduk) Eagle Owl – *Bubo vosseleri* Reichenow 1908

Descriptive notes: plate 39 Similar to Fraser's Eagle Owk *Bubo poensis*, but distinctly larger size (length 45 to 48 cm) and heavier (weight 770 to 1,050 g). Differences in vocalisations and isolated range (allopatric). Orange-rufous facial disc, distinctly dark-rimmed. Brown upperparts and white, finely barred and striated underparts, but heavier dark brown-blotched breast than poensis. Scapulars more buffy, only some whitish on outer webs. Wings and tail browner than in *Bubo poensis*. Eyes yellow-orange to orange-brown, bare eyelids bluish, cere, bill and toes bluish-grey, claws dark grey. Downy chicks white. Mesoptile whitish to pale buffy. Head with dark spots above eyes and dark rim. Ear tufts indistinct, with small bars. Facial bristles dark. Flight feathers, alula and tail similar to adult plumage, contrasting strongly with remaining mesoptile plumage. Juveniles very pale rufous with fine bars. Scapulars much whiter than in adult plumage, contrast with adult-like upperside plumage.

Tafel 41 / Plate 41
Malaienuhu / Barred (Malay) Eagle Owl - *Bubo sumatranus strepitans*
links: Altvogel, rechts: Jungvogel der Java Rasse / right: juvenile, left: adult, subspecies from Java

Verbreitung: Usambara-Berge im Nordosten Tansanias. Ulguru-Berge und wahrscheinlich Nguru-Berge in Malawi und Mosambik.

Bestand: Diese Art ist durch den relativ kleinen Bestand (max. 500 Brutpaare) stark gefährdet. Hauptursache ist stetige Waldrodung für Farmland.

Lebensraum: Immergrüne Bergwälder, Waldränder, Teeplantagen zwischen 900 und 1500 m Höhe. Bei kaltem Wetter werden tiefere Lagen um 200 m über NN aufgesucht. In tieferen Lagen eventuell sogar zahlreicher.

Stimme: Ruft nur nachts, tiefes und weiches „po-ä-po-ä-po-ä". Diese Rufe werden im Abstand von 30 bis 40 Sekunden bis zu 4-mal wiederholt. Manchmal ist auch ein Doppelruf, ähnlich dem des Guinea-Uhus, zu hören: „twu-wuuuht".

Nahrung: Angaben fehlen, hat aber wahrscheinlich ein ähnliches Beutespektrum wie *Bubo poensis*: kleine Säugetiere und Vögel, Reptilien und Frösche, auch Insekten und andere Gliederfüßer.

Brut: Brutbiologie unbekannt. Wahrscheinlich ähnlich den Guinea-Uhus. Brutzeit Oktober bis Februar.

Bemerkungen: Meist als Rasse des Guinea-Uhus beschrieben. Die allopatrische Verbreitung und Unterschiede in Größe, Gefieder und Stimme rechtfertigen einen eigenen Artstatus.

Distribution: Usambara Mountains of Northeast Tanzania. Ulguru Mountains and possibly Nguru Mountains in Malawi and Mocambique.

Status: This species with its small population (max. 500 pairs) is strongly threatened, mainly by deforestation for farmingland.

Habitat: Evergreen mountain forest, forest edge, tea plantations between 900 and 1,500 m. Movement in cold weather down to 200 m above sea level. Possibly more numerous in lower elevations.

Voice: Calling only at night, a low-pitched and weak "po-a-po-a-po-a". Each phrase repeated in intervals of 30 to 40 seconds, up to 4 times. Sometimes double-note call, similar to Fraser's Eagle Owl, "two-woooht".

Food: No information, but probably similar prey as *Bubo poensis*: small mammals, birds, reptiles and frogs. Also insects and other arthropods.

Breeding: Breeding biology unknown, probably similar to related Fraser's Eagle Owl. Laying period October to February.

Remarks: Formerly considered conspecific with Fraser's Eagle Owl, allopatric distribution and differences in size, plumage and vocalisations justify specifical rank.

Bindenuhu, Shelley-Uhu – *Bubo shelleyi* (Sharpe & Ussher) 1892

Kennzeichen: Tafel 40 Länge 53 bis 61 cm, Gewicht 1257 g, 1 Männchen. Größte Eule Westafrikas, mit helleren und dunkleren Individuen. Sehr selten. Bislang sind weniger als 20 Exemplare bekannt. Stirn beigegrau, Oberkopf und die etwas zerschlissen Federohren einfarbig grau- bis dunkelbraun. Am Oberkopf sind häufig einige weiße Federn sichtbar. Kopf- und Halsseiten hell und dunkel gebändert. Oberseite schokoladebraun, an einigen Federbasen etwas weiß. Außenfahnen der Schulterfedern beigebraun und dunkelbraun gebändert. Oberschwanzdecken gebändert. Kleine Flügeldecken einfarbig schwarzbraun, mittlere und große Decken braun und schwarzbraun gebändert. Alula schwarzbraun, Handdecken schwarzbraun mit zwei helleren Binden. Armdecken dunkelbeige bis aschbraun, dunkelbraun gebändert. Arm- und Handschwingen dunkelbraun, asch- bis beigebraun gebändert. Schwanz dunkelbraun mit 7 bis 8 beigebraunen bis aschbraunen Binden. Schleier rahmfarben bis rehbraun, dunkler gefleckt und gebändert. Schleierrand schwärzlich. Brust und Bauch weiß, silberweiß und rahmfarben, Flanken mit gelblichem Anflug. Kehl- und Brustfedern eng schwarzbraun gebändert, mit feinen hellen Binden und Säumen. Bauch breit und dunkelbraun gebändert, feiner auf den Unterschwanzdecken. Tarsen sind voll befiedert. Dunenjunge bisher nicht beschrieben. Jungvögel: ober- und unterseits weißlich, braun gebändert und beiger bis rotbrauner Anflug. Auf Kopf und Hals dunkler rußbraun überflogen, Federohren sind hell und dunkel gebändert. Schwungfedern und Schwanz ähnlich den Altvögeln. Die Augen groß und dunkelbraun, Schnabel rahmgelb, an Basis und Wachshaut graublau. Füße rahmgelb, Krallen hellgrau mit dunklen Spitzen.

Verbreitung: Verstreute, flickenteppichartige Verbreitung. Von südöstlicher Sierra Leone und Liberia, der westlichen Elfenbeinküste über Ghana bis Südkamerun, Nordgabun und Nordzaire.

Bestand: Selten, nur lokales Vorkommen, eine der am wenigsten bekannten Eulen Afrikas. Durch Rodung gefährdet.

Lebensraum: Nur vom tropischen Regenwald des Tieflandes bekannt, auch an Waldrändern und an waldbestandenen Flüssen.

Stimme: Lautes, klagendes „kuuaw", in unregelmäßigen Abständen von wenigen Sekunden vorgetragen. Gefangener Vogel ließ ein anhaltendes, weiches Pfeifen hören.

Nahrung: Beutetiere nahezu unbekannt: ein großes Flughörnchen wurde als Beute festgestellt. Die kräftigen Fänge lassen als Hauptbeute auf mittelgroße Säugetiere und Vögel schließen.

Brut: Zur Fortpflanzung gibt es kaum Informationen: in Liberia wurden heftig rufende Vögel im März festgestellt. In Kamerun fand man im Dezember ruhende Altvögel mit flüggen Jungen. In Zaire wurde ein fast flügger Nestling im September gefunden, ein Junges im Mesoptilkleid Anfang November und flügge Jungvögel im Dezember.

Bemerkungen: Ökologie, Verhalten und auch die Biologie dieses Uhus sind unbekannt. Verwandtschaft zu anderen Uhuarten nur Spekulation. Es bestehen einige morphologische Ähnlichkeiten zu *Bubo nipalensis* und *Bubo sumatranus*.

Shelley's Eagle Owl – *Bubo shelleyi* (Sharpe & Ussher) 1892

Descriptive notes: plate 40 Length 53 to 61 cm, weight 1,257 g, 1 male. The largest owl of West Africa. Occurs in paler and darker variants. A very rare species. Up to date, fewer than 20 specimens are known. Forehead buffy-grey, crown and the "tousled" ear tufts uniform grey-brown to dark brown. On the crown, between the ear tufts, often few white feathers are visible. Sides of head and neck with pale and dark barring. Upperparts dark chocolate brown, little white on base of feathers. Scapulars barred distinctly pale buffy-brown and dark brown. Uppertail coverts with identical barring. Lesser wing coverts uniform blackish-brown, medium and larger coverts barred brown and blackish-brown. Alula blackish-brown, primary coverts blackish-brown with two pale bars. Secondary coverts dark buffy to ashy-brown, banded dark brown. Secondaries and primaries with dark brown and ashy-brown to buffy-brown bars. Tail dark brown with 7 to 8 buffy-brown to ashy-brown bars. Facial disc creamy to fawn-coloured, darker spotted and barred. Blackish rim. Breast and belly white, silvery-white and creamy, with pale yellowish wash on flanks. Throat and breast densely barred dark brown, with narrow pale barring and margins. Belly with broad and strong dark brown barring, narrow on lowertail coverts. Tarsi fully feathered. Downy chicks not described. Juvenile above and below whitish, barred brown and with buffy to rufous wash. Head and neck darker with sooty wash, ear tufts barred pale and dark. Remiges and rectrices similar to adult birds. Eyes large and dark brown, bill creamy, base and cere bluish-grey, feet pale cream, claws pale grey with dark tips.

Distribution: Scattered, patchy distribution and very local throughout its range, from Southeast Sierra Leone and Liberia, western Ivory Coast, Ghana, to South Cameroon, North Gabon and North Zaire.

Status: Rare and very local in its range, one of the least known owls of Africa. Endangered primarily by destruction of the rain forest.

Habitat: Known only from primary lowland rain forest, also forest edges and along woodland rivers.

Voice: Loud, wailing "kooouw", uttered in irregular intervals of several seconds. Captive bird gave a continuous soft piping.

Food: Virtually nothing is known, one bird was observed with a large flying squirrel. The powerful talons suggest that medium-sized mammals and birds are the major prey.

Breeding: Only little information: In Liberia intensely calling birds in March. In Cameroon adult birds roosting with fledglings in December. In Zaire, a large nestling found in September, also a nestling in mesoptile plumage in early November and fledged young in December.

Remarks: Ecology, behaviour and also the entire biology of this impressive eagle owl are unknown. Close relation to other eagle owls is obvious. Some morphological affinities with *Bubo nipalensis* and *Bubo sumatranus*.

Tafel 42 / Plate 42
Riesenfischuhu / Blakiston's Fish or Eagle Owl- *Bubo blakistoni doerriesi*
Rasse vom südöstlichen Sibirien / subspecies from southeastern Siberia

Malaienuhu – *Bubo sumatranus* (Raffles) 1822

Kennzeichen: Tafel 41 Länge 40 bis 46 cm, Gewicht 620 g. Rasse *strepitans*. Mittelgroßer Uhu mit langen, büschelförmigen, schräg nach außen stehenden, dunkelbraunen „Federohren“, schwarzbraun gebändert, auf den Innenfahnen fein weiß und braun gebändert. Oberseite dunkelbraun, rötlich beige gebändert und gefleckt, Außenfahnen der Schulterfedern beigeweiß mit dunkler Zeichnung. Flügel auf den Decken am dunkelsten, alle Federn mit rötlich beigen Binden, Flecken und Säumen, Spitze häufig marmoriert. Schwanz dunkelbraun, mit sechs rehbraunen Binden und heller Spitze. Schmale, weiße bis grauweiße Überaugstreifen, Schleier schmutzig weiß, graubraun gezeichnet. Kopf- und Halsseiten hellgrauweiß bis braunweiß, mit feiner, dunkler Bänderung. Unterseite grauweiß, Brust rotbraun überflogen und eng dunkelbraun gebändert, dunkler als auf Bauch. Dunkelbraune Bänderung der restlichen Unterseite breit und unregelmäßig, Unterbauch überwiegend weiß. Tarsen dicht bis zu den beiden distalen Zehengliedern befiedert. Neoptilkleid weiß, Mesoptilkleid auf Kopf, Rücken, Brust, Bauch und Flügeldecken weiß, mit grau- bis beigeweißem Anflug und wenigen beigebraunen Binden. Flügel und Schwanz ähnlich den Altvögeln. Iris schwarzbraun, Augenrand gelblich, Augen der Jungvögel mit dunkelblauem Schimmer, Schnabel und Wachshaut hellgelblich, der nackte Teil der Zehen gelblich, die Krallen sind dunkelhornfarben.

Verbreitung: Südmyanmar, Südthailand (Malaien-Halbinsel), Bangka, Sumatra, Borneo, Java und Bali.

Geografische Rassenverbreitung:
***Bubo sumatranus sumatranus* (Raffles) 1822** Äußerstes Südmyanmar und Südthailand (Halbinsel), Sumatra und Bangka. Ähnlich *B. s. strepitans*, wenig kleiner, Brust und Bauch mit deutlich kleineren Binden, oft unterbrochen und in engeren Abständen.
***Bubo sumatranus strepitans* (Temminck) 1823** Siehe Kennzeichen. Java und Bali.
***Bubo sumatranus tenuifasciatus* Mees 1964** Borneo. Größe wie Nominatform, Bänderung auf Ober- und Unterseite feiner und enger.

Bestand: Teilweise noch gutes Vorkommen, jedoch nur wenige verlässliche Angaben. In Thailand, Malaysia (Halbinsel) und auf Java selten. Auf Borneo lokale Vorkommen, in anderen Teilen des Verbreitungsgebietes nur noch ein geringes Vorkommen. Die Fähigkeit, auch gelichtete und sekundäre Wälder zu akzeptieren, lässt für den Fortbestand dieser nicht unmittelbar bedrohten Art hoffen.

Lebensraum: Immergrüner und teilweise immergrüner und Laubwald des Tieflandes, Waldränder, Kahlschläge und Sekundärwald. Baumgruppen in Parks und großen Gärten, Pflanzungen, manchmal nahe oder im menschlichen Siedlungsbereich. Meist bis in 600 m Höhe, lokal bis 1000 m, auf West-Java sogar bis in 1600 m Höhe.

Stimme: Tiefes und lautes „huu“ oder „huu-hu“, die zweite Silbe stöhnend und abfallend. Rufintervalle zwischen den Rufen 5 bis 20 Sekunden. Lässt auch kreischende und gackernde Rufe wie „gägägägogogo“ oder „gogogaugau“ hören.

Nahrung: Insekten, kleine Säugetiere wie Mäuse, Ratten oder Flughörnchen, Vögel bis Taubengröße, Reptilien. Dämmerungs- und nachtaktiv. Jagt von Ansitz oder Rastplatz, Flug schnell und niedrig und lässt sich auf die am Boden entdeckte Beute fallen.

Brut: Beansprucht große Territorien. Vermutlich Dauerehe, große Bindung an den Brutplatz. Brütet in großen Baumhöhlen oder auf Vogelnestfarnen (Asplenium nidus). Gelege besteht meist aus einem Ei. Brutdauer und andere Angaben zur Jungenaufzucht fehlen. Brütet auf Java von Februar bis April, Jungvögel im Mai und Juni. Auf Sumatra wurden Küken und flügge Junge von März bis Mai gefunden, auf Borneo im Februar und März.

Bemerkungen: Diese Art bildet eventuell Superspezies mit *Bubo nipalensis*. Es bestehen stimmliche und morphologische Ähnlichkeiten.

Barred (Malay) Eagle Owl – *Bubo sumatranus* (Raffles) 1822

Descriptive notes: plate 41 Length 40 to 46 cm, weight 620 g (race *strepitans*). Medium-sized eagle owl with long, tousled and outward-directed ear tufts. Ear tufts dark brown, barred blackish-brown, on inner webs finely barred white and brown. Upperparts dark brown, barred and spotted rufous-buff. Some buffy-white on outer webs of scapulars with some dark markings. Wings darkest on the coverts, all feathers dark brown with numerous rufous-buffy bars, spots and margins, frequently vermiculated on the tips. Tail dark brown with six fawn-coloured bars and pale tips. Narrow and indistinct eyebrows, whitish to greyish-white. Facial disc dirty white, with greyish-brown markings, rear of head and neck greyish-white to brownish-white, with narrow dark barring. Below greyish-white, breast tinged rufous-brown, with narrow, dark brown barring, always darker than belly. Remaining lower surface with broad and well-spaced but irregular brown barring. Lower belly mainly predominant whitish. Tarsi densely feathered down to the two distal phalanges. Downy chicks white, mesoptiles white on head, back, breast, belly and wing coverts, tinged greyish- to buffy-white, with some buffy-brown bands. Wings and tail similar to adult. Iris blackish-brown, rim of eyes yellow, juveniles with dark bluish pupills, cere and bill pale yellowish, bare parts of toes yellowish, claws dark horn-coloured.

Distribution: South Myanmar, peninsular South Thailand, Sumatra, Bangka, Borneo, Java and Bali.

Geographical variations:
***Bubo sumatrabus sumatranus* (Raffles) 1822** Extreme South Myanmar and peninsular South Thailand, Sumatra and Bangka. Similar to *B. s. strepitans*, little smaller, bands on breast and belly smaller, more interrupted and spaced narrower.
***Bubo sumatranus strepitans* (Temminck) 1823** (see Descriptive notes) Java and Bali.
***Bubo sumatranus tenuifasciatus* Mees 1964** Borneo. In size similar to nominate race, but bands on breast, belly, back and wing coverts finer and closer together.

Status: Locally fairly common, but little information available. In Thailand and peninsular Malaysia and Java uncommon to fairly common. Sparsely distributed throughout Borneo, but fairly common in other parts of its range. Ability to adapt to disturbed and secondary forest, suggests that this species is not immediately endangered.

Habitat: Evergreen and evergreen-broadleaf forest in the lowlands, forest edges, clearings and secondary forest. Densely foliaged groves in parks and large gardens, old plantations a.s.o., sometimes near or in human settlements. Up to 600 m above sea level, locally to 1,000 m, in West Java up to 1,600 m above sea level.

Voice: Deep and loud call "hoo" or "hoo-ho", ending with deep groan and downward inflection. Intervals between the calls 5 to 20 seconds. Also various shrieks and cackles "gagagagagogogo" or "gogogogo-gaugaugau".

Food: Large insects, small mammals such as mice, rats or flying squirrels, birds up to size of pigeons, reptiles. Crepiscular and nocturnal. Hunts from perch or roosting place, flying fast and low and dropping on the discovered prey on ground.

Breeding: Probably pairs for life, very attached to nesting site, with large territories. Nest in large tree cavities or on top of the parasitic bird's nest fern (Asplenium nidus). Clutch usually one egg. Incubation and fledgling periods unknown. Eggs found in Java from February to April, young birds in May and June. In Sumatra chicks and fledglings observed from March to May and in Borneo from February to March.

Remarks: This species possibly forms superspecies with *Bubo nipalensis* by vocal and some morphological resemblances.

Riesenfischuhu – *Bubo blakistoni* Seebohm 1884

Kennzeichen: Tafel 42 Subspezies *doerriesi*. Eine der größten und schwersten Eulen, Länge 60 bis 71 cm, Gewicht Männchen 3,0 bis 3,5 kg, Weibchen 3,5 bis 4,5 kg. Federohren breit, lang und meist horizontal gehalten. Schleier graubraun, Oberseite beigebraun mit breiten, dunkelbraunen Längsstreifen und feiner Marmorierung. Flügel graubeige. Breit gestreifte und marmorierte Decken. Armschwingen beige mit dunkler Bänderung. Handschwingen dunkelbraun, hell gebändert. Schwanz weißlich bis rahmfarben, dunkle, auf Außenfedern schräge Bänderung. Weiße Überaugstreifen, weiße Kehle und hellbeige bis beigebraune Unterseite mit langen, schmalen dunklen Längsstreifen und feiner, heller Bänderung. Läufe sind bis an die Zehen befiedert. Schnabel lang, deutlich länger als beim Eurasischen Uhu *Bubo bubo*. Die Form *doerriesi* ist deutlich größer und heller als die Nominatform und hat auf dem Hinterkopf einen markanten weißen Fleck. Irisfarbe gelb bis orangegelb, Schnabel graublau, Zehen braungrau, Krallen dunkelhorngrau. Jungvögel sind düsterer und matter gefärbt, mit weißlichen Säumen und Flecken auf der Oberseite. Das Gesicht ist deutlich dunkler als bei den Altvögeln.

Blakiston's Fish Owl, B. Eagle Owl – *Bubo blakistoni* Seebohm 1884

Descriptive notes: plate 42 (Subspecies *doerriesi*) One of the largest and heaviest owls, length 60 to 71 cm, weight male 3 to 3.5 kg, female 3.5 to 4.5 kg. Ear tufts broad, long and almost horizontally slanting. Facial disc pale greyish-brown, upperparts buffy-brown, broadly streaked and finely marbled. Wings with greyish-buffy, darkly streaked and marbled coverts and buffy, dark-banded secondaries, primaries dark brown with pale bars. Tail whitish to creamy, with dark barring, inclined transverse on outer rectrices. White eyebrows, white throat and pale buffy to pale buffy-brown underparts, with long, narrow and dark streaking and fine pale barring. Tarsi feathered down to toes. Bill long, distinctly longer than in Eurasian Eagle Owl *Bubo bubo*. The illustrated subspecies *doerriesi* is distinctly larger and paler than nominate *blakistoni*, with prominent white spot on occiput. Irides yellow to orange-yellow, bill bluish-grey, toes brown-grey, claws dark horn-grey. Juveniles with duskier and duller plumage and with white spots and feather edgings above. Facial disc distinctly darker than in adult birds.

Tafel 43 / Plate 43
oben / top: Rotrückenfischeule, Rote Fischeule / Rufous Fishing Owl - *Bubo ussheri*
unten / bottom: Marmorfischeule / Vermiculated Fishing Owl - *Bubo bouvieri*

Weick
2011

Verbreitung: Ostsibirien, vom Amur- und Ussuribecken und den Flüssen Bolschaja, Ussurka, Bekin und Khor bis zur Ochotskischen Küste, im Süden bis Sachalin. Khanka-See und Region südlich von Wladiwostok. Vermutlich bis zum koreanischen Grenzgebiet. Nordwest- und Westmandschurei westlich der Großen Chingan-Berge. Nordostchina, dort eventuell bereits ausgestorben. In Japan nur im Nordosten Hokkaidos sowie auf den Südkurilen.

Geografische Rassenverbreitung:
***Bubo blakistoni piscivorus* Meise 1933** Nordwest- und Westmandschurei westlich der Großen Chingan-Berge. Bergregionen Nordostchinas (Bestand eventuell erloschen). Etwas heller als *doerriesi*, Grundfarbe der Unterseite grauweiß, Schwanz und Tarsen weiß, weißer Hinterkopffleck wie *doerriesi*. Die Größe entspricht ebenfalls *doerriesi*. Rassenstatus unsicher.
***Bubo blakistoni doerriesi* Seebohm 1895** Siehe Kennzeichen. Südostsibirien nördlich bis Magadan, im Süden bis zur Region südlich von Wladiwostok und zum koreanischen Grenzgebiet.
***Bubo blakistoni karafutonis* Kuroda 1931** Insel Sachalin. Etwas kleiner als Nominatform, auf Mantel und Ohrdecken dunkler. Oberkopf, Nacken und Hals feiner gestreift. Unterseite mit braunem Anflug. Die dunkle Schwanzbänderung ist schmaler. Unterschiede zur Nominatform sind gering, gilt daher häufig als Synonym.
***Bubo blakistoni blakistoni* Seebohm 1884** Südkurilen (Kunashiri, Etorofu und Habomai), nordöstliches Hokkaido (Japan). Kopf und Oberseite mehr düster graubraun, Gesicht und Flügeldecken dunkler. Es fehlt der weiße Fleck auf dem Hinterkopf.

Bestand: Eine der seltensten Eulenarten der Welt. Gefährdet. Die Populationen in Sibirien und auf Sachalin mit nur etwa 100 Brutpaaren, Nominatform höchstens 50 Paare. Gesamtbestand etwa 800 Individuen. Schutzprogramme wurden entwickelt (Hokkaido, Zoo von Kushiro), bislang wurden nur wenige Jungvögel ausgewildert.

Lebensraum: Laubwald oder Laub-Koniferen-Mischwald, längs langsam fließender Flüsse und Ströme. Flussnahe Waldtäler, bewaldete Flussinseln. Winters an rasch fließenden, z. T. eisfreien Flüssen. Auf den Kurilen in dichten Fichten- und Tannenwäldern und Seeufern mit Laubbäumen, Flussmündungen und Meeresküsten. Bewohnt das Tiefland.

Stimme: Tiefer, kurzer Revierruf „buuu-buu-uuhh" oder „schuuh-huu", nach Pukinski auch „uiuih-huiuih-huiuiuih" im Duett. Bettelruf der Jungen ist ein lang gezogenes „piirr-piirr-piirr".

Nahrung: Hauptbeute sind Fische und Frösche, auch Krabben und Krebse. Säugetiere, Vögel und Reptilien. Jagt am Tag, bei Dämmerung und bei Dunkelheit. Gejagt wird vom niederen Ansitz am Uferrand, greift Beute auch im Flug von der Wasseroberfläche oder im flachen Wasser watend. Im Winter an offenen Stellen des Eises sitzend und auf Beute wartend.

Brut: Brütet nicht alljährlich, eventuell vom Nahrungsangebot abhängig. Paarbindung lebenslang. Legt ab Ende Februar bis Mitte März, bei geschlossener Schneedecke. Brut in geräumiger Baumhöhle, bis zu 18 m über der Erde, auch in gestürztem Baum oder auf dem Waldboden. Sehr standorttreu. Territorium etwa 4 bis 12 km eines Flusstals. Kopulationen meist bei Sonnenuntergang in Nistplatznähe. Gelegegröße zwei Eier. Das Weibchen wird während der Brut vom Männchen 3- bis 5-mal pro Nacht mit Futter versorgt. Brutdauer 35 bis 37 Tage. In dieser Zeit verlässt das Weibchen nur zum Koten und der Gefiederpflege das Nest. Männchen ist häufig am Nest anzutreffen, füttert und bewacht die Jungen. Weibchen ist dann meist für längere Zeit abwesend und betreut vermutlich noch vorjährige Junge.

Bemerkungen: Verwandtschaftlich steht der Riesenfischuhu der Gattung *Bubo* näher als den häufig zu seiner Verwandtschaft gerechneten Arten der Untergattung *Ketupa*, von denen er sich vor allem im Bau des Schädels unterscheidet.

Distribution: Eastern Siberia, from the basins of Amur and Ussuri and their tributaries, the Bolschaja, Ussurka, Bikin and Khor to Okhotsk coast, south to Sakhalin, Lake Khanka and regions south of Vladivostok. Possibly parts of Korean border area. Northwest and West Manchuria, west of the Great Khingan Mountains. In Northeast China, possibly now extinct. In Japan only Northeast Hokkaido and southern Kuriles.

Geographical variations:
***Bubo blakistoni piscivorus* Meise 1933** Northwest and West Manchuria, west of the Great Khingan Mountaibs. Mountain regions of Northeast China (possibly now extinct). Somewhat paler than *doerriesi*, underparts with more greyish-white ground colour, tail white, tarsi feathered. White spot on occiput similar to *doerriesi*. Size similar to *doerriesi*. Subspecies rank invalid.
***Bubo blakistoni doerriesi* Seebohm 1895** (see Descriptive notes) Southeastern Siberia north to Magadan, south to the Vladivostok region and Korean border area.
***Bubo blakistoni karafutonis* Kuroda 1931** Sakhalin Island. Somewhat smaller than nominate, upperparts darker, especially on mantel and ear coverts. Shaft streaks on crown, nape and hindneck narrower. Underparts washed brown. Tail with more narrow dark bands. Little different to nominate, often recognized as synonym with this.
***Bubo blakistoni blakistoni* Seebohm 1884** South Kuriles (Kunashiri, Etorofu and Habomai), Northeast Hokkaido (Japan). Head and upperparts dusky greyish-brown, darker face and darker wing coverts. Lacks the white spot on occiput.

Status: One of the rarest owls of the world. Endangered. Population in Siberia and Sakhalin is not more than 100 pairs, the nominate fewer than 50 pairs. Total population about 800 specimens. Protection programmes have been initiated (Hokkaido, Zoological Garden Kushiro), only few birds are released in the wilderness.

Habitat: Dense broadleaf or mixed broadleaf-coniferous forest along clear, slow-flowing rivers and streams. Wooded valleys and river islands. In winter on fast-flowing rivers, which do not freeze. In the Kuriles in dense fir and spruce forest bordering lakes, river mouths and sea coasts. Inhabits mainly the lowlands.

Voice: Deep, short territorial-call "booo-boo-oohh", or "shooh-hooh", after Pukinski duetting "ooih-hooi-ooiooiooih". Begging call of the juveniles is a long slurred "peerr-peerr-peerr".

Food: Primarily fish and frogs, also crabs and crayfishes. But also mammals, birds and reptiles. Hunting at day and dusk and at night. Hunts from low perch on branch or bank, in flight catching prey near surface of water, but also by entering water, wading through shallows. In winter often waiting patiently for prey at air holes in ice.

Breeding: Breeding not every year, probably a result of food abundance. Possibly pairs for life. Lays from late February to mid-March, when snow covers the landscape. Nest mainly in large hollow trees, up to 18 m above the ground. Sometimes nesting in fallen tree or on the forest floor. Highly territorial. Territory covers 4 to 12 km of a river-valley. Copulations mostly around sunset near nesting place. Clutch usually two eggs. Male feeds the incubating female 3 to 5 times per night. Incubating period 35 to 37 days. In this time, the female leaves the nest only to defecate and preen. Male often more present at nest, feeding and watching over the chicks. Female absent for longer periods, possibly takes care of juveniles from the last year.

Remarks: Sceletal details, especially the skull morphology, suggest relationship to genus *Bubo*, and not to subgenus *Ketupa*, within which it often was placed as closely related.

Marmorfischeule – *Bubo (Scotopelia) bouvieri* (Sharpe) 1875

Kennzeichen: Tafel 43 Länge 46 bis 51 cm. Gewicht eines Männchens 637 g. Kopf und Nacken hellrostbeige mit dunkler Streifung und lockerer Befiederung. Oberseite rostfarben bis zimtbraun, feine, dunkle Marmorierung, Federränder sind aufgehellt. Schulterfedern auf den Außenfahnen weißlich bis beigeweiß. Flügeldecken dunkelrost- bis zimtbraun, dunkelbraun marmoriert. Größere Flügeldecken sind ähnlich, vor allem auf den Außenfahnen hell gesäumt. Armdecken rost-zimtfarben mit drei undeutlichen Binden, dichter, dunkler Marmorierung und hellen Spitzen. Alula und Handdecken ähnlich den Armdecken. Armschwingen hellrost- bis zimtfarben mit vier dunkleren, marmorierten, proximal dunkel begrenzten Binden. Handschwingen weißlich bis hellbeige mit fünf bis sechs dunkel marmorierten Binden, Kiele sind hell. Schwanz hellbeige bis rostfarben mit dunklen, dicht marmorierten Binden. Schleier hellrostfarben, rotbraun begrenzt. Unterseite variiert von rahmweiß und grauweiß bis beige-rostfarben, dunkel- bis rotbraun gestreift. Unterbauch, Schenkelbefiederung und Unterschwanzdecken perlweiß. Dunenjunge weiß. Mesoptilkleid überwiegend weiß, Kopf, Nacken, Gesicht und Unterseite mit schwachem, hellzimtfarbenem Anflug. Schwung- und Schwanzfedern sind ähnlich dem Alterskleid. Iris dunkelbraun, Wachshaut gelb, Schnabel hellgelb, auf der Spitze dunkler. Läufe und Zehen chromgelb bis graugelb, Krallen schwärzlich.

Verbreitung: Zentralafrikanischer Urwald von Nähe der Atlantischen Küste (Südkamerun, Gabun) bis Nordostkongo und Nordwestangola, wahrscheinlich auch Südostnigeria. Monotypisch.

Vermiculated Fishing Owl – *Bubo (Scotopelia) bouvieri* (Sharpe) 1875

Descriptive notes: plate 43 Length 46 to 51 cm, weight of one male 637 g. Head and nape pale buffy-rufous with dark streaking and loose feathering. Above rufous to cinnamon with fine dark vermiculations, paler on margins. Scapulars whitish to buffy-white on outer webs. Wing coverts dark rufous-cinnamon, darkly vermiculated. Greater wing coverts similar but with pale margins, particularly on the outer webs. Secondary coverts rufous-cinnamon with three indistinct bars, darkly and densely vermiculated and pale tips, especially on outer webs. Alula and primary coverts similar to secondary coverts. Secondaries pale rufous-cinnamon with four darker bands, dark brown vermiculated, bordered darker proximally. Primaries with five to six dark vermiculated bands, ground colour whitish to pale buffy. Quills pale. Tail pale buffy-rufous, with darkly vermiculated bands. Facial disc pale rufous with rufous-brown rim. Underparts variable, creamy white, greyish-white to pale rufous-buffy, with dark or rufous-brown streaks. Abdomen, thighs and undertail coverts off-white. Downy chicks white. Mesoptile mainly white, with pale cinnamon wash on head, nape, face and underparts. Flight feathers and tail similar to adult birds. Irides dark brown, cere yellow, bill pale yellow with darker tip. Tarsi and toes yellow to greyish-yellow, claws black.

Distribution: Central African forest from near the Atlantic coast (South Cameroon, Gabon) to Northeast Congo and Northwest Angola, possibly Southeast Nigeria. Monotypic.

Tafel 44 / Plate 44
Gelbbrauenkauz / Tawny-browed Owl - *Pulsatrix koeniswaldiana*

2006
WEick

Bestand: Unsicherer Status, da nur ungenügend neuere Daten vorliegen. Doch scheint diese Eule lokal an großen Flüssen des Kongobeckens noch gut verbreitet zu sein.

Lebensraum: Heimliche Lebensweise. Bevorzugt Galeriewälder entlang großer Flüsse innerhalb unberührtem Primärwald. Auch an schmaleren Flüssen, Teichen, in Sumpfwald oder regelmäßig überschwemmtem Waldland. Kann auch abseits von Gewässern vorkommen.

Stimme: Gesang „kruuuk-kru-kru-kru" ist oft im Duett mit dem Weibchen zu hören. Stimme soll der Mähneneule *Jubula letti* ähneln. Auch ein hohes, weinendes Rufen von Jungvögeln wurde vernommen.

Nahrung: Nachtaktiv. Jagt vom Ansitz 1 bis 2 m über dem Wasser. Fliegt bei Störungen zurück in den Wald, um in 5 bis 20 m Höhe aufzubaumen. Beute sind Fische, Frösche, Krustentiere sowie kleine Vögel und Säugetiere.

Brut: Brutzeit von Mai bis Oktober, in Zaire wahrscheinlich bis November und Dezember. Nistet in Nestern anderer großer Vögel. Legt 1 bis 2 Eier, es überlebt wahrscheinlich nur ein Junges. Brutbiologie sonst unbekannt.

Bemerkungen: Flügel sind stark gerundet, Handschwingen auf den Außenfahnen ohne Zähnelung, relativ steif.

Status: Uncertain status, little is known due to insufficient recent studies. But locally relatively common at large rivers in the Congo Basin.

Habitat: Very secretive lifestyle. Favoured are gallery forest-fringing large rivers. But also at smaller rivers and ponds in swamp forest or temporarily flooded forest. According to recent studies also present away from water.

Voice: Song, often duetting with the female, is a croaking "kroook-kru-kru-kru". Song is said to be similar to the Maned Owl *Jubula letti*, which occurs in the same range. Also, a high whine is uttered from juveniles.

Food: Hunting from perch 1 to 2 m above the water. Flies back into forest to perch in heights from 5 to 20 m, if disturbed. Prey are small fish, frogs, crustaceans and small birds and mammals.

Breeding: Lays from May to October, in Zaire probably to November and December. Uses old stick nests of other large birds. Clutch 1 to 2 eggs, but brobably only one young survives. Incubation and nestling periods are unrecorded.

Remarks: Wings very rounded, primaries on outer webs not serrated and soft, but relatively stiff.

Rotrückenfischeule, Rote Fischeule

***Bubo (Scotopelia) ussheri* (Sharpe) 1871**

Kennzeichen: Tafel 43 Länge 46 bis 51 cm, Gewicht Männchen 743 g, Weibchen 834 g. Oberkopf und Nacken rötlich beige mit dunkler Streifung und lockerer Befiederung. Stirn hell gefleckt. Oberseite rötlich beige bis dunkelrotbraun, Schulterfedern auf den Außenfahnen beigeweiß. Flügeldecken sind am dunkelsten, rotbraun mit hellen Säumen. Große Decken auf den Außenfahnen deutlich aufgehellt. Armdecken mit zwei dunkleren Binden, heller auf den Spitzen der Außenfahnen. Armschwingen rötlich beige mit vier bis fünf rotbraunen Binden, diese sind distal am dunkelsten, proximal am hellsten. Handschwingen rötlich beige mit dunkleren Binden, distal dunkel begrenzt. Schwanz rötlich beige fein gebändert. Augenbrauen und Schleier rötlich beige bis weißlich beige mit hellzimtfarbener Begrenzung. Unterseite hellzimtfarben, Brust etwas dunkler, schmal, rotbraun längs gestreift. Schaftstreifen sind auf dem Bauch feiner und länger. Schenkel und Unterflügeldecken einfarbig beige. Läufe und Zehen nackt. Dunenjunge weiß. Mesoptilkleid überwiegend weiß, hellzimtfarbener Anflug auf Kopf, Nacken, Gesicht, Rücken und Unterseite. Brust- und Oberbauch rotbraun gestreift. Flügel ähnlich Alterskleid. Iris dunkelbraun, Wachshaut bleigrau bis gelb, Schnabel schwarzgrau bis schwarz. Läufe und Zehen hellgelb, Krallen hornfarben mit dunklen Spitzen.

Verbreitung: Westafrika: Sierra Leone, Liberia, Elfenbeinküste und Ghana. Eventuell auch in Guinea. Monotypisch.

Bestand: Stark gefährdet. Populationsgrößen sind unbekannt. In Sierra Leone und Liberia soll es noch ein spärliches Vorkommen geben. Nur wenige Nachweise von der Elfenbeinküste und ein einziger Nachweis von Guinea.

Lebensraum: Längs Lagunen (Küstenmangroven) und Galleriewälder großer und kleinerer Flüsse. Lebt in Primär- und Sekundärwaldungen sowie in Pflanzungen.

Stimme: Tiefes taubenähnliches „uuuh". Wiederholungen in einminütigen Abständen.

Nahrung: Jagt am späten Nachmittag bis in die Nacht. Hauptbeute sind Fische, die vom Ansitz über dem Gewässer erbeutet werden.

Brut: Brutbiologie ist kaum bekannt; ein Jungvogel (Sierra Leone) lässt vermuten, dass nur ein Junges aufgezogen wird. Gelege wurden im September und Oktober gefunden. In Liberia trug ein Jungvogel im März noch das Dunenkleid, Immaturvögel wurden noch im Juli gefunden.

Bemerkungen: Fänge sind hervorragend zum Fischfang geeignet: Zehen kraftvoll, Sohlen mit spitzen Warzen bedeckt. Krallen lang und gekrümmt. Die Arten dieser Untergattung *Scotopelia* stehen der Gattung *Bubo* sehr nahe.

Rufous Fishing Owl

***Bubo (Scotopelia) ussheri* (Sharpe) 1871**

Descriptive notes: plate 43 Length 46 to 51 cm, weight male 743 g, Female 834 g. Crown and nape pale rufous-buffy, darkly streaked, with loose feathering, forehead pale-spotted. Above rufous-buffy to dark rufous, scapulars more or less buffy-white on outer webs. Wing coverts darkest, rufous with pale margins. Greater coverts with distinct pale spots on outer webs. Secondary coverts with two darker bands, paler on tips of outer webs. Secondaries pale rufous-buffy with four to five rufous bands, bordered darker distally, palest proximally. Primaries pale rufous-buffy with six to seven darker bands, distally bordered darker. Tail buffy-rufous with fine barring. Eyebrows and facial disc buffy-white to to pale buffy-rufous, rimmed pale cinnamon. Below pale cinnamon, somewhat darker on breast, with narrow, rufous streaking, shaft streaks on belly narrower and longer. Thighs and underwing coverts plain buffy. Tarsi and toes bare. Downy chicks white. Mesoptile mainly white, often with pale cinnamon wash on head, nape, face, back and underparts. Rufous streaking on breast and upper belly. Wings similar to adult. Irides dark brown, cere lead-grey to yellow. Bill blackish-grey to black. Tarsi and toes pale yellow, claws horn-coloured with dark tips.

Distribution: West Africa: Sierra Leone, Liberia, Ivory Coast and Ghana. Possibly in Guinea. Monotypic.

Status: Endangered. Populations unknown. Reported as fairly common in Sierra Leone and Liberia. Only few records from Ivory Coast and a single record from Guinea.

Habitat: Around lagoons (coastal mangroves) and gallery forest, on the banks of large and smaller rivers. Occurs in primary and secondary forest and plantations.

Voice: Deep, dovelike "oook", repeated in one-minute intervals.

Food: Hunts from late afternoon to night. Mainly fish, hunted from perch above lagoon or river.

Breeding: Little is known; a young collected in Sierra Leone, suggests only one young is raised. Egg laid in September and October, in Liberia, juvenile still with downy plumage collected in March, immatures in July.

Remarks: Feet prominently adapted for fishing: Toes powerful, soles with spicules. Claws long and curved. According to molecular biological studies, species of subgenus *Scotopelia* are closely related to genus *Bubo*.

Gelbbrauenkauz – *Pulsatrix koeniswaldiana* (Bertoni & Bertoni) 1901

Kennzeichen: Tafel 44 Relativ großer Kauz, aber kleiner als der Brillenkauz *Pulsatrix perspicillata*. Länge 44 cm, Gewicht etwa 480 g. Oberseits dunkelschokoladenbraun. Flügel dunkelbraun mit heller Fleckung

Tawny-browed Owl – *Pulsatrix koeniswaldiana* (Bertoni & Bertoni) 1901

Descriptive notes: plate 44 Rather large owl, but smaller than the very similar spectacled owl *Pulsatrix perspicillata*. Length about 44 cm, weight 480 g. Above uniform dark chocolate brown. Wings spotted dark

Tafel 45 / Plate 45
Bindenkauz / Band-bellied Owl - *Pulsatrix melanota*
links: Männchen, rechts: Weibchen / left: male, right: female

und Bänderung. Schwanz dunkelbraun mit 4 bis 5 weißen Binden. Gesichtsschleier braun, ockerfarben begrenzt. Weiße dichte Schnabelbefiederung, weiße bis ockerfarbene Augenbrauen, weißer Kehlstreif, einige dunkle Kinnfedern. Dunkelbraunes, in der Mitte meist unterbrochenes Brustband. Restliche Unterseite rötlich ockerbeige bis ockergelb, oft mit einer leichten Querwellung. Unterschwanzdecken dunkel gefleckt. Läufe befiedert, die nackten Zehen weißgrau bis graublau. Schnabel hellhorngelb. Iris kastanienbraun.

Verbreitung: Ostparaguay, äußerstes Nordargentinien (Misiones) und Südbrasilien. Monotypisch.

Bestand: Keine „globale Gefährdung", relativ selten. Wurde in Brasilien in einigen Schutzgebieten festgestellt.

Lebensraum: Feuchtes tropisches und subtropisches Waldland. In montanen Regionen häufig in Araucarienbeständen. Auch in durchforsteten Waldbeständen und deren Randzonen. Von Atlantischen Tieflandwaldungen bis in 1500 m Höhe.

Stimme: Tiefe, abfallende Reihe grunzender Töne wie „brrr-brrr-brrr-brrr" oder „bo-borrr-bo-borr-brrr", Betonung der zweiten Silbe. Das Weibchen singt ähnlich, aber etwas höher. Paargesang erfolgt in Nähe des Brutplatzes.

Nahrung: Vorwiegend nachtaktiv. Jagt im Kronenbereich vom Ansitz aus auf Kleinsäuger, Vögel sowie andere kleine Wirbeltiere und Insekten. Ruht am Tage in Stammnähe oder auf Ästen zwischen dichtem Epiphytenbewuchs.

Brut: Nur wenig ist bekannt. Nistet in Naturhöhlen alter Bäume. Die beiden Eier werden nur vom Weibchen bebrütet. Brutdauer etwa 5 Wochen. Dunenjunge sind weiß mit dunkler Gesichtsmaske, ähnlich den Jungen des Brillenkauzes, aber mit dunklen Augen. Die Jungeulen verlassen mit etwa 5 bis 6 Wochen die Nisthöhle, können aber noch nicht gut fliegen. Sie werden von den Eltern noch über mehrere Monate betreut und gefüttert.

Bemerkungen: Unterscheidet sich von der nahe verwandten *Pulsatrix melanota* in Morphologie und Stimme. Monotypisch.

brown and barred whitish to light buff. Tail dark brown, distinctly barred with 4 to 5 bars. Brown face, bordered by ochre rim. White, dense rictal bristles near bill, white to ochre-coloured eyebrows, white throat band with some dark chin feathers. Breast band dark brown, often broken in centre. Rest of underparts buff to light ochre, often with light hint of vermiculations. Undertail coverts mostly spotted brownish. Tarsi feathered, the bare toes whitish- to bluish-grey. Bill yellow horn, irides chestnut.

Distribution: Eastern Paraguay, extreme northern Argentina (Misiones) and South Brazil. Monotypic.

Status: Not "Globally threatened", but considered relatively rare. Occurs in Brazil in several protected areas.

Habitat: Humid tropical and subtropical woodland, often mixed with Araucaria in montane regions. Sometimes in degraded and marginal forest. From Atlantic lowland forest up to about 1,500 m above sea level.

Voice: Low, descending, short grunting notes, such as "brrr-brrr-brrr-brrr" or "bo-borrr-bo-borr-brrr", with emphasis on the second note. Female with similar, slightly higher-pitched song. Male and female duet near nesting site.

Food: Strictly nocturnal. Hunting from perches in the forest canopy. Small mammals, birds, other small vertebrates and insects. Roosts at daytime near trunk or perching on branches covered with epiphytes.

Breeding: Very little is known about breeding. Nests in cavities of old trees. Usually lays two white eggs, incubated by the female. Incubation about 5 weeks. Nestlings with white down and dark facial disc, similar to the Spectacled Owl, but with dark irides. The young leave the nesting hole at 5 to 6 weeks, but are not yet able to fly well. Accompanied and fed by the parents for several month further.

Remarks: Differs in morphology and vocalisations from the related *Pulsatrix melanota*. Monotypic.

Bindenkauz, Bänder-Brillenkauz – *Pulsatrix melanota* (Tschudi) 1844

Kennzeichen: Tafel 45 Länge 44–48 cm, Gewicht unbekannt. Oberkopf, Nacken und Schleier schwarzbraun. Oberseite schokoladebraun mit wenigen weißlichen oder hellbeigen Flecken. Augenbrauen, Schnabelbefiederung, Kopfseiten und Kehlband kontrastreich weiß, bilden eine weiße Brille. Kleiner brauner Kinnfleck. Flügeldecken dunkelbraun mit hellen Säumen. Alula, Hand- und Armdecken mit weißlicher Binde und hellen Säumen. Schwungfedern dunkelbraun mit schmaler weißlicher Bänderung und Säumen. Schwanz dunkelbraun mit 5 bis 6 schmalen weißen Binden und Endsaum. Oberbrust mit breitem, rot- bis schwarzbraunem, weißlich gebändertem Band. Restliche Unterseite rahmfarben bis rötlich beige, rot- bis dunkelbraun gebändert, auf Unterbauch und Abdomen spärlicher. Beine bis zur Zehenbasis befiedert, Zehen nackt. Jugendkleid unbekannt. Iris dunkelbraun bis rotbraun, Wachshaut und Schnabel hellhornfarben, Zehen hellgrau bis graubraun, Krallen schwärzlich.

Verbreitung: Südostkolumbien, Ostecuador, Nordperu und Südostperu, West- und Zentralbolivien. Vögel in Bolivien werden manchmal als ssp. *philosica* Todd, 1947 abgetrennt. Die Unterschiede zu *melanota* sind aber gering.

Bestand: Wahrscheinlich recht selten, es wurden nur wenige Beobachtungen bekannt. Gefährdet durch Rodung.

Lebensraum: Feuchter und dichter Regenwald, lokal auch mehr in offenem Waldland. Vom Tiefland bis in ungefähr 1600 m Höhe, meist in Bergwäldern oberhalb 700 m.

Stimme: Kurze tiefe Triller, gefolgt von einer Serie schneller, klopfender Töne. Wahrscheinlich auch dumpfes Jaulen.

Nahrung: Wahrscheinlich ähnlich dem Brillenkauz *P. perspicillata*, kleine Säuger, Vögel, Käfer, Raupen und Spinnen. Nachtaktiv.

Brut: Über die Fortpflanzung gibt es keine Informationen.

Bemerkungen: Manchmal mit *P. koeniswaldiana* zu einer Art vereinigt, es bestehen jedoch deutliche Unterschiede in den Lautäußerungen.

Band-bellied Owl – *Pulsatrix melanota* (Tschudi) 1844

Descriptive notes: plate 45 Length 44 – 48 cm, weight no data. Crown, nape and facial disc blackish-brown. Upperparts chocolate brown with whitish to pale buffy spots. Distinct white eyebrows, lores, rear of head and throat band, forming a white spectacle. Small brown spot on chin. Wing coverts dark brown with pale margins. Alula, secondary and primary coverts with whitish bar and pale margins. Wings dark brown with whitish narrow bars and margins. Tail dark brown with 5 to 6 narrow, white bars and white tips. Broad red- to blackish-brown and whitish-barred chest band. Remaining lower surface creamy to pale buffy, with reddish to dark brown barring, less densely barred on lower belly and abdomen. Legs feathered down to base of toes, toes bare. Immature plumage unknown. Iris deep dark brown to red-brown, bill and cere pale horn-coloured, toes pale grey to pale grey brown, claws dark horny brown to blackish.

Distribution: Southeast Colombia, East Ecuador, northern Peru, West and Central Bolivia. Birds from Bolivia sometimes are regarded as ssp. *philosica* Todd, 1947, but differences are unimportant.

Status: Very poorly known, relatively rare and very few records. Generally threatened by destruction of habitat.

Habitat: Humid and dense rain forest, perhaps more open woodland locally. From lowlands up to about 1,600 m above sea level, mainly in montane forest above 700 m.

Voice: Short deep trills, followed by very fast series of popping sounds. Probably muffled hoots.

Food: Poorly known, probably similar to Spectacled Owl *P. perspicillata*, small mammals and birds, beetles, large spiders a. s. o. Nocturnal.

Breeding: No information

Remarks: Sometimes regarded as conspecific with *P. koeniswaldiana*, but differs distinctly in vocalisations.

Tafel 46 / Plate 46
Pagodenkauz / Spotted Wood Owl - *Strix seloputo*
links / left: *Strix seloputo seloputo*, rechts / right: *Strix seloputo wiebkeni*

Pagodenkauz – *Strix seloputo* Horsfield 1821

Kennzeichen: Tafel 46 Nominatform. Länge 44–48 cm, Gewicht 1011 g. Gesichtsschleier gelb- bis rotorange mit dunkelbrauner Schleierbegrenzung. Oberseite dunkelbraun, Kopf und Nacken schwarzbraun, Unterrücken rotbraun. Die gesamte Oberseite mit schwarz gerandeten, weißen Doppelflecken, die bis zur Stirn reichen. Oberflügeldecken mit weißen, schwarz gerandeten Flecken. Schulterfedern weiß mit dunkler Bänderung. Armschwingen dunkelbraun mit weißlichen Binden, sind durch feine Marmorierung unterteilt. Handschwingen dunkelbraun mit beige-weißen Binden auf den Außenfahnen. Tarsen befiedert. Zehen teilweise befiedert. Jungvögel heller und mit mehr Weiß auf Flügeldecken und Schulterfedern. Iris dunkelbraun, Schnabel grau bis grünlich schwarz. Nackte Teile der Zehen gelblich grau. Krallen hornbraun.

Verbreitung: Südliches Myanmar, Südthailand, Kambodscha, Südvietnam und Malaien-Halbinsel südlich bis Sumatra und Java. Insel Bawean vor der Küste Javas und westliche Philippinen (Calamian-Inseln und Palawan).

Geografische Rassenverbreitung:
***Strix seloputo seloputo* Horsfield 1821** Siehe Kennzeichen. Südliches Myanmar, Südthailand bis Sumatra und Java.
***Strix s. baweana* Oberholser 1917** Bawean-Inseln vor Java. Etwas kleiner und heller als Nominatform mit feinerer Unterseitenbänderung.
***Strix s. wiebkeni* (Blasius) 1888** Calamian-Inseln und Palawan (Philippinen). Schulterfedern- und Armschwingenbänderung mit beigegelbem Anflug. Schleier rostorange. Weißes Kehl- und braunes Brustband. Unterseite beigegelb bis beigeorange.

Bestand: Nicht selten, jedoch spärliche Verbreitung. In Myanmar noch ziemlich häufig, selten in Thailand, häufiger auf der Malaien-Halbinsel, z. B. im Pasoh Forest Schutzgebiet. Selten auf Java, auf Sumatra nur wenige Nachweise. Das heimliche Verhalten und die geringe Dichte des Vorkommens könnte der Grund für ein Übersehen sein.

Lebensraum: Von Meereshöhe bis in etwa 1000 m, meist unter 800 m Höhe. Offene Waldungen, Waldränder, Baumgruppen in Siedlungsnähe, Plantagen, Parks, Reisfelder, Mangroven- und Sumpfwälder, gelichteter Sekundärwald.

Stimme: Deutliche Unterschiede zu anderen Arten der Gattung *Strix*. Rollendes Stakkato „bububu" mit einem langen, tiefen und kräftigen „huuuh" endend. Oft auch ein lautes, vibrierendes „chuhuä–äää" oder „wrrruuh–wrrruuh".

Nahrung: Bevorzugt kleine Nagetiere, Vögel und große Insekten. Jagt vom Ansitz aus, etwa 2 bis 3 m über dem Boden.

Brut: Brütet in Malaysia meist von Januar bis Juni, flügge Junge wurden von März bis August gefunden. Nest in Baumhöhlen und auf Vogelnestfarnen (*Asplenium*) in 2 bis 18 m Höhe. Gelege besteht aus 2 bis 3 Eiern.

Bemerkungen: Für diese Art wurden früher die Namen *Strix orientalis* und *Strix pagodorum* verwendet.

Spotted Wood Owl – *Strix seloputo* Horsfield 1821

Descriptive notes: plate 46 (Nominate *seloputo*) Length 44 – 48 cm, weight 1,011 g (one male). Facial disc pretty orange-yellow to rusty, with dark brown rim. Upperparts dark brown, head and upper neck blackish-brown, lower back russet, entire upper surface covered with black-edged white double spots, extending to forehead. White spots on upper wing coverts also framed black. Scapulars white with black barring. Secondaries dark brown with white bars, devided by fine vermiculations. Primaries dark brown, with buffy-white bars on outer webs. Tarsi feathered, toes partly feathered. Immature birds paler, with more white on wing coverts and scapulars. Iris dark brown, bill grey to greenish-black. Bare parts of toes yellowish-grey. Claws horn–brown.

Distribution: South Myanmar, South Thailand, Cambodia, South Vietnam and Malay Peninsula, south to Sumatra and Java. Bawean Island off Java and Western Philippines (Calamian Islands and Palawan).

Geographical variations:
***Strix seloputo seloputo* Horsfield 1821** (see Descriptive notes) South Myanmar, South Thailand, south to Sumatra and Java.
***Strix s. baweana* Oberholser 1917** Bawean Islands off Java. Somewhat smaller than nominate, with narrower bars below.
***Strix s. wiebkeni* (Blasius) 1888** Calamian Islands and Palawan (Philippines). Barring on scapulars and secondaries more buffish washed. Facial disc darker rusty-orange. White throat band and brown chest band. Underparts washed yellow-buff to orange-buff.

Status: Not uncommon, but rather sparsely distributed. Common in Myanmar, rare in Thailand, more or less common in peninsular Malaysia, e.g. Pasoh Forest Reserve. Rare on Java and only few records from Sumatra. Possibly overlooked because rather secretive habits and low density.

Habitat: From sea level up to about 1,000 m, mostly below 800 m. Open forest and forest edges, stands of trees near habitation, plantations, parks, paddy fields, mangrove and swamp forest and partially cleared secondary forest.

Voice: Different from that of other *Strix* species. Rolling staccato "bububu" ending with a deep, drawn and prolonged "huuuh". Also utters a loud, quivering, eerie "chhua-aaa" or "wrrrooh-wrrrooh".

Food: Mainly small rodents, birds and large insects. Hunting from perch, 2 to 3 m above ground.

Breeding: Mainly lays from January to June in Malaysia, fledglings noted from March to August. Nest in tree holes or on bird's nest fern (*Asplenium*) 2 to 18 m above ground. Clutch 2 to 3 eggs.

Remarks: In the past, names *Strix orientalis* and *Strix pagodorum* have been used, but both considered synonyms.

Mangokauz – *Strix ocellata* (Lessen) 1839

Kennzeichen: Tafel 47 Nominatform. Länge 40,5 bis 48 cm, Gewicht unbekannt. Oberseite rotbraun, schwarz und orangebeige marmoriert mit weißen Flecken. Nacken und Oberrücken schwarz gefleckt. Flügeldecken, Schwingen und Schwanz graubraun mit schwarzbrauner Bänderung. Schleier weißlich mit dunklen, konzentrischen Ringen und orangebraunem Anflug. Schleierrand weiß mit schwarzer und schokoladenbrauner Fleckung. Kinn und Hals weiß, Kehle rotbraun und schwarz mit weißen Flecken. Restliche Unterseite weiß bis orangebeige mit feinen schwärzlichen Querbinden. Tarsen befiedert. Augen dunkelbraun, Augenränder pink bis orangerot, Schnabel hornschwarz. Zehen rötlich braun bis schmutzig gelb. Jungvögel auf Oberkopf und Nacken heller, Mantel und Flügeldecken mit engeren Querbinden.

Verbreitung: Himalaja Pakistans, Indischer Subkontinent bis Bengalen, südlich bis Nilgiris und Pondicherry. Im Westen von Myanmar.

Geografische Rassenverbreitung:
***Strix ocellata ocellata* (Lesson) 1839** Siehe Kennzeichen. Indische Halbinsel (Süd-Kerala und Tamil Nadu, nördlich bis Gujarat, Madhya Pradesh und Orissa bis Bangladesch). Im Westen von Myanmar.
***Strix o. grandis* Koelz 1950** Süd-Gujarat (Halbinsel Kathiawar). Größer als Nominatform, oberseits grauer. Weniger schwarze Flecken auf Nacken und Rücken.
***Strix o. grisescens* Koelz 1950** Nördlicher Indischer Subkontinent, vom Himalaja Pakistans südlich bis Rajasthan und östlich bis Bihar. Etwas größer als Nominatform, Oberseite deutlich heller, Schulterfedern, Schwingen und Schwanz mit schmalerer Bänderung. Die weißen Flecken auf Hals und Rücken größer.

Mottled Wood Owl, Ocellated Owl – *Strix ocellata* (Lessen) 1839

Descriptive notes: plate 47 (Nominate *ocellata*) Length 40.5 to 48 cm, weight unknown. Above mottled with reddish-brown, black, white and buff. Black spotting predominantly on nuchal area and upper back. Wing coverts, flight feathers and tail grey-brown, barred blackish-brown. Facial disc whitish with dark, concentric rings and rufous-orange wash. Rim white, black and chocolate brown admixed. Chin and foreneck white, throat rufous-brown and black, stippled with white. Remaining underparts white to orange-buff, narrowly barred blackish. Tarsus feathered. Eyes dark brown, eyelids pink to orange-red, bill horn-black, toes fleshy-brown to dirty yellow. Juvenile plumage with whiter crown, whitish nape, mantle and wing coverts with more narrow bars.

Distribution: From the Pakistan Himalayas and Indian subcontinent to lower Bengal, south to Nilgiris and Pondicherry. West Myanmar.

Geographical variations:
***Strix ocellata ocellata* (Lesson) 1839** (see Descriptive notes) Peninsular India (south Kerala and Tamil Nadu, north to Gujarat, Madhya Pradesh and Orissa to Bangladesh). West Myanmar.
***Strix o. grandis* Koelz 1950** South Gujarat (Kathiawar Peninsula). Larger than nominate, and greyer above. Black areas on nape and back reduced.
***Strix o. grisescens* Koelz 1950** Northern part of Indian Subcontinent, from Himalayas of Pakistan, south to Rajasthan and east to Bihar. Differs from nominate by slightly larger size and paler colouration of upperparts. Black bars on scapulars, wings and tail feathers narrower. White spots on neck and back

Tafel 47 / Plate 47
Mangokauz / Mottled Wood Owl, Ocellated Owl - *Strix ocellata ocellata*

Die rotbraunen Gefiederpartien meist heller.

Bestand: Bestandsangaben von Indien und Westmyanmar fehlen, wenige lokale Vorkommen, in Pakistan ist der Bestand wahrscheinlich bereits erloschen.

Lebensraum: Offenes Waldland der Ebenen, große, schattige und alte Baumgruppen in Kulturland und nahen Ortschaften, Pflanzungen, Gehölze mit Mangos, Tamarinden und Bananenstauden.

Stimme: Gesang besteht aus einem lauten, gespenstischen, flatternden und hohl klingendem „uuU-WÄR-R-R-R" oder „cha-HA-A-WÄR-R-R", öfters ist auch ein Fauchen und Kreischen ähnlich dem der Schleiereule zu hören.

Nahrung: Jagt meist nachts, Tageseinstand von Paaren und Familien im dichten Laubwerk. Beutetiere sind kleine bis mittelgroße Säugetiere und Vögel, Eidechsen und große Insekten.

Brut: Brutzeit im Norden von Februar bis April, im Süden von November bis April. Nest in Baumhöhlen, seltener in Nestern anderer Vogelarten. Das Weibchen legt 2 bis 3 Eier. Brutbiologie noch völlig unbekannt.

Bemerkungen: Das Verbreitungsgebiet von *S. o. grisescens* überlappt in Nordindien mit dem der Nominatform *ocellata*. Die Unterschiede zu *S. o. grandis* sind gering und der Status als Rasse unsicher.

distinctly larger. Rufous parts of plumage often paler.

Status: Status in India and West Myanmar uncertain, but locally rather common, in Pakistan possibly extinct.

Habitat: Open woodland plains,large and shaded groves of old trees in cultivations and near villages, plantations and clumps of mango trees, tamarind and banyan groves.

Voice: Song is a spooky, loud, shivering and hollow "ooO-WAR-R-R-R" or "chu-HU-A-WAR-R-R". Often gives a metallic hoot, similar to Common Barn Owl and also utters a screech.

Food: Hunts mostly nocturnal, resting in pairs or family groups by day, hidden in dense foliage. Takes small to medium-sized mammals and birds, lizards and insects.

Breeding: Lays from February to April in north, November to April in south of its distribution range. Nest in tree holes, rarely in old stick nests of other birds. The female lays 2 to 3 eggs. Incubation period and other details of breeding are unknown.

Remarks: *S. o. grisescens* intergrades in North India with the nominate *ocellata*. Variation in size and plumage small and status of subspecies uncertain.

Malaienkauz – *Strix leptogrammica* Temminck 1831

Kennzeichen: Tafel 48 Nominatform. Länge 34 bis 45 cm, Gewicht 500 bis 700 g. Mittelgroßer bis großer Kauz, ohne „Federohren". Kopf schwarzbraun mit rostfarbenem Anflug, vom Rücken durch hellzimtbeiges bis rostbeiges Nackenband getrennt. Mantel und Rücken kastanienbraun, mit enger dunkel- bis schwarzbrauner Bänderung. Schulterfedern beigebraun bis weißlich, breit schwarzbraun gebändert. Kleine und mittlere Flügeldecken kastanienbraun mit schwarzbrauner Bänderung. Alula, Hand- und Armdecken hellzimt- bis beigebraun, dunkelbraun gebändert. Armschwingen zimtbraun, dunkelbraun gebändert. Handschwingen zimt- oder beigebraun, breit dunkelbraun gebändert. Schwanz beige- bis zimtbraun mit zahlreichen dunklen Binden und weißlichem Endsaum. Schleier weißlich bis hellrostfarben, Um die Augen schwärzlich, Schleierrand schwarz. Augenbrauen und Kehlband weißlich. Brust rotbraun, undeutlich schwarzbraun gebändert. Bauch rahmfarben bis hellbeige, rotbraun gebändert. Unterbauch und Unterschwanzdecken mit feiner Bänderung. Tarsen bis zu den Zehen befiedert. Zehen basal befiedert, distal nackt. Nestdunen rahmfarben bis rötlich beige, zeigen bereits Bänderung im Mesoptilkleid. Schleier hellbeige, dunkel begrenzt. Augenumgebung dunkel. Kopf und Rücken hellrostfarben bis rahmbeige mit feiner, dunkler Bänderung. Schulterfedern, Flügel und Schwanz ähnlich dem Alterskleid, aber heller. Unterseite rahm- bis ockerbeige mit feiner rotbrauner Bänderung. Augen dunkelbraun, Wachshaut blaugrau, Schnabel grünlich gelb, nackte Teile der Zehen bleigrau, Krallen dunkelgrau.

Verbreitung: Himalaja von Pakistan bis Nepal, Sikkim, Nord- und Zentralmyanmar. Im Osten bis Südostchina. Südlich bis Nord- und Westthailand, Süd- und Nordlaos, Nord- und Zentralvietnam, Hainan, Taiwan, Mittel- und Westindien, Sri Lanka, Malaien-Halbinsel, Sumatra, Insel Nias, Insel Belitung, Mentawi-Inseln, Banyak-Inseln, Borneo und Java.

Geografische Rassenverbreitung:
Die ursprüngliche Art *Strix leptogrammica* spaltet sich nach neueren Erkenntnissen in mehrere Arten auf. Begründung hierfür sind Unterschiede in Größe, Färbung, in den Lautäußerungen und geografischer Isolation.
***Strix (leptogrammica) newarensis* (Hodgson) 1836**
Himalaja- oder Bergkauz. Himalaja von Pakistan (Punjab) bis Nepal, Sikkim und Bhutan, von 900 bis 2500 m Höhe. Groß, Oberseite heller als bei Nominatform, Kopf dunkler als Rücken, Nackenband weißlich, Schleier heller, Augenbrauen weiß. Oberkopf, Hinterkopf und Unterrücken sepia, ohne Bänderung. Mantel und Schulterfedern weiß gebändert. Flügeldecken einfarbig. Armdecken und Armschwingen hell gebändert. Weißes Kehlband. Brustband kaum dunkler als restliche Unterseite. Tarsen und oberer Teil der Zehen dicht befiedert.
***Strix (l.) ticehursti* Delacour 1930** Nahe verwandt mit *newarensis*. Nord- und Zentralmyanmar, im Osten bis Südostchina, im Süden bis Nordwestthailand, Nordlaos und Nordvietnam. Von 1200 bis 2000 m Höhe. Etwas kleiner als *newarensis*.
***Strix (l.) caligata* (Swinhoe) 1863** Nahe verwandt mit *newarensis*. Inseln Hainan und Taiwan. Etwas größer als *newarensis*.
***Strix (l.) laotiana* Delacour 1926** Südlaos bis Zentralvietnam. Oberseite, Kopf und Gesicht etwas dunkler als *newarensis*, unterseits mit dunklerem Brustband als bei *newarensis*. Ripley schrieb schon 1977, dass es ihm unmöglich sei, die Rassen *ticehursti*, *caligata* und *laotiana* von *newarensis* zu trennen.
***Strix l. indranee* Sykes 1832** Zentral- und Südindien, Sri Lanka. Färbung variabel. Kleiner und dunkler als der Bergkauz. Kopf dunkler als Rücken, Nackenband weißlich, dunkel gebändert. Unterseite hellzimtbraun bis rahmgelb mit dichter brauner Bänderung, kein deutlich dunkleres Brustband, jedoch mit zimtfarbenem Anflug auf den Brustseiten.
***Strix l. maingayi* (Hume) 1878** Südmyanmar, Südthailand und Malaien-Halbinsel. Oberseite dunkler und stärker zimtfarben, Gesicht rostfarben. Ober- und Hinterkopf dunkler als Rücken, Nackenband und

Brown Wood Owl – *Strix leptogrammica* Temminck 1831

Descriptive notes: plate 48 (Nominate *leptogrammica*) Length 34 to 45 cm, weight 500 to 700 g. Medium to rather large-sized owl, without ear tufts. Head blackish-brown with rufous tint, separated from mantle by prominent rufous-buff to pale cinnamon-buff nuchal collar. Mantle and back chestnut-brown with rather dense dark brown to blackish barring. Scapulars pale buffy-brown to whitish, with broad dark bars. Lesser and median wing coverts chestnut brown, densely barred blackish-brown. Alula, primary and secondary coverts pale cinnamon- to pale buffy-brown, with dark barring. Secondaries pale cinnamon-brown, barred dark brown, primaries with wide dark brown bars on pale cinnamon- to buffy-brown ground colour. Tail pale buffy- to cinnamon-brown with numerous dark bars and white tips. Facial disc whitish to pale rufous, broad black area around eyes, rim blackish. Eyebrows and throat band white. Breast with rufous to chestnut pectoral band indistinct barred dark brown or blackish. Belly creamy to pale buffy, with rufous barring. Abdomen and lowertail coverts with narrow bars. Tarsi feathered down to toes. Toes feathered basally, distally bare. Natal downs creamy to buffy rufous, gradually with bars of mesoptile plumage. Mesoptile: Facial disc pale buffy, bordered with narrow, dark rim. Area around eyes blackish as in adult. Head and back creamy-buff to pale rufous, with narrow dark bars. Scapulars, wings and tail similar to adult, but somewhat paler. Underparts pale creamy- to ochre-buff with narrow rufous barring. Eyes dark brown, cere bluish-grey, bill greenish-yellow horn, bare parts of toes lead-grey, claws dark grey.

Distribution: Himalayas from Pakistan to Nepal, Sikkim, North and Central Myanmar. East to Southeast China. South to North and West Thailand, South and North Laos, North and Central Vietnam, Hainan, Taiwan, Central and West India, Sri Lanka, Malay Peninsula, Sumatra, Nias Island, Belitung Island, Mentawi and Banyak Islands, Borneo and Java.

Geographical variations:
The original *Strix leptogrammica* recently is considered a species complex, divided in several species, founded because of distinctions in size,colour, but primarily in vocalisation and due to geographical isolation.
***Strix (l.) newarensis* (Hodgson) 1836** Himalaya or Mountain Wood Owl. Himalayas from Pakistan (Punjab) to Nepal, Sikkim and Bhutan, from 900 up to 2,500 m above sea level. Relatively large, upperparts paler than in nominate. Head somewhat darker than back, whitish nuchal band. Facial disc paler, eyebrows distinctly white. Crown, occiput and lower back dark sepia, without barring. Mantle and scapulars with distinct white bars. Wing coverts rather uniform,contrasting with pale-banded secondary coverts and secondaries. White throat patch, no distinctly darker pectoral band than remaining lower surface. Tarsi and proximal part of toes densely feathered.
***Strix (l.) ticehursti* Delacour 1930** Closely related to *newarensis*. North and Central Myanmar, east to Southeast China, south to Northwest Thailand, North Laos and North Vietnam. From 1,200 up to 2,000 m above sea level. Somewhat smaller size than *newarensis*.
***Strix (l.) caligata* (Swinhoe) 1863** Closely related to *newarensis*. Hainan and Taiwan Island. Somewhat larger than *newarensis*.
***Strix (l.) laotiana* Delacour 1926** Southern Laos and central Vietnam. Above, especially head and face darker, below with darker pectoral band than in the closely related *newarensis*. Ripley wrote in 1977 that he was unable to separate *ticehursti*, *caligata* and *laotiana* from *newarensis*.
***Strix l. indranee* Sykes 1832** Central and South India, Sri Lanka. Variable in colour. Smaller and darker than *newarensis*. Head darker than back, dark-barred whitish nuchal band. Below pale cinnamon to creamy with dense brown barring, no distinct darker chest band, but cinnamon wash on sides of breast.

***Strix l. maingayi* (Hume) 1878** South Myanmar, South Thailand and Malay Peninsula. Upperside darker and with stronger cinnamon tint, facial disc deep rufous. Crown and occiput darker than back, nuchal

Tafel 48 / Plate 48
Malaienkauz / Brown Wood Owl - *Strix (leptogrammica) niasensis*
eventuell eigener Artstatus, Trivialname dann Niaskauz / possibly with specifical rank, than trivial name Nias Wood Owl

WEICK
06

Kehlband kaum sichtbar. Brustband schokoladenbraun. Restliche Unterseite ist dunkelrötlich beige.

Strix l. myrtha **(Bonaparte) 1850** Sumatra, Mentawi-Inseln und Banyak-Inseln vor Westsumatra und Belitung-Insel vor Südostsumatra. Gefiederfärbung ähnlich der Rasse *maingayi*, aber deutlich kleiner.
Strix l. vaga **Mayr 1938** Nordborneo. Oberseits dunkelbraun, dunkler als *indranee*, mit wärmeren Farbtönen als *newarensis*. Nackenband weißlich beige. Breites, tiefbraunes, schwarz gebändertes Brustband. Weißes Kehlband. Bauch weiß bis hellbeige, braun gebändert.
Strix l. leptogrammica **Temminck 1831** Süd- und Mittelborneo (siehe Kennzeichen). Deutlich kleiner als die Rassen *vaga* oder *indranee*.
Strix (l.) niasensis **(Salvadori) 1857, Tafel 48.** Insel Nias, vor der Westküste Sumatras. Dem Malaienkauz ähnlich, jedoch kleiner als dessen Nominatform und mit rostrotem Anflug auf Ober- und Unterseite. Orange- bis rostfarbener Schleier und rostfarbenes, nahezu ungebändertes Nackenband. Augenbrauen beigeorange mit nur wenig weiß. Kehle weißlich. Brustband kastanienbraun, nahezu ungebändert. Restliche Unterseite zimtbeige, am Unterbauch weißlich beige, mit enger dunkelrotbrauner Bänderung.
Strix (l.) bartelsi **(Finsch) 1906** West- und Zentraljava. Größe ähnlich *indranee*, in Gefieder und Stimme verschieden. Nackenband breit und ockerfarben. Armdecken, Armschwingen und Schwanz mit zahlreicher Bänderung. Der dunkle Rücken und die dunklen Flügel bilden deutlichen Kontrast zu den hellen Schulterfedern.

Bestand: Im größten Teil des gesamten Verbreitungsgebietes ziemlich selten. Mit Ausnahme von Sri Lanka und einigen Schutzgebieten und Nationalparks in Nepal, Thailand, auf Sumatra, Borneo und Java.

Lebensraum: Meidet Siedlungsbereiche. Dichte, unberührte Wälder. Immergrüne Wälder und Laubwälder. Gruppe der *leptogrammica* von Meereshöhe bis 500 m, Gruppe der *newarensis* in 1000 bis 2500 m Höhe, manchmal 4000 m Höhe. Niaskauz lebt in Tieflandwäldern längs der Küste. Bartelskauz in Bergwäldern von 1000 bis 2000 m über NN.

Stimme: Gesang des Männchens besteht aus einem weichen „huut", dem 3 vibrierende, längere und lautere „whu-UU-whuu" folgen. Auch ein tiefes „goke-goke-ga-huu" ist zu hören. Der Bartelskauz lässt einen lauten Einzelruf, „huuuh", mit vielen Wiederholungen hören. *Newarensis*-Gruppe tiefes „tu – huuh", ähnlich dem Ruf der Felsentaube.

Nahrung: Kleine Säuger wie Mäuse und Ratten, auch Spitzmäuse und Eichhörnchen, kleine Vögel, Reptilien und große Insekten. Auf Java Fruchtfledermäuse. Nördlichen Formen der *Newarensis*-Gruppe erbeuten häufiger Vögel, z. B. Stare oder Tauben bis zur Größe von Wildhühnern (Bambusicola und Arborophila). Nachtaktiv.

Brut: Brutzeit in Südindien und auf Sri Lanka von Januar bis März, im Himalaja von Februar bis April. Auf Nias wurde Anfang Januar ein halbwüchsiger Jungvogel gefunden. Nest in Baumhöhlen, manchmal am Boden, seltener in Felsspalten. Legt 1 bis 2 Eier, Brutdauer etwa 30 Tage.

Bemerkungen: *S. l. ochrogenys* (Hume) 1873, Sri Lanka, und *S. l. connectens* (Koelz) 1950, Zentralprovinzen, sind synonym zu *indranee*. *S. l. rileyi* (Kelso) 1937. Thailand ist synonym zu *maingayi*. Die Banyak-Inselform *nyctiphasma* (Oberholser) 1924 und Vögel der Insel Belitung *chaseni* (Hoogerwerf & de Boer) 1947 sind synonym zu *myrtha*.

band and throat band nearly hidden. Chest band uniform chocolate brown. Remaining underparts dark fulvous.
Strix l. myrtha **(Bonaparte) 1850** Sumatra, Mentawi and Banyak Islands off West Sumatra and Belitung Island off southeastern Sumatra. Similar to race *maingayi*, but distinctly smaller.
Strix l. vaga **Mayr 1938** North Borneo. Above more sombre dark brown than subspecies *indranee*. Warmer coloured than *newarensis*. Pale buffish nuchal collar. Below with rich brown, black-barred chest band. Distinctly white throat band. Belly white to pale buff, barred brown.
Strix l. leptogrammica **Temminck 1831** South and Central Borneo (see Descriptive notes). Distinctly smaller than races *vaga* or *indranee*.
Strix (l.) niasensis **(Salvadori) 1857** Nias Island, off Westsumatra. (Plate 48) Morphologically very similar to the Brown Wood Owl, but smaller than nominate *leptogrammica* and warmer, rich rufous-tinged colouration overall. Deep orange-rufous to rufous facial disc, rufous, nearly unbarred nuchal band. Eyebrows pale orange-buff with little white. Throat whitish. Breast with chestnut, rather plain pectoral band. Rest of underparts cinnamon-buff, buffish-white on abdomen, with dense, dark rufous-brown barring.
Strix (l.) bartelsi **Finsch 1906** Western and central Java. Similar in size to ssp. *indranee*, but with different plumage and vocalisations. Broad ochre nuchal band. Secondary coverts, secondaries and tail with more bars. Dark back and wings contrasting strongly with the pale scapulars.

Status: Uncommon and rare throughout most of range. Locally common only in Sri Lanka and in several protected areas and National parks in Nepal, Thailand, Sumatra, Borneo and Java.

Habitat: Dense and undisturbed forest, avoiding areas with human habitation. Evergreen and deciduous forest. *Leptogrammica* complex from lowlands up to hills above 500 m, *newarensis* complex occurs from 1,000 to 2,500 m, sometimes up to 4,000 m. Nias Wood Owl in lowland forest, mainly along the coast, Bartel's Wood Owl in undisturbed mountain forest in elevation from 1,000 to 2,000 m.

Voice: Song of the male is a single and soft "hoot", followed by a vibrating longer and louder "who-UU-whoo". Also a deep "goke-goke-ga-hoo" was noted. Bartel's Wood Owl utters a loud single "hooh", repeated at long intervals, and the *newarensis* group utters a low "to-hooh", not unlike the Rock Dove.

Food: Small mammals, mainly rodents such as mice and rats, also shrews and sqirrels, small birds, reptiles and large insects. In Java also fruit bats. Bird prey more important for the northern forms of *newarensis* group, e.g. mynas or doves, up to size of patridges (Bambusicola and Arborophila). Strictly nocturnal.

Breeding: Laying period in South India and Sri Lanka from January to March, from February to March in the Himalayas. On Nias, a halfgrown young was collected in first half of January. Nest in tree holes, on ground, rarely in caves. Clutch 1 to 2 eggs, Incubation about 30 days.

Remarks: Sri Lanka races *S. l. ochrogenys* Hume, 1873 and *S. l. connectens* Koelz, 1950 from Central Provinces is considered synonymous with *indranee*. Taxon *rileyi* Kelso, 1937 from Thailand is synonymous with *maingayi*. The Banyak Island race *nyctiphasma* Oberholser, 1924 and the specimen of Belitung *chaseni* Hoogerwerf & de Boer, 1947, are synonymous with *myrtha*.

Waldkauz – *Strix aluco* Linnaeus 1758

Kennzeichen: Tafel 49 Nominatform. Mittelgroße, stämmige, rund- und dickköpfige Eule, ohne „Federohren". Länge 36 bis 43 cm, Gewicht: Männchen 330 g bis 470 g, Weibchen 400 g bis 630 g. Weibchen ist meist etwas größer als das Männchen. Dunkel umrandeter Schleier. Gefiederfärbung sehr variabel (polymorph), graubraune, braune und rostfarbene Morphen. Ober- und Unterseite dunkel gestreift und mit zahlreichen Querbinden. Schwanz ist ziemlich kurz mit dunkler Zeichnung, äußere Federn undeutlich gebändert. Schwingen sind breit, Schwungfedern hell und dunkel gebändert. Läufe und Großteil der Zehen befiedert. Kräftige, stark gekrümmte Krallen. Augen schwarzbraun, Augenlider blaugrau, Lidecken pink. Wachshaut horngelb, Schnabel hellgelb bis elfenbein. Zehen grau, Krallen hornfarben mit graubraunen Spitzen. Dunenjunge weiß, Mesoptilkleid fahlbraun bis grauweiß, undeutlich, grau, braun oder rostfarben gebändert. Augenlider pink, Pupillen ölig blau, Wachshaut und Zehen fleischfarben.

Verbreitung: Lokale Vorkommen in Nordafrika (Marokko bis Tunesien), England ohne Nordirland, kontinentales Europa, von der Iberischen Halbinsel und Skandinavien bis Westsibirien, Griechenland, Kleinasien und Mittlerer Osten bis Kaspisches Meer und Turkestan, Pakistan und nordwestliches Indien. Die nahe verwandte Art, *Strix nivicola*, in Gefieder und Stimme etwas verschieden, kommt von Afghanistan bis China, Taiwan und Korea vor.

Geografische Rassenverbreitung:
Strix a. mauretanica **(Witherby) 1905** Nordwestafrika (Marokko bis Tunesien und Mauretanien). Mittelgraue Oberseitenfärbung, Kopf und Rücken mit kräftiger, dunkelgrauer Bänderung und Marmorierung. Größer als die Nominatform *aluco*.
Strix *a. silvatica* **Shaw 1809** England, Westeuropa, im Süden bis zur Iberischen Halbinsel. Kräftigere Zeichnung als die Nominatform *aluco*.

Tawny Owl – *Strix aluco* Linnaeus 1758

Descriptive notes: plate 49 (Nominate *aluco*) Medium-sized, chunky, large- and round-headed owl without ear tufts. Length 36 to 43 cm, weight of male 330 to 470 g, female 400 to 630 g. Female somewhat larger than male. Prominent facial disc, rimmed dusky. Plumage colouration very variable (polymorph), with grey brown, brown and rufous morphs. Above and below streaked dusky with numerous crossbars. Tail rather short with dark mottling, the outer tail feathers with indistinct barring. Flight feathers barred with pale and dark bands. Tarsi feathered, also most of toes. Claws powerful and strongly curved. Eyes blackish-brown, rim of eyes rimmed by pale pinkish edges and blue-grey eyelids. Cere yellowish horn, bill pale horn to pale ivory. Toes grey, claws horn with grey-brown tips. Downy chicks white. Mesoptile pale brownish- or greyish-white, with dense but diffuse grey, brown or rufous barring. Eyelids pink, pupil opaque, cere and toes fleshy-coloured.

Distribution: Locally in North Africa (Morocco to Tunisia), Great Britain, without Northern Ireland, continental Europe, from Iberian Peninsula in the south and Scandinavia to western Siberia. From Greece, Asia Minor and the Middle East to Caspian Sea and Turkestan, Pakistan and northwestern India. A closely related species, *Strix nivicola*, somewhat different in plumage and vocalisations, is distributed from Afghanistan to China, Taiwan and Korea.

Geographical variations:
Strix a. mauretanica **(Witherby) 1905**
Northwestern Africa from Morocco to Tunisia and Mauritania. Medium grey above, with dark grey bars and vermiculations especially on crown and back. Larger than nominate *aluco*.
Strix a. silvatica **Shaw 1809** Britain, West Europe, south to Iberian Peninsula. More boldly patterned than nominate *aluco*.

Tafel 49 / Plate 49
Waldkauz / Tawny Owl - *Strix aluco aluco*

***Strix a. aluco* Linnaeus 1758** Nord- und Mitteleuropa, von Skandinavien bis Mittelmeer und Schwarzes Meer, östlich bis Westrussland. Siehe Kennzeichen.
***Strix a. siberiae* Dementiev 1933** Zentrales Russland, vom westlichen Ural bis zum Irtysh. Größer und heller als die Nominatform.
***Strix a. willkonskii* (Menzbier) 1896** Kleinasien und Palästina bis zum Nordiran und Kaukasus. Diese Rasse hat eine kaffeebraune Farbmorphe.
***Strix a. sanctinicolai* (Zarudny) 1905** Iran, nordöstlicher Irak. Kleine hellgraue und hellbeige Wüstenrasse, auf Hinterhals und Unterseite weißer. Schaftstreifen auf Kopf und Körper feiner.
***Strix a. härmsi* (Zarudny) 1911** Turkestan. Groß, Gefieder ähnlich *siberiae*, aber grauer und matter in Färbung.
***Strix (a.) biddulphi* Scully 1881** Nordöstliches Afghanistan, Nordbelutschistan und Nordpakistan bis Kaschmir. Überwiegend braune Morphe. Schleier mit konzentrischen Ringen. Kinn, Kehle und Brust eng gebändert, Bauch dichter und kräftiger gebändert als *aluco*. Unterscheidet sich von *aluco* deutlich in Morphologie und Lautäußerungen, hat eventuell eigenen Artstatus.

Bestand: In Mitteleuropa weitverbreitet. Bestand in Deutschland 1990 etwa 64 000 Brutpaare, in Europa etwa 400 000 bis 560 000 Paare, der Bestand in Mitteleuropa ist leicht rückläufig. Die Art gilt als nicht gefährdet, doch gibt es lokale Verluste durch Pestizide, Verkehr, Stromschläge an Überlandleitungen etc.

Lebensraum: Offenes und halboffenes Waldland, geschlossene Laub-, Misch- und Nadelwälder, offene Landschaften mit Gehölzen und Baumgruppen. Waldungen längs Flussläufen, Parks und Gärten mit altem Baumbestand. Felsige Areale. Lokal in Nähe menschlicher Ansiedlungen. Von Meereshöhe bis etwa 3800 m Höhe im Himalaja.

Stimme: Männchen singt lang gezogen, leicht ansteigend, in der Mitte kurz unterbrochen, danach wieder tremolierend „HUUU-ak –huuuuhu“. Weibchen singt ähnlich, aber rauer und etwas höher. Die Paare lassen auch ein weiches „ku-iiit“ oder schrilles „kuu-wiik“ hören. Warnruf bellendes „uett-uett-uett“. Junge betteln mit „tschiiih“.

Nahrung: Etwa 70 % der Beute sind Kleinsäuger wie Feld- und Waldmäuse, bis zur Größe von Ratten, Hamstern und Eichhörnchen. Vögel machen etwa 14 % der Beute aus: Sperlinge, Finken bis zur Größe von Tauben, kleinen Eulen und Krähen. In Mitteleuropa sind 13 % der Beute Großinsekten, Würmer, Frösche und Reptilien. Kleinere Beute wird ganz verschlungen, größere zerteilt. Vögel werden vor dem Fressen gerupft. Nachtaktiv. Meist wird vom Ansitz aus gejagt. Fledermäuse und große Insekten werden im Flug erbeutet.

Brut: Monogame Dauerehe. Die Vögel sind ganzjährig im Brutterritorium anwesend. Das Männchen singt bereits im Spätwinter. Nistet in Naturhöhlen von Bäumen, Felslöchern oder Gebäuden. Benutzt auch Nistkästen, alte Elsternester oder Eichhornkobel. Eine Jahresbrut ab Februar oder März. Legt 3 bis 5 Eier in Abständen von 2 bis 3 Tagen. Weibchen brütet ab dem ersten Ei alleine 28 bis 29 Tage und wird vom Männchen mit Nahrung versorgt. Die Küken werden 2 Wochen lang vom Weibchen gehudert, und verlassen mit 29 bis 32 Tagen das Nest. Jungkäuze werden mit etwa 3 Monaten selbstständig. Sie werden mit einem Jahr geschlechtsreif.

Bemerkungen: Die Ostpalaearktische Art *Strix nivicola*, jetzt als eigenständige Art aufgefasst, wurde mit den Taxa *ma* und *yamadae* bis in jüngster Zeit als konspezifisch mit *aluco* aufgefasst.

***Strix a. aluco* Linnaeus 1758** North and Central Europe, from Scandinavia to Mediterranean and Black Sea, east to West Russia (see Descriptive notes).
***Strix a. siberiae* Dementiev 1933** Central Russia, from western Ural to Irtysh. Larger and paler than nominate *aluco*.
***Strix a. willkonskii* (Menzbier) 1896** Asia Minor and Palestine to North Iran and Caucasus. This race has a coffee brown morph.
***Strix a. sanctinicolai* (Zarudny) 1905** Iran, Northeast Iraq. Small desert race, pale grey and pale buffy colours predominate, often with more white on hindneck and below. Shaft streaks on head and body narrow.
***Strix a. härmsi* (Zarudny) 1911** Turkestan. Large, similar to *siberiae*, but duller and greyer colour.
***Strix (a.) biddulphi* Scully 1881** Northeast Afghanistan, North Baluchistan und North Pakistan to Kashmir. Predominating grey-brown morph. Facial disc with distinct concentric rings. Densely barred on chin, throat and breast. Belly with denser and stronger barring than *aluco*. Differs markedly in morphology and vocalisations, probably specifically distinct.

Status: In Central Europe a rather common owl. Population in Germany in 1990 estimated at about 64,000 pairs, in Europe about 400,000 to 560,000 pairs, but the fairly stable population appears to be slightly increasing in Central Europe since 1990. Not threatened, but locally damaged by pesticides, traffic and electrocution from power lines.

Habitat: Open and semi-open forest, woodland with deciduous, mixed and coniferous forest, open landscapes with groves and wooded patches. Riverine forest, parks and gardens with old trees etc. Rocky areas with trees and bushes, locally near human settlements. From sea level up to 3,800 m in the Himalayas.

Voice: Male with long, quavering hoot, with upward inflection, in the middle with a brief pause and a long tremolo of staccato notes, "WHOOOH-uk-whoooooh". Female sings similar, but harsher and somewhat higher-pitched. The pair also with a rather soft "ku-iiit" or piercing "coo –wiek". When disturbed, utters a yelping "uett-uett-uett". Young beg "cheeh" or "chee-hee".

Food: About 70% of prey consists of small mammals such as mice and voles, up to size of rats, hamsters and squirrels. Birds constitute about 14 % of prey: sparrows, finches up to size of pigeon, small owls and crows. About 13% of prey in Central Europe include large insects, earthworms, frogs and reptiles. Small prey is swallowed whole, larger teared into pieces. Birds are plucked. Chiefly nocturnal. Hunts mostly from a perch. Bats and large insects are seized in flight.

Breeding: Monogamous, paired for life. Territorial all year round. Male begins to sing in late winter. Nest in natural tree holes, in rock caves or buildings. Often uses nest boxes, old nests of magpie or squirrel. One clutch per year. Laying in February or March. Lays 3 to 5 eggs at intervals of 2 to 3 days. The female incubates alone, starting from the first egg. Incubation 28 to 29 days. Female is fed by the male. Female broods the chicks about two weeks. Young leave the nest at 29 to 32 days. About three months after fledging, young become independent. Sexual maturity is reached within one year.

Remarks: *Strix nivicola*, recently considered a distinct East Palaearctic species, regarded for long time together with taxa *ma* and *yamadae* as conspecific with *aluco*.

Himalaya-Waldkauz – *Strix nivicola* (Blyth) 1845

***Strix n. nivicola* (Blyth) 1845** Himachal Pradesh und Nepal, östlich bis Südostchina, im Süden bis Nordindien und nordwestliches Myanmar. Gefieder dunkler und kräftiger gezeichnet als *aluco biddulphi*, breit gebänderte Flügel (einschließlich Schirmfedern) und Schwanz. Helle Flügelbinden und vollständig befiederte Läufe und Zehen. Ungestreifte, dicht gebänderte und bekritzelte Oberseite mit breitem, hell geflecktem Nackenband und einer Reihe großer, heller Flecke auf den Schulterfedern. Breite, dunkle Streifen und Binden auf Unterseite, auf der Brust enger, mit großer, heller Fleckung auf Bauch und Unterschwanzdecken. Graubraune, rostbraune und rotbraune Morphen.
***Strix n. ma* (Clark) 1907** Nordostchina (Hebei) und Korea. Kleiner und grauer als *nivicola*, auf Unterseite weniger kräftige Zeichnung.
***Strix n. yamadae* (Yamashina) 1936** Insel Taiwan. Unterscheidet sich kaum von *nivicola*, Schleier hellbeigegelb, Bauch heller mit feinerer Zeichnung.

Lebensraum: Nadelwälder, Misch- und Eichenwald mit felsigen Schluchten, in 1000 bis 2650 m Höhe.

Nahrung: Entspricht etwa der des Waldkauzes.

Brut: Entspricht weitgehend dem Brutverhalten des Waldkauzes.

Himalayan Wood Owl – *Strix nivicola* (Blyth), 1845

***Strix n. nivicola* (Blyth) 1845** Himachal Pradesh and Nepal, east to Southeast China, south North India and Northwest Myanmar. Plumage darker and more heavily marked than *aluco biddulphi*, with broadly banded wings (including tertials) and tail. Double pale wing bars, and heavily mottled, entirely feathered tarsi and toes. Unstreaked, heavily barred and vermiculated upperparts, with broad, pale-spotted hind collar and conspicuous row of large, pale scapular spots. Coarse, dark streaks and cross-bars below, denser on breast, with large, pale spots on belly and lowertail coverts. Varies individually from grey-brown to ferriginous and very rufous.
***Strix n. ma* (Clark) 1907** Northeast China (Hebei, Shandong) and Korea. Smaller and greyer than *nivicola*, less coarsely marked below.
***Strix n. yamadae* (Yamashina) 1936** Taiwan Island. Differs only slightly from *nivicola*, facial disc pale buffy, paler on belly, less coarsely marked.

Habitat: Coniferous forest, mixed or oak forest with rocky ravines, at about 1,000 to 2,650 m above sea level.

Food: Similar to prey of Tawny Owl.

Breeding: Very similar to breeding biology of Tawny Owl.

Fahlkauz, Wüstenkauz – *Strix butleri* (Hume) 1878

Kennzeichen: Tafel 50 Kleiner, aber von ähnlicher Gestalt wie der Waldkauz *Strix aluco*. Länge 30–34 cm, Gewicht 214–225 g. Rundlicher, beigegrauer bis weißlicher Gesichtsschleier mit feiner, dunkler Umrandung. Stirn und Oberkopf mit dunklem Mittelstreifen. Oberseite sandgrau bis graugelb mit feiner dunkelgrauer Marmorierung und Schaftstrichen. Gelblich beiges Nackenband, das sich bis auf die Oberbrust ausdehnt. Schulterfedern mit dunklen Schaftstrichen und dunkler Marmorierung sowie weißlichen bis hellbeigen Außenfahnen bilden ein helles Schulterband. Flügeldecken wie Oberseite mit zahlreichen weißlichen bis beigegelben Flecken. Hell- und dunkelbraune Bänderung der Armschwingen, weißliche und kräftig dunkelbraune Bänderung auf den Handschwingen. Steuerfedern hell- und dunkelbraun gebändert. Unterseite ockerfarben bis rahmweiß, nahezu reinweiß auf Unterbauch und Unterschwanzdecken. Brust und Flanken mit feiner Bänderung und dünnen, braunen Schaftstrichen. Läufe bis zu den Zehen befiedert. Zehen spärlich befiedert oder nackt. Iris orange bis orangegelb, mit dunklem Augenring. Schnabel horngelb, Wachshaut gelblich, Zehen graugelb bis grau. Jungvogel sehr hell.

Verbreitung: Östliches und südliches Israel, Jordanien, Sinai-Halbinsel und östliches Ägypten (Berge längs des Roten Meeres). Lokales Vorkommen auf der Arabischen Halbinsel (Saudi-Arabien, Jemen, Oman). Möglicherweise Südpakistan (Küstengebiete Belutschistans) und Südiran. Monotypisch.

Bestand: Ziemlich selten, lokal häufiger. Außer Bestandszahlen aus Israel (etwa 200 Brutpaare um 1980) liegen keine Angaben vor. Haupttodesursache in Israel ist Tod durch Straßenverkehr. Diese seltene Eule gilt als gefährdet.

Lebensraum: Felsentäler und Schluchten in Wüsten und Halbwüsten, Steppen, trockenem, steinigem Bergland, felsgesäumten Wadis und Ruinen. Mit Robinien-, Akazien- oder Palmgehölzen, kleinen Wasserläufen oder Regenwassertanks.

Stimme: Ruft bei Einbruch der Nacht, zu allen Nachtzeiten, manchmal auch bei Morgendämmerung. Hauptruf besteht aus einer Reihe langsamer, tiefer Doppelrufe (höhere Tonlage als beim Waldkauz): „Wuuh – wuuh-u-wuuh-u", wobei der zweite Teil etwas tiefer klingt. Diese Rufe werden in Intervallen von 15 bis 60 Sekunden wiederholt.

Nahrung: Dämmerungs- und nachtaktiv. Jagt hauptsächlich kleine Nager wie Rennmäuse (Gerbillus & Meriones) und Stachelmäuse (Acomys), kleine Sperlingsvögel, Eidechsen und Geckos sowie Insekten, Skorpione und Heuschrecken. Jagt meist vom Ansitz aus. Insekten werden auch in Flugjagd erbeutet. Soll auch am Boden jagen.

Brut: Singt schon im Februar, Bruten von März bis August. Nistet in Felslöchern oder Mulden, an Felshängen, eventuell auch in Ruinen. Legt bis zu 5 Eier direkt auf den Boden. Meist brütet nur das Weibchen, selten vom Männchen abgelöst. Brutdauer 34 bis 39 Tage. Küken mit weißem Dunenkleid. Die Jungeulen verlassen mit 37 bis 40 Tagen noch nicht flugfähig die Nisthöhle.

Bemerkungen: Der Typenvogel von *Strix butleri* wurde 1878 von Hume nach einem Balg aus Südbelutschistan (Pakistan) erstmals beschrieben. Seit 1920 fehlen Angaben über den Fahlkauz aus diesem Gebiet. In Israel wurde die erste Eule dieser Art 1910 erlegt. Erst um 1920 sammelte Aharoni 9 Bälge dieses Kauzes und bestimmte sie richtig als *Strix butleri*. Seit etwa 1970 weiß man, dass die Eule in Israel als Brutvogel regelmäßig angetroffen wird.

Hume's Owl – *Strix butleri* (Hume) 1878

Descriptive notes: plate 50 Resembles the Tawny Owl *Strix aluco* in proportions, but smaller. Length 30 to 34 cm, weight 214 – 225 g. Circular, pale buffy-grey to whitish facial disc, with thin, dusky rim. Forehead and crown with dark central band. Upperparts light sandy-grey or greyish-yellow with dark brown vermiculations and shaft streaks. Distinct golden-buff nape collar, extending across chest. Scapulars with dusky shaft streaks, vermiculations and whitish to pale buffy outer webs, forming a light band across shoulders. Wing coverts like upperparts, but with numerous whitish and pale buffy spots. Light and dark brown on secondaries, whitish and strong dusky-brown bars on primaries. Tail feathers barred lighter and darker brown. Below pale ochraceous to creamy-white, gradually white on abdomen and undertail coverts. Breast and flanks barred with fine mottling and thin brown shaft streaks. Tarsi feathered to base of toes. Toes sparsely feathered to bare. Irides orange to orange-yellow, rimmed by dusky eyering. Cere yellowish. Toes yellowish-grey to greyish. Juveniles very pale with yellow irides.

Distribution: Eastern and Southern Israel, Jordan, Sinai Peninsula and Eastern Egypt (Red Sea Mountains). Patchily in Arabian Peninsula (Saudi Arabia, Yemen, Oman). Possibly Southern Pakistan (coastal areas of Baluchistan) and Southern Iran. Monotypic.

Status: Rather rare, locally common. Beside Israel population (200 pairs, 1980), no numerical data. Main cause of mortality in Israel appears to be road traffic. This owl, in its distribution area thought to be fairly rare, is threatened.

Habitat: Gorges and ravines in rocky deserts and semi-deserts, steppes, arid, rocky mountains, cliff-lined wadis and ruined buildings with groves of robinias, acazias or palms and springs or rainpools. Sometimes near human settlements.

Voice: Calls just before dusk, on any time of night and sometimes into dawn. Main call a series of slow, deep double hoots (but higher-pitched than the Tawny Owl), "whoo whoo-u-whoo-u", the second part lower in pitch. Repeated at about 15- to 60-second intervals.

Food: Crepuscular and nocturnal. Hunts mainly small rodents like gerbils and jirds (Gerbillus & Meriones), spiny mice (Acomys), small passerines, lizards & geckos, also insects such as scorpions and grasshoppers. Hunts mostly from perch, often near or crossing roads, also insects in air. Hunts occassionally on ground.

Breeding: Singing most often heard in February. Breeding March to August. Nesting in holes, caves or cavities in steep slopes of rocky ravines and gorges. Possibly breeding also in ruined buildings. Lays up to five eggs directly on ground. Mainly the female alone incubates, rarely shared by the male. Incubation 34 to 39 days. Chicks with white down. The fledglings leave the nesting site after about 37 to 40 days.

Remarks: The type bird of *Strix butleri* was described in 1878 by Hume from a skin collected in Southern Baluchistan. But since 1920, Hume's Owl wasn't recorded in this area. In Israel, the first owl of this species was collected in 1910. In 1920, Aharoni collected 9 skins and identified these correctly as *Strix butleri*. But it became apparent in the 1970s that this species was common in Israel's deserts.

Afrika-Waldkauz, Woodfordkauz – *Strix woodfordii* (A. Smith) 1834

Kennzeichen: Tafel 51 Nominatform. Länge 30,5 bis 36 cm, Gewicht 240 bis 350 g. Dick- und rundköpfig. Braune Gefiederfärbung mit individuellen Farbabweichungen. Stirn und Oberkopf schokoladebraun, dunkler als restliche Oberseite, mit dreieckigen, weißen Flecken und Binden. Flecke im Nacken etwas größer, undeutliches Band bildend. Rücken dunkelgraubraun bis rotbraun, mit weißen Flecken, Binden und Streifen. Schulterfedern auf Außenfahnen weiß gefleckt, schwarzbraun gebändert und gesäumt. Flügeldecken dunkelrotbraun, heller braun gefleckt und gebändert. Einige größere, äußere Decken sind auf Außenfahnen weiß gefleckt. Mittlere Decken mit kleinen, weißen Dreiecksflecken. Alula und Armdecken rotbraun, weiß gefleckt und hell gebändert. Handdecken dunkelrotbraun mit großen beigegrauen Spitzenflecken. Armschwingen rotbraun, hellbeigebraun bebändert. Handschwingen dunkelbraun, auf Außenfahnen hellbeigebraun bis schmutzig weiß gefleckt. Oberschwanzdecken dunkelgraubraun bis rotbraun, weiß gebändert. Schwanz dunkelbraun mit hellbraunen Binden und weißer Spitze. Schleier hellbeigebraun bis schmutzig weiß, dunkle Zone um die Augen und feine dunkle, konzentrische Bänderung. Augenbrauen und Zügel weiß mit dunklen Schaftstreifen und feinen braunen Binden. Schleierrand braun, weiß gefleckt, nach unten mit gelblichem Anflug. Kinn mattweiß, braun gebändert. Oberbrust dunkler als restliche Unterseite, braunes, weiß gebändertes Band bildend. Restliche Unterseite orange-rostbraun, mit breiten, dunkelbraun gerandeten weißen Binden. Unterbauch und Unterschwanzdecken weiß, spärlich gezeichnet. Läufe bis über das oberste Zehenglied befiedert. Zehen nackt. Dunenjunge mattweiß, nackte Haut pinkfarben. Mesoptilkleid hellrotbraun, oberseits mit weißen Säumen, unterseits weiß und braun gebändert. Flügel und Schwanz durch Dunen verdeckt, kaum sichtbar. Immaturvögel auf Kopf und Unterseite noch mit dichten Dunen,

African Wood Owl – *Strix woodfordii* (A. Smith) 1834

Descriptive notes: plate 51 (Nominate race) Length 30.5 to 36 cm, weight 240 to 350 g. Medium-sized, large- and round-headed owl. Some individual variation in general warm brown colouration. Forehead and crown darker chocolate brown than back, with triangular, white spots and bars, larger on nape, forming an indistinct nuchal band. Back dark greyish-brown to rufous-brown, spotted, barred and streaked white. Scapulars with broad, white spots on outer webs, barred and margined blackish-brown. Wing coverts dark rufous-brown, spotted and barred paler brown. Some of outermost greater coverts with white spots on outer webs. Median coverts with small, triangular white spots. Alula and secondary coverts rufous-brown, with white spots and pale barring. Primary coverts dark rufous-brown, with large, greyish-buffy spots on tips. Secondaries dark rufous-brown, banded buffy-brown. Primaries dark brown, spotted on outer webs with pale buffy-brown to dirty-white. Uppertail coverts dark greyish-brown or rufous, barred white. Tail dark brown, with pale buffy-brown bands, tipped white. Facial disc pale buffy-brown to dirty-white, dark area around eyes and fine dark concentrical rings. Eyebrows and lores white, with dark shaft stripes and few, narrow brown bars. Ruff brown, slightly spotted whitish, with yellow wash on lower part. Chin dull white, barred brown. Upper breast brown, darker than remaining underparts, spotted and barred white, forming a chest band. Rest of underparts barred with narrow, dark brown-rimmed, broad white bands on orange-rufous ground colour. Abdomen and lowertail coverts white, with less markings. Tarsi feathered down to upper part of toes. Toes bare. Downy chicks dull white, skin pink. Mesoptile pale rufous above, margined white, barred white and brown below. Remiges and rectrices covered with long down, hardly visible. Immature: Head and underparts covered densely with downs, remaining parts similar to adult birds. Iris dark brown, eyelids

Tafel 51 / Plate 51
oben / top: Afrika-Waldkauz, Woodfordkauz / African Wood Owl - *Strix woodfordii umbrina*
Männchen / male, Weibchen / female - *Strix woodfordii woodfordii*

Weick
2011

ähneln bereits den Altvögeln. Iris dunkelbraun, Augenlider und Augenränder rötlich pink. Wachshaut und Schnabel gelb, Zehen mattgelb bis orange-gelb. Krallen graubraun.

Verbreitung: Afrika südlich der Sahel-Zone, von Senegambien bis Äthiopien, im Süden bis Angola, Botswana, Simbabwe Mosambik und Südafrika.

Geografische Rassenverbreitung:
***Strix woodfordii nuchalis* (Sharpe) 1870** Senegambien, im Osten bis Südsudan und Uganda, im Süden bis Nordangola, Nord- und Westzaire, Insel Bioko. Prächtiges rot- bis kastanienbraunes Gefieder. Oberkopf dunkelrotbraun, weiß gefleckt. Brustband auffällig weiß gebändert. Unterseite prächtig kastanienbraun gebändert. *Strix w. bohndorffi* ist ein Synonym.
***Strix woodfordii umbrina* (Heuglin) 1863, Tafel 51** Äthiopien und Südostsudan. Kopf und Nacken mehr rotbraun, weniger weiß gefleckt als Nominatform. Wenige weiße Flecke auf Stirn. Rücken heller braun. Flügeldecken und Alula etwas weiß gefleckt. Kleine weiße Flecke auf Außenfahnen der äußersten Armdecken. Handdecken dunkelbraun, hell gesäumt. Armschwingen dunkelrotbraun, schmal und undeutlich beige gebändert. Handschwingen auf Außenfahnen dunkelbraun mit hellbeigen Flecken. Schwanz schmal und dunkel gebändert. Dunkles, weiß geflecktes, gebändertes Brustband. Restliche Unterseite weißlich, breiter braun gebänderte Brustseiten und Flanken mit hellbeigem Anflug.

***Strix woodfordii nigricantior* (Sharpe) 1897** Südliches Somalia, Kenia, Tansania und Ostzaire. Oberseits mehr dunkelgraubraun bis schwärzlich. Unterseite deutlich heller gebändert als *woodfordii*.
***Strix woodfordii woodfordii* (A. Smith) 1834** Siehe Kennzeichen. Südangola und Südzaire, östlich bis Südwesttansania, südlich bis Nordbotswana und Kap.

Bestand: Häufigste Eule des afrikanischen Waldlandes südlich der Sahel-Zone. Bewohnt stattliche Anzahl geschützter Gebiete und Reservate innerhalb ihres Verbreitungsgebietes. Lokal gefährdet durch fortschreitende Zerstörung des Lebensraumes. Verluste durch den Straßenverkehr (jagt bei Dunkelheit häufig entlang von Straßen).

Lebensraum: Bewohnt jeglichen Typus von Wald: Tieflandregenwald, trockener Dornwald, kalte Bergwälder, einschließlich Galerie- und Küstenwälder. Auch in Pflanzungen und großen Gärten. Bis in Höhen von 3700 m.

Stimme: Gesang des Männchens besteht aus einer Reihe lauter, schnell und explosiv vorgetragener Rufe, „whUhu-wUbubu-wubU“, mit Wiederholungen. Weibchen singt in höherer Tonlage, häufig im Duett mit dem Männchen. Weibchen lässt auch ein hohes „wii-auw“ ertönen. Alarmruf klingt wie „uup-uup“. Die Jungeulen sind sehr ruffreudig.

Nahrung: Käfer, Heu- und Fangschrecken, Grillen, Zikaden, Raupen. Termiten und Falter werden im Flug erbeutet. Kleine Nager und Spitzmäuse, kleine Vögel, Frösche und Reptilien. Nachtaktiv. Rastet am Tag im tiefen Dickicht.

Brut: Das Paar besetzt das Brutrevier während des ganzen Jahres. Brutzeit von Juli bis Oktober, in Westafrika von Oktober bis Februar. Nest in Naturhöhlen oder auf der Spitze eines abgebrochenen Baumes, seltener am Boden unter Fallholz oder Schlingpflanzen oder in Nestern von Greifvögeln. Gelegegröße 1 bis 3 (meist 2) Eier. Weibchen legt in Abständen von 2 bis 4 Tagen und brütet alleine etwa 31 Tage, wird während dieser Zeit vom Männchen mit Nahrung versorgt. Schlupfabstand der Küken wie Legeabstand. Die Küken werden etwa 3 Wochen lang vom Weibchen gehudert. Danach beteiligt sich das Weibchen am Nahrungserwerb. Paar hält sich vorwiegend in Nähe des Nestbereiches auf. Die Jungeulen verlassen nach 30 bis 37 Tagen das Nest, können aber noch nicht fliegen. Flugfähig mit etwa 46 Tagen. Die Familie bleibt danach noch etwa 4 Monate beisammen.

Bemerkungen: Dieser Kauz wurde früher mit einigen amerikanischen Arten in der Gattung *Ciccaba* vereint. Studien von K. H. Voous (1964) und neuere DNA-Studien zeigten, dass eine generische Abtrennung von *Strix* nicht vertretbar ist.

and rim of eyes pinkish-red. Cere and bill yellow. Toes dull yellow to orange-yellow. Claws greyish-brown.

Distribution: Africa south of Sahel Zone, from Senegambia to Ethiopia, south to Angola, Botswana, Zimbabwe, Mozambique and South Africa.

Geographical variations:
***Strix woodfordii nuchalis* (Sharpe) 1870** Senegambia, east to southern Sudan and Uganda, south to North Angola and North and West Zaire, Bioko Island. Bright rufous to chestnut plumage. Crown dark russet, spotted white. Chest band with more distinct white barring than nominate race. Underparts with bright chestnut barring. *Strix w. bohndorffi* is regarded as synonym of *nuchalis*.
***Strix woodfordii umbrina* (Heuglin) 1863, plate 51** Ethiopia and southeastern Sudan. Head and nape more russet and less white spotted than nominate race. Few white speckles above eyebrows. Back lighter brown. Wing coverts and alula with few small white spots. Small white markings on outer webs of outermost secondary coverts. Primary coverts dark brown, with narrow pale margins. Secondaries dark rufous-brown, with narrow, indistinct buffy bands. Primaries dark brown on outer webs, with pale buffy spots. Tail with distinctly more narrow dark bands than in nominate race. Dark, white spotted and barred chest band. Rest of underparts whitish, with broad, narrow brown bars and pale buffy to pale ochre wash, usually on sides of breast and flanks.
***Strix woodfordii nigricantior* (Sharpe) 1897** Southern Somalia, Kenya, Tanzania and East Zaire. Upperparts more dark greyish-brown to blackish. Underparts distinctly lighter barred than nominate.
***Strix woodfordii woodfordii* (A. Smith) 1834** (see Descriptive notes) South Angola and Sout Zaire, east to Southwest Tanzania, south to North Botswana and Cape.

Status: Most common owl of forest and woodland south of Sahel. Occurs in a considerable number of protected areas and reserves, throughout its extensive distribution range. But threatened locally by progressive habitat destruction. Some damages by traffic (hunting at roadside after dark).

Habitat: Occupies any type of forest, from lowland rain forest, dry thorny forest to cold montane forest, including riverine and coastal forest. Also in plantations and large gardens. Up to 3,700 m above sea level.

Voice: Song of male is a loud series of rather explosive hoots "whUhu-wUbubu-wubU", repeated in intervals. Female song is higher-pitched, often duets with its mate. Female also utters a high "whee-ow". Alarm call "uup-uup". Young owls are very vocal.

Food: Beetles, gasshoppers and mantes, crickets, cicadas, caterpillars. Termites and moths caught on the wing. Small rodents and shrews, small birds, frogs and reptiles. Nocturnal. Roosts at day deep within a tangle of creepers.

Breeding: Pair occupies breeding territory throughout the year. Breeding season from July to October, in West Africa from October to February. Nest in natural cavity or on top of a broken tree. Nest rarely on ground under log of a fallen tree or creepers. Clutch 1 to 3 (mainly 2) eggs. Female lays in intervals of 2 to 4 days and incubates alone about 31 days, while fed by the male. Chicks hatch in similar intervals as being laid. Chicks brooded by female about 3 weeks. Female then helps mate in hunting. The pair usually stays close to the nesting site. Young leave nest at 30 to 37 days, but are unable to fly. Can fly at about 46 days. The family remains together until 4 months after fledging.

Remarks: This owl formery was placed in a different genus *Ciccaba*, together with some American species. But studies by K. H. Voous in 1964 and recent DNA studies show that generic separation is not warranted.

Bindenhalskauz – *Strix nigrolineata* (Sclater) 1758

Kennzeichen: Tafel 52 Mittelgroßer und rundköpfiger Kauz ohne Federohren. Länge 35 bis 40 cm, Gewicht Männchen 435 g, beim Weibchen 535 g. Schwarzer Gesichtsschleier, weiß gefleckte Schleierbegrenzung, Augenbrauen dicht weiß gesprenkelt. Kopf bis zum Nacken schwarz bis schwarzbraun, ein weißes Halsband mit dunkler, feiner Bänderung vom Hinterhals bis über die Halsseiten. Oberseite rußbraun bis schwarzbraun, Handschwingen dunkler als Armschwingen. Auf den äußeren Schwungfedern grauweiße bis weiße Fleckenreihen, ausgeprägter auf den inneren Armschwingen. Schwanz rußschwarz mit vier schmalen, weißen Binden und weißem Saum. Läufe bis zu den Zehen befiedert, ebenfalls weißlich mit dunkler Bänderung. Iris rotbraun bis dunkelbraun, Wachshaut, Schnabel und Zehen orangegelb, Krallen hornfarben. Jugendkleid: dunkles Gesicht, Augenbrauen und Schleierrand ähnlich Altvogel. Ober- und Unterseite schmutzig weiß bis cremeweiß mit feiner dunkler Bänderung. Schwungfedern und Schwanz wie beim Altvogel.

Black-and-white Owl – *Strix nigrolineata* (Sclater) 1758

Descriptive notes: plate 52 Medium-sized and round-headed wood owl without ear tufts. Length 35 to 40 cm, weight male about 435 g, female 535 g. Facial disc blackish, rim and eyebrows densely speckled white. Prominent collar with black and white barring, extending around sides of neck. Upperparts sooty to blackish-brown, primaries darker than secondaries. Outer flight feathers with greyish to whitish bars, more distinct on innermost secondaries and tertials. Tail sooty black with four narrow white bars and white tips. Underparts whitish with narrow, densely dark barring. Tarsi feathered down to the toes barred dark and whitish. Irides red brown to dark brown. Cere, bill and toes orange-yellow. Claws horn-coloured. Juvenile plumage: Dark facial disc, eyebrows and rim similar to adult. Above and below dirty to creamy white with narrow dark barring. Remiges and rectrices as in adult.

Tafel 52 / Plate 52
Bindenhalskauz / Black-and-white Owl - *Strix nigrolineata*

Verbreitung: Mittel- und Südmexiko bis Nordwestvenezuela, Westkolumbien und Westecuador sowie äußerstes Nordwestperu. Monotypisch.

Bestand: Im nahezu gesamten Verbreitungsgebiet selten, lokal etwas häufigeres Vorkommen. Gefährdet durch Waldzerstörung und Pestizide.

Lebensraum: Feuchter, dichter Regenwald, Sekundärwald, Laubwälder. An Lichtungen, halboffenem, sumpfigen Waldland oder Überschwemmungszonen, Galleriewälder, Mangroven und Pflanzungen. Manchmal in Siedlungsnähe.

Stimme: Tiefe grunzende und bellende Laute. Ein markantes „hu-wuu–uu–o", der erste Laut aus einiger Entfernung nicht vernehmbar. Serien von 3, 5 und mehr Lauten, der letzte oder vorletzte Ton ist besonders laut und explosiv: „wouw – wouw – wow" oder „hä – hä – hä - hääh", 8- bis 10-mal schnelles „wuk – wuk – wuk". Auch lautes, weinerliches oder miauendes „wii ä huuh" oder „miiouw", ähnlich dem Sprenkelkauz *Strix virgata*.

Nahrung: Nachtaktiv. Beute ist ein breites Spektrum von Insekten und kleinen Wirbeltieren, in erster Linie Fledermäusen. Große Insekten wie Käfer und Geradflügler. Wahrscheinlich auch Vögel und Frösche. Jagt sowohl vom Ansitz aus als auch im Fluge. Dieser Kauz beansprucht ein sehr großes Territoritorium von etwa 100 bis 400 ha.

Brut: Brutzeit in Mexiko und Mittelamerika von März bis Ende Juni, jeweils zum Ende der Trockenzeit. Nistet in Baumhöhlen oder zwischen Epiphyten- und Orchideenansammlungen auf hohen, grünenden Bäumen, oft im tiefsten Schatten. Benutzt wahrscheinlich auch vorhandene Nester anderer Vogelarten. Nesthöhen wurden mit etwa 26 m ermittelt (4 Nester). Legt 1 bis 2 Eier, nur das Weibchen brütet. Weitere Informationen fehlen.

Bemerkungen: Der Bindenhalskauz bildet mit dem nahe verwandten Zebrakauz, *Strix huhula*, eine Superspezies.

Distribution: Central and Southern Mexico to Northwest Venezuela, Western Colombia, also extreme northwest of Peru. Monotypic.

Status: Rare but locally fairly common, probably overlooked. Threatened by forest destruction and pesticides.

Habitat: Humid and dense rain forest, deciduous woodland. Clearings, semi-open, swampy or flooded woodland, gallery forest, mangroves and plantations. Sometimes near human settlements.

Voice: Deep, gruff, barking hoots. An emphatic "hu-whoo-oo-o", first note often inaudible at distance. Also series of 3, 5 or more notes, last or penultimate note emphatic, "woh-who-whow" or "ha-ha-ha-haah". Rapid series of 8 to 10 notes, "whuk-whuk-whuk". Sometimes a loud, wailing scream, "wheeahew" or "meeouwh", like the Mottled Owl *Strix virgata*.

Food: Nocturnal hunter. Taking a wide variety of insects and small vertebrates, especially bats. The insects include beetles and orthopterans. Possibly also birds and frogs. Preys normally from a perch or in flight. This owl has a very large territory, about 100 to 400 ha.

Breeding: In Mexico and Central Amerika said to breed during the latter part of the dry season, from March to end of June. Nest in tree cavities, but also among epiphytes and orchids, often in darkest shadow. May also lay its eggs in abondoned stick nests of other bird species. Heights of nests average 26 m (4 nests). Lays 1 to 2 eggs, female incubates alone. Further information unknown.

Remarks: The Black-and-white Owl forms a superspecies with the closely related Blackbanded Owl, *Strix huhula*.

Fleckenkauz – *Strix occidentalis* (Xantus) 1860

Kennzeichen: Tafel 53 Nominatform. Länge 40,5 bis 48 cm, Gewicht 520 bis 700 g. Oberseits schokoladen- bis kastanienbraun, mit zahlreichen, unregelmäßigen runden oder elliptischen weißen Flecken oder Binden. Flügel- und Schwanzfedern dunkelbraun mit hellbeigen und weißen Binden und Spitzen. Schleier rundlich und braun mit undeutlichen schwarzbraunen konzentrischen Ringen. Unterseite mit dichter brauner und weißer Fleckung und Bänderung. Auf Brust und Bauch beige bis ockerfarbene, haarähnliche Federchen. Läufe und Zehen dicht befiedert. Dunenjunge weißlich, Mesoptilkleid beigeweiß, Ober- und Unterseite undeutlich gebändert. Flügel und Schwanz ähnlich dem Alterskleid. Augen dunkelbraun, Schnabel grünlich gelb, Zehensohlen gelblich.

Verbreitung: Nordamerika, von Britisch-Kolumbien bis Kalifornien und Baja California, New Mexico, südwestliches Texas sowie Nord- und Mittelmexiko.

Geografische Rassenverbreitung:
***Strix occidentalis caurina* (Merriam) 1898** Britisch-Kolumbien südlich bis zu den Küstengebieten der westlichen USA (Westwashington, Westoregon und Mittelkalifornien). Gefieder dunkler als bei der Nominatform, eventuell nur eine dunkle Morphe.
***Strix o. occidentalis* (Xantus) 1860** Siehe Kennzeichen. Mittel- und Südkanada, Küsten und Westhänge der Sierra Nevada bis in den Norden von Baja California.
***Strix o. lucida* (Nelson) 1903** Von Nordarizona, südostliches Utah und Südcolorado bis Nord- und Mittelmexiko. Helleres Aussehen, mit gelblich beiger und sandfarbener Tönung, weiße Flecken und Binden sind größer. Eigener Artstatus: Bergfleckenkauz.

Bestand: Durch Zerstörng ihres Lebensraumes äußerst gefährdet (Küstenwälder), benötigt dichte, kühle Waldungen. Durch westliche Ausdehnung des Verbreitungsgebietes des größeren und stärkeren *Strix varia* wird der Fleckenkauz von diesem verdrängt. Hybridbildung in Überlappungszonen des Verbreitungsgebietes.

Lebensraum: Alte, dunkle und schattige Nadel- und Mischwälder von Meereshöhe bis etwa 2700 m. Kühle Schluchten und Wassernähe werden bevorzugt.

Stimme: Männchen lässt eine Reihe von vier explosiv ausgestoßenen Tönen hören: „whuup-hu-huhuuh", das Weibchen ruft etwas rauer und höher. Ein pfeifendes, am Ende ansteigendes „uuu-IIIHT" wird manchmal vernommen. Das Weibchen lässt auch ein bellendes „auw-auw- auw-auw" hören.

Nahrung: Kleine bis mittelgroße Säugetiere, z. B. Flughörnchen, Taschenratten, Fledermäuse, Waldratten, Schneeschuhhasen, Vögel einschließlich kleiner Eulenarten, Frösche, Reptilien und große Insekten. Nachtaktiv, jagt vom Ansitz aus oder im Gleitflug und ergreift die Beute mit den Fängen im steilen Herabstoßen.

Spotted Owl – *Strix occidentalis* (Xantus) 1860

Descriptive notes: plate 53 (Nominate *occidentalis*) Length 40.5 to 48 cm, weight 520 to 700 g. Upperparts chocolate- to chestnut-brown, with numerous, irregular, round or ellyptical white spots and bars. Remiges and rectrices dark brown, barred and tipped with pale buffy and white. Facial disc rounded with indistinct blackish -brown concentric rings. Underparts heavily spotted and barred brown and white. Buffy or pale yellow-ochre, hair-like feathers on breast and belly. Legs and feet fully feathered. Downy chicks whitish, mesoptile plumage buffy-white, indistinctly barred above and below. Wings and tail similar to adult plumage. Eyes dark brown, bill greenish-yellow, soles of toes yellowish.

Distribution: North America, from British Columbia to California and Baja California, New Mexico, Southwestern Texas and northern and central Mexico.

Geographical variations:
***Strix occidentalis caurina* (Merriam) 1898** Southwestern Canada (British Columbia) south to the Western United States coast ranges (West Washington, West Oregon and Central California). Plumage darker than in nominate *occidentalis*, perhaps only a dark morph.
***Strix o. occidentalis* (Xantus) 1860** (see Descriptive notes) Central and Southern Canada, coasts and western slopes of Sierra Nevada and south to northern Baja California.
***Strix o. lucida* (Nelson) 1903** From North Arizona, Southeast Utah and South Colorado to northern and central Mexico. Paler appearance, with more yellow-buff and sandy suffusion, white markings larger. Sometimes regarded as separate species: Mountain Spotted Owl.

Status: Threatened and endangered by forest destruction (coastal forest), needs dense cool forest. The larger and more powerful *Strix varia* extends its range westward, where it may be a threat to its smaller counterpart. *Strix occidentalis* and varia hybridise where range overlaps.

Habitat: Mature, dark and shaded coniferous and mixed forest from sea level up to about 2,700 m. Cool gorgets and vicinity of water are important.

Voice: Male song is a series of four explosive uttered hoots "whoop-hu-hu-hooh", female calls somewhat coarser and higher. Also a hollow whistle "ooo-EEHT", ending in upward inflection. Sometimes a barking "ow-ow-ow-ow" is uttered by the female.

Food: Small to medium-sized mammals, e.g. flying squirrels, pocket gophers, bats, wood rats, snowshoe hares, also birds, including small owl species, frogs, reptiles and large insects. Nocturnal, hunting from perch or gliding and with swoops, capturing the prey with the talons.

Tafel 53 / Plate 53
Fleckenkauz / Spotted Owl - *Strix occidentalis*
links / left: *Strix occidentalis caurina*, rechts / right: *Strix occidentalis lucida*

2007
Weick

Brut: Brutzeit März bis Juni. Nest in Naturhöhlen oder auf abgebrochenem Baumstamm, in Erdhöhlen, Felsnischen, alten Krähen- und Greifvogelnestern. 1 bis 4 Eier, meist nur 2. Weibchen brütet alleine, wird vom Männchen mit Beute versorgt. Brutdauer 28 bis 32 Tage. Die Jungen werden 8 bis 10 Tage gehudert. Nach 14 bis 21 Tagen ruht das Weibchen meist außerhalb des Nestes. Die Jungen sind mit 34 bis 36 Tagen flügge, mit 40 bis 45 Tagen flugfähig. Ein Großteil der Paare brütet nicht jährlich, oft mit Pausen von mehreren Jahren.

Bemerkungen: Geschätzter Gesamtbestand ca. 15 000 Brutpaare. Nördliche Populationen hatten 1990 etwa 3778 Brutpaare, wobei die Kanadische Population nur 10 bis 100 Paare zählte. Mexikanische Bestände scheinen am stabilsten zu sein, da es durch eine verantwortungsvolle Forstwirtschaft zu keiner Habitatzerstörung kommt.

Breeding: Breeding season March to June. Nest in natural cavity or on top of a broken trunk. Also in pot holes, cliff ledges a.s.o., also in abandoned nest of crows or raptors. 1 to 4 eggs, usually 2. Female incubates alone, in this time fed by the male with prey. Incubation 28 to 32 days. Young are brooded for 8 to 10 days after hatching. After 14 to 21 days, female roosts outside the nest. Fledging at 34 to 36 days, and at age of 40 to 45 able to fly. Majority of pairs do not breed every year, some known not to breed over several years.

Remarks: It's nearly impossible to estimate the total recent populations. The estimated total global population is 15,000. Northern populations had at least ca. 3778 pairs in1990, the Canadian population only 10 to 100 pairs. Mexican population may be stable, due to low-impact forestry activities used there which modify but don't destroy habitat.

Sitchuankauz – *Strix davidi* (Sharpe) 1875

Kennzeichen: Tafel 54 Länge 51 bis 58 cm, Gewicht unbekannt. Ähnlich dem Habichtskauz *Strix uralensis*, mit dunklerem und klarerem Zeichnungsmuster als in irgendeiner Rasse desselben. Kopf dunkelbraun mit schwarzbraunen, grauen und weißlichen Flecken und Streifen. Stirn nahezu ungefleckt, seitlich durch einige weiße Flecke begrenzt. Rücken braun, mit hellen Säumen und wenigen weißen Abzeichen auf dem Mantel. Schulterfedern auf Außenfahnen mit weißlichen Flecken. Dunkle Zentren der Oberseitenfedern geben der Eule ein gestreiftes Aussehen. Nacken ist deutlich beigeweiß gefleckt. Flügeldecken sind dunkelbraun wie der Rücken, die kleinen Flügeldecken mit wenigen kleinen weißen Tupfen, große Decken auf Außenfahnen mit großen, weißen Flecken. Alula dunkelbraun, Spitzen hell gesäumt. Handdecken dunkelbraun mit kleinen, rötlich beigen Tupfen. Armdecken dunkelbraun mit hellen Säumen, schwärzlichen Subterminalbinden und weißen bis rötlich beigen Flecken auf Außenfahnen. Schwungfedern dunkelbraun, hellbeigebraun gebändert. Armschwingen proximal rötlich beige gebändert, Handschwingen mit 4 bis 5 beigeweißen Flecken aud Außenfahnen. Unterrücken und Oberschwanzdecken sind nahezu einfarbig braun. Schwanz braun mit schmalen weißen Spitzen, Außenfahnen der äußeren Federn deutlich rötlich bis beige-weiß gefleckt, die beiden mittleren Federn nahezu ungezeichnet, nur undeutlich bekritzelt. Schleier weißlich bis grau, oberhalb der weißlichen Augenbrauen stark verdunkelt, mit dunklen, konzentrischen Linien. Schleierrand dunkelbraun, hellbeige gefleckt. Schnabelbefiederung weißlich bis hellbeige, mit schwärzlichen Borsten. Kehl- und Kehlseitenfedern weiß mit dunklen Zentren. Unterseite grauweiß mit brauner Streifung, dunkler und enger auf der Brust. Gestreifte Federn auf dem Bauch meist schmal mit Andeutungen von Bänderung. Flankenfedern zum Teil deutlich gebändert und mit rötlich beigem Anflug. Unterschwanzdecken weiß mit dunklem Schaftstreifen und feiner breiter Bänderung. Läufe und Zehen befiedert. Neoptilkleid unbekannt, Mesoptilkleid dicht mit graubraunen und weißen Dunen bedeckt, Kopf und Rücken dunkel gebändert. Graue Gesichtsmaske. Unterseite schwach graubraun gebändert. Flügel und Schwanz zeigen bereits Bänderung. Iris dunkelbraun, Lidränder pinkfarben, Wachshaut und Schnabel hellgelb, Zehensohlen gelb, Krallen hornfarben.

Verbreitung: Westliches Zentralchina: Südost-Qinghai, westliches und mittleres Sitchuan.

Bestand: Wahrscheinlich gefährdet, scheint im Verbreitungsgebiet relativ selten zu sein. Brütet erfolgreich in Nistboxen. Gefährdet durch fortschreitende Waldrodung im Verbreitungsgebiet.

Lebensraum: Dichter alter Fichten-, Tannen- und Kiefernwald, alter Nadel-Laub-Mischwald mit Lichtungen, angrenzende Wiesen und Matten mit niederer Vegetation. Von 2700 bis 4200 m, wahrscheinlich sogar bis 5000 m Höhe.

Stimme: Lange, bebende und bellende Rufe wie „khau-khau" sowie ein raues „ku-weck". Der Balzgesang ähnelt nach Scherzinger dem „whuuu-babababʺ des Habichtskauzes *Strix uralensis*.

Nahrung: Es gibt bislang keine Informationen.

Brut: 2005 wurde der erste erfolgreiche Nachweis in einem Nistkasten erbracht. Im Juni 2006 wurden zwei flügge Jungvögel in Nähe einer Felswand gefunden, wo sie eventuell in einer der tiefen Spalten geschlüpft waren. Es gibt sonst keine weiteren Informationen.

Bemerkungen: Dieser Kauz wurde meist als konspezifisch zu *Strix uralensis* gezählt, da er stimmlich diesem sehr ähnelt. Die geografische Isolation seiner Verbreitung spricht aber für eigenen Artstatus.

Sichuan Wood Owl – *Strix davidi* (Sharpe) 1875

Descriptive notes: Plate 54 Length 51 to 58 cm, weight no data. Similar to Ural Owl *Strix uralensis*, but markings much darker and better defined than in any race of latter. Head dark brown, mottled with blackish-brown, greyish and white spots and streaks. Forehead nearly uniform, but its sides bordered with few white spots. Back brown, with paler margins and some whitish markings on mantle. Scapulars have whitish spots on outer webs. Dark centres to the feathers of upper surface, giving the bird a streaked appearance. Nape mottled buffy-white. Wing coverts dark brown like the back, the least with few small, white spots, greater coverts with large white spots on outer webs. Alula dark brown, pale-margined on tips. Primary coverts dark brown with small, fulvous spots. Secondary coverts dark brown, pale-margined and with black subterminal bands and white to fulvous spots on outer webs. Flight feathers dark brown, banded pale buffy-brown on both webs, secondaries more fulvous banded proximally, primaries with 4 to 5 buffy-white spots on outer webs. Rump and uppertail coverts nearly uniform brown. Tail with narrow, white tips, outer webs of outer feathers distinctly spotted fulvous-white, central feathers nearly unmarked, with indistinct vermiculations. Facial disc whitish to grey, very obscured with brown above the whitish eyebrows, dark concentric lines and clearly marked dark brown rim. Lores whitish to buffy-white, obscured by blackish bristles. The dark facial ruff is spotted pale buffy. Ruff on throat and sides of it is spotted with dark centres. Undersurface greyish-white, streaked with brown, darker and denser on breast. Streaked feathers on belly with suggestions of crossbars, flank feathers more barred and with fulvous wash. Undertail coverts white with dark shaft streak and narrow but broad transverse barring. Tarsi and toes feathered.
Neoptile unknown, mesoptile densely covered with greyish-brown and white downs, head and back with dark barring. Greyish facial mask. Below barred greyish-brown, breast and upper belly obscured darker, lower belly lighter. Wings and tail similar to adult birds. Iris dark brown, rim of eyes pink, cere and bill pale yellow, soles of toes yellow, claws horn-coloured.

Distribution: Western Central China: Southeast Quinghai and West and Central Sichuan.

Status: Probably endangered, appears to be rare within its known range. Breeds sucessfully in nest boxes. Threatened by extensive deforestation within its known range.

Habitat: Dense mature fir, spruce, and pine forest, also old mixed coniferous/deciduous forest with clearings and adjacent meadows and open areas with low vegetation. At elevations from 2,700 to 4,200 m, perhaps even up to 5,000 m.

Voice: Long, quivering and barking calls "khau-khau", also a harsh "ku-wack". Territorial song according to Scherzinger is similar to Ural Owl *Strix uralensis*, "whuuu-bububub".

Food: No information available.

Breeding: In 2005, the first succesful breeding in a nest box was observed. In June 2006, two fledglings were found near a steep rock, where they may have hatched in one of the deep cavities. No further information is known.

Remarks: This owl probably forms a superspecies with *Strix uralensis*. Usually treated as conspecific with *Strix uralensis*, on vocal similarities. But geographical isolation of its distribution suggests specific rank.

Tafel 54 / Plate 54
Sitchuankauz / Sichuan Wood Owl - *Strix davidi*
links: Männchen / left: male, rechts: Weibchen / right: female

Weick

Bartkauz – *Strix nebulosa* J. R. Forster 1772

Kennzeichen: Tafel 55 (Rasse *lapponica*) Länge 64 bis 70 cm, Gewicht Männchen 800 bis 1100 g, Weibchen 925 bis 1900 g. Große Eule mit dickem, rundem Kopf und relativ kleinen, gelben Augen. Gefieder lang und flauschig. Grundfärbung des Gefieders weißgrau, oft mit graubraunem Anflug. Oberkopf, Hals und Nacken mit dunklen Schaftstreifen, mehr oder weniger deutlicher Bänderung, Fleckung und Kritzelung. Restliche Oberseite mit dunkelgrauen bis dunkelgraubraunen Längsstreifen, Andeutung von Querbänderung, gefleckt und marmoriert. Schulterfedern mit deutlichen grauweißen Flecken. Flügeldecken grauweiß, mit dunkelgraubraunen Längsstreifen, gebändert und marmoriert, graubraun überflogen. Außenfahnen oft heller als restliche Deckfedern. Alula und Armdecken mit weißgrauen und hellgraubraunen Flecken und Binden. Schwungfedern und Schwanz dunkelgraubraun, hellgrauweiß gebändert, helle Bindenflecken mit beigebraunen Kritzeln. Schleier ist groß und kreisrund, weißgrau bis hellgrau, mit zahlreichen konzentrischen, graubraunen Ringen. Augenbrauen und Zügelfedern weiß. Kinn mit schwarzem Bartstreif, seitlich weiß begrenzt. Unterseite grauweiß mit breiten, braungrauen Längsstreifen, auf der Brust mit Andeutungen von Binden und Kritzeln, mit graubraunem Anflug. Tarsen sind relativ kurz und wie die Zehen dicht graubraun befiedert. Dunenjunge weiß mit rosa Haut. Mesoptilkleid hellgrau, dunkel gebändert. Flügeldecken weißgrau gefleckt. Rücken und Unterseite weißgrau gebändert. Gesicht dunkel. Augen relativ klein, etwa 12,5 mm Durchmesser, beim Habichtskauz ca. 15,5 mm, beim Waldkauz 16,5 mm Durchmesser. Iris prächtig gelb, Augenränder schwarz. Wachshaut und Schnabel hellgelb. Zehensohlen gelb, Krallen braun mit dunklen Spitzen. Krallen sind kräftig, jedoch nicht länger als die des Habichtskauzes *Strix uralensis*.

Verbreitung: Nordamerika von Zentralalaska nach Osten bis Quebec, im Süden bis zu den Rocky Mountains Nordkaliforniens, Idaho, Wyoming und Minnesota. In Eurasien von Fennoskandia östlich bis Koryakland, im Süden bis Litauen, Nordmongolei, Nordostchina und Nordsachalin.

Geografische Rassenverbreitung:
***Strix n. nebulosa* J. R. Forster 1772** Nordamerika von Zentralalaska nach Osten bis Quebec, im Süden bis Sierra Nevada von Nordkalifornien, Nordidaho, Westmontana, Wyoming und Nordostminnesota. Wandert winters bis Nordkanada. Dunkler und grauer als *lapponica*, Rücken und Bauch mehr quer gebändert, schwarzer Kinnbart ist kleiner.
***Strix nebulosa lapponica* Thunberg 1798** Eurasien, von Fennoskandia östlich bis Westkoryakland, südlich bis Litauen, Nordmongolei, Nordostchina und Nordsachalin. Siehe Kennzeichen. *S. n. elisabethae* (Stegmann) 1925, Nordmongolei, synonym zu *lapponica*.

Bestand: Nicht unmittelbar bedroht, Bestände schwanken jedoch erheblich mit Vorkommen der Beutetiere (kleine Nager). Populationsgröße: Europa (ohne Russland) 500 bis 1500 Brutpaare, davon Finnland mit 850 Paaren. Ostsibirien mit guten Beständen, in China extrem selten. Gesamtpopulation Nordamerikas etwa 50 000 Individuen, jedoch starke Gefährdung durch Waldrodung. Ein alternatives Forstmanagement wäre daher dringend notwendig.

Lebensraum: Alte und ausgedehnte Wälder des Nordens, Öffnung zur Taiga mit Torfmooren, Birken, Kiefern und Fichten. Montane Wiesen und Heiden mit Lärchen-, Tannen- und Espenbeständen. Von Meereshöhe bis etwa 1000 m Höhe, in Kalifornien bis 2400 m, in Utah bis 3200 m Höhe.

Stimme: Männchen ruft dumpf „huuu-tu-hu". Weibchen antwortet mit einem rauen und höheren „huuuu" oder zischt und knappt mit dem Schnabel. Der Reviergesang des Männchens besteht aus einer Folge von 10 bis 12 tiefen, dumpfen und schneller werdenden „ho-ho-ho-ho", erst ansteigend, dann leiser werdend und erlöschend.

Nahrung: Kleine Säugetiere, hauptsächlich Wühlmäuse, Mäuse, Eichhörnchen, kleine Hasen. Vögel bis zur Größe von Schneehühnern. Frösche. Dämmerungs- und nachtaktiv, jagt auch am Tag, während der hellen „Mittsommertage". Kann Beutetiere (Mäuse, Wühlmäuse) auch unter dichter Schneedecke sicher orten und ergreifen.

Brut: Brutzeit: Europa von März bis August, Nordamerika von März bis Juli. Monogame Saisonehe. Das Brutrevier variiert in der Größe entsprechend dem Vorkommen und der Häufigkeit an Beutetieren. Nistplatz sind alte Nester von Greifvögeln (Bussard und Habicht). Nistet auch auf abgebrochenen Baumstämmen, Felsen oder in flachen Bodenmulden. Weibchen legt 3 bis 6 (4 bis 5) Eier und brütet alleine, vom Männchen mit Nahrung versorgt. Brut dauert 28 bis 36 Tage. Die Augen werden mit 4 bis 6 Tagen geöffnet. Die Jungeulen verlassen nach 25 bis 30 Tagen das Nest, können aber noch nicht fliegen. Sie erklettern Bäume oder rasten im Geäst über dem Boden. Können etwa 8 bis 14 Tage später fliegen. Das höchste bekannte Alter in Freiheit sind 13 Jahre.

Bemerkungen: Verwandtschaft zu anderen Arten der Gattung *Strix* ist unsicher.

Great Grey Owl – *Strix nebulosa* J. R. Forster 1772

Descriptive notes: plate 55 (race *lapponica*) Length 64 to 70 cm, weight male 800 to 1,100 g, female 925 to 1,900 g. Large owl, with big, rounded head and relatively small, yellow eyes. Plumage long and fluffy. Ground colour of plumage greyish-white, usually with greyish- brown wash. Crown, neck and nape with dusky shaft lines and more or less distinct dark bars, mottlings and vermiculation. Remaining upperparts streaked dark grey to dark greyish-brown, with indications of transverse barring, mottlings and vermiculations. Scapulars with more distinct greyish-white spots. Wing coverts with greyish-white ground colour, darkly streaked and finely barred and vermiculated with greyish-brown wash. Outer webs mostly paler than rest of the coverts. Alula and secondary coverts distinctly spotted and barred whitish-grey and pale greyish-brown. Flight feathers and tail banded dark greyish-brown and pale greyish-white, the light spots mostly vermiculated buffy-brown. Facial disc large, circular, light grey to whitish-grey, with numerous, greyish-brown concentric rings. Eyebrows and lores white. Chin striped blackish, bordered white at sides. Underparts greyish-white, broadly streakd greyish-brown, with indications of barring and vermiculation on chest, mainly with greyish-brown wash. Tarsi relatively short, densely feathered grey-brown, toes also feathered on upper surface. Downy chicks white, skin pink. Mesoptile pale greyish with dark barring. Wing coverts mottled greyish-white, greyish-white barring on back and underparts. Face dusky. Eyes relatively small, 12.5 mm in diameter, against Ural Owl 15.5, Tawny Owl 16.5 mm in diameter. Iris bright yellow, rim of eye black. Cere and bill pale yellow, soles of toes yellow. Claws pale brown with dark tips. Claws not longer than in Ural Owl.

Distribution: North America from Central Alaska east to southwestern Quebec, south to the Rocky Mountains of North California, Idaho, Wyoming and Minnesota. In Eurasia from Fennoscandia east to Koryakland, south to Lithuania, North Mongolia, northeastern China and North Sakhalin.

Geographical variations:
***Strix n. nebulosa* J. R. Forster 1772** North America from Central Alaska east to Southwest Quebec, south to Sierra Nevada of North California, North Idaho, West Montana, Wyoming and Northeast Minnesota. Winter movements through northern Canada and the northern USA. Generally darker and greyer than *lapponica*, back and belly more conspicuously barred transversally. Black beard on chin smaller.
***Strix nebulosa lapponica* Thunberg 1798** Eurasia, from Fennoscandia east to West Koryakland, south to Lithuania, North Mongolia, northeastern China and North Sakhalin (see Descriptive notes). *Strix elisabethae* Stegmann, 1925 from Kenei Mountains in North Mongolia is considered a synonym to *lapponica*.

Status: Not generally threatened, populations fluctuate widely by food abundance (small rodents). Population in Europe (excluding Russia) 500 to 1,500 pairs, in Finland 850 pairs. In East Siberia common, extremely rare in China. North American population was estimated at minimum of 50,000 individuals, but strongly threatened by forest destruction. Locally endangered by hunting. Alternative forest management can help to maintain the Great Grey Owl.

Habitat: Mature and extensive boreal forest with openings to Taiga with sphagnum bogs, birches, pines and firs. Montane meadows and heath, with tamarack,spruce and aspen forest. From sea level up to about 1,000 m. In California to 2,400 m, in Utah to 3,200 m above sea level.

Voice: Male calls with hollow "hoow-tú-hú". Female sometimes answers "hooow", rather hoarse and higher-pitched or with hissing and bill snapping. Territorial song of male is series of deep, hollow and accelerating calls "ho-ho-ho-ho", slightly increasing, than falling in pitch and volume.

Food: Small mammals, usually rodents such as voles, mice, squirrels, small hares. Birds up to size of ptarmigans, frogs, also large insects. Mainly crepuscular and nocturnal, but also by day, when close to 24-hour daylight during "midsummer" in the northern range. Location of prey is effective, detects and crisps its prey succesfully under a dense layer of snow.

Breeding: Season in europe from March to August, in North America from March to July. Monogamous pair bond. Breeding territory may vary in size according to food abundance. Uses stick nests of raptors (Buzzard and Northern Goshawk). Also nest on top of broken tree trunks, on rocks or in shallow depression on ground. Female lays 3 to 6 (4 to 5) eggs and incubates alone, fed by the male. Breeding lasts 28 to 36 days. Eyes opened at 4 to 6 days. The young owls leave the nest at 25 to 30 days, unable to fly. Climbing on trees or roost on ground. Capable of flight 8 to 14 days later. Oldest known age in wilderness reached by one female ringed as adult and found 13 years later.

Remarks: Affinities to other members of genus *Strix* uncertain.

WEICK
2011

Mähneneule – *Jubula letti* (Büttikofer) 1889

Kennzeichen: Tafel 56 Eule von etwa Waldohreulengröße. Länge 34 bis 40 cm, Gewicht eines Weibchens 183 g. Oberkopf rostfarben mit feiner dunkelbrauner und weißer Bänderung. Stirn, Überaugstreifen, Schnabelbefiederung und Kehle weiß. Die verlängerten Federn an Kopfseiten und Nacken bilden mit den langen „Federohren" eine rotbraun-weiße Mähne. Gesichtsschleier hellrostfarben mit feiner brauner Sprenkelung, am Rand aufgehellt und mit dunklen Federn begrenzt. Oberbrust rostbraun mit einigen dunklen Schaftstrichen, umgeben von weißlich gesprenkelten Aufhellungen. Unterbrust und Bauch mehr gelblich beige, ebenfalls mit hellen Längsflecken und dunkler Längsstreifung. Unterschwanzdecken einfarbig gelblich beige. Läufe hellrostgelb mit feiner dunkler Wellung. Rücken und Oberschwanzdecken zimtbraun, mit dunkler oder hellrostgelber Bänderung. Rücken rostfarben, mit hellrostgelben Flecken und dunkler Bänderung. Skapulare nussbraun, auf den Außenfahnen hellbeigegelb, wenige dunkle Querbinden. Diese hellen Flecke bilden ein deutliches Band längs der Schulterfedern. Kleine Flügeldecken dunkelbraun, mittlere und große Flügeldecken rostfarben bis nussbraun mit weißlich gelben Säumen und dunkler Bänderung. Schwanz rostfarben mit dunkelbrauner Bänderung. Armschwingen hellbeigebraun mit wolkiger Marmorierung und deutlichen, dunklen Querbinden. Handschwingen rot- bis nussbraun, mit breiter dunkelbrauner Bänderung. Schnabel elfenbein bis hellgelb, Wachshaut grünlich, Iris tiefgelb bis orange, Zehen fleischfarben bis blassgelb. Es besteht eine große Variationsbreite im Gefieder. Unverwechselbar ist aber das rostbraune bis beigegelbe Gefieder, die auffällige Mähne und die großen „Federohren". Jungvögel sind ober- und unterseits hellrostfarben mit undeutlicher rotbrauner Bänderung. Gesichtsschleier weißlich. Flügel und Schwanz sind bereits ähnlich den Alten.

Verbreitung: Afrika; Liberia, Elfenbeinküste und Ghana, fleckenartige Verbreitung von Südkamerun und Nordgabun bis Ostzaire. Monotypisch.

Bestand: Sehr seltene Eule, scheint lokal etwas häufiger, nicht global gefährdet. Wird eventuell leicht übersehen.

Lebensraum: Primärer Tieflandregenwald, Galeriewälder und Mangrovenbestände. Fluss- oder Seenähe sowie Flussinseln scheinen sehr wichtig, ebenso Schling- und Kletterpflanzen als Rastplatz und Tageseinsitz.

Stimme: Weiches „wuuh", dem nach 10 bis 12 Sekunden ein höheres „wuuh" folgt. Beide Rufe werden oft wiederholt. Diese Angaben können aber auf Verwechslung mit der Marmorfischeule *Bubo bouvieri* beruhen.

Nahrung: Streng nachtaktiv. Soll bevorzugt Insekten, vor allem Heuschrecken, Grillen und Käfer erbeuten. Auch vegetarische Kost wurde festgestellt. Eventuell kleine Wirbeltiere, jedoch hassen Singvögel häufig auf die Eule.

Brut: Am Mt. Nimba, Liberia, im Februar ein Paar mit erwachsenen Jungen, in Kamerun flügge Junge im späten Dezember, in Gabun im Januar. Halbwüchsige Jungvögel sowie Ästlinge mit den Eltern auf Palmwedeln weisen auf ein Legedatum für Zaire von März bis Mai hin. Weitere Details sind bislang unbekannt.

Bemerkungen: Eine Verwandtschaft mit anderen Eulenarten ist bislang unbewiesen. Manchmal generisch der neotropischen Gattung *Lophostrix* zugeordnet, doch beruhen Ähnlichkeiten wahrscheinlich auf Konvergenz.

Maned Owl – *Jubula letti* (Büttikofer) 1889

Descriptive notes: plate 56 Medium-sized owl, size like the Long-eared Owl. Length about 34 to 40 cm. Weight of a female 183 g. Head rufous with fine dark brown and white barring. Forehead, eyebrows, lores and throat white. Crown and nape feathers greatly elongated, together with the long ear tufts, forming a redbrown-white mane. Facial disk rufous, finely barred with brown, edged whitish and with dark brown rim. Upper breast rufous, fine white vermiculations leading to some heavy, dusky shaft streaks. Lower breast and belly more buffy, also with elongated light spots and dark shaft streaks. Undertail coverts plain light buffy. Legs plain rufous with fine dark barring. Back and uppertail coverts cinnamon brown, barred dusky or pale rufous-buff. Feathers of mantle rufous with pale rufous-buff spots and dark barring. Scapulars chestnut, more buffy on outer webs, with few dark bars. These light spots form a pale line across the shoulders. Lesser upper wing coverts dark brown, median and greater coverts rufous to chestnut with whitish to buffy webs and dark barring. Tail rufous, barred dark-brown. Secondaries light buffy with cloudy frecklings and distinct dusky-brown barring. Primaries rufous to chestnut with broad dark brown bars. Bill ivory to light yellow, cere greenish, irides deep yellow to orange. Toes fleshy to pale yellow. Sexes alike, but great individual variation in plumage. Distinctive is the rufous to buffy plumage, the maned nape feathers and prominent ear tufts. Juveniles: Pale rufous above and below, with darker indistinct rufous barring. Facial disc whitish. Wings and tail similar to adults.

Distribution: Africa; Liberia, Ivory Coast and Ghana, in places from South Cameroon and North Gabon to East Zaire. Monotypic.

Status: Very scarce owl, possibly locally common, not globally threatened, probably overlooked and more common.

Habitat: Primary lowland rain forest, gallery forest and mangroves. Preferring the vicinity of rivers or river islands. Abundance of creepers and climbers for roosting places at daytime.

Voice: Mellow hooting "wooh", followed after an interval of about 10 to 12 seconds by another higher-pitched "whoo". The two notes are repeated for some time. The call may have been confused with the vocalisation of the Vermiculated Fishing Owl, *Bubo bouvieri*.

Food: Nocturnal hunting. Little information. Primarily insects, such as grasshoppers, crickets and beetles. Possibly green vegetable food. Probably small vertebrates, but often mobbed by passerines.

Breeding: Pair with full-grown young, observed at Mt. Nimba in third week of February, fledglings in Cameroon in late December, in Gabon in January. Half-grown nestlings and perched juveniles with adults in a palm frond suggest laying in Zaire from March to May. No other details known.

Remarks: Affinities with other owl species uncertain. Sometimes suggested that genus be merged with the neotropical *Lophostrix*, but probably due to convergence.

Haubeneule – *Lophostrix cristata* (Daudin) 1800

Kennzeichen: Tafel 57 Mittelgroße Eule, Länge 38 bis 43 cm, Gewicht 420 bis 620 g. Sehr variable Gefiederfärbung und Augenfarbe machen es schwierig, die 2 bis 3 polymorphen Unterarten zu unterscheiden. Kopf mit großen, überwiegend weißen „Federohren" und weißen Augenbrauen, die bis zur Schnabelwurzel reichen. Eine Subspezies oder sogar eigene Art stellt *Lophostrix (c.) stricklandi* dar, mit gelber Iris und einer hellen graubraunen Gefiederfärbung und unterschiedlicher heller Fleckung der Schulterfedern und Flügel. Die Nominatform kommt in einer schokoladenbraunen und einer beige-rostfarbenen Variante vor, Färbung des Gesichtsschleiers kann von dunkelbraun, rotbraun bis hellrostfarben variieren. Kehle und Unterseite heller als Hals und Brust. Flügel und Schulterfedern sind in Färbung und Fleckung sehr variabel, große Flügeldecken und Schwungfedern meist deutlich heller als der Rücken. Schwanzfedern beige- oder graubraun, manchmal mit helleren Binden. Läufe befiedert, Wachshaut und Zehen gelblich bis hellgrau. Augen gelb bis dunkelorangebraun. Schnabel hornfarben bis elfenbein.

Verbreitung: Zwei bis drei anerkannte Subspezies. Nominatform *L. c. cristata* von Südvenezuela und den Guianas bis Nordbrasilien. Südlich von Amazonien bis Nordbolivien, nördlicher Mato Grosso. Westlich bis SW-Kolumbien, Ecuador und Ostperu.
***L. c. wedeli* Griscom 1932** Ostpanama bis Nordostkolumbien und Nordwestvenezuela.
***L. (c.) stricklandi* Sclater & Salvin 1859** Südmexiko, Guatemala und Honduras bis Westpanama und Westkolumbien.

Bestand: Nicht „global gefährdet", jedoch fehlen bezüglich Status und Erforschung ausreichende

Crested Owl – *Lophostrix cristata* (Daudin) 1800

Descriptive notes: plate 57 Medium-sized owl, length 38 to 43 cm, weight 420 g (male) to 620 g (female). The individual variability of plumage and colour of irides distinctly polymorphic, makes it difficult to judge the 2 to 3 valid subspecies. Head with long, mainly white, erectile ear tufts; extending to the white eyebrows and forehead. Confidently a valid subspecies, possibly a distinct species in regard to *Lophostrix (c.) stricklandi*, with yellow irides and light grey-brown plumage and different light spots on scapulars and wings. The nominate, with a chocolate brown and plain-buffy morph and a rimmed facial disc, differs from dark brown or rufous to light tawny. Throat and belly are lighter coloured than neck and chest. Wings and scapulars very variable, with different light spots and paler greater coverts and remiges. Tail feathers mainly uniform buffy or greybrown, sometimes with traces of lighter bars. Tarsi feathered, cere and toes yellowish to light greyish, irides orange to dark orange-brown. Bill horn-coloured to ivory.

Distribution: Two to three valid subspecies. Nominate *L. c. cristata* from South Venezuela and the Guianas to North Brazil, South Amazonia to North Bolivia and northern Mato Grosso. West to Southwest Colombia, Ecuador and East Peru.
***L. c. wedeli* Griscom 1932** East Peru to Northeast Colombia and Northwest Venezuela.
***L. (c.) stricklandi* Sclater & Salvin 1859** South Mexico, through Guatemala and Honduras to West Panama and West Colombia.

Status: Not "Globally threatened", but there appears to be insufficient information on the status and further

Weick

Informationen. Ständige Waldrodung stellt den größten Risikofaktor dar. Der wirkliche Gefährdungsstatus ist unbekannt!

Lebensraum: Regenwald des Tieflandes und mittlere Höhen mit dichtem Unterwuchs. Hoher Sekundärwald und Galeriewald. Wassernähe wird bevorzugt. Von Meereshöhe bis 1200 m in Guatemala, 1950 m im Nebelwald von Honduras.

Stimme: Froschähnliches, tiefes und raues Quäken „k-k-kk-kk-krrrroä", das etwa alle 9 Sekunden wiederholt wird. *L. (c). stricklandi* mit kürzerem „garrr" oder „kwärr".

Nahrung: Rastet tagsüber im dichten Bewuchs, oft nahe dem Boden. Überwiegend nachtaktiv. Fängt Insekten wie Käfer, Heuschrecken und Falter sowie Raupen. Erbeutet sicher auch kleine Wirbeltiere, Jagdverhalten völlig unbekannt.

Brut: Brutzeit etwa von Februar bis Mai, in vorwiegend trockener Jahreszeit. Nistet in Höhlen alter Bäume. Eine Brut auf dem Dachboden eines Hauses. Junge werden etwa bis September von den Eltern betreut. Brutbiologie noch weitgehend unbekannt.

Bemerkungen: Die Gattung *Lophostrix* wurde schon zu den Gattungen *Otus* und *Bubo* gerechnet. Ähnlichkeit mit der Mähneneule (*Jubula letti*) scheint auf Konvergenz zu beruhen. Verwandtschaft mit den Brillenkäuzen (*Pulsatrix*).

information is needed. It may be at risk from intense deforestation. The true status is unknown!

Habitat: Rain forest from lowland to medium altitudes with dense undergrowth. Tall secondary forest and gallery forest. Mostly near waters. From sea level up about 1,200 m in Guatemala, and 1,950 m in the cloud forest of Honduras.

Voice: Rather frog-like, guttural and rough croak, "k-k-kk-kk-krrrroa", repeated about every 9 seconds. *L.(c.) stricklandi* with shorter "gurrr" or "kwarr".

Food: Roosts by day often in dense vegetation, close to the ground. Hunting nocturnal. Primarily large insects, such as beetles, grasshoppers and moths, also caterpillars. Likely takes small vertebrates. But hunting behaviour unknown.

Breeding: Lays from February to May, in dry or early wet season. Nest in holes of old trees. At least once nested in the loft of a house. Young remains with parents possibly at least until September. Biology of breeding of this owl is largly unknown.

Remarks: Genus *Lophostrix* considered to be related to genera *Otus* and *Bubo*. Resemblance to the maned owl (*Jubula letti*), probably due to convergence. Recent studies suggest a relationship to the spectacled owls (*Pulsatrix*).

Sperbereule – *Surnia ulula* (Linnaeus) 1758

Kennzeichen: Tafel 58 Nominatform. Länge 36 bis 41 cm, Gewicht 220 bis 390 g. Waldohreulengroß, schlank, langschwänzig, mit relativ kleinem, eckigem Kopf. Oberseite schwarz-braun, Oberkopf mit zahlreichen kleinen weißen Flecken, Mantel und Rücken mit einigen weißlichen Flecken, Schulterfedern überwiegend weiß, ein breites, helles Schulterband bildend. Schwanz lang und abgestuft, graubraun bis schwarzbraun mit zahlreichen weißen Binden. Schleier weißlich, breite schwärzliche Begrenzung an den Seiten, ein zweites dunkles Band an den Nackenseiten, dazwischen weiße Kopfseiten. Kinn schwärzlich, seitlich und an der Kehle weiß begrenzt. Schwingen graubraun mit einigen weißen Fleckenreihen und weißen Säumen. Unterseite weißlich mit grau-brauner Querbänderung, auf den Brustseiten enger und breiter gebändert. Tarsen und Zehen dicht befiedert. Dunenjunge weißlich, Mesoptilkleid mit schwärzlichen Schnabelseiten und Schleierrand. Ober- und Unterseite überwiegend weiß oder grauweiß. Flügge Jungvögel mit ähnlichem Gesicht wie Altvögel, dunkle Unterseitenbänderung wird sichtbar, Oberseite und Flügel ähnlich den Altvögeln. Augen hellgelb, Augenränder schwärzlich, Wachshaut graubraun, Schnabel grünlich gelb, Zehensohlen braungelb, Krallen dunkelbraun bis schwärzlich.

Verbreitung: Nördliche Gebiete Eurasiens: von Norwegen, Schweden und Finnland bis Sibirien, Kamtschatka, Sachalin und Nordchina, in Zentralasien bis zum Tien Shan; nördliches Nordamerika: von Alaska bis Labrador. Weite Invasionswanderungen innerhalb der Verbreitungsgebiete, brütet dort, wo reichlich Nahrung vorhanden ist.

Geografische Rassenverbreitung:
***Surnia u. ulula* (Linnaeus) 1758** Siehe Kennzeichen. Von Skandinavien durch Sibirien bis Kamtschatka, Sachalin und südlich bis Tarbagatay.
***Surnia u. tianschanica* Smallbones 1906** Zentralasien, Nordchina und nördliche Mongolei. Die dunklen Gefiederteile sind mehr schwärzlich mit kleineren weißen Flecken und Säumen.
***Surnia u. caparoch* (Müller) 1776** Nördliches Nordamerika, von Alaska durch Kanada bis Neufundland und südlich bis nördlichste USA. Größer und dunkler als Nominatform, weniger weiße Fleckung auf Kopf, Rücken und Schulterfedern. Große schwärzliche Bänderung an den Halsseiten. Kräftige Bänderung der Unterseite, mit bräunlichem Anflug.

Bestand: Bestandszahlen schwanken mit dem Vorhandensein von Beute, hauptsächlich kleineren Nagetieren. Norwegen, Schweden, Finnland und nordrussische Taiga mit stabilen Populationen. Selten in Nordchina. In Nordamerika durch unkontrollierte Waldrodung gefährdet.

Lebensraum: Waldtundra und nördliche Taiga bis zur Baumgrenze, im Süden bis zum Rand der Waldsteppe und zum Kulturland reichend. In Zirbelkiefern-, Lärchen-, Espen-, Birken- und Mischwaldungen, in Sumpf- und Moorgebieten. Vom Tiefland bis in die Berge, einzelne abgestorbene Bäume als Ansitz und Ruheplatz.

Stimme: Das Männchen lässt ein schnelles, trillerndes „prullul-lullu" von 12 bis 14 Sekunden Dauer hören, das Weibchen antwortet schriller und kürzer. Auch falkenähnliche „kikiki"-Rufe und ein schneidendes „iirkri" sind zu hören.

Nahrung: Kleine Nager, speziell Wühlmäuse, selten Säugetiere bis Hasengröße (*Lepus*). Vögel bis Schneehuhngröße (*Lagopus*), Frösche, seltener Fische. Jagt in China hauptsächlich Ratten. Jagt bevorzugt am Tage, aber auch bei Nacht. Flug ist geradlinig, mit schnellen Flügelschlägen und Gleitphasen sowie greifvogelartigem Rütteln.

Northern Hawk Owl – *Surnia ulula* (Linnaeus) 1758

Descriptive notes: plate 58 (Nominate *ulula*) Length 36 to 41 cm, weight 220 to 390 g. Similar in size to Northern Long-eared Owl, slender, long-tailed, with relatively small, square head. Upperparts dark blackish-brown. Crown with numerous small, white spots, mantle and back with some white spots, scapulars mainly white, forming a rather broad light band across shoulder. Tail long and graduated, dark grey- to blackish-brown with several white bars. Facial disc whitish, with broad blackish rim at sides and a second dark band down nape, rear of head white. Chin blackish, bordered white, throat white. Flight feathers dark greyish-brown,with some rows of white spots and white margins. Underparts whitish, barred greyish-brown, more densely and heavier on sides of breast. Tarsi and toes fully feathered. Chicks whitish. Mesoptile with blackish area round eyes and down the bill and blackish rim. Upper- and underparts mainly white or greyish-white. When fledged, facial disc similar to adult, dark barring of underparts begins to be visible, upperparts and wings similar to adult. Eyes pale yellow, lids of eyes blackish, cere grey-brown, bill pale yellowish-green, soles of toes yellowish-brown, claws dark brown to blackish.

Distribution: Boreal zones of Eurasia from Norway, Sweden and Finland east to Siberia, Kamchatka, Sakhalin and North China, in Central Asia to the Tien Shan; boreal North America, from Alaska east to Labrador. Moves widely within its area of distribution, breeding where food is abundant.

Geographical variations:
***Surnia u. ulula* Linnaeus 1758** (see Descriptive notes) From Scandinavia through Siberia to Kamchatka, Sakhalin and south to Tarbagatay.
***Surnia u. tianschanica* Smallbones 1906** Central Asia, northern China and northern Mongolia. The dark areas of plumage more blackish, with smaller white spots and margins.
***Surnia u. caparoch* (Müller) 1776** Northern North America, from Alaska through Canada to Newfoundland, south to extreme northern USA. Somewhat larger and darker than nominate *ulula*, reduced white spotting on head, back and scapulars. Large blackish barring on sides of foreneck. Heavier barring on belly and flanks, with tawny wash.

Status: Numbers fluctuate markedly with abundance of prey, mainly small rodents. In Norway, Sweden and Finland populations seem stable, also in the Russian northern taiga. Rare in northern China. In North America threatened by non-commercial forestry activities.

Habitat: Forest tundra and boreal taiga as far as treeline and ranging south to edge of forest steppe and cultivated land. In stone pine, larch, aspen, birch and mixed forest, swampy and moory areas, in lowlands and mountains. Isolated dead trees for roosting and perches.

Voice: Male gives rapid,trilling "prullul-lullu", lasting 12 to 14 seconds, corresponding call of female shriller, shorter and less sonorous. Also falcon-like "kikiki"and piercing "kiiirrl" are uttered.

Food: Small rodents, mainly voles, sometimes mammals up to size of hares (*Lepus*). Birds up to size of willow grouse (*Lagopus*), frogs, occasionally fish. In China diet mainly rats. Hunts diurnal, also at night. Flight in straight line with rapid wing beats and open-winged glides, also hovering.

Tafel 57 / Plate 57
Haubeneule, rote Morphe / Crested Owl, red morph - *Lophostrix cristata*

WEICK
06

Brut: Territorial; Brutzeit von März bis September. Nest in der Spitze abgebrochener Stämme, in Naturhöhlen oder großen Spechthöhlen. Nimmt auch Kunstnester an, gelegentlich auch Nester größerer Vögel. Legt nur einmal pro Jahr 3 bis 13 (5 bis 7) Eier. Legeintervall 1 bis 2 Tage. Das Weibchen brütet alleine 28 bis 30 Tage. Die Küken werden 13 bis 18 Tage gehudert. Die Jungeulen verlassen nach 23 bis 32 Tagen das Nest und werden von den Eltern noch 38 bis 40 Tage gefüttert. Sie sind nach etwa 75 Tagen selbstständig. Die Sperbereule wird bereits mit einem Jahr geschlechtsreif.

Bemerkungen: Verwandtschaft mit anderen Eulen unsicher. Wird zurzeit mit den Gattungen *Glaucidium*, *Taenioglaux*, *Xenoglaux*, *Micrathene* und *Athene* im Tribus *Surnini* der Unterfamilie *Surninae* zusammengefasst.

Breeding: Territorial; lays from March to September. Nest in top of a broken trunk, in natural holes or in large nest hole of woodpeckers. Also accepts nest boxes. Occasionally uses stick nests of larger birds. Only one clutch per year, 3 to 13 (mainly 5 to 7 eggs), in intervals from 1 to 2 days. Female incubates alone, about 28 to 30 days. The chicks are brooded for 13 to 18 days. The young leave the nest at 23 to 32 days, and are fed by the parents until 38 to 40 days. Young indepedent at about 75 days. The Northern Hawk Owl reaches sexual maturity at one year.

Remarks: Relationship uncertain, placed with genera *Glaucidium*, *Taenioglaux*, *Xenoglaux*, *Micrathene* and *Athene* in tribe *Surnini* and subfamily *Surninae*.

Rotbrust-Sperlingskauz – *Glaucidium tephronotum* Sharpe 1875

Kennzeichen: Tafel 59 Nominatform. Länge 17 bis 18 cm, Gewicht 80 bis 100 g. Oberkopf und Hinterhals dunkelgrau, Nacken mit undeutlichem Occipitalgesicht. Rücken und Schulterfedern dunkelgraubraun. Handschwingen dunkelbraun, Armschwingen dunkelbraun mit etwas hellerer Bänderung. Flügeldecken dunkelbraun mit kastanienbraunem Anflug. Schwanz dunkelbraun mit drei großen, runden, weißen Flecken auf der Innenfahne der mittleren Federn. Schleier grauweiß mit weißen Flecken und undeutlicher Begrenzung. Halsseiten weiß gefleckt. Kehle weiß. Oberbrust und Flanken rostfarben bis rostorange. Restliche Unterseite weiß. Bauchseiten und Flanken mit rotbraunen Längsflecken. Tarsen rostbraun befiedert. Zehen spärlich beborstet. Jugendkleid unbekannt. Augen gelb, Wachshaut honiggelb, Schnabel grünlich gelb, Zehen gelb, Krallen hornfarben mit dunklen Spitzen.

Verbreitung: Westafrika, von Liberia, Elfenbeinküste, Ghana, Südkamerun und dem Kongobecken bis Uganda und Westkenia.

Geografische Rassenverbreitung:
***Glaucidium t. tephronotum* Sharpe 1875** Siehe Kennzeichen. Liberia, Elfenbeinküste, Ghana.
***Glaucidium t. pycrafti* Bates 1911** Kamerun. Auf Kopf, Rücken und Schwingen dunkler, schokoladenfarben bis graubraun. Brustseiten und Flanken sind weniger rostfarben, mehr weiß auf Unterseite, mit zahlreichen dunklen Flecken auf Brust und Flanken.
***Glaucidium t. medje* Chapin 1932** Kongobecken und Südwestuganda. Oberseite schiefergrau, Unterseite dunkler. Größer als Nominatform.
***Glaucidium t. elogense* Granvik 1934** Ostuganda und Westkenia (Mount Elgon, Kakamega, Nandi- und Mau-Bergwald). So groß wie *medje*, oberseits jedoch dunkler braun.

Bestand: Selten und schwierig aufzufinden, alle Rassen mit Ausnahme von *G. t. medje* sind selten (lokale Vorkommen).

Lebensraum: Dichte, unberührte Waldungen, dichte Gehölze mit viel Unterwuchs, gelichtete Waldungen, Lichtungen und an Waldrändern. Vom Tiefland bis in Höhen von 2150 m.

Stimme: Serien von 2 bis 20 hohen Pfiffen in Intervallen von 2 Sekunden. „TiU-tiU-tiU", kläffendes „wu-wuk-wu-wuk" sowie in Stakkato „tütütütütü".

Nahrung: Großinsekten wie Gottesanbeterinnen, Schrecken, Grillen, Zikaden, Schwärmer usw. Kleine Säugetiere und Vögel. Hauptsächlich nachtaktiv, jagt seltener am Tage. Jagt bevorzugt auf Lichtungen und an Waldrändern.

Brut: Nur wenig ist bekannt; legt wahrscheinlich in den trockenen Monaten September bis März.

Bemerkungen: Die Verwandtschaft zu anderen Arten der Gattung *Glaucidium* ist unklar.

Red-chested Owlet – *Glaucidium tephronotum* Sharpe 1875

Descriptive notes: plate 59 (Nominate *tephronotum*) Length 17 to 18 cm, weight 80 to 100 g. Crown and hindneck dark grey, nape with indistinct occipital face. Back and scapulars dark greyish-brown. Primaries dark brown, secondaries dark brown with indistinct lighter bars. Wing coverts dark brown with chestnut wash. Tail dark brown with three large, round white spots on inner web of central feathers. Facial disc greyish-white, with white spots and indistinct rim. Rear of neck white-spotted. Throat white. Upper chest and flanks rufous to rufous-orange. Rest of underparts white. Sides of belly and flanks with rufous-brown longish spots. Tarsi feathered, toes sparsely bristled. Plumage of juveniles unknown. Eyes yellow, cere wax-yellow, bill yellow-green, toes yellow, claws horny-yellow with dark tips.

Distribution: West Africa, from Liberia, Ivory Coast, Ghana, South Cameroon and the Congo Basin to Uganda and West Kenya.

Geographical variations:
***Glaucidium t. tephronotum* Sharpe 1875** (see Descriptive notes) Liberia, Ivory Coast, Ghana.
***Glaucidium t. pycrafti* Bates 1911** Cameroon. Darker on head, back and wings, dark chocolate- to greyish-brown. Less rufous on chest sides and flanks, white more extended. More dark spots on breast and flanks.
***Glaucidium t. medje* Chapin 1932** Congo Basin and Southwest Uganda. Upperside more slaty, underparts with less rufous-orange. Larger size than nominate.
***Glaucidium t. elogense* Granvik 1934** Eastern Uganda, western Kenya (Mount Elgon, Kakamega, Nandi and Mau Forest). Size similar to *medje*, but darker brown above.

Status: Rare and hard to locate, all subspedies are rare, with exception of *G. t. medje* (locally).

Habitat: Dense primary forest, dense tree groves with scrub, logged woodland, clearings and forest edges. From lowlands up to 2,150 m above sea level.

Voice: Series from 2 to 20 high whistles, given in 2-second intervals "teU-teU-teU", a yelping "wu-wuk-wuk-wuk", also staccato "tutututututu".

Food: Mainly insects: mantes, locusts, crickets, cockroaches, cicadas, moths a.s.o. Also small mammals and birds. Mainly nocturnal, rarely hunting diurnal. Hunting on clearings and forest edges.

Breeding: Little is known, laying probably in the dry months September to March.

Remarks: Relationship with other species of genus *Glaucidium* is uncertain.

Wachtelkauz – *Glaucidium brodiei* (Burton) 1835

Kennzeichen: Tafel 60 Nominatform. Länge 14,5 bis 17 cm, Gewicht 53 bis 63 g. Kleine rundköpfige Eule. Rotbraune, kastanienbraune und graubraune Morphen. Oberkopf mit rahmbeigen bis weißen Flecken, im Nacken „Occipitalgesicht". Augenbrauen und Kehlfleck weiß. Dunkles, weiß geflecktes, in der Mitte meist unterbrochenes Brustband. Rücken, Schwingen und Schwanz dunkelbraun, weißlich bis rötlich beige gebändert. Schulterfedern mit weißen Außenfahnen bilden unterbrochenes Band. Brustseiten und Flanken gebändert, Brustmitte und Bauch weiß, Bauchseiten und untere Flanken tropfenförmig gestreift. Iris hellgelb bis goldgelb, Wachshaut grünlich bis bläulich, Schnabel gelbgrün. Füße grüngelb. Jungvögel sind auf dem Kopf gestreift.

Collared Owlet – *Glaucidium brodiei* (Burton) 1835

Descriptive notes: plate 60 (Nominate *brodiei*) Length 14.5 to 17 cm, weight 53 to 63 g. Small owlet with rounded head. Rufous, chestnut and grey-brown morphs occur. Crown spotted creamy to whitish,occipital face on nape. White eyebrows and white throat patch. Dark, white spotted breast band, often broken centrally. Back, wings and tail dark brown, barred buffy to whitish. Scapulars with white outer webs, forming a broken band. Breast sides and flanks barred, middle of breast and belly white. Sides of belly and lower flanks with drop-shaped streaking. Iris pale yellow to golden yellow, cere greenish to bluish, bill yellow-green, toes greenish-yellow. Juveniles on head more streaked.

Tafel 58 / Plate 58
Sperbereule / Northern Hawk Owl - *Surnia ulula*
links / left: *Surnia ulula caparoch*, rechts / right: *Surnia ulula ulula*

Weick
09

Verbreitung: Himalaja von Nordpakistan östlich bis China und Taiwan, im Süden durch Malaysia bis Sumatra und Borneo.

Geografische Rassenverbreitung:
***G. b. brodiei* (Burton) 1835** Siehe Kennzeichen. Himalaja, von Pakistan östlich durch Nepal, Assam bis Südostchina und Hainan, südlich bis zur Malaien-Halbinsel und Nordvietnam. G. b. tubiger (Hodgson) 1836 ist ein Synonym.
***G. b. pardalotum* (Swinhoe) 1863** Taiwan. Auf Oberseite dunkler, Unterseite heller als Nominatform, mit Tropfenflecken auf dem weißen Bauch.
***G. b. sylvaticum* (Bonaparte) 1850** Sumatra. G. b. peritum (Peters) 1940 ist ein Synonym.
***G. b. borneense* Sharpe 1893** Borneo (Sabah, Brunei, Ostsarawak, Ost- und Westkalimantan).

Bestand: Noch relativ gutes bis leidliches Vorkommen im gesamten Verbreitungsgebiet. Vor allem in den Reservaten und Nationalparks noch häufig. In anderen Gebieten aber bereits durch Zerstörung des Lebensraumes bedroht.

Lebensraum: In Wäldern des Hügel- und Berglandes mit offenen Flächen und an Waldrändern. Bevorzugt Wälder mit dichtem Unterwuchs. In Höhen von 1350 bis 2750 m, in China auch in 700 m Höhe.

Stimme: Viersilbiger Pfiff „wüp-wüwüwüp" mit zahlreichen Wiederholungen. Beim Gesang wird der Kopf ruckweise von Seite zu Seite gedreht. Manchmal lässt der Vogel ein hektisches „kaoku-kaoku-kaokoru-kaoderu" hören.

Nahrung: Kleinvögel, Insekten, Eidechsen und Skinke. Das Käuzchen ist für seine Größe außerordentlich dreist und furchtlos. Tagaktiv, jagt aber auch bei Dämmerung und nachts.

Brut: Brutzeit im Himalaja (Nepal) von März bis Juni, sonst in April und Mai. Nest in Naturhöhlen oder in Baumhöhlen von Spechten oder Bartvögeln, die von der Eule getötet werden. Höhle in 2 bis 10 m Höhe. 3 bis 6, meist 4 Eier. Brutdauer 25 Tage. Nestlinge werden von beiden Eltern gefüttert.

Bemerkungen: Galt häufig als nahe verwandt mit *G. passerinum*, DNA-Untersuchungen stehen noch aus.

Distribution: Himalayas from northern Pakistan east to China and Taiwan, south through Malaysia to Sumatra and Borneo.

Geographical variations:
***G. b. brodiei* (Burton) 1835** (see Descriptive notes) Himalayas from Pakistan east through Nepal, Assam and southeastern China and Taiwan, North Vietnam. G. b. tubiger Hodgson, 1836 is a synonym.
***G. b. pardalotum* (Swinhoe) 1863** Taiwan. Upperparts darker, below paler with drop-shaped spots on the white belly.
***G. b. sylvaticum* (Bonaparte) 1850** Sumatra. G. b. peritum Peters, 1940 is synonym.
***G. b. borneense* Sharpe 1893** Borneo (Sabah, Brunei, eastern Sarawak, East and West Kalimantan).

Status: Common to fairly common over most of its range. Mainly common in protected areas and national parks. But in other ranges vulnerable by habitat destruction.

Habitat: Mainly in submontane and montane forests with open space and clearings and forest edges. Favours woodland with dense scrub. Mainly from 1,350 to 2,750 m above sea level, in China only up to 700 m.

Voice: Four-note whistle, "wüp-wüwüwüp", repeated in intervals. The singing bird bobs its head from side to side. Sometimes utters a frenetic " kaoku-kaoku-kaokoru-kaoderu".

Food: Small birds, insects, lizards and skinks. Extremely bold and fierce for its size. Hunting mostly diurnal, but also around dusk and at night.

Breeding: Season in the Himalaya (Nepal) March to June. April, May elswhere in range. Nest in natural holes, mainly tree holes. Sometimes kills woodpeckers or barbets to appropriate the nest cavity. Nest 2 to 10 m above ground. 3 to 6, normally 4 eggs. Incubation 25 days, both adults feed the chicks.

Remarks: Often considered to be closely related to *G. passerinum*, but DNA evidence missing.

Costa-Rica-Sperlingskauz – *Glaucidium costaricanum* L. Kelso 1937

Kennzeichen: Tafel 61 Länge 15 cm, Gewicht Männchen 53 bis 70 g, Weibchen bis 99 g. Kräftig gestreifter Sperlingskauz mit rostbrauner und brauner Morphe. Rostbraune Morphe: Kopf hellgraubraun, etwas heller als restliche Oberseite mit dichter, weißer Fleckung. Im Nacken helles, auffälliges Occipitalgesicht mit schwarzen Zentren. Darunter ein rostbeiger Nackenstreif. Oberseite rot- bis kastanienbraun, Schulterfedern und Oberflügeldecken beigeweiß und dunkelbraun gefleckt. Mantel mit feinen weißen Schaftstreifen. Schwungfedern kastanien- bis erdbraun, weißliche bis beigeweiße Fleckenbänderung. Kurzer erdbrauner Schwanz hat 5 bis 7 weiße bis hellzimtbeige Binden. Schleier beigeweiß und bräunlich gefleckt, ohne deutliche Begrenzung. Augenbrauen, Zügel, Kehle und Halsseiten weiß. Brust- und Bauchmitte weiß. Brustseiten braun bis rostbraun beigeweiß gefleckt. Streifung von Brustseiten und Flanken durch weiße Zone getrennt. Flanken teilweise weiß, rot- und kastanienbraun gebändert oder gestreift. Tarsen bis zu den Zehen befiedert, Zehen spärlich beborstet. Braune Morphe: erdbraun bis dunkelbraun, Flügel und Schwanz dunkelbraun. Zeichnung des Gefieders entspricht der rostbraunen Morphe.
Jungvögel bisher nicht beschrieben. Augen gelb, Wachshaut grau- bis grüngelb, Schnabel grüngelb bis horngelb, Zehen braungelb, Krallen dunkelhornfarben mit schwärzlichen Spitzen.

Verbreitung: Mittleres Costa Rica bis Westpanama, vielleicht auch in Ostpanama. Monotypisch.

Bestand: Relativ kleines Verbreitungsgebiet. Lokal noch guter Bestand im Bergland Costa Ricas, in Panama selten.

Lebensraum: Nebelwald des Hochlandes mit Kiefern-Eichen-Beständen. Im Kronenbereich und an Waldrändern. Halboffene Landschaften in Waldnähe und Weiden mit vereinzelten Bäumen. Von 900 m bis zur Waldgrenze.

Stimme: Lange Reihe geflöteter Doppel- und Dreifachrufe wie „pupup-pupup-pupup", „puupuupuup-puupuupuup-puupuupuup" oder „djudju-djudju-djudju", „djudjudju-djudjudju-djudjudju", immer in derselben Tonhöhe.

Nahrung: Insekten und andere Wirbellose, kleine Wirbeltiere: Vögel, Eidechsen. Jagt vom Ansitz aus. Beute wird in raschem Flug ergriffen.

Brut: Brut in Costa Rica im März. Gelege hatte 3 Eier. Brütet in Baumhöhlen oder auf Baumstümpfen.

Bemerkungen: Früher Rasse von *Glaucidium jardinii*, jedoch deutliche Unterschiede in den Lautäußerungen.

Costa Rica Pygmy Owl – *Glaucidium costaricanum* L. Kelso 1937

Descriptive notes: plate 61 Length 15 cm, weight male 53 to 70 g, female 99 g. Small, strongly patterned pygmy owl, rufous and brown morphs occur. Rufous morph: Head pale greyish-brown with dense white spots and somewhat paler than rest of upperparts. Nape with distinct occipital face, two pale spots with blackish centres, buffy-rufous nuchal band below. Above rufous-brown to chestnut, scapulars and upper wing coverts spotted buffy-white and dark brown. Mantle with narrow whitish shaft lines. Flight feathers chestnut to earth brown, banded with whitish to buffy-white spots. Tail short, earth brown with 5 to 7 whitish to pale cinnamon-buffy bands. Facial disc spotted buffy-white and brown, without distinct rim. Eyebrows and lores white. Throat, sides of neck, centre of breast and belly white. Sides of breast rufous to chestnut, speckled buffy-white. Streakings and mottlings towards centre of under parts separated from breast sides and flanks by narrow white zone. Flanks partly barred with white rufous and chestnut or streaked. Tarsi feathered down to base of toes, toes sparsely bristled. Brown morph: Colour more earth to dark brown, wings and tail with dark brown ground colour, but pattern similar to rufous morph. Juvenile: Undescribed. Eyes yellow, cere grey- to greenish-yellow, bill greenish-yellow to horn-yellow, claws dark horn with blackish tips.

Distribution: Central Costa Rica to western Panama, possibly eastern Panama. Monotypic.

Status: Species with restricted range, locally common in highlands of Costa Rica, possibly rare in Panama.

Habitat: Cloud forest of the highland, mainly of pine-oak. Prefers canopy and forest edge. Also in semi-open landscapes adjacent to woodland, pastures with scattered trees. from 900 m up to timberline.

Voice: Long series of whistled double- and triple-notes at same pitch: "poopoop-poopoop-poopoop", "poopoopoop-poopoopoop-poopoopoop" or "dewdew-dewdew", "dewdewdew-dewdewdew."

Food: Insects and other invertebrates, small vertebrates such as birds and lizards. Hunts from perch. Attacks in swift dashing, typical of pygmy owls.

Breeding: Lays in March in Costa Rica. Clutch with 3 eggs was found. Breeding in tree holes or in tree stub.

Remarks: Formerly regarded as conspecific with *Glaucidium jardinii*, but different in vocalisations.

Tafel 59 / Plate 59
Rotbrust-Sperlingskauz / Red-chested Owlet - *Glaucidium tephronotum*
oben links / top left: *Glaucidium tephronotum tephronotum*
mitte rechts / centre right: *Glaucidium tephronotum pycrafti*
unten links / bottom left: *Glaucidium tephronotum medje*

Weick
09

Gnomen-Sperlingskauz – *Glaucidium gnoma* Wagler 1832

Kennzeichen: Ohne Abbildung Nominatform. Länge 15 bis 17 cm, Gewicht 54 bis 73 g. Kleiner Sperlingskauz, früher mit dem sehr ähnlichen *Glaucidium californicum* als eine Art betrachtet. Unterscheidet sich etwas in der Größe und Stimme, kürzerer Schwanz, spitzeres Flügelprofil. Gefiederfärbung dunkelbraun. Oberkopf mit feiner weißer bis hellbeiger Fleckung, Hinterkopf mit Occipitalgesicht, zwei helle Flecke mit schwarzen Zentren. Mantel und Rücken weiß bis beigeweiß gefleckt. Außenfahnen der Schulterfedern teilweise weiß bis hellzimtbeige gefleckt. Flügeldecken mit wenigen hellen Flecken. Schwungfedern dunkelbraun, hell gebändert. Schwanz braun mit 5 bis 6 schmalen weißlichen Binden. Schleier hellbräunlich bis rostfarben, hell und dunkel gefleckt. Schmale, weiße Augenbrauen. Unterseite mattweiß, Kehle und Brustmitte ungefleckt, Brustseiten und teilweise auch Flanken braun mit feiner weißer Fleckung. Restliche Unterseite dunkelbraun gestreift. Läufe befiedert, Zehen beborstet. Dunenjunge weiß, Mesoptilkleid ähnlich Alterskleid, jedoch mit ungeflecktem, grauem Oberkopf und starkem Kontrast zu Mantel und Rücken. Iris gelb, Wachshaut graugelb, Schnabel hell- bis horngelb. Zehen gelbgrau.

Verbreitung: Südöstliches Arizona, Nord- und Zentralmexiko, südlich bis Guatemala, Costa Rica, Honduras und Panama.

Geografische Rassenverbreitung:
***Glaucidium gnoma gnoma* Wagler 1832** Siehe Kennzeichen. Südostarizona, südlich durch Hochland von Nord- und Zentralmexiko bis Zentralhonduras.
***Glaucidium (g.) cobanense* Sharpe 1875, Tafel 61** Südmexiko bis Guatemala und Honduras, Länge 16 bis 18 cm, Gewicht unbekannt. Gefieder prächtig rotbraun, verschwommene Flecken auf der Stirn. Auf Nackenseiten einige beigeweiße Flecke mit dunklen Federbasen. Oberseite rost- bis kastanienbraun. Die gerundeten Flügel sind hellbeige gefleckt und gebändert. Schwanz hat 5 bis 7 beigeweiße Binden. Schleier hellrostbeige, hinter den Augen bis zum Schleierrand dunkler. Unterseits von Kehle, Hals, Mittelbrust und Bauch weiß. Brustseiten und Flanken orange-rostbraun, rostfarbene Längsstreifung auf Unterbrust- und Bauchseiten. Braune Morphe seltener. Dunenjunge weißlich. Mesoptilkleid ähnlich den Altvögeln, Zeichnung diffuser, Oberkopf grau, Stirn ungefleckt. Augen, Wachshaut und Schnabel gelb, Zehen schmutzig gelb, Sohlen, Krallen hornfarben mit dunklen Spitzen. Unterscheidet sich in der Stimme von *gnoma*.
***Glaucidium (gnoma) hoskinsii* Brewster 1888, Tafel 61** Berge von Baja California (Mexiko), von Sierra de la Gigante bis zum Kap. Länge 15 bis 16 cm, Gewicht 50 bis 65 g. Noch etwas kurzschwänziger als *gnoma*. Oberseits sandfarben rostbraun bis sandgrau, ohne rote oder graue Morphe. Weibchen meist etwas rostfarbener. Mantel und Rücken unregelmäßig heller gefleckt. Flügel gerundet, Oberflügeldecken beigeweiß gefleckt, die äußersten Decken reinweiß gefleckt. Schwungfedern mit weißen bis beigeweißen Flecken gebändert. Der kurze Schwanz hat 4 bis 5 weiße Binden. Schleier bräunlich und hell gefleckt, Augenbrauen weiß. Unterseite ähnlich *gnoma*, aber mit feinerer, engerer Längsstreifung. Tarsen befiedert, Zehen beborstet. Jungvögel: bislang unbeschrieben. Augen gelb, Wachshaut und Schnabel grüngelb, Zehen gelbgrau, Krallen horngelb mit dunklen Spitzen. Unteschiede in den Lautäußerungen zu *gnoma* und *cobanense*.

Bestand: Nominatform *gnoma* lokal noch nicht selten, Angaben zum Bestand sind unsicher. Die Taxa *cobanense* und *hoskinsii* sind durch ihr relativ begrenztes Verbreitungsgebiet und Waldrodung stark gefährdet.

Lebensraum: Kiefern-Eichen-Wald, Kiefernwald und feuchter Mischwald mit Kiefern und immergrünem Baumbestand der Gebirge. Von 1500 bis 3500 m über NN. Im Winter auch in tieferen Lagen.

Stimme: Der Gesang des *gnoma*-Männchens besteht aus einer Reihe schneller, kurzer Doppelpfiffe wie „gjugju-gjugju" oder „gügü-gügü-gügü". Rufreihe von *cobanense* klingt wie „püpühp-püpühp". Rufe von *hoskinsii* wie „kwiu-kwia", aber auch ähnlich denen von *cobanense*, also wie „gü-gü-gü".

Nahrung: Kleine Vögel bis Wachtelgröße, kleine Säuger bis zur Größe von Hörnchen sowie große Insekten. Tagaktiv.

Brut: Nur wenig ist bekannt. Brutzeit von April bis August. Nest meist in Spechthöhlen. Das Weibchen legt 2 bis 4 Eier und brütet alleine, wird in dieser Zeit vom Männchen gefüttert, bis die Küken etwa 9 Tage alt sind. Brutdauer 28 Tage. Die Jungen sind mit etwa 23 Tagen flügge. Brütet im Alter von 1 Jahr zum ersten Mal.

Bemerkungen: *Glaucidium cobanense* und *hoskinsii* wurden und werden meist als konspezifisch zu *Glaucidium gnoma* gezählt. Artliche Trennung eventuell wegen Unterschieden in den Lautäußerungen.

Mountain Pygmy Owl *Glaucidium gnoma* Wagler 1832

Descriptive notes: not illustrated (Nominate) Length 15 to 17 cm, weight 54 to 73 g. Small pygmy owl, formerly regarded as conspecific with the very similar *Glaucigium californicum*. Differs in slightly smaller size, shorter tail, more pointed wings and vocalisations. Plumage colour dark brown. Crown with fine, white to pale buffy spots, nape showing false eyes or occipital face, two pale spots with black centres. Mantle and back spotted white to buffy-white. Outer webs of scapulars partly spotted white to pale cinnamon-buffy. Wing coverts with few pale spots. Against G. californicum, wings more pointed. Flight feathers banded pale on dark brown ground colour. Tail brown, with 5 to 6 narrow, whitish bars. Facial disc pale brown to rufous, speckled lighter. Narrow, whitish eyebrows. Underparts off-white, plain area from throat to mid of breast, sides of breast and parts of flanks mottled brown, with fine white spots. Rest of underparts streaked dark brown. Tarsi feathered, toes bristled. Downy chicks white. Mesoptile similar to adult, but crown always unspotted greyish, strongly contrasting with mantle and back. Eyes yellow, cere greyish-yellow, bill pale- to horn-yellow. Toes yellowish-grey.

Distribution: Southeast Arizona, north to Central Mexico, south to Guatemala, Costa Rica, Honduras and Panama.

Geographical variations:
***Glaucidium gnoma gnoma* Wagler 1832** (see Descriptive notes) Southeast Arizona, south through highlands of North and Central Mexico and Central Honduras.
***Glaucidium (g.) cobanense* Sharpe 1875, plate 61** Outermost South Mexico to Guatemala and Honduras. Length 16 to 18 cm, weight unknown. Plumage bright rufous. Forehead with diffuse pale spots. Sides of nape with some buffy-white spots with dark bases. Upperparts bright rufous to chestnut. The rounded wings are spotted and banded pale buffy. Tail with 5 to 7 buffy-white bands. Facial disc pale rufous-buff, darker behind eyes to border of disk. Below from throat, neck and centre of breast to belly. Sides of breast and flanks orange-rufous, streaked on sides of lower breast and belly. Also a more rare brown morph occurs. Downy chicks whitish. Mesoptile similar to adult, but less clearly marked and with more greyish crown and unspotted forehead. Eyes, cere and bill yellow, toes dirty yellow with yellow soles, claws horn-coloured with dusky tips. Differs in vocalisations from *gnoma* and probably full specific rank.

***Glaucidium (gnoma) hoskinsii* Brewster 1888, plate 61** Mountains of Baja California (Mexico) from Sierra de la Gigante down to Cape. Length 15 to 16 cm, weight 50 to 65 g. Somewhat shorter-tailed than *gnoma*. Above sandy-rufous to sandy-grey, no rufous or greyish morph occurs. Female often little more rufous washed. Mantle and back irregularly spotted pale. Wings rounded as in *cobanense*, upper wing coverts spotted buffy-white, the outermost coverts spotted white. Flight feathers banded with buffy-white to white spots. Tail short with 4 to 5 whitish bands. Facial disc spotted brownish and white, eyebrows white. Below similar to *gnoma*, but streaking more narrow and dense. Tarsi feathered, toes bristled. Juvenile: Not described. Eyes yellow, cere and bill greenish-yellow, toes yellowish-grey, claws horn with dusky tips. Recently regarded as separate species, based on distinctly different vocalisations.

Status: Nominate *gnoma* locally not rare, but statements uncertain. Taxa *cobanense* and *hoskinsii* strongly threatened by their restricted range and continuous forest destruction.

Habitat: Pine-oak, pine and humid pine-evergreen forest in mountainous areas. From 1,500 up to 3,500 m above sea level. Winter also in lower altitudes.

Voice: Song of male *gnoma* is sequence of rapid, short double-hoots "gjugju-gjugju-gjugju" or "gügüg-gügüg-gügü". Song of *cobanense* is a long series of "püpühp-püpühp-püpühp". The calls of *hoskinsii* "kwiu-kwiu-kwiu" or similar to *cobanense* "gü-gü-gü".

Food: Small birds up to size of Quails, small mammals up to size of squirrels and large insects. Appears to hunt by day.

Breeding: Only poorly known. Lays from April to August. Nest mainly in woodpecker holes. Female lays 2 to 4 eggs and incubates alone, fed by her mate, until chicks are about 9 days. Fledging probably at 23 days. Age of first breeding probably 1 year.

Remarks: *Glaucidium cobanense* and *hoskinsii* often considered conspecific with *Glaucidium gnoma*. Separation by vocalisations, but taxonomy is still not properly clarified.

Nebelwald-Sperlingskauz – *Glaucidium nubicola* Robbins & Stiles 1999

Kennzeichen: Tafel 62 Länge 16 cm, Gewicht 56 bis 80 g. Stämmig und kurzschwänzig. Kopf graubraun, Rücken und Mantel warm dunkelbraun. Kopf mit zahlreichen runden Flecken, Mantel nahezu ungefleckt, Flecken auf Schulterfedern und Oberflügeldecken klein und weiß, mit hellrostfarbenem Anflug. Arm- und Handschwingen dunkelbraun mit kleinen weißen bis beigeweißen Bindenflecken. Schwanz kurz, dunkelbraun, mit 4–5 weißlichen Binden. Schleier bräunlich, mit hellen konzentrischen Ringen und

Cloud forest Pygmy Owl – *Glaucidium nubicola* Robbins & Stiles 1999

Descriptive notes: plate 62 Length 16 cm, weight 56 to 80 g. Small, stout and short-tailed owlet. Head greyish brown, back and mantle warm dark brown. Head with numerous small round spots, mantle nearly unspotted. Spots on scapulars and upper wing coverts small and white, often washed pale rufous. Secondaries and primaries dark brown, with small white to buffy-white bars. Tail short, dark brown with 4 to 5 whitish bars. Facial disc brown with some pale concentric rings and few white spots on rim. Brownish area on chin,

Tafel 60 / Plate 60
Wachtelkauz / Collared Owlet - *Glaucidium brodiei brodiei*
graubraune und rotbraune Morphe / greyish-brown and rufous morph

2009 W.Eck

weißen Randflecken. Kinnfleck bräunlich. Kehle, Kehlseiten, Brustmitte, Bauchmitte und Unterschwanzdecken weiß. Brustseiten rotbraun, meist ungefleckt. Flanken rotbraun, Unterbauch heller und mit dunkelbraunen Schaftstrichen. Tarsen befiedert, Zehen beborstet. Jungvögel: Oberseits einförmig dunkelbraun, Stirn mit beigeweißen Schaftstrichen. Im Nacken ockerfarbenes, dunkel geflecktes Band. Schulterfedern und Flügel ähnlich den Altvögeln. Kehle weißlich beige, Unterseite ockerbeige. Augen gelb, Schnabel und Wachshaut grünlich gelb, Zehen gelblich, Krallen schwärzlich.

Verbreitung: Diese Art wurde erst 1999 beschrieben. Lebt im Nebelwald der Steilhänge in den Westanden von Kolumbien bis Westecuador und eventuell südlich bis Nordperu.

Bestand: Es liegen keine Erkenntnisse über Populationsgrößen vor. Äußerst gefährdet durch rücksichtslose Rodung.

Lebensraum: Feuchter, unberührter Nebelwald, Steilhänge der Westanden (Zentralkordilleren) von 1400 und 2000 m Höhe.

Stimme: Der Gesang ähnelt dem der Gruppe *gnoma costaricanum.* Serien tiefer Pfiffe in Doppeltönen, lang anhaltendes „wiu-wiu-wiu wiu wiu-wiu wiu“ und kürzere Serien von Einzelpfiffen wurden vernommen.

Nahrung: Insekten (Geradflügler, Zikaden, Käfer), kleine Säugetiere und Vögel, wahrscheinlich auch Amphibien.

Brut: Brutzeit vermutlich von Februar bis Juni, weitere Daten fehlen.

Bemerkungen: Diese Art wurde wahrscheinlich lange Zeit übersehen.

throat, sides of throat and centre of breast white. Centre of belly and lowertail coverts white. Sides of breast rufous, somewhat paler on lower belly with dark brown shaft streaks. Tarsi feathered, toes sparsely bristled. Juvenile: Upperparts rather uniform dark brown, some buffy-white shaft streaks on forehead. Nape with pale ochre and dark-spotted nuchal collar. Scapulars and wings similar to adult. Throat buffy-white, below with more ochre-buffy wash. Eyes yellow, bill and cere greenish-yellow, toes yellowish, claws blackish.

Distribution: Recently described species in 1999. Cloud forest on the Pacific slope of the West Andes from Colombia to western Ecuador, and perhaps south to northernmost Peru.

Status: Species is little known. No data on population level. Extremely endangered by rigorous forest destruction.

Habitat: Wet primary cloud forest on steep slopes of West Andes (Central Cordilleres), 1,400 to 2,000 m above sea level.

Voice: Song suggests a relationship to the *gnoma-costaricanum* series of hollow whistles delievered in pairs, "weu weu – weu weu weu – weu weu" and shorter series of single notes are uttered.

Food: Insects (orthoptera, cicadas, beetles), small mammals and birds, probably also amphibians.

Breeding: Breeding season probably February to June, No other information.

Remarks: A probably long overlooked species.

Colima-Sperlingskauz – *Glaucidium palmarum* Nelson 1901

Kennzeichen: Tafel 63 Länge 13 bis 15 cm, Gewicht 43 bis 48 g. Sehr klein, kurzflüglig und relativ langschwänzig. Kopf hellsandgrau bis sandbraun, Stirn und Oberkopf dicht weiß bis beigeweiß gefleckt. Im Nacken auffälliges Occipitalgesicht. Darunter quer über Hinterhals zimtfarbenes Band. Mantel olivbraun, Schulterfedern mit undeutlichen hellbeigen Flecken. Oberflügeldecken mit kleinen hellbeigen Flecken. Schwungfedern olivbraun mit hellen Fleckenbändern. Schwanz grau-braun mit 3 bis 4 sichtbaren, beigeweißen Binden. Schleier hellockerbraun und weiß gefleckt. Kurze, weiße Augenbrauen, Zügel und Kehle weiß. Unterseite mattweiß. Oberbrust, Flanken, Längsstreifung auf Flanken und Bauch zimtbraun. Tarsen befiedert, Zehen beborstet. Dunenjunge weiß. Mesoptilkleid ähnlich dem Alterskleid, Kopf grau und ungefleckt, Kontrast zum braunen Rücken. Occipitalgesicht vorhanden, Nackenband meist fehlend. Augen gelb, Wachshaut und Schnabel horngelb, Zehen gelb, Krallen hornbraun mit schwärzlichen Spitzen.

Verbreitung: Westmexiko entlang der pazifischen Küste (Sonora bis Isthmus von Tehuantepec). Monotypisch.

Bestand: Angaben unsicher, lokal noch ziemlich gute Populationen.

Lebensraum: Trockenes tropisches Waldland, Dornenwald, zum Teil Laubwald, Palmenwäldchen, lokal auch Kiefern-Eichen-Wald und in Kaffeepflanzungen. Von Küste bis in etwa 1500 m Höhe.

Stimme: Hohlklingende, kurze Rufe wie „whu-whu-whu“, bis zu 24 pro Rufreihe. Abstand zwischen den Einzelrufen lang.

Nahrung: Große Insekten, kleine Vögel und andere kleine Wirbeltiere.

Brut: Legt im Mai 2 bis 4 Eier. Nest in Baumhöhlen, meist in verlassenen Spechthöhlen. Weitere Angaben fehlen.

Bemerkungen: Meist als Rasse von *Glaucidium minutissimum* betrachtet.

Colima Least Pygmy owl – *Glaucidium palmarum* Nelson 1901

Descriptive notes: plate 63 Length 13 to 15 cm, weight 43 to 48 g. Very small, short-winged and relatively long-tailed. Head pale sandy-grey-brown, forehead and crown spotted densely whitish to buffy-white. Two pale nuchal spots with blackish centres, forming "false eyes", below a cinnamon band across the hindneck. Mantle olive-brown. Scapulars with indistinct, pale spots. Upper wing coverts with small, pale buffy spots. Flight feathers olive-brown, banded with pale spots. Tail greyish-brown with 3 to 4 visible, buffy-white bands. Facial disc pale ochre-brown, spotted white. Short eyebrows, lores and throat white. Underparts off-white, upper breast, flanks and streaking on flanks and belly cinnamon-brown. tarsi feathered, toes bristled. Juvenile: Downy chicks white. Mesoptile similar to adult, but with greyish, unspotted head, strongly contrasting with brown back. With occipital face, but indistinct or lacking nape band. Eyes yellow, cere and bill yellow-horn, toes yellow and claws dark horn with blackish tips.

Distribution: Western Mexico along the Pacific coast, from Central Sonora to Isthmus of Tehuantepec in Oaxaca. Monotypic.

Status: Uncertain, locally rather common populations.

Habitat: Dry tropical woodland, thorny wood, partly deciduous forest, locally pine-oak forest and in coffee plantations. From sea level up to 1,500 m.

Voice: Series of hollow, short notes, up to 24 calls in one phrase: "whew-whew-whew." Intervals between the notes relatively long.

Food: Large insects, small birds and other small vertebrates.

Breeding: Lays in May 2 to 4 eggs. Nest in tree holes, most in lost holes of woodpeckers. Further information lacking.

Remarks: Often considedered a race of *Glaucidium minutissimum.*

Parker-Zwergkauz
***Glaucidium parkeri* Robbins & Howell 1995**

Kennzeichen: Tafel 63 Länge 14 bis 14,5 cm, Gewicht 60 bis 64 g. Kleiner, kompakter Zwergkauz. Relativ langflüglig. Oberkopf, Kopfseiten und Nacken hellgraubraun mit feinen weißen, dunkel gerahmten Punkten. Im Nacken deutliches Occipitalgesicht, nach unten durch weißes Band begrenzt. Rücken und Mantel sepiabraun. Schulterfedern dunkelbraun mit olivfarbenem Anflug, Außenfahnen mit großen weißen

Subtropical Least Pygmy Owl
***Glaucidium parkeri* Robbins & Howell 1995**

Descriptive notes: plate 63 Length 14 to 14.5 cm, weight 60 to 64 g. Small but stout least pygmy owl. Relatively long-winged. Crown, sides of head and nape pale greyish-brown, with fine white, dark-edged spots. Nape with prominent occipital face, with whitish band below. Mantle and back sepia-brown. Scapulars dark brown, with olivaceous wash, outer webs with large white spots. Upper wing coverts sepia-brown

Tafel 61 / Plate 61
oben / top: Costa-Rica-Sperlingskauz / Costa Rica Pygmy Owl - *Glaucidium costaricanum*
mitte / centre: Guatemala-Sperlingskauz / Guatemalan Pygmy Owl - *Glaucidium (gnoma) cobanense*
unten / bottom: Hoskins-Sperlingskauz / Cape Pygmy Owl - *Glaucidium (gnoma) hoskinsii*

WEICK
2011

Flecken. Oberflügeldecken sepiabraun mit großen weißen Flecken. Dunkle Schwungfedern, mit unregelmäßig geformten weißen Flecken gebändert. Armschwingen und große Flügeldecken mit oliv-rotbraunem Anflug. Schwanz sepiabraun mit aus weißen Flecken bestehender, unterbrochener Bänderung. Schleier hellgraubraun mit weißer Fleckung, dunkelbraun begrenzt. Kehle weiß. Unterseite weiß, große, ungezeichnete Zone unter der Kehle bis Brustmitte. Hals- und Oberbrustseiten rotbraun mit wenigen weißen Flecken. Unterhalb Brust und Flanken kastanienbraune Längsstreifung mit olivfarbenem Anflug. Tarsen befiedert, Zehen beborstet. Auffällig wenig rotbraune Gefiedertöne. Jungvögel unbeschrieben. Iris gelb, Wachshaut und Schnabel grüngelb, Zehen gelb, Krallen dunkelhornfarben.

Verbreitung: Osthänge der Anden Ecuadors und Perus, möglicherweise auch in Nord- und Südwestkolumbien und südlich bis Nordbolivien. Monotypisch.

Bestand: Zuverlässige Informationen fehlen. Als nicht häufig eingestuft. Gefährdet durch Waldrodung.

Lebensraum: Feuchter subtropischer Berg- und Nebelwald mit reichlich Epiphyten und Schlinggewächsen. Bewohnt meist den unteren Kronenbereich. In Höhen von 1450 m bis 1975 m.

Stimme: Männchen lässt kurze Rufreihen hören, 2 bis 6 tiefe Pfiffe. Abstände zwischen den Pfiffen werden immer etwas größer: „Hüw-hüw--hüw----hüw." Art des Gesangs ist unter den *Glaucidium*-Arten der Neuen Welt einzigartig.

Nahrung: Unbekannt. Vermutlich aber große Insekten und kleine Wirbeltiere.

Brut: Unbekannt.

Bemerkungen: Dieser Zwergkauz wurde erst 1995 beschrieben. Möglicherweise besteht keine enge Verwandtschaft zu den anderen Taxa der *minutissimum*-Gruppe.

with large white spots. Flight feathers dusky, banded with irregularly shaped white spots. Greater wing coverts and secondaries washed with olive-rufous-brown. Tail dark sepia-brown with incomplete bands of irregularly shaped, white spots. Facial disc pale greyish-brown, with fine white spots and dark brown rim. Throat white. Underparts white, large plain area below throat down to breast. Sides of neck and upper breast rufous-brown with few white spots. Below breast and flanks clearly streaked chestnut, often with olive wash. Tarsi feathered, toes bristled. Plumage with distinctly less rufous colouring. Juvenile: Undescribed. Iris yellow, cere and bill greenish-yellow, toes yellow, claws dark horn.

Distribution: Eastern slope of Andes in Ecuador and Peru, possibly to North and Southwest Colombia and south to North Bolivia. Monotypic.

Status: Uncertain. Considered uncommon. Probably overlooked. Endangered by forest destruction.

Habitat: Humid subtropical montane and cloud forest, with epiphytes and creepers. Inhabits subcanopy. At 1,450 to 1,975 m above sea level.

Voice: Male song consists of short phrases, 2 to 4, sometimes 6 relatively low-pitched hoots. Interval between each note increasing: "hüw-hüw--hüw----hüw." This is unique among New World *Glaucidium* species.

Food: Little information, probably large insects and tree-dwelling, small vertebrates.

Breeding: Unknown.

Remarks: This least pygmy owl was recently described in 1995. Possibly not closely related to other taxa of the *minutissimum* complex.

Sick-Zwergkauz – *Glaucidium sicki* König & Weick 2005

Kennzeichen: Tafel 63 Länge 14 bis 15 cm, Gewicht 50 bis 55 g. Sehr klein, rundflüglig, Gefieder ähnlich *Glaucidium minutissimum*, jedoch mit deutlichem Occipitalgesicht. Stirn dunkelgrau, Oberkopf und Nacken graubraun mit warmbraunem Anflug. Winzige runde, weiße bis beigeweiße Fleckchen auf Stirn, Oberkopf und Nacken. Im Nacken deutliches Occipitalgesicht. Mantel schokoladebraun. Schulterfedern mit breiten, hellen Säumen. Oberflügeldecken schokoladebraun, einige große Decken hell gesäumt, einige Armdecken mit kleinen, hellen Randflecken und hellen Säumen. Schwungfedern dunkelbraun mit hellen Flecken auf beiden Fahnen, Schwungfedern bilden unterbrochene Bänderung. Schwanz dunkelgraubraun mit vier weißlichen, unterbrochenen Fleckenreihen auf beiden Fahnen. Schleier hellgraubraun mit einigen rotbraunen Flecken, konzentrische Ringe bildend. Augenbrauen weiß. Kehle und Brustmitte weiß, Hals und Brustseiten rotbraun mit wenigen weißen Flecken. Restliche Unterseite mattweiß, Flanken und Bauchseiten mit rotbrauner Längsstreifung. Unterbauch und Unterschwanzdecken manchmal mit wenigen rotbraunen Längsstreifen. Tarsen befiedert, Zehen beborstet. Dunenjunge weiß. Mesoptilkleid ähnlich dem Alterskleid, Oberkopf ungefleckt rotbraun, Stirn manchmal spärlich hell gefleckt. Iris gelb, Wachshaut gelbgrau, Schnabel horngelb mit grünlichem Anflug. Zehen gelb, Krallen hornfarben mit dunklen Spitzen.

Verbreitung: Ostbrasilien, von Bahia südlich bis Santa Catarina, östlich bis Minas Gerais, Mato Grosso, Paraná und angrenzendes Ostparaguay. Vielleicht auch lokales Vorkommen in Ostmisiones. Monotypisch.

Bestand: Unzuverlässige Angaben. Scheint lokal noch ziemlich gute Vorkommen zu haben, jedoch meist schon selten. Da diese Art Sekundärwald meidet, ist sie durch die ständig fortschreitende Rodung von Primärwald stark gefährdet.

Lebensraum: Feuchter tropischer und subtropischer immergrüner Regenwald. Kronenbereich und Waldränder. Von Meereshöhe bis 500 m, manchmal bis 800 m Höhe.

Stimme: Männchen lässt ziemlich hohen, hohl klingenden Doppelruf hören, der in Abständen von mehreren Sekunden wiederholt wird. „Güh-gü güh-gü güh-gü", die zweite Silbe ist immer kürzer als die erste.

Nahrung: Große Insekten und kleine Wirbeltiere. Tag- und nachtaktiv.

Brut: Wie bei den anderen Zwergkäuzen ist nur wenig bekannt. Brütet vermutlich in Spechthöhlen und anderen Baumhöhlen. Soll in der Trockenzeit bis zum Beginn der Regenzeit brüten.

Bemerkungen: Nach neueren Erkenntnissen (König & Weick, 2004) kann für diese bisher mit *Glaucidium minutissimum* vereinigte Art aus Regenwäldern Ostbrasiliens nicht mehr der Name *minutissimum* verwendet werden, da dieser von Wied 1830 für den Pernambuco-Zwergkauz vergeben wurde, der durch seine Lautäußerungen artlich eindeutig verschieden ist.

Sick's Least Pygmy Owl – *Glaucidium sicki* König & Weick, 2005

Descriptive notes: plate 63 Length 14 to 15 cm, weight 50 to 55 g. Very small, round-winged, similar in plumage to *Glaucidium minutissimum*, but with distinct occipital face. Forehead dark grey, crown and nape greyish-brown with warm brown wash. Tiny round whitish to buffy-white spots on forehead, crown and nape. Distinct nuchal occipital face. Mantle uniform chocolate brown. Scapulars with broad, pale margins. Upper wing coverts chocolate brown, some greater coverts pale-margined, some secondary coverts with small, pale spots on outer webs and pale margins. Flight feathers dark brown, with pale spots on both webs, forming broken bands. Tail dark greyish-brown with four whitish, broken bands on both webs. Facial disc pale greyish-brown with some rufous spots, forming concentric rings. Eyebrows white. Throat and centre of chest plain white. Neck and sides of breast rufous-brown with few whitish spots. Rest of underparts off-white, streaked rufous -brown on flanks and sides of belly. Abdomen and lowertail coverts with few rufous-brown streaks. Tarsi feathered, toes bristled. Juvenile: Downy chicks white. Mesoptile similar to adult plumage, but unspotted rufous crown. Forehead sometimes with few, pale spots. Eyes yellow, cere yellowish-grey, bill horn-yellow with greenish tint. Toes yellow, claws horn-coloured with dusky tips.

Distribution: East Brazil, from Southeast Bahia south to Santa Catarina, east to Minas Gerais, the southern Mato Grosso, Paraná and adjacent East Paraguay. Perhaps also locally in East Misiones. Monotypic.

Status: Uncertain data. Seems locally rather common, but possibly previously rare. As this species avoids secondary growth, it is doubtlessly threatened by the continued logging of primary forest.

Habitat: Humid tropical and subtropical evergreen rain forest. Canopy and forest edges. From sea level up 500 m, sometimes elevation of 800 m.

Voice: Song of male is a rather high, hollow double call, repeated at intervals of several seconds, "hew-hew hew-hew hew-hew", the second note is always shorter than the fiirst.

Food: Large insects and small vertebrates. Diurnal and nocturnal hunting.

Breeding: As in other least pygmy owls, virtually unknown. Probably breeds in lost woodpecker holes or in other tree holes. Presumed to breed in dry or early rainy season.

Remarks: Regarding recent studies (König &Weick, 2004) this in the more southern regions of East Brazil living taxon, isn't identical with the hitherto used taxon *minutissimum* from northeastern Brazil named in 1830 by Wied, concerning birds of Pernambuco, distinguished mainly by its vocalisations.

Tafel 62 / Plate 62
Nebelwald-Sperlingskauz / Cloud forest Pygmy Owl - *Glaucidium nubicola*

Pernambuco-Zwergkauz – *Glaucidium minutissimum* (Wied) 1830

Kennzeichen: Tafel 63 Länge 14 bis 15 cm, Gewicht 50 bis 55 g. Oberseite umbrabraun, deutlich heller als bei *sicki*. Oberkopf und Nacken graubraun, heller als restliche Oberseite. Stirn und Oberkopf mit kleinen, weißen, dunkel gerandeten Flecken. Kein Occipitalgesicht, sondern helle Nackenflecke mit einigen schwärzlichen Fleckchen als obere basale Begrenzung. Breites, zimtbeiges Band zwischen den Nackenflecken und dem dunkleren Rücken. Mantel und Rücken einfarbig umbrabraun. Schulterfedern mit einigen hellrostfarbenen Flecken auf beiden Fahnen. Einige Oberflügeldecken hell gefleckt. Schwungfedern dunkler als der Rücken, mit ockerweißen Fleckenreihen gebändert. Schwanz graubraun mit 5 mattweiß gefleckten Binden. Schleier hellgraubraun mit undeutlichen rotbraun gefleckten konzentrischen Ringen. Augenbrauen weiß. Kehle weißlich. Kehle bis Bauchmitte weiß. Hals- und Brustseiten beige-rostfarben, oft heller als bei *sicki* und ohne weiße Flecken. Unterseite undeutlich beige-rostfarbene Längsstreifung. Unterbauch und Unterschwanzdecken schmutzig weiß. Tarsen befiedert, Zehen beborstet. Jungvögel: bislang nicht beschrieben. Augen gelb, Schnabel grüngelb, Zehen orangegelb.

Verbreitung: Nur kleines, nahezu erloschenes Restvorkommen in Wäldern längs der Atlantikküste zwischen Rio Sao Francisco und Kap Sao Roque, Bundesstaat Pernambuco in Nordostbrasilien. Durch nahezu gänzliche Rodung des nördlichen atlantischen Küstenwaldes entstand eine Distanz von 800 km zwischen *G. minutissimum* und *G. sicki*. Monotypisch.

Bestand: Sehr selten, gilt als äußerst gefährdet oder nahezu ausgestorben.

Lebensraum: Alter, unberührter Küstenregenwald mit hohen Bäumen. Von Meereshöhe bis in etwa 150 m über NN.

Stimme: Gesang des Männchens ist eine leicht ansteigende Reihe von etwa 6 kläffenden Pfiffen wie „gwoigwoigwoig".

Nahrung: Hauptsächlich große Insekten wie Fangschrecken, Käfer und Zikaden, vermutlich auch kleine Wirbeltiere.

Brut: Unbekannt.

Bemerkungen: 2002 entdeckten die Ornithologen de Silva, Coelho und Gonzaga, dass *Glaucidium minutissimum* aus zwei Arten besteht. Sie gaben irrtümlicherweise dem echten *minutissimum* den neuen (nun invaliden) Namen *mooreorum*. Neue Erkenntnisse zeigen aber, dass es sich bei den Zwergkäuzen Nordostbrasiliens um die im Jahr 1830 von Wied gesammelten und als *G. minutissimum* beschriebenen Vögel aus dem Inneren des Staates Bahia (Nordostbrasilien) handelt (siehe König & Weick, 2005). Somit ist der neue Name *Glaucidium mooreorum* ungültig.

Pernambuco Least Pygmy Owl – *Glaucidium minutissimum* (Wied) 1830

Descriptive notes: plate 63 Length 14 to 15 cm, weight 50 to 55 g. Above umber-brown, distinctly paler than *sicki*. Crown and nape greyish-brown, paler than rest of upper side. Forehead and crown with small, whitish, dark-bordered spots. No occipital face, but pale nuchal spots, with few blackish mottlings mainly basally. Cinnamon-buffy band between nuchal spots and the darker back. Mantle and back uniform umber-brown. Scapulars with some pale rufous spots on both webs. Some upper wing coverts with pale spots. Flight feathers darker than back, banded with ochre-white rows of spots. Tail dark greyish-brown, with 5 bands of off-white spots. Facial disc pale greyish-brown, with some indistinct rufous concentric rings. Eyebrows white. Throat whitish. Centre of underparts from throat to belly plain white. Neck and sides of chest buffy-rufous, often somewhat paler than in *sicki* and without white spots. Less distinct buffy-rufous streaking below. Abdomen and lowertail coverts dirty white. Tarsi feathered, toes bristled. Juvenile: Undescribed. Eyes yellow, bill greenish-yellow, toes orange-yellow.

Distribution: Only small, nearly extinct population in mature forest at Atlantic coast between Rio Sao Francisco and Cape Sao Roque in Pernambuco state, Northeast Brazil. By near-total destruction of the northern Atlantic forest, the southernmost *G. minutissimum* now is about 800 km far from northernmost *G. sicki*. Monotypic.

Status: Very rare, considered endangered or nearly extinct.

Habitat: Mature, undisrupted coastal rain forest with tall trees. From sea level up to 150 m.

Voice: Song of male is a series of about 6 whistled and upward-reflected yelping notes, "gwoigwoigwoig".

Food: Mainly large insects such as locusts, beetles and cicadas, probably also small vertebrates.

Breeding: Unknown.

Remarks: In 2002, the ornithologists de Silva, Coelho and Gonzaga discovered that *Glaucidium minutissimum* comprises two species. Erroneosly they gave the true *minutissimum* a new (now invalid) name *mooreorum*. But recent studies show that birds of Northeast Brazil have been collected and described in 1830 by Wied as *G. minutissimum* from Interior of State Bahia (Northeast Brazil) (see König &Weick, 2005). So the new name *Glaucidium mooreorum* is invalid.

Dschungelkauz – *Taenioglaux radiata* (Tickell) 1835

Kennzeichen: Tafel 64 Nominatform. Länge 20 bis 23 cm, Gewicht 88 bis 124 g. Kleines, graubraun gebändertes und rundköpfiges Käuzchen. Oberseite dunkelgraubraun, hellrostfarben bis hellbeige gebändert. Bänderung auf Rücken, Unterrücken und Oberschwanzdecken kann auch weißlich sein. Einige Schulterfedern auf Außenfahnen weiß gefleckt. Flügel deutlich rotbrauner als die restliche Oberseite. Einige große Flügeldecken und Alula sind auf den Außenfahnen weiß gefleckt. Armdecken und Armschwingen rotbraun und hellbeige bis weißlich gebändert. Handschwingen mit deutlich breiterer Bänderung, dunkelbraun und hellbeige bis hellocker. Der rotbraune Schwanz hat sieben schmale, weiße Binden. Schleier rahmfarben mit brauner Fleckung. Deutliche schmale, weiße Überaugstreifen, weiße Zügel, weißes Kinn, schmales, weißes Band auf den Halsseiten. Auf Brust- und Bauchmitte nur wenig weiß. Brust- und Bauchseiten dunkelbraun gebändert, Bänderung auf Bauchseiten und Flanken breiter. Brust mit beigem bis rostbraunem Anflug. Unterbauch weiß mit dunklen Abzeichen. Tarsen befiedert, Zehen beborstet. Manche Individuen wirken auf Oberseite grauer. Dunenjunge weiß. Mesoptilkleid nur auf Flügeln und Schwanz gebändert. Kopf und Nacken hellbeige gefleckt. Undeutliche Bänderung auf dem Mantel. Unterseite undeutlich gezeichnet. Augen leuchtend gelb, Schnabel grüngelb bis weiß, Zehen grüngelb.

Verbreitung: Himalaja von Himachal Pradesh bis Bhutan, Bangladesch und dem äußersten Westmyanmar. Im Süden durch Indien und Sri Lanka.

Geografische Rassenverbreitung:
***Taenioglaux radiata radiata* (Tickell) 1835** Siehe Kennzeichen. Himalaja von Himachal Pradesh bis Bhutan, Bangladesch und dem äußersten Westmyanmar. Im Süden durch Indien (ohne Malabarküste) und Sri Lanka.
***Taenioglaux r. malabarica* (Blyth) 1846** Südwestindien: Malabarküste. Kürzerer Schwanz, Oberkopf, Nacken, Unterrücken, Flügel und Brustseiten mehr rot- bis kastanienbraun. Mantel, Brust und Unterseite breiter gebändert. Manche Vögel sind auf dem rotbraunen Kopf ungebändert. Schwanz mit rahmfarbener Bänderung.

Jungle Owlet – *Taenioglaux radiata* (Tickell) 1835

Descriptive notes: plate 64 (Nominate form) length 20 to 23 cm, weight 88 to 124 g. Small greyish-brown barred and round-headed owlet. Upperparts barred dark greyish-brown and pale rufous to pale buffy. Bars on back, rump and uppertail coverts often are whitish. Some scapulars with white spots on outer webs. Wings distinctly more rufous than rest of upper surface. Some greater coverts and alula with white spots on outer webs. Secondary coverts and secondaries barred rufous-brown and pale buffy to whitish. Primaries with distinctly wider bars, dark brown and pale buffy to pale ochre. Tail rufous brown with seven narrow, whitish bands. Facial disc barred brown and creamy. Distinct narrow. white superciliaries, white lores and chin and narrow, white band on sides of neck. Centre of breast and belly not extensively white. Sides of breast and belly barred dark brown, becoming broader on sides of belly and flanks. Breast tinged buffy to rufous. Abdomen whitish with dark markings. Tarsi feathered, toes bristled. Some specimens are distinctly greyer above. Downy chicks whitish. Mesoptile barred only on wings and tail. Head and nape spotted pale buffy. Mantle indistinctly barred. Below with more indistinct markings. Eyes bright yellow, bill greenish-yellow to white, toes greenish-yellow.

Distribution: Himalayas from Himachal Pradesh east to Bhutan, Bangladesh and extreme western Myanmar. South through India and Sri Lanka.

Geographical variations:
***Taenioglaux radiata radiata* (Tickell) 1835** (see Descriptive notes) Himalayas from Himachal Pradesh east to Bhutan, Bangladesh and extreme Myanmar. South through India (withhout Malabar coast) and Sri Lanka.
***Taenioglaux r. malabarica* (Blyth) 1846** South India: Malabar coast. Shorter tail, much darker, more rufous to chestnut than in nominate on crown, nape, rump, wings and sides of breast. Broader barring on mantle, breast and underparts. Some individuals have almost unmarked rufous crown! Tail banded creamy.

Tafel 63 / Plate 63
oben / top: Colima-Sperlingskauz / Colima Pygmy Owl - *Glaucidium patmarum*
mitte / centre: Parker-Zwergkauz / Subtropical Least Pygmy Owl - *Glaucidium parkeri*
unten links / bottom left: Sick-Zwergkauz / Sick's Least Pygmy Owl - *Glaucidium sicki*
unten rechts / bottom right: Pernambuco-Zwergkauz / Pernambuco Least Pygmy Owl - *Glaucidium minutissimum*

Weick
2011

Bestand: Nur wenige Informationen. In Indien, Nepal und auf Sri Lanka lokal noch gute Populationen. Durch Rodung bereits gefährdet. Kommt noch in zahlreichen Schutzgebieten vor: Nationalpark Chitwan, Nepal. Nationalpark Corbett & Periyar, Indien. Nationalpark Yala, Sri Lanka.

Lebensraum: Dichter oder lichter Laubwald der Vorberge des Himalajas. Bevorzugt feuchten Laubwald. Auch Sekundärwald und Bambusdschungel. In Nepal vom Tiefland bis in etwa 1000 m Höhe, sonst bis etwa 2000 m über NN.

Stimme: Langes, monotones, wohlklingendes und trillerndes „kürr-kürr-kürr…". Anfangs sanft und leise, dann lauter, zum Ende hin erlöschend, bis zu 15 Minuten andauernd. Ruft auch „praorrr-praorrr-praorrr", jeweils mit 2 bis 3 Wiederholungen.

Nahrung: Hauptsächlich Insekten wie Käfer, Fangschrecken, Heuschrecken und Zikaden. Eidechsen, kleine Vögel und kleine Nagetiere. Sperberähnlicher Jagdflug. Jagt meist vor Sonnenuntergang und nach Sonnenaufgang.

Brut: Brutzeit von März bis Juni. Nest in natürlichen Baum- oder Spechthöhlen, 3 bis 8 m über dem Grund. Gelege 2 bis 4 (meist 3) Eier. Weitere Angaben fehlen.

Bemerkungen: Bildet mit *Taenioglaux castanonota* wahrscheinlich eine Superspezies, mit der er bislang meist als konspezifisch betrachtet wurde. Beide Arten leben sympatrisch, aber in unterschiedlichen Habitaten auf Sri Lanka.

Status: Status poorly known. Locally common in India, Nepal and Sri Lanka, but threatened by deforestation. Occurs in several protected areas suchas: Chitwar Nationalpark, Nepal; Corbett & Periyar Nationalpark, India; Yala Nationalpark, Sri Lanka.

Habitat: In dense and sparse deciduous forest of Himalayan foothills. Prefers moist deciduous forest. Also in secondary forest with bamboo jungle. From lowland up to about 1,000 m in Nepal, up to 2,000 m in the remaining range.

Voice: Long, monotonous but musical trill, "kürr-kürr-kürr…", starting softly, becoming louder and finally fading away, uttered up to 15 minutes. Also utters "praorrr-praorrr-praorrr", repeated 2 to 3 times.

Food: Mainly insects such as beetles, locusts, grasshoppers and cicadas. Also lizards, small birds and small rodents. Flight similar to small accipiter. Hunting mainly before dusk and after sunrise.

Breeding: Lays from March to June. Nest in natural tree holes or holes of woodpeckers, 3 to 8 m above ground. Clutch 2 to 4 (mostly 3) eggs. Further data not available.

Remarks: Possibly forms superspecies with *Taenioglaux castanonota*, with which it mostly was considered conspecific. Both species are present (sympatric) in Sri Lanka, but in different habitats.

Kastanienrückenkauz – *Taenioglaux castanonota* (Blyth) 1852

Kennzeichen: Tafel 64 Länge 19 cm, Gewicht etwa 100 g. Etwas kleiner als *Taenioglaux radiata*, diesem sehr ähnlich. Kopffärbung ähnlich *radiata*, dunkelbraun und hellocker bis perlweiß gebändert. Im Nacken wenige weiße Flecke. Rücken prächtig kastanienbraun mit wenigen schmalen, schwarzen Binden. Auf den Außenfahnen der Schulterfedern wenige oder keine weißen Flecke. Flügel deutlich rotbrauner als bei *radiata*. Auf Flügeldecken nur wenige schwarze Flecken und Binden. Undeutlich gebänderte Schwungfedern. Schwanz dunkelbraun mit sieben schmalen, weißen Binden. Schleier rahmfarben, dunkel gefleckt. Keine auffälligen Überaugstreifen, Zügel und deutliches Band von Halsseiten zur Kehle weiß. Brustmitte und Bauch weiß. Brustseiten dunkelbraun, hellocker bis perlweiß gebändert, unterbrochenes Brustband bildend. Flanken dunkelbraun gebändert und gestreift. Bauch dunkel- bis olivbraun gesteift. Tarsen befiedert, Zehen spärlich beborstet. Jungvögel bisher nicht beschrieben. Augen leuchtend gelb, Wachshaut dunkelgraugelb. Schnabel gelb bis grünlich weiß. Zehen olivgelb.

Verbreitung: Endemische Art auf Sri Lanka. Monotypisch.

Bestand: Früher weitverbreitet. Nun bereits seltener. Leidet stark unter der ständigen Waldrodung für Plantagen usw.

Lebensraum: Dichtes, feuchtes Waldland, vom Tiefland bis etwa 2000 m Höhe. Bevorzugt den Wipfelbereich hoher Bäume, vor allem an steilen Hängen des Berglandes. Seltener auch am Rande von Pflanzungen.

Stimme: Singt häufig am Tag. Der Gesang des Männchens besteht aus schnurrender, melodischer Reihe von schnellen Rufen wie „purr-Purr-burr-Burr", aus etwa 4 bis 9 Rufen bestehend. Diese werden in Abständen wiederholt. Ansteigendes, hastig vorgetragenes „toik-toik-toik", vermischt mit „purr"- oder „burr"-Rufen, wurde ebenfalls vernommen.

Nahrung: In der Hauptsache Insekten wie Käfer, Schrecken, Zikaden. Kleine Wirbeltiere. Jagt häufig am Tag.

Brut: Zur Brut werden Höhlen von Spechten oder Bartvögeln in Bäumen oder Kokospalmen benutzt. Gelege soll nur aus 2 Eiern bestehen. Brutzeit von März bis Mai.

Bemerkungen: WahrscheinlicheVerwandtschaft mit *T. radiata* (Gestalt, kurzer Schnabel und dieselbe rundliche Gesichtsform).

Chestnut-backed Owlet – *Taenioglaux castanonota* (Blyth) 1852

Descriptive notes: plate 64 Length 19 cm, weight about 100 g. Little smaller than *Taenioglaux radiata*, but similar in shape. Head coloured as in *T. radiata*, barred dark brown and pale ochre to off-white. Few large white spots visible on nape. Back bright chestnut with few narrow black crossbars. Scapulars with few or lacking white spots on outer webs. Wings more rufous than in *T. radiata*. Wing coverts with few blackish spots and bars. Weakly barred flight feathers. Tail black-brown with seven narrow, whitish bands. Facial disc creamy with dark spotting. No distinct superciliary stripes, lores white. Lores and distinct band from sides of the neck to throat white. Central breast and belly white. Sides of breast barred dark brown and pale ochre to off-white, forming a broken pectoral band. Flanks barred and streaked dark brown. Belly streaked dark to olive-brown. Tarsi feathered, toes sparsely bristled. Juvenile undescribed. Eyes bright yellow, cere dark greyish-yellow. Bill yellow to greenish-white. Toes olive-yellow.

Distribution: Endemic species to Sri Lanka. Monotypic.

Status: Formerly common. Recently fairly common to uncommon. Threatened by permanent deforestation for plantations a.s.o.

Habitat: Dense, humid forest, from lowlands up to about 2,000 m above sea level. Frequents top of tall trees, usually on steep hillsides. Rarely recorded at edge of plantations.

Voice: Calls during day. The song of the male is a purring, melodical series of rapidly uttered notes, "purr-Purr-burr-Burr", each phrase consists of 4 to 9 notes. Repeated in intervals. Also a more petulant, upward-inflected song: "toik-toik-toik", often duets with "purr" or "burr" notes were recorded.

Food: Mainly insects such as beetles, grasshoppers, cicadas, also small vertebrates. Often hunts at daytime.

Breeding: Mainly frequents holes of woodpeckers or barbets in trees or coconut palms. Clutch only 2 eggs (?). Lays from March to May.

Remarks: Relationship with *T. radiata* (shape, short bill and identical round-shaped face).

Trillerkauz – *Taenioglaux castanoptera* (Horsfield) 1821

Kennzeichen: Tafel 64 Länge 23 bis 24 cm, Gewicht unbekannt. Etwas größer und langschwänziger als *Taenioglaux radiata*. Kopf und Nacken dunkelbraun, hellocker bis hellorange gebändert. Gesamte Oberseite rot- bis kastanienbraun. Nur die Schulterfedern sowie einige große Decken und Armdecken sind weiß

Javan Owlet – *Taenioglaux castanoptera* (Horsfield) 1821

Descriptive notes: plate 64 Length 23 to 24 cm, weight unknown. Little larger and longer-tailed than *Taenioglaux radiata*. Head and nape barred dark brown and pale ochre to pale orange. Mantle and back rufous to chestnut. Only few white margins on scapulars and some greater wing coverts and secondary

Tafel 64 / Plate 64
oben / top: Kastanienrückenkauz / Chestnut-backed Owlet - *Taenioglaux castanonota*
mitte / centre: Dschungelkauz / Jungle Owlet - *Taenioglaux radiata radiata*
unten / bottom: Trillerkauz / Javan Owlet - *Taenioglaux castanoptera*

Weick
2011

gesäumt. Schwungfedern sind braun und dunkler als der Rücken, orangegelb gebändert. Schwanz dunkelbraun mit 7 schmalen hellockerfarbenen Binden. Augenbrauen, Zügel und Wangen weiß. Schleier auf Ohrdecken orangegelb und rotbraun gefleckt. Großer, weißer Kinnfleck, braun und beige gebänderte Kehle. Brustseiten dunkelbraun, hellocker bis hellorange gebändert. Flanken und Bauchseiten kastanienbraun gestreift. Tarsen befiedert, Zehen beborstet. Dunenjunge weiß. Mesoptilkleid ähnlich Alterskleid, Gefiederfarben matter. Augen bernsteinfarben, Wachshaut olivgrün, Schnabel hellgrüngelb bis hellgelb. Zehen gelbgrün bis olivgrün, Sohlen gelb, Krallen hornbraun mit schwarzen Spitzen.

Verbreitung: Endemisch auf Java und Bali. Monotypisch.

Bestand: Bereits selten, lokal in ungestörten Waldresten des Tieflandes oder der Bergwälder noch etwas häufiger. Genaue Informationen fehlen. Hauptsächlich durch die fortschreitende Zerstörung des Regenwaldes gefährdet.

Lebensraum: Primär- und Sekundärwald. Dichter, noch unberührter Regenwald des Tieflandes. Bergwald der submontanen oder montanen Region. Bambusdschungel mit Laubbäumen. Von Meereshöhe bis 900 m, lokal 1500 bis 2000 m.

Stimme: Gesang des Männchens in der Morgen- und Abenddämmerung mit schnellem Triller. In Höhe abnehmend, an Lautstärke zunehmend, Abbruch des Gesangs bei größter Lautstärke! Jungvögel betteln „tjiiit-tjiiit-tjiiit".

Nahrung: Jagt meist bei Nacht, gelegentlich am Tag oder bei Dämmerung. Jagt vom Ansitz aus und greift die Beute mit den Fängen. Hauptsächlich Insekten, kleine Vögel und kleine Nagetiere, Spinnen, Skorpione und Hundertfüßer.

Brut: Brutbiologie nahezu unbekannt. Brutzeit von Februar bis April. Gelege 2 bis 4 Eier. Nest in Baumhöhle, auch bei sehr weitem Eingang.

Bemerkungen: Bildet wahrscheinlich mit dem Kuckuckskauz *Taenioglaux cuculoides* eine Superspezies.

coverts. Flight feathers banded brown (darker than back) and orange-yellow. Tail dark brown with 7 narrow pale ochre bands. Eyebrows, lores and cheeks are white. Facial disc barred rufous and orange-yellow on auricular feathering. Bold, white chin patch, brown and buffy barred throat. Sides of breast barred dark brown and pale ochre to pale orange. Flanks and sides of belly striped chestnut. Tarsi feathered, toes sparsely bristled. Juvenile: Downy chicks white. Mesoptile similar to adult birds, but with duller plumage colours. Eyes amber, cere olive-green, bill pale greenish-yellow to pale yellow. Toes yellow olive-green, soles yellow. Claws dark horn with blackish tips.

Distribution: Endemic species on Java and Bali. Monotypic.

Status: Rare, rather common locally in undisturbed forest fragments in lowlands or hillsides. Little information available. Main threat is permanent destruction of the rain forest.

Habitat: Primary and secondary forest, dense, undisturbed lowland rain forest. Also in submontane or montane forest. Bamboo jungle with deciduous trees. From sea level up to about 900 m, locally occurs in 1,500 to 2,000 m.

Voice: Song of the male is a rapid trill. Descending in pitch while increasing in volume, breaking off when loudest. Song mainly uttered at dawn and dusk. Juveniles beg with a high-pitched "tjeet-tjeet-tjeet".

Food: Hunting mainly nocturnal, sometimes also by day or dawn. Hunts from perch, grasping prey with talons. Prey are mainly insects, small birds and small rodents, also spiders, scorpions and centipedes.

Breeding: Only poor information available. Breeding from February to April. Clutch 2 to 4 eggs. Nest in tree holes, also when entrance is rather large.

Remarks: Possibly forms superspecies with the Asian Barred Owlet *Taenioglaux cuculoides.*

Prachtkauz – *Taenioglaux sjoestedti* Reichenow 1893

Kennzeichen: Tafel 65 Relativ groß, Länge 25–28 cm. Langschwänzig und rundflügelig. Körpergewicht 140 g. Kopf, Hals und Nacken braun, mit enger weißer Bänderung. Rücken und Schulterfedern kastanienbraun mit zahlreichen weißen Säumen. Der Schleier ist dunkelbraun mit feiner, heller Bänderung. Oberflügeldecken dunkelbraun, kastanienbraun überflogen, mit weißen Federsäumen. Schwungfedern dunkelbraun und weiß gebändert. Schwanz braun mit schmaler, weißer Bänderung. Helles Kehlband, restliche Unterseite zimtbraun mit auf der Brust enger, auf dem Bauch weiter stehender dunkelbrauner Bänderung. Unterbauch und Unterschwanzdecken hellzimtfarben. Läufe bis an die Zehen befiedert, hellzimtbraun. Zehen beborstet und gelb bis gelborange. Iris gelb. Schnabel horngrau mit gelber Spitze. Krallen hellgelb. Jungvögel ähneln den Alten, sind aber blasser, auf der Unterseite ockerfarben, auf Kehle und Oberbrust zimtfarben überflogen, mit feiner dunkler Bänderung.

Verbreitung: Kamerun, Gabun, Nordkongo, südliche Zentralafrikanische Republik, Nordwest und Zentralzaire.

Bestand: Im gesamten Verbreitungsgebiet selten, in Gabun etwas häufiger. Wahrscheinlich gefährdet, Waldzerstörung ist die Hauptursache. Es werden aber bessere Informationen zur Brutbiologie und Verbreitung benötigt.

Lebensraum: Unberührte, tropische Tieflandwaldungen. Bevorzugt feuchte Lichtungen im Waldesinneren, meidet Waldränder. Im Bereich des Mt. Kamerun wurde dieses Käuzchen aber auch in höheren Lagen festgestellt.

Stimme: Wenig ist bislang bekannt! Männchen singt monoton „kruukruu-kruu-kruu", bestehend aus 2–4 Rufen und einer Dauer von 2 Sekunden. Die Rufreihen werden in Intervallen mit je 1 Sekunde Abstand vorgetragen.

Nahrung: Nachtaktiv. Jagt gerne vom Ansitz aus, zwei Meter über dem Boden im dichten Bewuchs. Erbeutet werden hauptsächlich große Insekten, aber auch kleine Nager (Mäuse), Vogelbrut und kleine Reptilien.

Brut: Brutverhalten wenig bekannt. Brutareal etwa 10 ha. Singende und brütende Vögel von Februar bis Dezember. Nistet in Naturhöhlen von Bäumen. Gelege: 2 Eier. Brutdauer etwa 28 Tage. Nur das Weibchen brütet. Die Jungen verlassen nach etwa 30 Tagen die Nisthöhle und werden noch über Wochen von den Eltern betreut.

Bemerkungen: Zählt mit den „Bänderkäuzen" Afrikas und Asiens zur Gattung *Taenioglaux* (früher *Glaucidium*). Monotypisch.

Sjoestedt's Owlet – *Taenioglaux sjoestedti* Reichenow 1893

Descriptive notes: plate 65 Relatively large for a pygmy owl. Length 25 – 28 cm. Long-tailed with rounded wings. Body weight about 140 g. Head, neck and nape brown, densely barred white. Back, mantle and scapulars deep chestnut, with numerous white margins. The indistinct facial disc dark brown with fine white barring. Upper wing coverts dark brown with chestnut wash and white margined. Flight feathers barred dusky brown and white. Tail brown, with narrow white bars. Light band across throat, underparts cinnamon, chest with narrow, belly with wider dark brown barring. Abdomen and undertail coverts light cinnamon. Tarsi feathered cinnamon, to base of toes. Toes bristled and yellow to yellow-orange. Irides yellow. Bill horny-grey with yellow tip. Claws pale yellow. Juveniles similar to adult plumage, but paler, more buffy below, chestnut wash on throat and chest with narrow dark barring.

Distribution: Cameroon, Gabon, North Kongo, southern Central African Republik, northwestern and central Zaire.

Status: Uncommon in most of range, but in Gabon locally common. Possibly endangered. Forest destruction represents threat. Much more information regarding breeding biology and distribution of this species is needed.

Habitat: Primarily lowland forest. Avoids damper forest edges, keeping in interior parts, but not on open sites. Records at higher altitudes on Mt. Cameroon.

Voice: Poorly known! Song of male consists of 2 – 4 notes, lasting 2 seconds, "krooo-krooo-krooo-krooo". With intervals between the series. Also gives sometimes more accelerating notes, that drop in pitch and volume.

Food: Nocturnal hunting. Hunts mostly from a perch in the understory of forest within about two metres of the ground. Mainly insects (grasshoppers, beetles), also small rodents (mice), nestling birds and small reptiles.

Breeding: Breeding biology not well known. Breeding territory size probabely about 10 ha. Vocal and breeding activity from February to December. Nest in natural holes of trees. Clutch: 2 white eggs. Female incubates alone. The fledglings leave the nest hole at 30 days and are fed by the parents for some weeks.

Remarks: Regarded as genus *Taenioglaux* together with some members of "Barred Owlets" from Africa and Asia, formerly in genus *Glaucidium*. Monotypic.

WEICK
06

Kapkauz – *Taenioglaux capense* (A. Smith) 1834

Kennzeichen: Tafel 66 Nominatform. Länge 20–22 cm, Gewicht 90 bis 140 g. Kleine Eule mit großem, rundem Kopf. Kopf und Nacken graubraun mit feinen weißen Flecken und undeutlicher feiner Bänderung. Rücken und Mantel dunkelbraun mit hellerer feiner Bänderung. Flügeldecken ähnlich der Rückenfärbung, große Decken mit breiten weißlichen Endsäumen. Schulterfedern weiß, dunkelbraun gesäumt, Innenfahnen sind teilweise dunkelbraun. Armdecken mit großen weißen Randflecken. Armschwingen dunkelbraun mit breiten, rostbeigen Binden. Handschwingen mit weißlicher Bänderung. Schwanz dunkelbraun mit zahlreichen, rostbeigen Binden. Schleier weißlich mit grauen konzentrischen Ringen. Kehle und Oberbrust braun mit feiner weißlicher bis hellbeiger Bänderung. Unterbrust und Bauch weiß mit großen dunkelbraunen Federspitzen. Unterschwanzdecken weiß. Tarsen befiedert. Zehen beborstet und im Vergleich zu *Glaucidium perlatum* schwach. Dunenkleid weiß, Mesoptilkleid ähnlich dem Alterskleid, aber mehr braun und rostbeige. Unterseite eher gebändert, weniger gefleckt. Augen gelb, Wachshaut und Schnabel grünlich grau bis gelbgrün. Zehen braungelb, Krallen schwarz.

Verbreitung: Von Ostkenia durch das zentralafrikanische Waldland bis Angola und Namibia, Mosambik südlich bis zum östlichen Kap, Mafia-Insel.

Geografische Rassenverbreitung:
***Taenioglaux capense capense* (A. Smith) 1834** Siehe Kennzeichen. Vom südlichen Mosambik südlich bis zum östlichen Kap.
***Taenioglaux (c.) ngamiense* (Roberts) 1932** Kleiner als *capense*, Rücken, Mantel, Flügeldecken und Brustband zimtfarben mit hellbeiger Bänderung. Schwingen und Schwanz zimtbraun mit hellbeigen Binden. Flanken mit hellbeigem Anflug. Mitteltansania und Südostzaire bis Südangola. Südlich bis Nordnamibia, Nordbotswana, Osttransvaal und Mosambik. Mafia-Insel.
***Taenioglaux (c.) scheffleri* Neumann 1911** Südsomalia und Ostkenia bis Nordosttansania. Ähnlich *ngamiense*, aber prächtigere kastanienrote Oberseite und Brust. Deutliches rostfarbenes Nackenband, Rücken meist ungebändert. Augenbrauen deutlicher weiß.

Bestand: Nominatform sehr selten, neuere Nachweise und Fotos 1980, 1981, 1985 und 2006. Subspezies *ngamiense* hat lokal noch gute Populationen, *scheffleri* ist ziemlich selten, kaum Nachweise in Kenia, sehr selten in Nordtansania und Südsomalia.

Lebensraum: Waldland, Bäume längs Flüssen und in offener Landschaft, Wälder mit hohen Bäumen, Waldränder und Wald mit dichtem Unterwuchs, meist unter 1200 m Höhe. Die Rasse *scheffleri* lebt in Küstenwäldern und Waldland.

Stimme: Nominatform: 5 bis 8 steigende und fallende Töne pro Sekunde, wie „kwüju-kwüju-kwüju", werden nach 15 bis 20 Sekunden wiederholt. Rasse *ngamiense*: 6 bis 10 tiefe, pfeifende Töne in Abständen von 0,5 Sekunden und Serien von 35 bis 55 schnellen, schnurrenden Lauten. Rasse *scheffleri* mit an- und abschwellendem „kerr-kerr-kerr-kerr-kerr", oft gefolgt von einem schnurrenden Pfiff.

Nahrung: Großinsekten wie Käfer, Heuschrecken, Falter, Skorpione. Zur Brutzeit kleine Säugetiere, Vögel, Amphibien und Reptilien. Tagaktiv, aber auch bei Dämmerung und Dunkelheit jagend. Jagt normalerweise vom Ansitz.

Brut: Brutzeit in Süd- und Ostafrika von Septmber bis November. Nest in Baumhöhlen. Legt 2 bis 3 Eier, Brutdauer unbekannt. Die Jungen werden von beiden Eltern, meist nach Einbruch der Dunkelheit, gefüttert. Sie verlassen nach 30 bis 33 Tagen die Bruthöhle.

Bemerkungen: Neueste Untersuchungen ergaben, dass *ngamiense* und *scheffleri* aufgrund unterschiedlicher Lautäußerungen, Morphologie und der geografischen Verbreitung einen eigenen Artstatus haben sollten.

African Barred Owlet – *Taenioglaux capense* (A. Smith) 1834

Descriptive notes: plate 66 (Nominate *capense*) Length 20 to 22 cm, weight 90 to 140 g. Small owlet with relatively large, round head. Head and nape dark greyish-brown with fine, white spots and indistinct fine bars. Back and mantle dark brown with paler, fine barring. Wing coverts similar to back, the greater coverts with broat, white margins. Scapulars white with dark brown margins and partly brown inner webs. The greater coverts with broad white margin spots. Secondaries dark brown with broad buffy-rufous bars, primaries more whitish barred. Tail dark brown with numerous, narrow buffy-rufous bars. Facial disc whitish, with grey concentric rings. Throat and upper breast brown, with whitish to buffy bars. Underbreast and belly white, with large, dark brown feather tips. Undertail coverts white. Tarsi feathered. Toes bristled, in relation to *Glaucidium perlatum* weak. Downy chicks white, mesoptile similar to adult, but browner and with more rufous wash, below more barred, less spotted. Eyes yellow, cere and bill greenish-grey to yellow-green, toes brownish-yellow, claws blackish.

Distribution: From eastern Kenya through central African woodland to Angola and Namibia, Mozambique south to eastern Cape. Mafia Island.

Geographical variations:
***Taenioglaux capense capense* (A. Smith) 1834** (see Descriptive notes) From southern Mozambique south to the eastern Cape.
***Taenioglaux (c.) ngamiense* (Roberts) 1932** Smaller than *capense*, back, mantle, wing coverts and breast band more cinnamon than in *capense*, with pale buff bars. Remiges and tail cinnamon-brown with pale buffish bars. Flanks washed pale buffy. Central Tanzania and Southeast Zaire to South Angola, south to North Namibia, North Botswana, East Transvaal and South-central Mozambique, Mafia Island.
***Taenioglaux (c.) scheffleri* Neumann 1911** Extreme South Somalia and East Kenya to Northeast Tanzania. Similar to *ngamiense*, but brighter chestnut-rufous upperparts and breast. Distinct pale rufous nuchal band, back often unbarred. Distinct white eyebrows.

Status: Nominate *capense* very rare, but few recent records and photos (1980, 1981, 1985 and 2006). Subspecies *ngamiense* locally common, *scheffleri* scattered records from Kenya, rare in North Tanzania and South Somalia.

Habitat: Woodland, riparian trees in open country, woods with large trees and secondary forest with dense growth, mainly below 1,200 m. Race *scheffleri* living in coastal forest and also woodland below1,200 m above sea level.

Voice: Nominate: 5 to 8 notes per second, rising and falling, "kweeu-kweeu-kweeu", repeated 15 to 20 seconds later. Race *ngamiense*: 6 to 10 low, whistled notes with half-second intervals, also series of 35 to 55 fast purring trills. Race *scheffleri*: 6 to 10 notes that increase and decrease in volume, "kerr-kerr-kerr-kerr-kerr", often followed by a purring whistle.

Food: Mainly insects such as beetles, grasshoppers and moths. Scorpions. When breeding, more small mammals, birds, amphibians and small reptiles. Active during day, but hunts also in dawn and dusk. Hunts normally from perch.

Breeding: Laying in South and East Africa from September to November. Nest in tree holes of woodpeckers or barbets. Lays 2 to 3 eggs. Incubation period unknown. The young are fed by both parents, mainly after dusk. The Fledglings leave the nesting hole after 30 to 33 days.

Remarks: Recent studies indicate that *ngamiense* and *scheffleri* should both be regarded as distinct species, on basis of vocalisations, morphology and geographical distribution.

Lowery-Zwergkauz – *Xenoglaux loweryi* O'Neill & Graves 1977

Kennzeichen: Tafel 67 Eine der kleinsten Eulen der Erde, Länge 13 bis 14 cm, Gewicht 46 bis 51 Gramm. Kurzschwänzig, ohne „Federohren", aber mit langen, lanzettförmigen Borstenfedern an der Schnabelbasis und an den Seiten des Gesichtsschleiers, nach oben und seitlich über den Kopf hinausragend. Gefieder mit brauner Grundtönung und dunkler, feiner Sprenkelung, Unterseite mit vielen feinen weißen Fleckchen. Weiße Augenbrauen, Hals- und Nackenflecke. Schulterfedern mit kleinen, weißen Flecken auf den Außenfahnen. Irisfarbe orange-braun bis bernsteinfarben, Läufe und Zehen nackt, fleischfarben, Schnabel graugrün mit gelblicher Spitze. Jugendkleid bisher unbekannt.

Verbreitung: Nordperu (Rio Mayo Tal, Departamento San Martin), Osthänge der Anden, nordwestlich von Rioja.

Bestand: Es liegen nur wenige Angaben von Ruf- und Sichtkontakten aus dem kleinen Verbreitungs-

Long-whiskered Owlet – *Xenoglaux loweryi* O'Neill & Graves 1977

Descriptive notes: plate 67 One of the tiniest owls of the world, length 13 – 14 cm, weight 47 – 51 g. Short-tailed, without ear tufts, but with long, fan-like whiskers around the base of the bill and on the sides of the small facial disc, extending well beyond the edges of the face. Plumage warm brown, finely darker vermiculated below with numerous fine, white vermiculations. Scapulars with some small white spots on outer web. Distinctly white eyebrows and white spots on the sides of the throat, also some white spots on the nape. Irides light amber-orange, tarsi and toes bare, pinkish, bill greenish-gray with yellow tip. Juvenile plumage unknown.

Distribution: Northern Peru (Rio Mayo Valley, Departemento San Martin), eastern slopes of the Andes, north-west of Rioja.

Status: Only few observations of calling birds and sight records have been made in the small distribution

Tafel 66 / Plate 66
Kapkauz / African Barred Owlet - *Taenioglaux capense*
oben links / top left: *Taenioglaux (capense) scheffleri*
mitte rechts / centre right: *Taenioglaux (capense) ngamiense*
unten links / bottom left: *Taenioglaux capense capense*

'09
R/EICK

gebiet vor. Eine der seltensten Eulen unserer Erde, äußerst gefährdeter Bestand, der auf etwa 250 bis 1000 Brutpaare geschätzt wird.

Lebensraum: Feuchter Nebelbergwald, mit dichtem Epiphyten-, Moos- und Flechtenbewuchs auf knorrigen Bäumen mit dichtem Kronenbereich von 6 bis 9 Meter Höhe und dichtem Unterbewuchs mit Kletterbambus. Etwa 1900 bis 2200 m über NN. Neue Funde wurden 2006 gemacht. Schutzgebiet: Privada de Abra Petricias Alto Nieva.

Stimme: Hierzu liegen keine eindeutigen Angaben vor; der Kontaktruf soll aus kurzen, weichen Pfeifreihen in ca. 10 Sek. Abstand bestehen sowie nachfolgend schnelleren und höheren Pfeiftönen. Eventuell auch Schnabelklicken.

Nahrung: Dämmerungs- und nachtaktiv. Erbeutet mit Wahrscheinlichkeit größere Insekten, z. B. Käfer und Nachtfalter.

Brut: Zur Fortpflanzung gibt es noch keine Informationen.

Bemerkungen: Es existieren bislang nur drei Balgpräparate im Louisiana State Museum of Zoology, Baton Rouge, Louisiana, USA, sowie wenige Fotos lebender Exemplare.

range. This is one of the rarest owls of the world, listed as near-threatened, with an estimated population of 250 to 1,000 pairs.

Habitat: Wet, humid montane cloud forest, with dense epiphytes, mosses and lichen at knotty trees, height of the dense canopy only 6 to 9 meters. Dense undergrowth with climbing bamboo. About 1,900 to 2,200 metres above sea level. Few specimens recently rediscovered in 2006. Protected reserve: Privada de Abra Petricias Alto Nieva.

Voice: No definite information, but recent records suggest short, mellow whistles, separated from the next by 10 seconds, and some following faster and higher notes. Probabely bill-clicking.

Food: Apparently active by dusk and at night. Probabely catching larger insects, e. g. beetles and moths.

Breeding: No information up to date.

Remarks: Only three collected skins at the Louisiana State Museum of Zoology, Baton Rouge, Louisiana USA, and few photos of living specimen.

Elfenkauz – *Micrathene whitneyi* (Cooper) 1861

Kennzeichen: Tafel 68 Länge 13 bis 14 cm, Gewicht 36 bis 44 g. Kleines Käuzchen. Oberseite braungrau bis graubraun mit hellbeigen bis rötlich beigen Flecken. Auf der Stirn einige ockerfarbene Flecke. Nacken mit schmalem weißem Halsband. Außenfahnen der Schulterfedern weiß, schmale dunkle Endsäume. Flügeldecken und Schwingen mit weißen oder ockerfarbenen Flecken. Schwanz besteht aus nur 10 Federn, mit 4 bis 5 weißlich beigen bis ockerfarbenen Binden. Schleier zimtfarben bis zimtbeige mit dunkleren Flecken. Augenbrauen weiß und schmal mit schwarzen Spitzenflecken. Unterseite weißlich, eng graubraun gebändert und marmoriert, Brust und Flanken hellzimtfarben bis beige gefleckt. Tarsen und Zehen dicht beborstet. Augen zitronengelb, Schnabel und Füße hornfarben. Dunenjunge weiß, Mesoptilkleid ist dem Alterskleid ähnlich, Kopf einfarbig graubraun, es fehlt die zimtbeige Tönung auf Gesicht und Kehle. Unterseite wolkig weiß bis hellbraungrau, dunkel gebändert.

Verbreitung: Südwestliche USA (Südarizona, New Mexico und Südtexas) bis Mittelmexiko, Baja California, Socorro-Insel.

Geografische Rassenverbreitung:
***Micrathene whitneyi whitneyi* (Cooper) 1861** Siehe Kennzeichen. Südwestliche USA (Südnevada, Südostkalifornien, Südarizona, südwestliches New Mexico und südwestliches Texas) bis nordwestliches Mexiko (Sonora). Zieht winters bis Mexiko.
***Micrathene w. sanfordi* (Ridgway) 1914** Baja California und Teile des mexikanischen Festlandes. Oberseits grauer als Nominatform, Schwanzbinden breiter und heller, ähnlich *idonea*, unterseits aber dunkler.
***Micrathene w. idonea* (Ridgway) 1914** Südtexas bis Mittelmexiko (Puebla und Guanajuato). Oberseite heller graubraun als Nominatform, Schwanzbinden breiter und heller. Unterseite weißer mit hellbeigem Anflug auf Brust und Flanken.
***Micrathene w. graysoni* (Ridgway) 1914** Socorro-Insel vor der Küste Westmexikos. Oberseits olivbraun, Schwanz mit breiten zimtbeigen Binden. Vermutlich bereits ausgestorben.

Bestand: In den USA selten und gefährdet. Bedroht durch Pestizide und Umwandlung von Halbwüsten in Agrarland (Bau von Dämmen und Vernichten der Baum- und Kakteenbestände), Nisthöhlenkonkurrenz durch Star.

Lebensraum: Kaktuswüste, bewaldete Flussläufe, trockener Eichenwald, halbtrockene, bewaldete Schluchten. Buschland mit vereinzelten Bäumen auf sumpfigem Grund. Vom Tiefland bis in ca. 2000 m Höhe.

Stimme: Hohe, schnelle und kurze Pfiffe, 5 bis 15 und mehr, wie „gju wi wi wi wi wik", ähnlich einem jaulenden Hündchen, oft mit lange anhaltenden Wiederholungen.

Nahrung: Ausschließlich Insekten wie Heuschrecken, Spinnen, Käfer, Grillen, Nachtfalter und Hundertfüßler. Skorpione. Nachtaktiv, jagt im Flug dicht über dem Boden, rüttelt. Ergreift die Beute am Boden oder beim Auffliegen. Fliegende Insekten werden mit den Fängen ergriffen.

Brut: Brutzeit in den USA von Mai bis Juni, in Mexiko von März bis August. Paarbildung beginnt mit der Rückkehr der Weibchen. Nest meist in Bruthöhlen von Spechten in Saguaro-Kakteen oder Bäumen. 1 bis 5 Eier, Brutdauer 21 bis 24 Tage. Die ersten beiden Küken schlüpfen zur selben Zeit. Das Weibchen brütet und hudert. Das Männchen übergibt die Beute dem Weibchen, das die Jungen füttert. Junge sind mit 28 bis 33 Tagen flügge und bereits flugfähig, um Insekten zu jagen. Mit etwa einem Jahr geschlechtsreif. Lebenserwartung etwa 5 Jahre.

Elf Owl – *Micrathene whitneyi* (Cooper) 1861

Descriptive notes: plate 68 Length 13 to 14 cm, weight 36 to 44 g. Distinctly small owlet. Upperparts brown-grey to grey-brown with pale buff to pale tawny spots. Forehead with some ochre spots. Nape with narrow white collar. Outer webs of scapulars white, margined terminally blackish. Wing coverts spotted white to ochre. Wings spotted white to ochre. Tail with only 10 rectrices, with 4 to 5 pale buffy to pale ochre bars. Facial disc and throat pale cinnamon to cinnamon-buff with darker spots. Eyebrows white and narrow, with small dark tips. Underparts whitish, densely barred and vermiculated greyish-brown, mottled cinnamon to buffy, mainly on breast and flanks. Tarsi and toes densely bristled. Eyes lemon yellow, bill and feet pale horn. Downy chicks white, mesoptile similar to adult, but head uniform brownish-grey, lacks the warm cinnamon-buff tone on face and throat. Underparts are marbled or clouded white to pale brownish-grey and barred dark brown.

Distribution: From Southwestern USA (South Arizona, New Mexico, South Texas) to central Mexico, Baja California and the Socorro Island.

Geographical variations:
***Micrathene whitneyi whitneyi* (Cooper) 1861** (see Descriptive notes) Southwestern USA (southern Nevada, Southeast California, southern Arizona, Southwest New Mexico and Southwest Texas). South to northwestern Mexico. Migrating in winter to Mexico.
***Micrathene w. sanfordi* (Ridgway) 1914** Baja California and parts of the Mexican mainland. Upperparts greyer than nominate, tail bands broader and paler, similar to *idonea*, but darker below.
***Micrathene w. idonea* (Ridgway) 1914** Southern Texas, south to central Mexico (Puebla and Guanajuato). Upperparts paler grey-brown than nominate, tail bands broader and paler. Below more white with paler buffy wash on breast and flanks.
***Micrathene w. graysoni* (Ridgway) 1914** Socorro Island,off West Mexico. Upperparts more olive-brown, tail with broad cinnamon-buffy bands. Probably extinct.

Status: Rare and endangered in USA. Threatened by pesticides, transformation of semi-desert into agricultural country, e.g. damaged by damming with disappearance of old trees and cacti. Also competition for cavities with the Common Starling.

Habitat: Cactus desert, riparian woodland, dry oak woodland, semi-arid wooded canyons. Semi-open bushland with scattered trees and swampy ground. From sea level up to about 2,000 m.

Voice: High-pitched, rapid and short whistles, 5 to 15 and more, "gu we wi wi wi wik", similar to a yelping puppy. May be repeated for long periods.

Food: Allmost entirely insects, grasshoppers, spiders, beetles, caterpillars, crickets and centipedes. Also moths and scorpions. Nocturnal, hunts by flying over open ground, hovering. Takes prey on ground or hawks flying, as they take flight. Hawks flying insects, catching them with feet.

Breeding: Season from May to June in USA, from March to August in Mexico. Pair formation begins when the females arrive back. Nesting in holes made by woodpeckers in saguaro or trees. 1 to 5 eggs, incubation 21 to 24 days. The first two chicks hatch about same time. Female incubates and broods the chicks. Male feeds the female, who pastes food to chicks. Fledgling period 28 to 33 days. The young are able to fly quite well and to capture insects. First breeding at about one year. Live about 5 years in the wild.

Tafel 67 / Plate 67
Lowery-Zwergkauz / Long-whiskered Owlet - *Xenoglaux loweryi*

Bemerkungen: Subspezies *sanfordi* sympatrisch mit Nominatform in Nordwestmexiko und Südarizona, Rassenstatus fraglich.

Remarks: Validity of subspecies *sanfordi* is doubtful, sympatric with nominate in Northwest Mexico and South Arizona.

Blewitt-Kauz – *Athene blewitti* (Hume) 1873

Kennzeichen: Tafel 69 Länge 20 bis 23 cm, Gewicht 240 g (Männchen). Oberkopf einfarbig braungrau mit wenigen winzigen weißen Flecken. Mantel und Rücken dunkelgraubraun, ungefleckt. Undeutliches Nackenband. Schulterfedern dunkelgraubraun mit großen weißen Flecken auf den Außenfahnen. Große Flügeldecken, Arm- und Handdecken sind dunkelbraun mit einigen weißen Flecken. Arm- und Handschwingen dunkelbraun mit weißen Binden. Der dunkelbraune Schwanz hat 4 bis 5 breite, weiße Binden und eine weiße Endbinde. Augenbrauen und Kehle weiß. Schleier weiß mit feiner brauner Bänderung unterhalb der Augen und bis zu den Ohrdecken. Unterseite überwiegend weiß, breites, braunes Band auf Kehle und Kehlseiten, oft verdeckt. Brust meist einfarbig graubraun, in der Mitte manchmal unterbrochen. Obere Flanken mit breiter, brauner Bänderung. Restliche Unterseite und Tarsen reinweiß. Zehenoberseite weiß befiedert. Tarsen, Zehen und Krallen verhältnismäßig kräftig. Iris hellgelb, Wachshaut und Schnabel gelb bis grünlich hornfarben. Jugendkleid unbekannt.

Verbreitung: Westliches und östliches Zentralindien (Akrani Range, nordwestliches Maharashtra und östliches Madhya Pradesh).

Bestand: Äußerst gefährdet. Seit der Entdeckung 1872 sind von *Athene blewitti* nur 7 Bälge bekannt. Beobachtungen und Aufnahmen seit 1997 und spätere Beobachtungen zeigten, dass die Art noch nicht ausgestorben, jedoch sehr selten ist. Stark gefährdet durch rücksichtslose Zerstörung ihres Lebensraumes.

Lebensraum: Offener Laubwald mit Unterholz und Grasbewuchs, auf trockenem oder feuchtem Grund, in 200 bis 500 m Höhe.

Stimme: Gesang des Männchens besteht aus Serie kurzer, melodischer Pfiffe wie „kuwOuh". Bei Revierstreit wurde vom Männchen ein „kwäääk-kwäääk" vernommen. Weibchen antwortet mit „kwiiik-kwiiik". Alarmruf klingt wie „chirrk-chiiurrk".

Nahrung: Tagaktiv, ruht bei vollem Sonnenschein in den Wipfeln kahler Bäume. Wird von Kleinvögeln nicht stark gehasst. Beutetiere sind wahrscheinlich in der Hauptsache Insekten, Eidechsen und kleine Säuger.

Brut: unbekannt.

Bemerkungen: Der Gebrauch einer eigenen Gattung *Heteroglaux* ist unberechtigt. Das Schwanzwippen deutet auf nahe Verwandtschaft mit den anderen *Athene*-Arten, aber auch auf Ähnlichkeit mit der Gattung *Glaucidium*.

Forest Owlet – *Athene blewitti* (Hume) 1873

Descriptive notes: plate 69 Length 20 to 23 cm, weight 241 g (one male). Crown plain brownish-grey with few tiny white spots. Mantle and back unspotted dark greyish-brown. Indistinct nape band nearly obsolete. Scapulars dark greyish-brown with large white spots on outer webs. Greater wing coverts, secondary and primary coverts dark brown with some white spots. Secondaries and primaries dark brown, barred distinctly white. Tail dark brown with 4 to 5 relatively broad white bars and white terminal band. Facial disc white with narrow brown barring below the eyes reaching to the ear coverts. Below mostly white, with broad brown band across throat and on sides of throat, often hidden. Breast almost uniform grey-brown, sometimes partially broken in centre. Upper flanks broadly barred grey-brown. Remaining underparts and tarsi pure white. Upper surface of toes feathered white. Tarsi, toes and claws relatively heavy. Iris pale yellow, cere and bill yellowish to greenish-horn. Juveniles undescribed.

Distribution: Western and eastern Central India (Akrani Range, Northwest Maharashtra and eastern Madhya Pradesh).

Status: Critically endangered. Since its discovery in 1872, *Athene blewitti* is only known by 7 skins. Sigthings and photos since 1997 and later records demonstrate that the species is not extinct but extremely rare. Heavily threatened by severe destruction of its habitat.

Habitat: Open deciduous woodland with grass and understorey and dry to moist ground, 200 to 500 m above sea level.

Voice: Territorial song of male are series of short, melodous whistles, "kowOoh". In territorial disputs male utters "kwaaak-kwaaak". Female answers with "kweeek-kweeek". Alarm-call is a screeching "chirrk-chiiurrk".

Food: Diurnial, perches in bare tree tops. Rarely harassed by small birds. Prey probably mainly insects, lizards and small mammals.

Breeding: unknown

Remarks: Spurious use of the generic name *Heteroglaux*. The tail-flicking behaviour suggest a close relationship with other *Athene* species, and also a closer affinity with genus *Glaucidium*.

Steinkauz – *Athene noctua* (Scopoli) 1769

Kennzeichen: Tafel 70 Nominatform. Länge 21 bis 24 cm, Gewicht Männchen 165 bis 175 g, Weibchen 165 bis 205 g. Kleine, stämmige Eule, kurzschwänzig und hochbeinig. Kopf ist ziemlich flach, der Schleier grau mit heller Fleckung und dunklerem Schleierrand. Deutliche weiße Augenbrauen und Zügel. Oberseite dunkelbraun mit kräftiger weißer Fleckung. Stirn und Oberkopf weiß gefleckt und gestrichelt, undeutliches helles Nackenband. Schwungfedern weiß und dunkelbraun gebändert. Schwanz dunkelbraun mit weißlichen oder hellockerfarbenen Binden. Kehle ist weiß, der helle und braun gefleckte Hals ist durch ein schmales braunes Band von der Oberbrust abgegrenzt. Restliche Unterseite ist weißlich, kräftig braun gestreift und mit einigen Binden, vor allem auf den Flanken. Bauch und Unterschwanzdecken nahezu einfarbig weiß. Läufe relativ lang, weiß befiedert, Zehen beborstet. Dunenjunge weiß mit grauem Anflug auf der Oberseite. Mesoptilkleid ähnlich dem Alterskleid, verwaschener und durch Restdunen flauschiger. Hellrahmfarbene Halsseiten und undeutlicher, weißer Kehlfleck. Unterseite mit feinen Schaftstreifen. Augen gelbgrau. Augen der Altvögel hellgelb bis schwefelgelb, Wachshaut olivgrau, Schnabel graugrün bis gelbgrau, Zehen hellgraubraun, Krallen dunkelhorngelb mit schwarzen Spitzen.

Verbreitung: Eurasien, von der Iberischen Halbinsel im Norden bis Dänemark, Schweden und Lettland, im Osten bis Kleinasien, Mittel- und Ostasien bis China und Mandschurei, im Süden bis Nordafrika und der Küste des Roten Meeres. In England und Neuseeland eingebürgert. Auch auf Mallorca gibt es eine kleine eingeführte Population.

Geografische Rassenverbreitung:
***Athene n. vidalii* A. E. Brehm 1857** Westeuropa, von den Niederlanden und Belgien durch Frankreich bis zur Iberischen Halbinsel. Sympatrisch mit *noctua* im westlichen Deutschland. In England und Wales

Little Owl – *Athene noctua* (Scopoli) 1769

Descriptive notes: plate 70 (Nominate *noctua*) Length 21 to 24 cm, weight male 165 to 175 g. Small, compact owlet, relatively short-tailed and long-legged. Head rather flat, indistinct facial disc, greyish-brown with pale mottling and somewhat darker rim. Prominent, white eyebrows and lores. Upperparts dark brown, heavily spotted whitish. Forehead and crown streaked and spotted whitish, nape with indistinct nuchal band. Flight feathers barred whitish and dark brown. Tail dark brown with few whitish or pale ochre bars. Throat plain whitish, separated from diffusely light and russet-spotted neck and upper breast by narrow russet collar. Rest of underparts whitish, boldly streaked russet, also with some bars, mainly on the flanks. Belly and lowertail coverts plain whitish. Tarsi relatively long, feathered white, toes bristled. Downy chicks whitish, with some greyish wash above. Mesoptile similar to adult, markings more diffuse and fluffier by remaining down. Pale creamy neck sides and indistinct whitish throat patch. Below with narrow shaft stripes. Eyes yellowish-grey. Eyes of adult birds pale yellow to sulphur yellow, cere olive-grey, bill greyish-green to yellowish -grey, toes pale greyish-brown, claws dark horn with black tips.

Distribution: Eurasia, from Iberia north to Denmark, Sweden and Latvia, east to Asia Minor, Central and East Asia to China and Machuria, south to North Africa and the Red Sea coast. Introduced in Britain and New Zealand, also a small introduced population in Mallorca (Balearic Islands).

Geographical variations:
***Athene n. vidalii* A. E. Brehm 1857** West Europe, from the Netherlands and Belgium south through France and Iberian Peninsula. Sympatric with *noctua* in West Germany. Introduced in England and Wales,

Tafel 68 / Plate 68
Elfenkauz / Elf Owl - *Micrathene whitneyi*
links / left: *Micrathene whitneyi whitneyi*
rechts / right: *Micrathene whitneyi idonea*

WEICK
09

eingebürgert, ebenso auf Neuseeland. Dänemark, Polen, ebenso in den baltischen Staaten. Sympatrisches Vorkommen mit *indigena* in der Ukraine und Russland. Ziemlich kaltes, dunkles, graubraunes Gefieder mit olivbraunem Anflug, oberseits reinweiße Flecken. Unterseite bernsteinfarben gestreift. Dunkelste Rasse.

***Athene n. noctua* (Scopoli) 1769** Siehe Kennzeichen. Sardinien, Korsika, östlich bis Nordwestrussland und Nordalbanien.

***Athene n. indigena* C. L. Brehm 1855** Albanien, Mazedonien, Griechenland, Rumänien, Bulgarien und Ukraine, östlich bis zum Kaspischen Meer, südlich bis Kleinasien. Ägäische Inseln und Kreta. Türkei und Mittlerer Osten bis Haifa. Heller und rötlicher als Nominatform, braun bis grau-olivbraun.

***Athene n. glaux* (Savigny) 1809** Nordafrika, von Marokko bis Mauretanien, südlich der Sahara. Im Osten bis Ägypten. Arabische Halbinsel? *A. n. saharae* (Kleinschmidt) 1909 und *A. n. solitudinis* (Hartert) 1924 sind synonym zu *glaux*.

***Athene (n.) lilith* Hartert 1913** Zypern und Mittlerer Osten von der Südosttürkei bis Sinai. Mischbruten mit *indigena* und *bactriana*. Wahrscheinlich mit eigenem Artstatus. Vögel aus Palästina sind auf Kopf, Rücken und den Flügeln viel weißer als alle Wüstenformen des Steinkauzes. Auf Unterseite mit reduzierter Streifung. Lider und Wachshaut schwarz.

***Athene (n.) spilogastra* (Heuglin) 1869** Küste des Roten Meeres, von Ostsudan bis Eritrea und nordöstliches Äthiopien. Sehr klein, heller als *glaux*, aber dunkler als *lilith*, mit hellem, meist ungeflecktem Bauch.

***Athene (n.) somaliensis* Reichenow 1905** Östliches Äthiopien und Nordsomaliland. Ebenfalls sehr klein, etwas dunkler als *spilogastra*. Zusammen mit diesem Taxon eventuell artlich verschieden von *Athene noctua*. Es fehlen jedoch noch DNA-Studien.

***A. n. bactriana* Blyth 1847** Südöstliches Aserbaidschan, Ostirak, Iran und Afghanistan. Im Osten durch Zentralasien bis zum Balkaschsee. Große Subspezies mit grauer und rötlich beiger Morphe, die *glaux* sehr ähnlich ist. Läufe und Zehen befiedert.

***A. n. orientalis* Severtzov 1873** Äußerstes Südwestchina und das angrenzende Sibirien, in Höhen bis 4200 m.

***A. n. ludlowi* Baker 1926** Süd- und Mittelchina, Süd- und Osttibet, Nordsikkim und Nordbhutan. Im Himalaja Höhen zwischen 3000 und 4600 m. Oberseits schokoladebraun mit weißen Flecken, Unterseits schmutzig weiß, Brust mit graubraunem Anflug.

***A. (n.) plumipes* Swinhoe 1870** Altai und südlich vom Baikalsee bis Mongolei, Ussurien und dem nordöstlichen Zentralchina. Ebenfalls mit dicht befiederten Läufen und Zehen. Eventuell eigenständige Art.

Bestand: Nicht umfassend gefährdet. Europäische Bestände wurden 1996 auf folgende Brutpaare geschätzt: Spanien und Portugal 88 000, Italien und Frankreich jeweils 22 000, England 9 000, Holland 11 000, Deutschland 7 000, Ost- und Südosteuropa 90 000, Russland bis zu 100 000, Türkei 20 000. Die Bestände in Mitteleuropa sind hauptsächlich durch Pestizide und Zerstörung der Lebensräume durch Agrarwirtschaft (Rodung der Streuobstwiesen mit altem Obstbaumbestand) bedroht. Viele Verkehrsopfer beim nächtlichen Jagen. Drastische Einbrüche durch strenge Winter mit lang anhaltender Schneedecke.

Lebensraum: Bewohnt unterschiedlichste halboffene Gebiete, Grassteppen und halbtrockene Wüsten, Agrarland und offenes Waldland sowie in der Nähe von oder direkt in Siedlungsbereichen zu finden. Bis in nördliche und tropische Gebiete. Von Meereshöhe bis in Höhen von 3000 m, manchmal bis 4600 m. In Europa meist unter 700 m, in Spanien aber bis 1100 m Höhe.

Stimme: Balzruf des Männchens ist ein lang gezogenes „guuhk", in Abständen wiederholt. Daneben ein katzenähnliches, explosives „kwi-ju", das oft wiederholt wird. Weibchen lässt einen ähnlichen, aber höheren Ruf hören. Beide rufen schrill und kläffend „kuitt" und „kwiff-kwiff-kwiff". Kontaktruf wie „kekekek". Bettelrufe wie „schrüüh".

Nahrung: Insekten und andere Gliederfüßer, einschließlich Spinnen, Hundertfüßer, Skorpione und Nachtfalter. Kleine Reptilien und Frösche. Kleine Säugetiere wie Mäuse und Wühlmäuse, kleine Vögel und Regenwürmer. Nachtaktiv. Jagt von Einbruch der Dunkelheit bis Mitternacht. Nach einer Pause von 2 Stunden wird bis zur Dämmerung weitergejagt. Jagt vom Ansitz, um sich auf die am Boden gesichtete Beute zu stürzen. Gelegentlich wird die Beute mittels Rüttelflug fixiert. Kann am Boden geschickt und schnell laufend nach Insekten jagen.

Brut: Monogam. Paare bleiben meist über Jahre beisammen, oft bis zum Tod eines Partners. Territorial, das Männchen verteidigt sein Revier durch Gesang und aggressives Verhalten gegen Konkurrenten. Reviergröße etwa 0,5 km². Naturhöhlen in alten Obstbäumen, Kopfweiden, Nistkästen, Mauerlöchern, Löchern in Felsen oder Lehmwänden, in alten Scheunen, anderen Gebäuden, in Bodenhöhlen (z. B. Kaninchen) usw. Kopulationen erfolgen meist in Brutplatznähe. Brutzeit in Mitteleuropa von April bis Mai, im Mittleren Osten und Palästina von Februar bis Ende Juni. 2 bis 6 Eier werden im Abstand von 2 Tagen gelegt. Brutdauer 22 bis 29 Tage. Nur das Weibchen brütet. Küken werden etwa 14 Tage gehudert. Frisch geschlüpfte Küken wiegen etwa 28 g, sind blind und öffnen nach 8 bis 10 Tagen die Augen. Die Jungen verlassen oft das Nest, bevor sie flügge sind. Mit etwa 30 bis 35 Tagen sind sie flugfähig. Werden noch ca. einen Monat von den Eltern betreut. Sterblichkeitsrate im ersten Lebensjahr ca. 70 %. Jährliche Verluste bei Altvögeln etwa 35 %. Kann ein Alter von 15 bis 16 Jahren erreichen.

Bemerkungen: Ein sorgfältiges Studium der Lautäußerungen und morphologische Aspekte weisen auf eigenen Artstatus der *Taxa lilith, somaliensis, spilogastra* und eventuell auch *plumipes* hin.

also in New Zealand. North through Denmark to Poland and the Baltic States. Sympatric with *indigena* in Ukraine and Russia. Rather cold, dark fuscous-brown-coloured, with olive tinge. Streaked amber-brown below. Darkest subspecies.

***Athene n. noctua* (Scopoli) 1769** (see Descriptive notes) Sardinia, Corsica, east to Northwest Russia and North Albania.

***Athene n. indigena* C. L. Brehm 1855** Albania, Macedonia, Greece, Romania, Bulgaria and Ukraine, east to Caspian Sea, south to Asia Minor. Aegaen Islands and Crete. Turkey and Middle East to Haifa. Paler and more rufous than nominate, brown to greyish olive-brown.

***Athene n. glaux* (Savigny) 1809** North Africa, from Morocco southwest to Mauretania, south of the Sahara. East to Egypt. Sometimes Arabian Peninsula. *A. n. saharae* Kleinschmidt, 1909 und *A. n. solitudinis* Hartert, 1924 are synonyms.

***Athene (n.) lilith* Hartert 1913** Cyprus and interior Middle East from southeastern Turkey south to southern Sinai. Intergrades with *indigena* and *bactriana*. Probably specifically distinct from *Athene noctua*. Pale birds from Palestine much whiter than all desert forms of the Little Owl. Less streaked below. Rim of eyes and cere blackish.

***Athene (n.) spilogastra* (Heuglin) 1869** Coast of Red Sea, from East Sudan to Eritrea and North Ethiopia. Very small, paler than *glaux*, but darker than *lilith*, with pale, mostly unspotted belly.

***Athene (n.) somaliensis* Reichenow 1905** Eastern Ethiopia and North Somaliland. Also tiny as *spilogastra*. Together with this, probably specifically distinct from *Athene noctua*. But DNA studies are required to confirm this.

***A. n. bactriana* Blyth 1847** Southeastern Azerbaijan, East Irak, Iran and Afghanistan. East through Central Asia to Lake Balkash. Large size, grey and pale rufous-buffy morphs occur. Tarsi and toes densely feathered.

***A. n. orientalis* Severtzov 1873** Extreme Southwest China and adjacent Siberia, up to 4,200 m above sea level.

***A. n. ludlowi* Baker 1926** South and Central China, South and East Tibet, North Sikkim and North Bhutan, reaching 3,000 to 4,600 m above sea level. Plumage above chocolate brown, white, spotted, dirty white below, with greyish-brown wash on breast.

***Athene (n.) plumipes* Swinhoe 1870** Altai and south of Lake Balkai to Mongolia, Ussuriland and northeastern Central China. Also with densely feathered tarsi and toes. Probably specifically distinct.

Status: Not globally threatened. Populations for Europe in 1996 in breeding pairs: Iberia 88,000, Italy and France each 22,000, Britain 9,000, Netherlands 11,000, Germany 7,000, eastern and southeastern Europe 90,000, Russia up to 100,000, Turkey 20,000. Populations in Central Europe are threatened by pesticides, destruction of habitat by modern agriculture (loss of old fruit-growing orchard pastures). Many victims of road traffic when hunting at night. Severe winters with long-lasting snow may lead to drastic losses among populations.

Habitat: Wide variety of semi-open habitats, from grass steppe and semi-arid desert to farmland and open woodland also urban habitations. Extending to boreal and tropical areas. From sea level up to montane regions to 3,000 m, sometimes 4,600 m above sea level. In Europe normally below 700 m, but in Spain up to altitudes of 1,100 m.

Voice: Song of male is a long, mellow "guuhk", repeated in intervals. Also a cat-like, rather explosive "kwii-o", repeated for several times. Female utters a similar, but higher-pitched song. Both give piercing, more yelping notes such as "kuitt"and "kwiff-kwiff-kwiff". Contact call "kekeke". Begging call "chree" or "chrüüh".

Food: Insects and other arthropods, including spiders, centipedes, scorpions and moths. Small reptiles and frogs. Small mammals such as mice and voles, small birds and earthworms. Nocturnal. Hunts from dusk to midnight. After a break of 2 hours, resumption until dawn. Hunts by perching, dropping on prey. Sometimes hovers. Can run rapidly while chasing prey on the ground (mainly insects).

Breeding: Monogamous. Pair bond often persisting all year, perhaps until partner dies. Territorial, male defending its territory by singing and aggressive behaviour against intruders. Territory size about 0.5 km². Natural holes in trees (old fruit trees are favoured), pollard willows, nest boxes, holes in walls, rocks, clay banks, in old barns or other buildings, in abandoned mammal burrows (e.g. rabbits) a.s.o. Copulation normally occurs near the nest. Laying period in Central Europe from April to May, in Middle East and Palestine from February to late June. 3 to 6 eggs, mainly laid at 2-day intervals. Incubation 22 to 29 days by female. Chicks are brooded until 14 days. Freshly hatched chicks have a weight of 28 g and are blind. Eyes opening at 8 to 10 days. Young often leave the nest bevore fledged. Fledge at 30 to 35 days. Cared for by the parents for one month after. Mortality in first year of life at 70%. Annual mortality of adults about 35 %. May reach an age of 15 to 16 years.

Remarks: Bioacustical studies and morphological features may show that taxa *lilith, somaliensis, spilogastra* and probably *plumipes* differ from *Athene noctua* specifically.

Tafel 69 / Plate 69
Blewitt-Kauz / Forest Owlet - *Athene blewitti*

WEick

Brahmakauz – *Athene brama* (Temminck) 1821

Kennzeichen: Tafel 70 Nominatform. Länge 19 bis 21 cm, Gewicht etwa 115 g. Kleiner und leichter als *Athene noctua*, mit runderer Kopfform. Oberkopf und Kopfseiten erdbraun, fein weiß gefleckt (Doppelflecke). Nacken mit undeutlichem Occipitalgesicht. Oberseite erd- bis graubraun, unregelmäßig weiß gefleckt. Schulterfedern mit breiten, weißen Flecken auf Außenfahnen. Flügel dunkler braun als Oberseite, mit weißer Fleckung und Bänderung. Schwanz mit schmaler weißer Bänderung und weißem Spitzensaum. Schleier rahmbeige, auf den Wangen dunkler gestreift. Schleierrand, Überaugstreifen, Zügel und Band von Zügelbefiederung bis unter die Wangen weiß bis rahmfarben. Unterhalb des weißen Bandes breite Begrenzung aus kleinen dunklen Federn über den beigeweißen Halsseiten. Grundfarbe der Untersite rahm- bis beigeweiß. Auf Brust kurze, graubraune bis braune schuppenförmige Binden, bilden in der Mitte unterbrochenes Brustband. Bauchseiten und Flanken mit oft undeutlichen, dunklen, schuppenförmigen Binden. Läufe lang und dünn, mit kurzer, weißer Befiederung bis zu den beborsteten Zehen. Dunenjunge weiß. Mesoptilkleid ähnlich Alterskleid, Gefieder weicher, nur wenige weiße Flecke auf Kopf und Rücken. Unterseits einfarbig graubraun, undeutlich dunkler gestreift. Augen hellgelb bis goldgelb. Wachshaut graugrün. Schnabel grüngelb bis gelb. Zehen gelbgrün, Sohlen gelb. Krallen dunkelhornfarben.

Verbreitung: Von Südiran, Südpakistan und Südafghanistan, durch große Teile des Indischen Subkontinents (ohne Sri Lanka) bis Vietnam und Südostasien (ohne die Halbinsel Thailands und Malaysias).

Geografische Rassenverbreitung:
***Athene brama albida* Koelz 1950, Tafel 70.** Südindien und Südpakistan (Belutschistan), wahrscheinlich auch Südafghanistan. Fahlste Subspezies. Oberseite dicht weiß bis beigeweiß gefleckt. Unterseite rahmweiß bis beigeweiß, spärlich hellbraun gebändert.
***Athene brama indica* (Franklin) 1831** Norden und Mitte des Indischen Subkontinents. Im Süden Überlappung mit dem Gebiet der Nominatform. Größer, heller und brauner als Nominatform. Schwingen und Schwanz lehmfarben, weiß gefleckt und gebändert.
***Athene brama brama* (Temminck) 1821** Südindien. Siehe Kennzeichen. Kleinste Subspezies.
***Athene brama ultra* Ripley 1948, Tafel 70.** Nordostassam. Größte Subspezies. Noch dunkler als *pulchra*, wenige weiße Flecke auf Mantel, wenige weiße Säume auf Außenfahnen der Schulterfedern. Flügel mit reduzierter Fleckung und Bänderung. Dunkler Schwanz mit schmalen weißen Binden und Spitzen. Dunkle Wangenstreifen, breiteres und dunkleres, die Wangen begrenzendes Band als *brama*. Unterseits breites, nahezu geschlossenes Brustband.
***Athene brama pulchra* Hume 1873** Myanmar, Thailand (ohne den Teil auf der Halbinsel), Südlaos, Kambodscha und Südvietnam. Kleine, dunkle Subspezies, etwas heller, mehr schiefergrau als *ultra*, mit größeren weißen Flecken auf der Oberseite. Taxon *mayri* (Deignan) 1941 ist synonym zu *pulchra*.

Bestand: Im größten Teil seines Verbreitungsgebietes häufig bis ziemlich häufig, in Südvietnam bereits selten. Toleriert bis zu einem gewissen Maß die Nähe und Aktivitäten der Menschen.

Lebensraum: Trockene, offene Waldungen, Kulturland, Halbwüsten, Mangowäldchen, Gruppen alter Bäume. Auch innerhalb menschlicher Wohngebiete und in Pflanzungen. Von Meereshöhe lokal bis etwa 1500 m über NN.

Stimme: Mischung aus rauen, kreischenden, schwätzenden und kichernden Lauten, ähnlich „kritchit-kritchit-kritchit". Territorial-Ruf ist ein einfacher Doppelpfiff wie „pluh-pluh". Außerhalb der Brutzeit auch „cheväk-cheväk-väk-väk-väk".

Nahrung: Verlässt Ruheplatz etwa 15 Minuten nach Einbruch der Dämmerung, jagt auch Insekten im Schein von elektrischem Licht. Beute: Käfer, Falter, auch Würmer, Mäuse, Spitzmäuse, kleine ruhende Vögel und kleine Reptilien. Jagt vom Ansitz, häufig im Rüttelflug.

Brut: Brütet im Süden seiner Verbreitung von Dezember bis April. Im Norden von Februar bis April. Nest in Baumhöhlen, Löchern an Steilwänden, in Schornsteinen, unter Dächern menschlicher Behausungen oder in Ruinen. Weibchen legt 2 bis 3 (bis 5) Eier. Brutdauer 28 bis 32 Tage. Küken werden gleichzeitig gehudert und von beiden Eltern gefüttert. Exkremente, Eischalen, Gewölle und Beutereste werden aus dem Nest nicht entfernt. Die Jungen verlassen nach etwa 32 Tagen das Nest und werden von den Eltern noch weitere 3 Wochen betreut.

Bemerkungen: Bildet wahrscheinlich mit *Athene noctua* eine Superspezies. Die Gültigkeit einiger Rassen ist umstritten; *A. b. albida* und *A. b. ultra* wurden und werden von einigen Autoren nicht anerkannt.

Spotted Owlet – *Athene brama* Temminck, 1821

Descriptive notes: plate 70 (Nominate) Length 19 to 21 cm, weight ~ 115 g. Smaller and lighter than *Athene noctua*, with rounder head. Crown and sides of head earth brown with fine, white spots (double spots). Nape with indistinct occipital face. Above earth brown to grey-brown, irregularly spotted whitish. Scapulars with broad white spots on outer webs. Wings somewhat darker than remaining upperparts, spotted and banded white. Tail with narrow, white bands and tips. Facial disc creamy-buff with dark lines on cheeks. Facial rim, superciliaries, lores and band from the lores to below cheekes whitish to creamy. Below this white band, distinctly bordered with dark small feathers, forming a band above the buffy white sides of the neck. Below creamy- to buffy-white ground colour, breast with short, scaly greyish-brown to brown bars, forming a centrally broken pectoral band. Sides of belly and flanks with often indistinct, dark, scaly bars. Tarsi long and thin with short, white feathering to base of toes. Toes bristled. Downy chicks white. Mesoptile similar to adult, with softer plumage, less white spots on crown and back. Below uniform dark grey-brown, with indistinct darker streaks. Eyes pale yellow to golden-yellow. Cere dark grey-green. Bill greenish-yellow to yellow. Toes greenish-yellow, soles yellow. Claws dark horn.

Distribution: From southern Iran, southern Pakistan and South Afghanistan, through most of the Indian Subcontinent (except Sri Lanka) to Vietnam and Southeast Asia (except peninsular Thailand and Malaysia).

Geographical variations:
***Athene brama albida* Koelz 1950, plate 70** South India and South Pakistan (Baluchistan), possibly South Afghanistan. Palest subspecies, heavily spotted above. Below more off-white to buffy-white, less marked with scaly, pale brown to earth brown bars.
***Athene brama indica* (Franklin) 1831** North and Centre of Indian Subcontinent. In south intergrades with the nominate *brama*. Somewhat larger, paler and browner than nominate *brama*, wings and tail more clay-coloured, clearly marked white.
***Athene brama brama* (Temminck) 1821** South India (see Descriptive notes). Smallest subspecies.
***Athene brama ultra* Ripley 1948, plate 70** Northeastern Assam. Largest subspecies, somewhat larger than *indica*. Darker than *pulchra*, only few, little white spots on mantle and few white margins on outer webs of scapulars. Wings also with reduced white spots and bands. The dark tail with narrow, white bands and tips. Darker streaking on cheeks. Band bordering cheeks, distinctly darker and broader than in *brama*. Below dark, broad and nearly closed pectoral band.
***Athene brama pulchra* Hume, 1873** Myanmar, Thailand (except peninsular part), South Laos, Cambodia and South Vietnam. Small, dark race, differs from *ultra* by somewhat paler, more slaty ground colour with larger white spots. Taxon *mayri* Deignan, 1941 is synonymous with *pulchra*.

Status: Common or rather common over most of range, rare in South Vietnam. Tolerates human activity and habitation.

Habitat: Dry, open forest, agricultural fields, semi-deserts, groves with mango or other old trees. Also within human villages and cultivations. From sea level locally up to about 1,500 m.

Voice: Medley of harsh, screeched, chatters and chuckles: " kritchit-kritchit-kritchit." Territorial call is a plaintive double whistle: "plew-plew." Non-breeding call: "chevak-chevak-vak-vak-vak."

Food: Leaves roost about 15 minutes after sunset, but also hunts insects near electric lights. Prey are mostly beetles and moths, also earthworms, mice, shrews, small roosting birds and small reptiles. Hunts from perch, occasionally hovers before swooping on

Breeding: Lays in December to April in south of its range, from February to April in north. Nest in tree holes, cavities in steep banks, in chimney, under roof of human buildings or in ruins. Female lays 2 to 3 (up to 5) eggs. Incubation 28 to 32 days. Chicks hatch synchronously and are fed by both parents. Excrements, egg shells, pellets and rest of prey are not removed from nest. Young leave the nest at about 32 days and are cared for by the parents for about three weeks.

Remarks: Probably forms superspecies with *Athene noctua*. Validity of some subspecies is disputed; *A. brama albida* and *A. b. ultra* by opinion of some authors not valid.

Sägekauz – *Aegolius acadicus* (Gmelin) 1788

Kennzeichen: Tafel 71 Nominatform. Länge 18 bis 20 cm, Gewicht 75 bis 120 g. Kleine Eule mit großem, rundem Kopf, rundem Flügelprofil und kurzem Schwanz. Oberkopf warm rost- bis graubraun, dicht mit weißen Schaftstrichen bedeckt, besonders auf der Stirn. Oberseite braun, Nacken, Schulterfedern und Flügeldecken mit weißen Flecken. Armschwingen nahezu ungefleckt, mit wenigen undeutlichen Flecken auf den Außenfahnen, auf Innenfahnen verdeckte große helle Flecke. Äußere Handschwingen auf

Northern Saw-whet Owl – *Aegolius acadicus* (Gmelin) 1788

Descriptive notes: plate 71 (Nominate *acadicus*) Length 18 to 20 cm, weight 75 to 120 g. Small owl with large, round head, rounded wings and short tail. Crown warm rusty-brown to greyish-brown, densely covered with white shaft streaks, especially on forehead. Upperparts warm brown, with white spots on nape, scapulars and wing coverts. Secondaries nearly unspotted, with few indistinct spots, on inner webs hidden large pale spots. Outer Primaries white-spotted on outer webs. Tail brown, with 2 to 3 interrupted bands and

Tafel 70 / Plate 70
oben / top: Brahmakauz / Spotted Owlet, links / left: *Athene brama albida*
rechts / right: *Athene brama ultra*
unten / bottom: Steinkauz / Little Owl, links / left: *Athene noctua vidalii*
rechts / right: *Athene (n.) lilith*

WEICK
2011

den Außenfahnen weiß gefleckt. Schwanz braun mit 2 bis 3 unterbrochenen Binden und Endbinde. Schleier weiß, mit radialen, braunen Streifen vom Schleierrand, weiße Zone um die Augen. Schleierrand braun mit kleinen weißen Flecken. Augenbrauen schmal, weiß, über dem Schnabel und an den Zügeln weiß. Dunkle Flecke unterhalb der Augen. Unterseite weiß mit rötlich braunen Streifen und Flecken und rötlich beigem Anflug. Füße bis an die Krallen befiedert. Augen orangegelb, Augenränder dunkel, Wachshaut und Schnabel schwärzlich, Krallen dunkelhornfarben bis schwärzlich. Dunenjunge weiß, Mesoptilkleid mit schokoladenbraunem Kopf, Rücken und Brustband. Augenbrauen und Zügel weiß. Flügel und Schwanz ähnlich den Altvögeln. Kinn mattweiß. Unterseite einfarbig braungelb bis zimtbeige.

Verbreitung: Von Südalaska bis südliche USA, Ost- und Südostkanada und Nordflorida. Verstreute Vorkommen im mexikanischen Hochland, Nordostsonora, Michoacan, im Osten bis Puebla, Hidalgo und Oaxaca. Isolierte Populationen in Südost-Coahuila, südwestlichem Nuevo León und dem nördlichen San Luis Potosi.

Geografische Rassenverbreitung:
***Aegolius acadicus acadicus* (Gmelin) 1788** Siehe Kennzeichen. Von Südalaska, Britisch-Kolumbien im Osten bis zum Golf von St. Lawrence, südlich bis südliche USA (Kalifornien, Arizona, New Mexico) und Florida. Verstreute Vorkommen im mexikanischen Hochland. Isolierte Populationen im südöstllichen Coahuila, südwestlichen Nuevo León und dem nördlichen San Luis Potosi.
***Aegolius a. brooksi* (Fleming) 1916, Tafel 72** Queen-Charlotte-Inseln (Britisch-Kolumbien). Oberseite dunkelgrau bis sepiabraun, weniger gefleckt als die Nominatform. Ockerfarbenes Nackenband reicht bis zu den Halsseiten. Unterseite hellocker bis rostgelb mit dichten sepiabraunen Längsflecken. Füße bis zu den Krallen befiedert. Nackte Teile wie bei Nominatform.

Bestand: Nominatform hat einen relativ guten Bestand, jedoch stetiger langsamer Rückgang durch Habitatverlust und Verlust alter Bäume mit Bruthöhlen. Rasse *brooksi* mit sehr kleinem Verbreitungsgebiet (9596 km^2), leidet ebenfalls unter dem Verlust alter Brutbäume. 1985 wurde der South Moresby Nationalpark zum Naturschutzgebiet erklärt.

Lebensraum: Dichte Koniferenwälder, oft auf feuchtem, sumpfigem Boden, mit Tannen, Douglasien, Zedern, Kiefern und Lärchen. Lebt im mexikanischen Hochland in offenem und trockenerem Habitat, mit Koniferen- und Eichenbeständen. In Höhen um 1500 m, manchmal bis 3000 m über NN. Zugvogel.

Stimme: Das Männchen hat einen monotonen, aus Pfiffen bestehenden Reviergesang: „tjuu-tjuu-tjuu". Die Paare lassen kurze, aggressive und schrille Rufe hören, die an das Wetzen (Schärfen) einer großen Säge erinnern: „skriiraiv", was der Eule zu ihrem seltsamen Namen verhalf.

Nahrung: Dämmerungs- und nachtaktiv, gelegentlich am Tage jagend. Kleine Säugetiere, hauptsächlich Nagetiere, auch Spitzmäuse und Insekten. Jagt zur Zugzeit auch kleine Vögel. Jagt von niederem Ansitz aus. Gute akustische und optische Ortung bei schwachem Licht. Die Rasse *brooksi* erbeutet im Küstenbereich zwischen den Gezeiten eine beachtliche Menge an Wirbellosen.

Brut: Monogam. Benutzt Spechthöhlen, aber auch Nistkästen zur Brut. Paare bleiben für eine Brutsaison beisammen. Männchen kehrt oft bereits im Spätwinter in das Brutrevier zurück. Das später eintreffende Weibchen wählt die Nisthöhle aus oder paart sich mit anderem Männchen mit attraktiverer Bruthöhle. Brutzeit: März bis Juni. Gelege 3 bis 6 Eier. Das Weibchen brütet und hudert alleine und wird vom Männchen gefüttert. Brutdauer 27 bis 29 Tage. Die Jungen verlassen mit 30 bis 32 Tagen das Nest und halten sich als Ästlinge in Brutplatznähe auf. Sie werden von beiden Eltern noch etwa 4 bis 6 Wochen gefüttert. Mit etwa 9 Monaten fortpflanzungsfähig.

Bemerkungen: Das Verbreitungsgebiet von *acadicus* überlappt mit dem von *Aegolius ridgwayi* in Südmexiko mit möglichen Hybriden. Das Taxon *brodkorbi* Briggs 1954, Sierra Madre in Oaxaca, sowie die Taxa *tacanensis* Moore 1947, in Chiapas, und *rostrata* Griscom 1930 sind wahrscheinlich Jungvögel oder Hybriden zwischen *acadicus* x *ridgwayi*. Zur Klärung sind weitere Studien notwendig.

terminal band. Facial disc white, with radial, brown streaks from rim, but with white area around eyes. Rim indistinct, brown with small white spots. Eyebrows narrow and white, white area above and on sides of bill. Dark spots below the eyes. Underparts whitish streaked and spotted rufous-brown and tinged rufous-buff. Legs densely feathered down near to the claws. Eyes orange-yellow, eyelids dark, cere and bill blackish, claws dark horn to blackish. Downy chicks white. Mesoptile with chocolate brown head, back and breast band. Eyebrows and lores white. Wings and tail similar to adult. Chin dull white, often invisible. Rest of underparts plain tawny to cinnamon-buff.

Distribution: From southern Alaska south to southern USA, East and Southeast Canada and North Florida. Patchy distribution in highlands of Mexico, Northeast Sonora, Central Michoacan, east to Puebla, Hidalgo and Central Oaxaca. Isolated populations in South east Coahuila, Southwest Nuova León and northern San Luis Potpsi.

Geographical variations:
***Aegolius acadicus acadicus* (Gmelin) 1788** (see Descriptive notes) From South Alaska, British Columbia east to the Gulf of St. Lawrence and south to southern USA (California, Arizona, New Mexico) and Florida. Patchily in the highlands of Mexico. Isolated populations in Southeast Coahuila, Southwest Nuova León and northern San Luis Potosi.
***Aegolius a. brooksi* (Fleming) 1916, plate 72** Queen Charlotte Islands (British Columbia). Dark grey to sepia and much less spotted above than nominate *acadicus*. Ochre nuchal band extending to sides of head. Below pale to rich ochre and rusty, densely blotched and streaked sepia-brown. Legs feathered down to the claws. Bare parts coloured as in nominate *acadicus*.

Status: Nominate with relative good population, but declining slowly by habitat loss and loss of old trees with cavities. Subspecies *brooksi* with very small distribution range (9596 km^2), also declining by loss of habitat and loss of old trees (deforestation). 1985, the South Moresby National Park Reserve was founded.

Habitat: Dense coniferous forest, often with moist or swampy ground, with fir, spruce, douglas fir, cedar, red pine and larch. In the Mexican Highlands in more open and drier country, with conifers and oaks. In elevations about 1,500 m, sometimes up to 3,000 m above sea level. Migrating.

Voice: Territorial song of the male is a monotonous serie of whistled notes, "tew-tew-tew". Both sexes with short, aggressive series of a shrill rasping call "skreerave", like the sound of whetting (filing) a large saw, provides the owl's curious name.

Feeding: Hunting at dusk and dawn or nocturnal, with occasional diurnal foraging. Small mammals, primarily rodents, also shrews and insects. When migrating also small birds. Hunts from low perch with enormous ability for acustic location and excellent low-light vision. Race *brooksi* along the coast consums considerable quantities of intertidal invertebrates.

Breeding: Monogamous. Uses nest holes of woodpeckers, also nest boxes for breeding. Pair bond is seasonal. Male returns to nesting area often in late winter. Female accepts the hole or looks for another male, with more acceptable nesting hole. Breeding season March to June. Clutch 3 to 6 eggs. Female incubates and broods alone, male feeds throughout this time. Incubating period 27 to 29 days. The young leave the nest at about 30 to 32 days and disperse around the nesting area. They are fed by both parents about 4 to 6 weeks. Sexual maturity is reached at about 9 months.

Remarks: Distribution range of *acadicus* overlaps with the range of *Aegolius ridgwayi* with apparent hybridisation, taxa *brodkorbi* Briggs, 1954, from Sierra Madre in Oaxaca, *tacanensis* Moore, 1947 from Chiapas and *rostrata* Griscom, 1930, are in fact young birds or hybrids between *acadicus* x *ridgwayi*. Further studies are needed.

Ridgwaykauz – *Aegolius ridgwayi* (Alfaro) 1905

Kennzeichen: Tafel 71 Länge 18 bis 20 cm, Gewicht 80 g. Oberkopf und gesamte Oberseite einfarbig graubraun bis erdbraun, wenig Weiß auf der Alula und manchmal auf dem Schwanz. Schleier braun mit weißlichem Schleierrand, breite weiße Augenbrauen, weiße Schnabelwurzel und Zügel. Unterseite: Brust matt zimtbraun, ein undeutliches Band bildend. Bauch hellbeige bis ockerfarben, Färbung variabel. Stirn oft mit feinen, weißen Schaftstrichen. Flanken mit wenigen matt zimtfarbenen Schaftstrichen. Tarsen und Zehen sind dicht befiedert. Jungvögel sind den Alten ähnlich, mit mehr dunigem Gefieder und einigen hellen Schaftstrichen auf der Brust. Augen gelb bis goldgelb, Wachshaut und Schnabel dunkelhornfarben. Zehensohlen fleischfarben, Krallen dunkelhornfarben.

Verbreitung: Von Südmexiko über Guatemala, Honduras und Ostsalvador bis Costa Rica und Westpanama. Monotypisch.

Bestand: Diese Art hat eine dünne Verbreitung und ist ziemlich gefährdet. In Mexiko lokal noch etwas

Unspotted Saw-whet Owl *Aegolius ridgwayi* (Alfaro) 1905

Descriptive notes: plate 71 Length 18 to 20 cm, weight 80 g. Crown and entire upperparts uniform greyish-brown to earth brown, with few white markings on alula and sometimes on the tail. Facial disc brown with whitish rim, broad white eyebrows, white base of bill and white lores. Underparts: Breast dull cinnamon-brown, forming an indistinct pectoral band. Belly pale buffy to pale ochre. Variabel in colour. Sometimes narrow white shaft streaks. Some dull cinnamon-brown shaft streaks on flanks. Tarsi and toes densely feathered. Juvenile: Similar to adult, plumage more downy and with some pale shaft streaks on breast. Eyes yellow to golden-yellow, cere and bill dark horn, soles of toes flesh-coloured, claws dark horn.

Distribution: From southern Mexico through Guatemala, Honduras and East Salvador to Costa Rica and West Panama. Monotypic.

Status: Generally considered uncommon and near- threatened. Fairly common locally in Mexico. Rare in

Tafel 71 / Plate 71
oben links / top left: Ridgwaykauz / Unspotted Saw-whet Owl - *Aegolius ridgwayi*
mitte / centre: Sägekauz, zwei Jungvögel / Northern Saw-whet Owl, two juveniles - *Aegolius acadicus*
unten / bottom: Altvogel / adult bird

häufiger, in Panama und Costa Rica selten.

Lebensraum: Feuchte Eichen-Kiefern-Wälder und Eichenwälder. Hochlagen und Nebelwälder. An Waldrändern und auf Lichtungen mit vereinzelten hohen Bäumen. Von 1600 bis 3000 m, in Guatemala auch in 1400 m Höhe.

Stimme: Der Gesang ähnelt dem von *A. acadicus*, vier bis zehn Töne: „tjuu-tjuu-tjuu", Unterschiede werden nur in den Sonogrammen deutlich.

Nahrung: Kleine Nagetiere, Spitzmäuse, Vögel und Fledermäuse. Eventuell auch Insekten und Frösche. Nachtaktiv.

Brut: Brutzeit beginnt im März. Nest in alten Baumhöhlen, Gelege besteht aus 5 bis 6 Eiern.

Bemerkungen: Siehe unter *Aegolius acadicus*.

Panama and Costa Rica.

Habitat: Humid pine-oak forest and oak forest in highlands and cloud forest. Also in forest edges and clearings with scattered tall trees. In elevations of 1,600 to 3,000 m, at 1,400 m above sea level in Guatemala.

Voice: Song similar to *A. acadicus*, four to ten notes "tjuu-tjuu-tjuu", distinguishable only by sonograms.

Food: Probably small rodents, shrews, birds and bats. Possibly insects and frogs. Nocturnal.

Breeding: Little known. Lays during March. Nest in old tree holes. Clutch 5 to 6 eggs.

Remarks: See *Aegolius acadicus*.

Blaßstirnkauz – *Aegolius harrisii* (Cassin) 1849

Kennzeichen: Tafel 73 Nominatform. Kleine, stämmige und unverwechselbar gefärbte Eule, Länge 18 bis 23 cm Länge, Gewicht 110 bis 150 g. Relativ großer und runder Kopf ohne Federohren, aber die schwarzbraune, leicht hell gesäumte Zone am oberen Ende des Schleierrandes kann den Eindruck kleiner Federhörner vermitteln (Tarnhaltung), ähnlich dem Raufußkauz. Oberseits schokoladen- bis schwarzbraun, am dunkelsten auf dem Kopf, am hellsten auf dem Rücken. Schulterfedern auf Außenfahnen weiß bis cremegelb gefleckt. Oberflügeldecken mit weißen Flecken und Säumen. Arm- und Handschwingen dunkelbraun mit weißen Fleckenreihen. Schwanz dunkelbraun mit drei weißen Fleckenreihen. Oberschwanzdecken ungefleckt. Breite schwarz-braune Zone über dem Auge und am oberen Schleierrand. Rahm- bis ockerglber Schleier von dunklem Rand begrenzt, der fast bis zum schwarzen Kehlfleck reicht. Rahmfarbene Stirn. Dunkler Fleck vor den Augen, braune Zügel bis zur Schnabelbasis. Halsseiten und Nackenband ockerfarben. Unterseite rahm- bis ockergelb, mit rostfarbenem Anflug. Läufe rahmgelb befiedert, Zehen nackt und hellgelb. Schnabel hellgelb bis graublau. Iris grünlich bis orange-gelb.

Verbreitung: Anden Nordwestvenezuelas, im Süden bis Nord- und Zentralperu. Die im Gefieder nahezu identische Subspezies *A. h. dabbenei* in Nordwestargentinien und Westbolivien ist wahrscheinlich nur ein Synonym.

Geografische Rassenverbreitung:
***Aegolius h. harrisii* (Cassin) 1849** Siehe Kennzeichen. Anden Venezuelas und Kolumbiens bis Ostperu, Ostbolivien und evetuell Paraguay.
***Aegolius h. iheringi* (Sharpe) 1899** Ostbrasilien und angrenzende Gebiete von Argentinien und Paraguay. Schleierrand schwarz, kein dunkler Kinnfleck. Oberseite schwärzer als Nominatform, mit großen, ockerbeigen Flecken auf den Außenfahnen der Schulterfedern, die ein „V" bilden. Iris orange bis orangegelb. Zehen manchmal dünn und beige beborstet.

Bestand: Im gesamten Verbreitungsgebiet selten und als „nahezu bedroht" einzustufen. Es gibt nur wenige Angaben zu Fundorten. Wird anscheinend leicht übersehen. In mehreren Nationalparks und Schutzgebieten festgestellt.

Lebensraum: Liebt offenes, feuchtes Waldland bis hin zur Baumgrenze, wurde aber auch schon in trockeneren Gebieten festgestellt. In Argentinien und Bolivien hauptsächlich in dicht bewaldeten Tälern und Schluchten.

Stimme: Männchen singt mit leicht auf- und abschwellenden Trillern, etwa wie „gürrr-irrr-rürrr". Auch eine abfallende, im Stakkato vorgetragene Rufreihe wurde schon sonografisch aufgezeichnet. Der Kontaktruf klingt wie „kijüt".

Nahrung: Jagt bevorzugt vor der Dämmerung. Rüttelflug entlang bewachsener Wege. Die Hauptbeute bilden große Insekten (wie Käfer) und kleine Wirbeltiere, es gibt aber nur wenige Informationen zur Ernährung.

Brut: Die Brutzeit variiert entsprechend der klimatischen Verhältnisse in den Verbreitungsgebieten (September bis März). Nistet in Baumhöhlen (Specht- und Naturhöhlen), auch in Papageihöhlen, in unterschiedlicher Höhe. Es gibt zum Brutverhalten nur wenige Angaben.

Bemerkungen: Da der Gesang von *A. h. iheringi* Unterschiede zu *harrisii* aufweist, könnte es sich um eine eigene Art handeln.

Buff-fronted Owl – *Aegolius harrisii* (Cassin) 1849

Descriptive notes: plate 73 (Nominate) Small, handsome and unmisticably coloured owl, length 18 to 23 cm, weight about 110 to 150 g. The relatively large and round head has no ear tufts, but the blackish-brown (with small light margins) area on upper rim can appear to have small ear tufts (especially camouflaged), similar to the Boreal Owl. Upperside chocolate- to blackish-brown, darkest on head, palest on the back. Scapulars with white to cream-buff spots on the outer web. Upper wing coverts with some white spots and margins. Primaries and secondaries dark brown, with white barring. Tail dark brown with three white broken bars. Uppertail coverts unspotted. Broad blackish-brown above eye to edge of disc (this with some white margins). Facial disc bordered with dark rim, nearly merging with the black bib of the throat. Cream-coloured forehead, dark spots on inner edge of eyes, brown lores to base of bill. Facial disc cream to buff, sides of neck and collar on nape cream- to buffy-yellow. Underparts creamy- to yellowish-buff. Chest tinged rufous-buff. Tarsi feathered cream-yellow. Toes unfeathered and pale yellow. Bill pale yellow to bluish-grey. Irides greenish-yellow to orange-yellow.

Distribution: Andes, from Northwest Venezuela south to North & Central Peru. *A. h. dabbenei*, quite similar in plumage, from Northwest Argentina and West Bolivia, has a doubtful taxonomic status and is possibly identical with the nominate.

Geographical variations:
***Aegolius h. harrisii* (Cassin) 1849** (see Descriptive notes) Andes from Venezuela and Colombia to East Peru, East Bolivia and Paraguay
***Aegolius h. iheringi* (Sharpe) 1899** East Brazil and adjacent areas of Argentina and Paraguay. Rim around facial disc blackish, no dark bib on chin. Above more blackish than nominate, and large ochre-buffish spots on outer webs of scapulat, forming a "V" on back. Eyes orange to orange-yellow. Toes sometimes sparsely bristled buffish.

Status: Generally rare throughout its range. Currently considered "Near threatened". Very few data of records, but probably overlooked. Occurs in several National parks and protected areas.

Habitat: Fairly open, humid forest, up to the treeline, but also in drier areas. In Argentina and Bolivia mainly in ravines and canyons with dense wood.

Voice: Whistled trill of the male is a slightly fluctuating "gyrr-irr-yrrr". Also a bouncing ball-like strophe, lasting about 4 seconds was described and noted as spectrogram. Further, a soft single "keejyt" probably serves as contact call.

Food: Possibly hunting before dawn. Was seen hovering over roadside shrub. Probably catching large insects (such as beetles) and small vertebrates, but food is poorly documented.

Breeding: The breeding season is varying according to to climatic condition of the distribution range (September to March). Nests in cavities, especially natural and woodpecker holes, also in abandoned holes of parrots, in variable heights above the ground. But little knowledge of breeding biology is given.

Remarks: Subspecies *A. h. iheringi* (see Geographical variations) perhaps specifically distinct by different vocalisations.

Tafel 72 / Plate 72
Queen-Charlotte-Sägekauz / Queen Charlotte Saw-whet Owl - *Aegolius acadicus brooksi*

2005
Weick

Kuckuckskauz, Boobookkauz – *Ninox boobook* (Latham) 1801

Kennzeichen: Tafel 74 Länge 27 bis 36 cm, Gewicht 145 bis 315 g. Nominatform. Färbung und Größe sehr variabel. Die Geschlechter sind sich sehr ähnlich, Weibchen manchmal etwas größer und dunkler. Auf Kopf und Rücken mehr gestreift und gefleckt. Wüstenformen sind heller, Waldformen dunkler. Undeutliche Gesichtsmaske, heller als die umgebende Kopfbefiederung, mit dunkler Augenumgebung und großem dunklem Wangenfleck. Nacken mit Andeutung von hellem bis weißem Band. Schleierrand weißlich. Oberseitenfärbung variabel, hell- bis dunkelbraun, Flügeldecken mit heller bis weißlicher Fleckung. Einige Rücken- und die Schulterfedern haben auf den Außenfahnen große weiße Flecke. Arm- und Handschwingen dunkelbraun mit hellbrauner bis rötlich brauner Bänderung. Schwanz dunkelbraun bis hellbraun gebändert, auf den Innenfahnen oft rahmweiß. Weißliche, dunkel gefleckte Augenbrauen, Zügel und Kehle weiß. Brust und Bauch weißlich, mit dichter, dunkler Streifung und Andeutung von Querbänderung. Tarsen dicht befiedert, Zehen nackt und beborstet. Jungvögel: Dunenkleid weißlich bis beigeweiß. Mesoptilkleid mit weißen bis beigeweißen Dunen und dunkler Streifung auf Oberkopf, Brust und Rücken. Gesichtsmaske und Schwingen ähneln bereits den Altvögeln. Augen gelbgrün, nussbraun bei den Jungvögeln. Schnabel blaugrau, Zehen braungrau, Krallen dunkelbraun bis schwärzlich.

Verbreitung: Roti, Timor bis südliches Neuguinea und alle Teile von Australien.

Geografische Rassenverbreitung:
***Ninox boobook rotiensis* Johnstone & Darnell 1997** Insel Roti, Kleine Sundainseln. Kleiner als Nominatform, stärkere Bänderung auf Handschwingen, Unterrücken, Oberschwanzdecken und Schwanz.
***Ninox b. fusca* (Vieillot) 1817** Timor, die Inseln Roma und Leti, Kleine Sundainseln. Wälder des Tieflandes und in Höhen bis etwa 2500 m. Etwas kleiner als *boobook*, dunkles, kaltes Graubraun, ohne warmbraune Töne. Nacken, Schulterfedern, Flügeldecken, Schwungfedern und Schwanz weißlich gefleckt oder gebändert. Unterseite graubraun gestreift.
***Ninox b. moae* Mayr 1943** Moa, Leti und Romang, Kleine Sundainseln, Indonesien. Dunkler als die dunkle Morphe von ssp. *ocellata*.
***Ninox b. plesseni* Stresemann 1929** Insel Alor, Kleine Sundainseln. Ähnlich der Rasse *fusca*, aber oberseits weißlich und hellbraun gefleckt, mit Andeutung von Querbinden. Unterseite dunkel gestreift, am Bauch mit hellen Augenflecken.
***Ninox b. cinnamomina* Hartert 1906** Tepa und Barbar-Inseln, Kleine Sundainseln. Gut unterscheidbare Rasse, Ober- und Unterseite zimtbraun.
***Ninox b. pusilla* Mayr & Rand 1935** Tiefland des südlichen Neuguinea. Ähnlich der dunklen Morphe der Rasse *ocellata*, aber deutlich kleiner.
***Ninox b. remigialis* Stresemann 1930** Kei-Inseln, Kleine Sundainseln. Ähnlich der Rasse *moae*, auf den Schwungfedern weniger deutlich gebändert.
***Ninox b. ocellata* (Bonaparte) 1850** Tropisches Nordaustralien, Queensland und Northern Territory, die Insel Melville, südwestliches Australien, Südaustralien, Inseln in der Torres Straße und Sawu-Insel. Sehr variable Gefiederfärbung: Helle Morphe ist stets heller als alle anderen australischen Subspezies, mit hellzimtfarbenen und ockerbeigen Tönen. Die dunkle Morphe kann bei einzelnen alten Exemplaren außergewöhnlich dunkel sein.
***Ninox (b.) lurida* Vis 1887** Nordqueensland, zwischen Cooktown und Paluma. Kleiner und viel dunkler als Nominatform, Oberseite kastanienbraun und ungefleckt. Schulterfedern mit schmalen, weißen Säumen. Kehle und Oberbrust zimtfarben, restliche Unterseite dunkelbraun mit weißlichen Augenflecken und zimtbeigem Anflug.
***Ninox b. boobook* (Latham) 1801** Siehe Kennzeichen. Victoria, New South Wales, South Queensland, östliches Südaustralien und Känguru-Insel.

Bestand: Auf dem südlichen Neuguinea und in Australien verbreitetes Vorkommen mit gutem Bestand. In Australien lokale Gefährdung durch Pestizide und DDT.

Lebensraum: In allen Landschaftstypen anzutreffen: Waldland, Farmland und Siedlungsbereich, in Halbwüsten mit spärlichem Baumbestand. In den feuchten Tropen Primär- und hochstämmiger Sekundär-Monsunwald, im Tiefland und den Vorbergen. Auch in höheren Lagen bis etwa 2300 m. Taxon *lurida* lebt nur in montanem Regenwald.

Stimme: Der charakteristische Ruf dieses Kauzes ist ein zweisilbiges, oft wiederholtes „buu-buuk" oder „kuu-kuuk".

Nahrung: Hauptsächlich nachtaktiv, bei Einbruch der Dunkelheit. Beute sind hauptsächlich Insekten, die vom Ansitz aus fliegend erbeutet oder vom Blattwerk abgestreift werden. Zur Brutzeit werden mehr kleine bis mittelgroße Wirbeltiere wie Nagetiere, Fledermäuse, Vögel und Frösche erbeutet.

Brut: Brutzeit von Ende August bis November, im Süden etwas später als im Norden des Verbreitungsgebietes. Monogam. Paar oder Weibchen rastet bereits geraume Zeit vor der Eiablage in der Nisthöhle. Nest in Baumhöhlen unterschiedlichster Form und Größe. Gelegentlich wird auch das Nest von Corviden oder Timalien benutzt. Gelege 2 bis 5 (3) Eier, das Weibchen brütet alleine, Brutdauer 31 bis 35 Tage. Die Jungen verlassen mit etwa 5 Wochen das Nest. Sie werden noch weitere 2 bis 3 Monate von den Eltern betreut und gefüttert.

Bemerkungen: Die Rasse *lurida*, die meist zu den Subspezies des Kuckuckskauzes gezählt wird, hat durch Unterschiede in Morphologie und Lautäußerungen sowie deutlich verschiedenem Lebensraum eigenen Artstatus. *Ninox leucopsis* (Gould) 1838 auf Tasmanien und Inseln in der Bass-Straße, bisher als

Southern Boobook – *Ninox boobook* (Latham) 1801

Descriptive notes: plate 74 (Nominate) Length 27 to 36 cm, weight 145 to 315 g. Very variable in colouration and size. Sexes alike, but females sometimes slightly larger and darker, more streaked and spotted on head and back. In general desert forms are paler and forest forms darker. Inconspicuos facial mask paler coloured than surrounding feathering of head, with large dark area around eyes and large, blackish cheeks. Nape with indistinct pale to white nuchal band. White rim. Upperparts variable, from pale to dark brown, wing coverts spotted pale to whitish. Some feathers of back and scapulars with large white spots on the outer webs. Secondaries and primaries dark brown with numerous pale brown to rufous-brown barring. Tail dark brown with pale brown bars, more whitish-buff on inner webs. Whitish, dark-spotted eyebrows, lores and throat white. Breast and belly whitish, with dense dark streaking and indications of barring. Tarsi densely feathered, toes bare and bristled. Juvenile: Downy chick whitish to buffy-white. Mesoptile white to buffy-white downs with dark streaking on crown, breast and back. Facial mask and wings similar to the adult birds. Eyes pale greenish-yellow, hazel-brown in juvenile. Bill blue-grey, toes brown-grey, claws dark brown to blackish.

Distribution: Roti, Timor to southern New Guinea and all parts of Australia.

Geographical variations:
***Ninox boobook rotiensis* Johnstone & Darnell 1997** Roti Island, Lesser Sundas. Smaller than nominate, more heavily barred on primaries, rump, uppertail coverts and tail.
***Ninox b. fusca* (Vieillot) 1817** Timor, Roma and Leti Islands, Lesser Sundas. Lowland forest and woodland up to ca. 2,500 m above sea level. Somewhat smaller and darker than *boobook*, dark cold grey-brown, without warm brown colours. Nape, scapulars, wing coverts, flight feathers and tail whitish spotted or barred. Underparts streaked grey-brown.
***Ninox b. moae* Mayr 1943** Moa, Leti and Romang, Lesser Sundas, Indonesia. Darker than dark morph of ssp. *ocellata*.
***Ninox b. plesseni* Stresemann 1929** Alor Island, eastern Lesser Sundas. Similar to ssp. *fusca*, but upperparts marked with white and pale brown spots, with faint crossbarring. Underparts streaked dark grey-brown, ocellations on belly.
***Ninox b. cinnamomina* Hartert 1906** Tepa and Barbar Islands, Lesser Sundas. Distinctive subspecies, upper and lower surface deep cinnamon.
***Ninox b. pusilla* Mayr & Rand 1935** Lowland of southern New Guinea. Similar to dark morph of ssp. *ocellata*, but distinctly smaller.
***Ninox b. remigialis* Stresemann 1930** Kei Islands, Lesser Sundas. Similar to ssp. *moae*, but barring on flight feathers less pronounced.
***Ninox b. ocellata* (Bonaparte) 1850** Tropical northern Australia, Queensland and Northern Territory, Melville Island, Southwest Australia, South Australia, Islands in the Torres Strait and Sawu Island. Very variable in colour: Light morph generally much paler than all other Australian subspecies, pale cinnamon to ochre-buffy colours are predominant. Dark morph. Occasionally old individuals are very dark.
***Ninox (b.) lurida* Vis 1887** North Queensland, between Cooktown and Paluma. Smaller and much darker than nominate, upperparts dark chestnut brown and unspotted. Scapulars with narrow, white feather edges. Throat and upper breast cinnamon, remaining lower surface dark brown, ocellated white with cinnamon wash.
***Ninox b. boobook* (Latham) 1801** (see Descriptive notes) Victoria, New South Wales, South Queensland, eastern South Australia and Kangaroo Island.

Status: Widely distributed and common in southern New Guinea and Australia. May be locally endangered in Australia by pesticides and DDT.

Habitat: Common in all types of country, from forest, farmland and suburbs to semi-deserts with scattered trees. In wet tropics, primary and tall secondary monsoon forest, in lowlands and foothills. Also in higher level up to about 2,300 m. Taxon *lurida* found only in montane rain forest.

Voice: Characteristical call is a repeated, bi-syllabic "boo-book" or "coo-cook".

Food: Mainly nocturnal, hunting from beginning dusk. Mainly insects, hunting from perch, hawking aerial or snatching from canopy. When breeding, hunting more small to medium-sized vertebrates, such as rodents, bats, birds and frogs.

Breeding: Breeding season from late August to November, slightly later in south than in north of its distribution range. Monogamous. Pair or female roost in the nesting cavity long time before laying. Nest in tree holes of large variety. Occasionally uses abandoned nests of corvids or babblers. Clutch 2 to 5 (3) eggs. Female incubates alone for 31 to 35 days. The young leave the nest by about 5 weeks. They are fed and cared for by the parents for further 2 to 3 months.

Remarks: Race *lurida*, often regarded as subspecies of the Northern Boobook, recently with specific status based on differences in morphology and vocalisations, also by very different habitat. *Ninox leucopsis* Gould, 1838 from Tasmania and islands in the Bass Strait, formerly regarded as race of *Ninox boobook*,

Tafel 73 / Plate 73
Blaßstirnkauz / Buff-fronted Owl - *Aegolius harrisii*

Rasse zu *Ninox boobook* gezählt, zeigt nach DNA-Studien engere Verwandtschaft zum Neuseeland Boobook *Ninox novaeseelandiae*. Seine weit entfernte geografische Verbreitung von Letzterem sowie Ähnlichkeiten mit *Ninox boobook* sprechen für eine artliche Trennung von beiden als eigenständige Art.

shows closer relationship to the Morepork *Ninox novaeseelandiae* (Recent studies with DNA evidence). Its allopatric distribution from the latter, and some morphological similarities to *Ninox boobook* suggest specific separation from both as distinct species.

Andamanenkauz – *Ninox affinis* Beavan 1867

Kennzeichen: Tafel 75 Länge 23 bis 25 cm, Gewicht unbekannt. Kleiner, brauner Falkenkauz, große Ähnlichkeit mit *Ninox scutulata*, jedoch kleiner und brauner, Unterseite mit prächtiger, rotbrauner Längsstreifung. Oberkopf und Nacken grau bis aschgrau, Augenbrauen dunkler braun. Mantel schokoladebraun, oft mit rötlichem Anflug. Schulterfedern braun, auf Außenfahnen meist zimtbeige gefleckt. Oberflügeldecken braun mit rostbraunem Anflug. Schirmfedern und Armschwingen dunkler braun und mit schwacher, hellerer Bänderung. Handschwingen dunkelbraun, undeutlich, beigebraun gebändert, auch mit rostbraunem Anflug. Oberschwanzdecken dunkelbraun, zimtbeige gebändert. Schwanz hellbraun, mit hellerer Spitze und fünf schmalen, schwarzbraunen Binden. Ohrdecken grau bis schokoladebraun. Weißer Zügel mit langen, schwärzlichen Borsten reicht bis über die Augen. Kinn und Kehle weiß. Vorderhals rotbraun mit wenigen oder keinen dunkelbraunen Streifen. Restliche Unterseite weiß, breit kastanienrot bis orange-rostbraun gestreift (oft mit hellen Zentren). Tarsen befiedert. Jungvögel: Gefieder flaumig, Unterseite undeutlich gestreift. Iris hellgelb, Schnabel klein, gelb mit heller Spitze. Wachshaut mattgrün. Zehen gelb, Krallen schwarz.

Verbreitung: Südliche Andamanen, endemisch und monotypisch.

Bestand: Durch den begrenzten Lebensraum bei nur wenigen Beoachtungen vermutlich bereits gefährdet.

Lebensraum: Primär- und Sekundärwald, Kautschukpflanzungen und Mangroven entlang der Küste.

Stimme: Gesang besteht aus hallendem, hohlen und abfallenden Quäken, etwa „grAUwu", das mehrmals wiederholt wird, völlig anders als der Gesang von *Ninox scutulata*.

Nahrung: Wurde nur beim Erbeuten fliegender Nachtfalter beobachtet. Fängt auch Käfer und Grashüpfer.

Brut: Unbekannt. Jungvögel wurden im Mai beobachtet. Sehr scheues Verhalten.

Bemerkungen: Die beiden auf den Nikobaren beschriebenen Taxa *isolata* und *rexpimenti*, meist als konspezifisch zu *affinis* gezählt, sind nach neueren Erkenntnissen mit *Ninox scutulata* verwandt und synonym mit deren Festlandrasse.

Andaman Hawk Owl – *Ninox affinis* Beavan 1867

Descriptive notes: plate 75 Length 23 to 25 cm, weight unknown. Small,brown hawk owl, very similar to *Ninox scutulata*, but smaller, browner and with bright reddish-brown streaking on underparts. Crown and nape greyish to ashy grey, eyebrows distinctly darker, more brownish. Mantle uniform chocolate brown, often with rufous wash. Scapulars brown, often with indistinct fulvous spots. Upper wing coverts uniform brown, with rufous wash. Tertials and secondaries darker brown, with hardly visible paler bands. Primaries dark brown with indistinct buffy-brown bands and rufous wash. Uppertail coverts dark brown, barred fulvous. Tail light brown, paler at tip, with five blackish-brown, narrow bands. Ear coverts greyish to chocolate brown. The white lores with long blackish bristles and reaching up above eyes. Chin and throat white. Foreneck rufous, with no or few dark brown streaking. Remaining underparts whitish with broad, chestnut-rufous to orange-rufous streaking (often with pale centres). Tarsi feathered buffy-orange. Juvenile: Plumage fuzzier, with less distinct streaking below. Irides light yellow, bill small, yellow and with pale tip. Cere dull greenish. Toes yellow, claws black.

Distribution: Southern Andamans, endemic and monotypic.

Status: This restricted-range species with only few records is considered near threatened.

Habitat: Primary forest, secondary woodland, rubber plantations, coastal mangroves.

Voice: Song is a hollow, guttural and downslurred croak, "grAUwu", repeated every few to several seconds. Quite different from the very similar *Ninox scutulata*.

Food: Observed hawking moths. Also takes beetles and grasshoppers.

Breeding: Unknown. Young birds found in May. Very shy behaviour.

Remarks: The Nicobar taxa *isolata* and *rexpimenti* usually are placed as conspecific with *affinis*, but are actually closer related to *Ninox scutulata*, and synonym with the mainland race of this species.

Kleiner Sumbakauz

***Ninox sumbaensis* Olsen, Wink, Sauer-Gürth & Trost 2002**

Kennzeichen: Tafel 75 Länge 23 cm, Gewicht 90 g. Oberkopf aschgrau mit feinen, dunklen Binden. Oberseite hellbraun, feine, weit auseinanderstehende, dunkelbraune Binden und Kritzel. Schulterfedern weiß mit wenigen dunkelbraunen Binden. Flügel- und Armdecken rotbraun, dunkelbraun gebändert. Handdecken einfarbig dunkelbraun. Arm- und Handschwingen rötlich grau und dunkelbraun gebändert. Schwanz hellrotbraun mit etwa 10 sichtbaren, dunklen Binden. Undeutlicher, grauer Schleier. Weiße Augenbrauen. Augen stehen etwas schräg an den Kopfseiten. Auffälliger, relativ großer Schnabel. Kehle hellrotbraun mit dunklen Kritzeln. Brust hellrotbraun, mit dunklen pfeilförmigen bis winkligen Binden und Kritzeln. Unterschwanzdecken weiß. Tarsen auf Front befiedert, Rückseite weitgehend nackt. Zehen dicht beborstet. Flügge Junge sind unterseits heller rötlich und ungezeichnet. Augen gelb, Wachshaut und Schnabel hellhornfarben. Zehen gelb, Krallen horngelb.

Verbreitung: Endemische und monotypische Art auf Insel Sumba, Kleine Sundainseln, Indonesien.

Bestand: Wahrscheinlich selten. Als waldbewohnende Art durch die fortschreitende Rodung äußerst gefährdet.

Lebensraum: Lebt in Restbeständen des Primär- und Sekundärwaldes in etwa 600 m Höhe. Meidet offene Waldbestände.

Stimme: Einsilbiger Pfiff „guuug", Wiederholungen in Abständen. Weibchen ruft ähnlich, in etwas höherer Tonlage.

Nahrung: Bislang keine Angaben.

Brut: Unbekannt. Im Dezember 2001 wurde ein um Futter bettelnder flügger Jungvogel zusammen mit

Little Sumba Hawk Owl

***Ninox sumbaensis* Olsen, Wink, Sauer-Gürth & Trost 2002**

Descriptive notes: plate 75 Length 23 cm, weight 90 g. Crown ashy grey with fine, close and dark barring. Upperpart light brown with fine, widely spaced dark brown vermiculations and bars. Scapulars white with few dark brown bars. Wing and secondary coverts rufous, with dark brown barring. Secondaries and primaries banded rufous-grey and dark brown. Tail light rufous with about 10 visible dark brown bands. Greyish, indistinct facial disc. Prominent white superciliaries. Eyes slightly on sides of head. Prominent and relatively large bill. Throat light rufous with dark vermiculations. Breast also light rufous with dark arrow- to chevron-shaped barring and vermiculations. Lowertail coverts whitish. Tarsi feathered on front, back of tarsi fairly bare. Toes densely bristled. Juvenile: Fledglings lighter reddish below, without visible markings. Eyes yellow, cere and bill pale horn. Toes yellow, claws yellowish horn.

Distribution: Endemic and monotypic species of Sumba Island, Lesser Sundas, Indonesia.

Status: Probably rare. As forest dwelling species highly endangered.

Habitat: In remnant patches of primary and secondary forest at about 600 m above sea level. Avoids open areas of forest.

Voice: Monosyllabic whistle, "goohk", repeated in intervals. Female has a similar, but slightly higher-pitched call.

Food: No information hitherto.

Brut: Unknown. In December 2001, a fledged, food-begging juvenile was sighted with its parents.

Tafel 74 / Plate 74

oben / top: Roter Boobook / Red Boobook - ***Ninox (boobook) lurida***

unten links / bottom left: Kuckuckskauz, Boobookkauz, typische Morphe / Southern Boobook, typical morph - ***Ninox boobook boobook***

unten rechts / bottom right: helle Morphe / light morph - ***Ninox boobook ocellata***

Weick
'09

den Eltern beobachtet.

Bemerkungen: Dieser kleine Falkenkauz wurde erst 2002 beschrieben. Seit den späten 1980er Jahren wurden auf Sumba aber wiederholt bestimmbare Rufe einer unbekannten Eule vernommen, die man einer Zwergohreule zuschrieb.

Remarks: This little hawk owl was described in 2002 as a new species. Since the late 1980, from Sumba reports of unidentified hoots of an unknown owl species have been made again and again, hitherto deemed an unknown scops owl.

Togian-Falkenkauz – *Ninox burhani* Indrawan & Somadikarta 2004

Kennzeichen: Tafel 75 Länge 25 cm, Gewicht 100 g. Stirn, Oberkopf, Nacken und Mantel rotbraun mit feinen hellbeigen Binden und Säumen. Schulterfedern amberbraun mit weißen Flecken und Säumen. Alula, Hand- und Armdecken amberbraun hell gesäumt. Armschwingen bernsteinfarben, gebändert mit weißlich lohfarbenen, dreieckigen Fleckenreihen. Handschwingen dunkelbraun, ebenfalls mit dreieckigen weißen Fleckenreihen gebändert. Schwanz lang, dunkelgraubraun und mit schmalen hellolivbraunen Binden. Schleier rotbraun, um die Augen aufgehellt, helle, schmale Augenbrauen. Braune Schnabelborsten mit schwarzen Spitzen. Unterseite weißlich, auf der Brust gestreift und (oft pfeilspitzenförmig) gefleckt mit hellen Schaftstreifen, auf Oberbauch in feine Schaftstreifung übergehend. Abdomen weiß mit Schaftstrichen. Tarsen und Zehen beborstet. Jungvögel: Gefieder unbekannt. Iris orangegelb (vielleicht grüngelb). Schnabel rahmfarben. Tarsen und Zehen hellgelbbraun.

Verbreitung: Endemisch. Togian-Archipel in der Tomini-Bucht vor der Ostküste von Zentral-Sulawesi. Monotypisch.

Bestand: Wahrscheinlich auf dem gesamten Archipel verbreitet, noch wenig erforscht. Durch das kleine und begrenzte Verbreitungsgebiet und ständige Waldrodung stark gefährdet.

Lebensraum: Restbestände des Tropenwaldes, auch in ziemlich gelichteten Waldbeständen des Tief- und Hügellandes und in Agrarland nahe menschlichen Siedlungen.

Stimme: Nur wenig ist bekannt, raue, tiefe, zwei- bis viersilbige Rufe wie „ko-kow-ok" oder „kok-ko-ro-ok". Es wurden auch Einzelrufe vernommen.

Nahrung: Unbekannt.

Brut: Unbekannt. Ein Paar wurde Ende März 2002 in einem Sagosumpf beobachtet.

Bemerkungen: Entdeckung dieser endemischen Eulenart zwischen 2001und 2004 auf dem Togian-Archipel ist bemerkenswert, da diese Inselgruppe nur etwa 3 km vor der Küste des östlichen Sulawesi liegt.

Togian Hawk Owl – *Ninox burhani* Indrawan & Somadikarta 2004

Descriptive notes: plate 75 Length 25 cm, weight 100 g. Forehead, crown, nape and mantle reddish-brown, with fine light buffy bars and margins. Scapulars dark amber-brown with white blotches and margins. Alula, primary and secondary coverts dark amber-brown with pale margins. Secondaries dark amber-brown, banded with whitish to pale tawny, triangular spots. Primaries dark brown, banded with triangular, whitish spots. Tail relatively long, fuscous, with paler narrow, tawny-olive bands. Facial disc reddish-brown, paler around eyes, pale, narrow superciliaries. Brown rictal bristles with black tips. Underparts whitish, mottled and streaked brown (often arrowheaded), and with light central shaft lines. More finely streaked on upper belly. Abdomen whitish with fine shaft lines. Tarsi and toes bristled. Juvenile: Unknown plumage. Irides orange-yellow (possibly greenish-yellow). Bill cream-coloured. Tarsi and toes pale yellowish-brown.

Distribution: Endemic to Togian Archipelago in Tomini Bay off eastern coast of Central Sulawesi (Indonesia). Monotypic.

Status: Possibly distributed on the whole archipelago, but still less studied. Threatened in a restricted range by ongoing destruction of forest.

Habitat: Normally in remnants of tropical forest, but also occurs in rather disturbed forest patches of lowland and hills and cultivated areas near human settlements.

Voice: Poorly known, may be a gruff, low-pitched, two-to four-syllable croaking, "ko-kow-ok" or "kok-ko-ro-ok". Also single croaks are uttered.

Food: Unknown.

Breeding: Unknown. A pair was observed end of March 2002 in a sago swamp.

Remarks: The discovery of a new endemic owl species in 2001 to 2004 in the Togian Archipelago is remarkable, because this group of islands only are 3 km off the coast of eastren Sulawesi.

Madagaskarkauz – *Ninox superciliaris* (Vieillot) 1817

Kennzeichen: Tafel 76 Länge 23 bis 39 cm, Gewicht 236 g. Es gibt hellere und dunklere Vögel mit sehr ähnlicher Gefiederzeichnung. Runder, brauner Kopf mit kleinen weißen Tupfen, Oberseite einfarbig braun, mit wenigen weißen Flecken auf Flügeldecken und Schulterfedern. Armschwingen mit kleinen hellen Flecken, Handschwingen weiß gebändert. Schwanz braun, hell gebändert. Schleier graubraun, Augenbrauen auffallend weiß. Kehle weißlich, Kinn eher hellbraun. Unterseite weiß mit gelblich beigem Anflug, weit auseinanderstehenden, dunkelbraunen Binden, engere Bänderung auf der Brust mit hellschwefelgelbem Anflug auf den Flanken. Tarsen befiedert, Zehen nackt. Augen dunkelbraun, Wachshaut, Schnabel und Zehen hellgelb. Krallen hornfarben. Jungvögel unbekannt.

Verbreitung: Endemische Art. Nordost-, Süd- und Südwestmadagaskar.

Bestand: Noch gutes Vorkommen in Süd- und Südwestmadagaskar. Bereits selten im Norden der Insel. Großer Teil des Lebensraumes wurde bereits durch Rodung vernichtet. Lokales Vorkommen in den feuchten Wäldern des Nordostens. Auch in Kulturland mit dünner Besiedlung.

Lebensraum: Offenes Gelände mit kleinen Baumgruppen. Halbtrockenes Dornbuschland mit vereinzelten Bäumen. Baumsavannen, trockener Laubwald, Galeriewald, Regenwald, Felsschluchten. Von Meereshöhe bis etwa 800 m.

Stimme: Hat sehr unterschiedliche Rufe; typisch sind lange Rufreihen, die langsam beginnen, dann schneller und lauter werden. „Er-uuk-uuk-uuk-kwängk-kwängk-kwängk", gefolgt von heulenden Rufen wie „hu-uul" oder „chruwuoh".

Nahrung: Nachtaktiv, ruht am Tage im dichten Laubwerk. Jagt vom Ansitz aus hauptsächlich Insekten.

Madagascar Hawk Owl – *Ninox superciliaris* (Vieillot) 1817

Descriptive notes: plate 76 Length 23 to 39 cm, weight 236 g. Paler and darker morphs occur, but with very similar plumage pattern. Round, brown head with small, white spots. Upperparts uniform brown, with few white speckles on wing coverts and scapulars. Secondaries with small pale spots, primaries distinctly barred white. Tail with indistinct pale barring. Facial disc greyish-brown, distinct white eyebrows and throat. Chin pale brownish. Lower parts white with yellow-buffy wash. With widely-spaced dark brown bars or dense barring on breast with fulvous wash on flanks. Tarsi feathered, toes bare. Eyes dark brown, cere and bill pale yellow. Toes pale yellowish, claws horn-coloured. Juvenile: Undescribed, probably similar to adult.

Distribution: Endemic in northeastern, southern and southwestern Madagascar.

Status: Fairly common in southern and southwestern Madagascar. Less common in the northern part of the Island. Much of natural habitat has been destroyed by logging. Uncommon and more local in the moist forest of the northeastern cultivated areas.

Habitat: Open country with few trees. Semi-arid thornscrub with scattered trees, wooded savanna, deciduous dry forest, gallery forest, evergreen rain forest, rocky ravines. From sea level up to about 800 m.

Voice: Has a variety of calls; typical a long series of notes, which begin quitly and accelerate and increase in volume, "ar-ook-ook-ook-angk-angk-angk". Usually follows this with hooting calls "ho-oool" or a coarse "chruwuoh".

Feeding: Nocturnal, roosts during day in dense foliage. Hunting from perch, mainly insects. Also small

Tafel 75 / Plate 75
oben rechts / top right: Kleiner Sumbakauz / Little Sumba Hawk Owl - *Ninox sumbaemis*
mitte links / centre left: Falkenkauz / Andaman Hawk Owl - *Ninox affinis*
unten rechts / bottom right: Togian-Falkenkauz / Togian Hawk Owl - *Ninox burhani*

Weick
2011

Auch kleine Reptilien, Säugetiere und Vögel.

Brut: Nest meist in Baumhöhlen, gelegentlich in flachen Mulden am Boden. Brutzeit Oktober bis Dezember. Gelege 3 bis 5 Eier. Brutbiologie sonst unbekannt.

Bemerkungen: Verwandtschaft unsicher. Wurde schon anderen Gattungen wie *Athene* oder *Strix* zugeordnet.

reptiles, mammals and birds.

Breeding: Nest usually in tree holes, sometimes in a shallow depression on the ground. Lays during October to December. Breeding biology nearly unknown.

Remarks: Relationship uncertain. Sometimes considered related to other genera such as *Athene* or *Strix*.

Sumbakauz – *Ninox rudolfi* A. B. Meyer 1882

Kennzeichen: Tafel 77 Länge 30 bis 36 cm, Gewicht unbekannt. Oberseite dunkelbraun mit rostfarbenem Anflug. Stirn, Oberkopf und Nacken dunkelbraun mit kleinen, eng stehenden weißen Flecken. Rücken wenig weiß gefleckt mit schmalen, hellen Säumen. Schulterfedern dunkelbraun mit rostfarbenem Anflug, weißen Flecken und Binden und hellen Säumen. Flügeldecken dunkelbraun mit wenigen weißen Flecken und hellen Säumen. Handdecken mit kleinen weißen Flecken, Armdecken mit zwei Reihen weißer Binden. Schwungfedern dunkelbraun mit mehreren weißen, bis hellbeige bis hellrostfarbenen Binden. Schwanz dunkelbraun mit sieben hellbeige bis hellrostfarbenen Binden und hellen Spitzen. Ohrdecken dunkelbraun, wie eine Maske wirkend. Schmale weiße Überaugstreifen, weiße Zügelbefiederung, großer, einfarbiger, weißer Kinn-Kehlfleck. Unterseite weiß mit rostfarbenem Anflug und rotbraunen Binden. Tarsen dicht befiedert. Jungvögel unbeschrieben. Augen dunkelbraun, Wachshaut bleigrau, Schnabel bleigrau bis schwärzlich, Zehen hellocker, Krallen dunkelbraungrau.

Verbreitung: Endemisch auf Insel Sumba, mittlere Kleine Sundainseln. Monotypisch.

Bestand: Gefährdet. Spärliches bis seltenes Vorkommen. Wurde von 1989 bis 1992 nur an fünf Stellen der Insel festgestellt. Hauptgefährdung sind Rodung und Abbrennen der Flächen für Pflanzungen. Baumbestand beträgt zurzeit nur noch etwa 10 % der Gesamtfläche der Insel. Auch durch Pestizide gefährdet. Es gibt bisher nur ein Schutzgebiet auf der Insel.

Lebensraum: Primär- und Sekundärwald mit immergrünem und laubabwerfendem hohen Baumbestand. Monsun- und Regenwald, Waldreste und Sümpfe an der Küste. Vom Tiefland bis in etwa 930 m Höhe.

Stimme: Lange Reihen monotoner, kurzer und schneller, keuchender Rufe wie „Klack-klack-klack".

Nahrung: Wenig bekannt, wahrscheinlich große Insekten. Kommt einzeln, paarweise und in kleinen Gruppen (Familien?) bis zu vier Individuen vor.

Brut: Über das Brutverhalten ist nichts bekannt. Mögliches Nest wurde in der Höhle eines hohen Baumes gefunden.

Bemerkungen: Dieser Kauz wurde gelegentlich als Subspezies des Kuckuckskauzes *Ninox boobook* betrachtet, unterscheidet sich aber deutlich durch Unterseitenbänderung statt Längsstreifung und einer dunkelbraunen Iris.

Sumba Boobook – *Ninox rudolfi* A. B. Meyer 1882

Descriptive notes: plate 77 Length 30 to 36 cm, weight unknown. Ground colour above dark brown with rufous wash. Forehead, crown and nape dark brown densely spotted white. Back less spotted white with narrow pale margins. Scapulars dark brown with rufous wash, spotted and barred white and with pale margins. Wing coverts dark brown, less spotted white and with narrow, pale margins. Primary coverts with small white spots, secondary coverts with two rows of whitish bars. Flight feathers dark brown whitish to pale buffy-rufous bands. Tail dark brown with about seven pale buffy-rufous bands and pale tips. Ear coverts dark brown, forming a mask. Narrow, white superciliaries, white lores and large plain, white chin-throat patch. Underparts whitish with rufous wash and red-brown barring. Tarsi densely feathered. Juvenile: Undescribed. Eyes dark brown, cere lead-grey, bill lead-grey to blackish, toes pale ochre, claws dark brownish-grey.

Distribution: Endemic to Sumba Island, central Lesser Sundas. Monotypic.

Status: Vulnerable. Uncommon to rare. Found at only five localities during 1989 to 1992 surveys. Threatened primarily by reduction of forest and burning for agriculture. Forest now covers about 10% of the island. Also threatened by pesticides. Only one protected area on the island.

Habitat: Primary- and secondary evergreen and deciduous forest with tall trees, including monsoon and rain forest, forest patches and coastal swamps. From lowlands up to 930 m above sea level.

Voice: Long series of monotonous, short and hurried, cough-like calls: "cluck-cluck-cluck…."

Food: Poorly known, probably large insects. Occurs singly, in pairs and in small groups (family?) of up to four individuals.

Breeding: Apparently undescribed. One possible nest sighted in a hole of a large tree.

Remarks: This hawk owl sometimes was regarded a subspecies of the Southern Boobook *Ninox boobook*. But differs in barred underparts against streaking and dark brown irides.

Christmas(insel)kauz – *Ninox natalis* Lister 1889

Kennzeichen: Tafel 77 Länge 26 bis 29 cm, Gewicht 130 bis 190 g. Männchen etwas größer als Weibchen. Mittelgroßer Falkenkauz mit relativ breitem und eckigem Kopf, schön orange-rostfarben, einige weiße Bindenflecke auf Hinterkopf und Nacken. Rücken und Schulterfedern prächtig rot- bis kastanienbraun, wenige, feine weiße Flecken und Binden und beigeweiße Säume. Flügeldecken weiß gefleckt und mit feinen hellbeigen Säumen. Schwungfedern dunkler rot- bis kastanienbraun, mit weißen bis beigeweißen Binden. Handschwingen erreichen nahezu Schwanzspitze. Schwanz dunkelrotbraun mit zahlreichen hellorangebeigen Binden. Undeutlicher Schleier, Zone um die Augen schwarzbraun, Rest schön kastanienbraun. Schmale weiße Augenbrauen, oberhalb des Schnabels weiß. Zügel weißlich mit dichten dunklen Schnabelborsten. Weißer Kehlfleck, fein rotbraun gebändert. Unterseite weiß bis beigeweiß, eng rotbraun bis orange-rostbraun gebändert. Unterschwanzdecken weiß, rotbraun gebändert. Tarsen befiedert. Zehen beborstet. Augen zitronengelb bis gelb. Augenränder graublau. Wachshaut grau, Schnabel graublau mit gelber Spitze. Zehen gelb, Krallen hornbraun bis schwarz. Jungvögel: bisher nicht beschrieben.

Verbreitung: Endemische und einzige Eulenart der Weihnachtsinsel. Indischer Ozean. Monotypisch.

Bestand: Verluste des Lebensraumes durch früheren Phosphat-Abbau verbunden mit Rodung (inzwischen eingestellt) führten zu einem Populationsrückgang von etwa 25 %. Gegenwärtig ist ein Großteil der Insel Schutzgebiet mit etwa 560 Brutpaaren auf 140 km². Die Käuze sind in der „Australian National List"

Christmas Hawk Owl – *Ninox natalis* Lister 1889

Descriptive notes: plate 77 Length 26 to 29 cm, weight 130 to 190 g. Male little larger than female. A medium-sized hawk owl with relatively broad and square head, bright orange-rufous with some whitish bars on occiput and nape. Back and scapulars bright rufous- to chestnut-brown with some narrow white spots and bars, and buffy-white margins. Wing coverts spotted white and with pale buffy margins. Flight feathers darker red- to chestnut-brown with whitish to buffy-white bands. Primaries project near beyond tip of tail. Tail also dark rufous-brown with numerous pale buffy-orange bands. Indistinct facial disc, around eyes blackish-brown, rest bright chestnut. Narrow, white eyebrows,white feathers above bill, lores whitish with dense dark bristles. Throat patch whitish with narrow rufous bars. Underparts white to buffy-white, closely barred bright rufous to orange-rufous. Undertail coverts white, barred rufous-brown. Tarsi densely feathered. Toes sparsely bristled. Eyes lemon-yellow to bright yellow. Rim of eyes dark bluish-grey, cere greyish, bill pale bluish-grey with yellow tip. Toes yellow, claws dark horn to blackish. Juvenile: Not described.

Distribution: Endemic and only owl species on Christmas Island in Indian Ocean. Monotypic.

Status: Habitat loss due to mining and forest clearance in former days (now ceased), decline of the population about 25%. Currently, much of the island is protected area. Approximately 560 breeding pairs are estimated in a 140 km² area. The "Australian National List" reports the owls as "vulnerable".

Tafel 76 / Plate 76
Madagaskarkauz / Madagascar (White-browed) Hawk Owl - *Ninox superciliaris*

WEick
2009

als stark gefährdet eingestuft.

Lebensraum: Dichter Primär- und Sekundär-Regenwald auf den Küstenterassen und der Hochebene der Insel. Wenig scheu und mit geringer Fluchtdistanz. Bevorzugt unversehrte Waldteile.

Stimme: In Abständen wiederholter Doppelruf, ein helles, gluckendes „kla-guuk kla-guuk kla-guuk". Auch tiefes bellendes „tschak-tschak". Zur Balzzeit ein harsches, krächzendes „porrr-porrr-porrr". Am Tag relativ ruhig.

Nahrung: Bevorzugt werden Insekten im Flug vom Blattwerk erfasst oder am Boden erbeutet. Gelegentlich Geckos, kleine Vögel (*Zosterops natalis*) und die eingeschleppte Hausratte (*Rattus rattus*). Dämmerungs- und nachtaktiv.

Brut: Angaben zur Brutsaison widersprüchlich. Flügge Junge angeblich das ganze Jahr, Ausnahme Januar bis März. Hauptbrutzeit vermutlich von Dezember bis April. Es wurden bislang erst drei Nester in Baumhöhlen des großen Gowokbaums (*Syzigium nervosum*) gefunden. Gelege wurde bisher nicht gefunden. Die Jungeulen sollen nach etwa 70 Tagen flügge sein und werden noch etwa 2 bis 3 Monate von den Eltern betreut.

Bemerkungen: Früher Unterart des Molukkenkauzes (*Ninox squamipila*), nun eigener Artstatus. Unterschiede in Morphologie, Habitus, DNA-Analysen und den Lautäußerungen. Geografische Isolation.

Habitat: Dense primary and secondary rain forest, on the coastal terraces and the plateau of the island. Tame and approachable. More abundant in intact forest.

Voice: Typical call a repeated double note, a clear clucking: "klu-gook klu-gook-klu-gook." A second call is a low, barking "tschuk-tschuk". In courtship croaking a gruff "porrr-porrr-porrr". By day relatively silent.

Food: Takes mostly insects which are caught in flight, snatched from the foliage and also captured from the ground. Occasionally also geckos, small birds (*Zosterops natalis*) and the introduced Black Rat (*Rattus rattus*). Crepuscular and nocturnal.

Breeding: Data are scanty and inconsistent. Fledglings ostensible recorded in most months, except January to March. Main breeding possibly from December to April. Only three nests ever found. All recorded nests have been in hollows of the large Gowok tree (*Syzigium nervosum*). Eggs not recorded. The fledglings dependent for about 70 days. Post-fledgling period dependent on adults about 2 to 3 months.

Remarks: Formerly considered conspecific with the Moluccan Hawk Owl (*Ninox squamipila*), but specifically different in morphological and plumage details, in vocalisations and molecular analyses. Also in geographical isolation.

Manuskauz – *Ninox meeki* Rothschild & Hartert 1914

Kennzeichen: Tafel 77 Länge 25 bis 30 cm, Gewicht unbekannt. Eine der schönsten Eulen, rotbraun mit einer alles überziehenden Gelbockerfärbung. Kopfform flach und eckig. Kopf und Nacken braun bis rotbraun. Männchen hat auf der Stirn einige helle Schaftstriche, Weibchen eine undeutliche Bänderung. Nacken hellocker gebändert. Auf dem Rücken einige helle Flecke, weiße Binden und helle Säume. Schulterfedern mit schmalen, weißen Binden hell gesäumt. Flügel- und Handdecken undeutlich ockerfarben und weiß gefleckt und hell gesäumt. Armdecken weiß bis ockerbeige gebändert und gesäumt. Schirmfedern weiß bis ockerrötlich gefleckt, mit Binden und Säumen. Armschwingen und Handschwingen dunkler rotbraun als restliche Oberseite. Armschwingen mit undeutlichen, schräg stehenden ockerrötlichen Binden. Handschwingen mit breiteren, schräg stehenden, ockerrötlichen Binden. Schwanz dunkelrotbraun mit einigen breiten, undeutlichen, ockerrötlichen Binden und hellen Spitzen. Ohrdecken rot- bis dunkelbraun. Großer, weißer bis ockerweißer Kehlfleck. Hals rotbraun mit wenigen ockerrötlichen Flecken. Brust hellbräunlich ocker, eng rotbraun gestreift. Restliche Unterseite weiß bis ockerweiß, breit rotbraun gestreift, auf Bauch und Flanken dünne und pfeilspitzenförmige Streifen. Untere Schwanzdecken weiß mit feinen Schaftstreifen. Tarsen am obersten Teil befiedert, sonst dicht beborstet. Zehen beborstet. Jungvögel: Auf der Brust braun, Flügeldecken mit weißen Binden. Unterrücken weiß gebändert. Schwanzbinden breiter und heller. Unterseite feiner gebändert. Augen hellgelb, Wachshaut und Schnabel schiefergrau, die Schnabelspitze hellhorngelb. Zehen hellgelb, Krallen hornbraun bis schwarz.

Verbreitung: Insel Manus, Admiralitätsinseln. Monotypisch.

Bestand: Begrenzter Lebensraum. Nur wenige Informationen. Da die Insel größtenteils mit Wald bedeckt ist und die Eule auch in gelichteten Beständen gesehen wurde, scheint keine unmittelbare Bedrohung zu bestehen.

Lebensraum: Wald und gelichtetes Waldland, auch Kulturland entlang von Flussläufen und Baumbestand in Siedlungsnähe.

Stimme: Harsche, erst langsame, dann raschere Lautreihen, bis zu 10 Einzelrufe.

Nahrung: Bisher unbekannt, wahrscheinlich große Insekten.

Brut: Unbekannt.

Bemerkungen: Verwandschaft zu anderen *Ninox*-Arten unklar. Es fehlen für alle Bereiche Informationen.

Manus Hawk Owl – *Ninox meeki* Rothschild & Hartert 1914

Descriptive notes: plate 77 Length 25 to 30 cm, weight unknown. One of the most beautiful owls, rufous-brown with complete yellow-ochre wash. Head flat and square. Crown and nape uniform brown to rufous-brown, male with few pale shaft streaks on forehead, female indistinctly barred. Nape barred pale ochre. Back with some pale mottlings, white bars and pale margins. Scapulars with narrow white bars, also pale-margined. Wing and primary coverts irregularly spotted white and ochre with pale margins. Secondary coverts barred and margined white to buffy-ochre. Tertials with white to ochre-rufous bars and margins. Secondaries and primaries somewhat darker rufous brown than remaining upperparts. Secondaries with indistinct, slanting standing, ochre-rufous bars. Primaries with distinctly broader, slanty standing, ochre-rufous bands. Tail with some broad, but indistinct rufous-ochre bands and pale tips. Ear coverts uniform rufous- to dark brown. Large white to whitish-ochre throat patch. Neck rufous-brown with few pale ochre-rufous spots. Breast tawny-ochre, densely streaked rufous-brown. Rest of underparts white to ochre-white, streaked rufous-brown, becoming narrow and arrow-shaped on belly and flanks. Lowertail coverts white with narrow shaft streaks. Tarsi feathered only on upper part, rest densely bristled. Toes bristled. Juvenile: Breast plain brown, white bars on wings more distinct. Rump barred white. Tail banding wider and paler. Below with narrower barring. Eyes pale yellow, cere and bill slaty grey, tip pale horn. Toes pale yellow, claws horn brown to black.

Distribution: Manus Island, Admiralty Islands. Monotypic.

Status: Extremely poorly known restricted owl species. The fact that most of Manus Island is covered by forest and the owl has been recorded in degraded areas suggests that the owl is not currently threatened.

Habitat: Forest and degraded woodland, also riparian cultivations and trees near villages.

Voice: Graff slowly accelerating series of about 10 notes.

Food: No information. Possibly large insects.

Breeding: No information

Remarks: Affinities to other *Ninox* species not clear. Research needed in all aspects.

Ockerbauchkauz – *Ninox ochracea* (Schlegel) 1866

Kennzeichen: Tafel 78 Länge 25 bis 29 cm, Gewicht unbekannt. Oberseite dunkelbraun mit kastanienbraunem Anflug. Auf Oberkopf deutlich dunkler. Schulterfedern haben auf den Außenfahnen große, weiße, eckige Flecke. Einige Flügeldecken mit weißen Flecken auf den Außenfahnen. Arm- und Handschwingen

Ochre-bellied Hawk Owl – *Ninox ochracea* (Schlegel) 1866

Descriptive notes: plate 78 Length 25 to 26 cm, weight unknown. Upperparts dark brown with chestnut wash. Crown distinctly duskier. Scapulars with large, square and white spots on outer webs. Some wing coverts also with white spots on outer webs. Secondaries and primaries with numerous rows of white

Tafel 77 / Plate 77
oben links / top left: Sumbakauz / Sumba Boobook - *Ninox rudolfi*
oben rechts / top right: Christmas(insel)kauz / Christmas Hawk Owl - *Ninox natalis*
unten / bottom: Manuskauz / Manus Hawk Owl - *Ninox meeki*

2011

mit zahlreichen weißen Fleckenreihen auf den Außenfahnen. Schwanz dunkelbraun schmal, beigeweiß gebändert. Die zentralen Steuerfedern mit wenig oder ohne Bänderung. Schleier braun bis graubraun, um die Augen dunkler. Schmale weißliche Augenbrauen. Kehle weiß. Brust zimtbraun, heller gebändert, auf Unterbrust und Bauch in bräunlich ockergelb übergehend, mit wenigen, dunklen Flecken. Tarsen stämmig und lang, Vorderseite nahezu unbefiedert mit langen, dichten Borsten bedeckt. Rückseite und Zehen ebenfalls beborstet. Jungvögel: Gefieder unbekannt. Augen gelb, Augenring schwarz. Wachshaut und Schnabel hornfarben. Zehen graugelb. Krallen hellhornbraun.

Verbreitung: Sulawesi, ohne den südlichen Teil der Insel. Butung-Inseln. Indonesien. Endemisch und monotypisch.

Bestand: Überall selten, lokal nur im Nationalpark Lore Lindu etwas häufiger. Auf der Insel weitverbreitet, im Südteil aber bisher nicht festgestellt. Gefährdung durch Zerstörung des Lebensraumes.

Lebensraum: Primärwald und Sekundärwald mit hohen Bäumen. Wälder des Tieflandes und entlang Flussläufen, Wälder des Hügellandes und niederer Bergregionen, bis in Höhen von etwa 1780 m.

Stimme: Eine Reihe rauer, kehliger Einzelrufe wie „kau", in Doppelrufe übergehendes „wuu-kau".

Nahrung: Beutetiere sind noch unbekannt. Jagt vom Ansitz aus und in den unteren Baumregionen.

Bemerkungen: Verwandtschaft zu anderen Falkenkäuzen unklar. Steht vielleicht dem erst 1999 beschriebenen Zinnoberkauz *Ninox ios* nahe.

spots on outer webs. Tail dark brown, with narrow, buffy-white bands. Central rectrices with indistinct or lacking bands. Facial disc brown to greyish-brown, darker around eyes. Narrow, whitish eyebrows. Throat white. Breast cinnamon-tawny with indistinct paler barring, and from lower breast towards belly shading into tawny-ochre, with some darker dots. Tarsi stout and long, largely unfeathered in front, but with dense, long bristles. Anterior side and toes also bristled. Juveniles: Plumage unknown. Eyes yellow, orbital skin blackish. Cere and bill horn. Toes greyish-yellow. Claws pale horn.

Distribution: Sulawesi, not recorded on southern part of the island. Butung Islands. Endemic and monotypic.

Status: Generally uncommon, locally moderatly common at Lore Lindu National Park. Fairly widespread, but not recorded in southern Sulawesi. Threatened by habitat destruction.

Habitat: Primary and tall secondary lowland forest, riverine forest. Hill and lower montane forest, up to about 1,780 m above sea level.

Voice: A series of hoarse, slightly guttural notes, "kau", which develop into double notes, "woo-kau".

Food: Prey apparently unrecorded. Hunts from perch in lower canopy.

Remarks: Affinities with other hawk owls uncertain. Closest relative probably the recently in 1999 described Cinnabar Hawk Owl *Ninox ios*.

Zinnoberkauz – *Ninox ios* Rasmussen 1999

Kennzeichen: Tafel 78 Länge 22 bis 23 cm, Gewicht 78 bis 94 g. Kleiner, überwiegend rot- bis kastanienbraun gefärbter Falkenkauz. Langschwänzig und spitzflüglig. Schnabel kürzer und flacher als bei *Ninox ochracea*. Kurzer, schlanker Tarsus und dünne Zehen. Tarsus auf Vorder- und Rückseite befiedert. Oberkopf, Nacken, Mantel, Unterrücken dunkelkastanienbraun. Schulterfedern, im Kontrast zu den etwas ausgebleichten Schwungfedern prächtig kastanienbraun mit dreieckigen, dunkel gesäumten weißen Spitzenflecken. Oberflügeldecken beige rostfarben bis kastanienbraun. Armdecken rostbraun. Alula und Handdecken etwas dunkler. Schwungfedern wirken etwas ausgebleicht. Armschwingen rost-ockerfarben, fein, dunkel gebändert. Handschwingen auf Außenfahnen hellgraubeige und dunkelgraubraun gebändert. Schwanz hellrostbraun mit zahlreichen dunkelbraunen Binden, die basal breiter, distal schmaler, undeutlicher sind. Vorderkopf von Schnabelwurzel bis Stirn, einschließlich Augenbrauen hellkastanienbraun. Schnabelborsten lang und dicht, rotbraun mit schwärzlichen Spitzen. Kinn und Kehle hellkastanienbraun. Halsseiten und Brust dunkelkastanienbraun. Unterseite heller als Oberseite, die meisten Brustfedern haben beiderseits der hellen Schaftstriche hellrostfarbene Säume mit dunklen Spritzern. Restliche Unterseite hellrostfarben, dunkler schuppenartig gefleckt. Unterschwanzdecken weißlich rostfarben mit rotbrauner Zeichnung. Tarsen auf Ober- und Unterseite befiedert, distal beborstet. Zehen beborstet. Jungvögel bisher unbekannt. Iris gelb, Augenränder pink. Wachshaut und Schnabel rahmfarben, Zehen gelblich, Krallen an Basis hell, sonst schwarz.

Verbreitung: Nordsulawesi. Ein Balg aus dem Nationalpark Bogani Nani Wartabone befindet sich im Museum Leiden. Ein Exemplar wurde 1999 von Lee & Ripley gefangen und vermessen. Fundort Mount Ambang, Nordsulawesi in 1420 m Höhe.

Bestand: Einzelbeobachtungen und Fotos lebender Vögel. Äußerst selten, im kleinen Verbreitungsgebiet stark gefährdet.

Lebensraum: Der Typenvogel wurde in einem Waldtal in 1120 m Höhe über NN erlegt.

Stimme: Nicht eindeutig bestimmt, Gesang besteht eventuell aus einer Reihe ansteigender und fallender, rauer, zweisilbiger Rufe.

Nahrung: Unbekannt.

Brut: Unbekannt.

Bemerkungen: Ob es eine überlebensfähige Population dieses Falkenkauzes gibt, bedarf weiterer intensiver Suche.

Cinnabar Hawk Owl – *Ninox ios* Rasmussen 1999

Descriptive notes: plate 78 Length 22 to 23 cm, weight 78 to 94 g. Small, nearly uniform rich rufous to chestnut-coloured hawk owl. Relative long-tailed and with narrow, pointed wings. Bill shorter and shallower than in *Ninox ochracea*. Short and slender tarsi and thin toes. As opposed to ochracea, tarsus feathered on both surfaces. Crown, nape, mantle to rump dark chestnut. Scapulars, against the somewhat faded flight feathers, bright chestnut with triangular, whitish spots, margined dark and chevron-shaped on tips. Upper wing coverts buffy-rufous to uniform chestnut. Secondary coverts uniform rufous. Alula and primary coverts somewhat darker. Flight feathers are faded pale. Secondaries dull rufescent, with fine dusky brown bands. Primaries pale greyish-buffy on outer webs with dark greyish-brown bands. Tail light rufous, numerous dark bands, broader basally, distally narrower and becoming indistinct. Front of head from base of bill to forehead and superciliaries uniform light chestnut. Rictal bristles fairly long, profuse and chestnut with black tips. Chin and throat light chestnut. Sides of neck and breast dark chestnut. Underparts slightly paler than upperparts. Most breast feathers have pale shaft streaks, pale rufous margins and are darker dabbled on sides. Lower underpart pale rufous with darker scaly dots. Undertail coverts rufescent-whitish with rufous markings. Tarsi feathered. Junenile: Undescribed. Iris yellow, orbital skin pink. cere and bill creamy, toes yellowish, claws blackish with pale bases.

Distribution: Northern Sulawesi. One specimen collected in 1985 from Bogani Nani Wartabone National Park, skin at the Museum Leiden. One specimen netted by Lee and Ripley in 1999 at Mount Ambang, near Kotamobagu, North Sulawesi, in a height of 1,420 m.

Status: Few sight records and photos from specimens alive. Seems to be rare and restricted-range species. Endangered.

Habitat: Type bird was collected in a forested valley at about 1,120 m above sea level.

Voice: Not definitely known; the song probably is a series of disyllabic, dry hoots, rising and falling in pitch.

Food: Unknown.

Breeding: Unknown.

Remarks: Intensive studies (surveys) are needed to estimate its population and quality of the habitat of this hawk owl.

Tafel 78 / Plate 78
oben links / top left: Zinnoberkauz / Cinnabar Hawk Owl - *Ninox ios*
mitte rechts / centre right: Pünktchenkauz / Speckled Hawk Owl - *Ninox punctulata*
unten links / bottom left: Ockerbauchkauz / Ochre-bellied Hawk Owl - *Ninox ochracea*

Weick
2011

Pünktchenkauz – *Ninox punctulata* (Quoy & Gaimard) 1830

Kennzeichen: Tafel 78 Länge 26 cm, Gewicht 151 g. Oberseite dunkelbraun, Oberkopf, Nacken und Mantel mit eng stehenden, rahmweißen Tupfen, auf Unterrücken und Schulterfedern in schmale Bänderung übergehend. Flügeldecken mit kleinen, weißen Flecken, Armdecken und Alula mit drei weißlichen Fleckenreihen, Handdecken dunkelbraun mit schmalen, hellen Säumen. Armschwingen dunkelbraun, auf Außenfahnen weißlich gefleckte Bänderung. Handschwingen dunkelbraun, große, weiße Flecke auf Außenfahnen. Schwanz dunkelbraun mit schmaler, heller Bänderung. Schwarzbrauner, wie eine Maske wirkender Gesichtsschleier. Weiße Augenbrauen reichen von der Schnabelwurzel bis über die Ohrdecken. Kehle und Halsseiten weiß. Weißer Brustfleck, weißer Mittelstreifen zu Kehle und Bauch. Braunes Brustband unterhalb des weißen Kehlbands weiß getupft. Brust- und Bauchseiten gehen in rotbraune Färbung über, weißlich bis rostbeige gebändert. Unterseite sehr unterschiedlich gefärbt. Band auf Oberbrust manchmal nicht unterbrochen, nahezu ungefleckt. Bereich unterhalb des weißen Brustflecks kann durchgehend sein, dann rotbraun gefleckt und mit wenigen rostbeigen Binden. Schenkelbefiederung rostbeige, Läufe beige bis weißlich befiedert. Zehen beborstet. Mesoptilkleid oberseits dunkelbraun, wenige helle Flecke auf Nacken und Mantel. Unterseite größtenteils mit dunkelbraunen Dunen bedeckt. Augenbrauen weiß und dunkelbraun. Flügel und Schwanz ähneln den Altvögeln. Augen gelb (manchmal mit braun angegeben), Schnabel rahmgelb. Zehen graugelb, Krallen hornfarben mit dunklen Spitzen.

Verbreitung: Endemisch auf Sulawesi sowie den Inseln Kabaena, Muna und den Butung-Inseln. Monotypisch.

Bestand: Auf der Insel vermutlich weitverbreitet, jedoch generell selten. Nur lokal in den Nationalparks Dumoga Bone und Lore Lindu etwas häufiger.

Lebensraum: Primärwald des Tief- und Hügellandes. Waldränder, Sekundärwald mit hohen Bäumen. Seltener in Pflanzungen und in Bereichen menschlicher Siedlungen. Vom Tiefland bis etwa 1100 m Höhe, selten bis 2300 m über NN.

Stimme: Zur Brutzeit ruffreudig. Gesang des Männchens besteht aus einer Reihe von etwa 15 Einzelrufen, die in etwa wie „toi-toi-toi ...“ klingen, ansteigend und beschleunigend, mit tieferem „toi“ endend. Ruft auch „koi-koi-kiiit“ und vibrierend schrill „toi-toi-toi-siiit“, das oft wiederholt wird.

Nahrung: Fruchtfledermaus, andere Beute unbekannt. Jagt einzeln oder in Paaren längs schmaler Flussläufe.

Brut: Wenig ist bekannt; Nestjunge wurden im September gefunden.

Bemerkungen: Die Verwandtschaft zu anderen Falkenkäuzen ist unsicher.

Speckled Hawk Owl – *Ninox punctulata* (Quoy & Gaimard) 1830

Descriptive notes: plate 78 Length 26 cm, weight 151 g. Upperparts dark brown, densely dotted creamy-white on crown, nape and mantle, increasing to narrow bars on lower back and scapulars. Wing coverts also with small, whitish spots. Secondary coverts and alula with three rows of creamy spots. Primary coverts uniform dark brown with narrow, pale margins. Secondaries with whitish spots on outer webs, forming bands. Primaries dark brown, with rows of large, white spots. Tail dark brown with narrow, pale bands. Blackish-brown facial disc, forming a mask. Whitish eyebrows from base of bill to above the ear coverts. Throat and side of neck white. White patch on breast and white centres to throat and belly. Brown band across upper breast below the white throat band also with small, white spots. Sides of breast and belly increasing in more rufous-brown colour, with whitish to buffy-rufous bars. Plumage of underparts very variable. Sometimes the band across upper breast unbroken, also the part below the white patch, with large rufous-brown blotches and few pale buffy-rufous bars. Tibia feathered buffy-rufous, tarsi feathered buffy to whitish. Toes bristled. Mesoptile dark brown above with few pale spots on nape and mantle. Below mostly covered with densely dark brown down. eyebrows spotted white and dark brown. Wings and tail similar to adult birds. Eyes yellow (sometimes declared as brown), bill creamy-yellow. Toes greyish-yellow, claws horn with dark tips.

Distribution: Endemic to Sulawesi, including Kabaena, Muna and Butung Islands. Monotypic.

Status: Generally uncommon, apparently widespread on the island. Locally rather common at Dumoga-Bone and Lore Lindu National Parks.

Habitat: Mainly primary lowland and hill forest. Also forest edges and tall secondary forest. Sometimes in cultivations and the vicinity of human habitation. Lowlands up to 1,100 m, rarely to 2,300 m above sea level.

Voice: Seasonally very vocal. The song of the male is a series of ca. 15 notes, “toi-toi-toi....” on a rising scale, accelerating slightly and ending with a lower-pitched “toi”. Also utters a trisyllabic “koi-koi-keeet”, and a high, piercing and vibrating “toi-toi-toi-seeet”, often repeated.

Food: Only the killing of a fruit bat, nothing of its prey is known. Hunts single or in pairs along narrow rivers.

Breeding: Little is known; nestling found in September.

Remarks: Affinities to other hawk owls uncertain.

Rundflügelkauz – *Uroglaux dimorpha* (Salvadori) 1874

Kennzeichen: Tafel 79 Ein langschwänziger, rundflügeliger Falkenkauz von 30 bis 34 cm Länge. Relativ kleiner Kopf und auffallend große, gelbe Augen. Undeutlicher Gesichtsschleier, weißlich, mit feiner, dunkler Streifung und Borsten, am dichtesten längs der Schnabelbasis. Weißliche Überaugstreifen und Stirn ebenfalls mit feinen Borsten. Helles Kehlband mit feinen, dunklen Streifen. Oberkopf und Nacken beigebraun bis rostfarben, deutliche dunkle Längsstreifung. Oberseite und Oberflügeldecken rötlich beigebraun bis dunkelrostbraun, schwarzbraune Querbänderung. Schwungfedern und Schwanz hell- bis rostbraun, mit enger und gleichmäßig schwarzbrauner Bänderung. Unterseite rötlich gelb bis cremefarben, mit brauner bis schwarzbrauner Längsstreifung. Läufe befiedert, rahm- bis rostgelb, mit feiner Streifung. Zehen teilweise befiedert und beborstet. Wachshaut gewölbt, graublau. Schnabel grau bis schwärzlich. Iris leuchtend gelb. Jungvögel sind im Gefieder deutlich heller, auf Stirn, Gesichtsschleier und Unterseite reinweiß.

Verbreitung: Nordwestliches Neuguinea (Irian Jaya), Südostneuguinea (Papua Neuguinea), Insel Yapen. Neuere Funde auch aus Zentralneuguinea. Kommt eventuell auf der gesamten Insel vor. Monotypisch.

Bestand: Selten, spärliches Vorkommen im gesamten Verbreitungsgebiet. Wahrscheinlich gefährdet.

Lebensraum: Lichtungen im dichten Regenwald des Tieflandes, Galleriewäldern der Savanne und bewaldeten Berghängen bis in Höhen von 1500 m.

Stimme: Weitgehend unbekannt. Nach Bericht von D. Bishop soll der Gesang aus einer Reihe von Pfiffen bestehen, die zunächst ansteigen, dann auf gleicher Höhe bleiben und danach abfallen, etwa wie „pauwiiiiiho“.

Nahrung: Große Insekten, Nager, Vögel bis zur Größe von Fruchttauben. Vermutlich tag- und dämmerungsaktiv.

Papuan Hawk Owl – *Uroglaux dimorpha* (Salvadori) 1874

Descriptive notes: plate 79 A long-tailed and round-winged hawk owl, about 30 to 34 cm in length. Relatively small-headed with dominating, bright yellow eyes. Poorly defined facial disc, whitish, finely streaked blackish and with hoary bristles. Superciliaries and forehead whitish, also with fine bristles. Whitish throat band, finely dark streaked. Crown and hindneck buffy to rufous, distinctly streaked with dusky brown. Upperparts and upperwing coverts vinaceous-buff to rufous, with numerous blackish-brown barrings. Flight feathers and tail light to rufous-brown, densely and evenly barred dark brown to blackish. Underparts light vinaceous-buff to creamy, boldly streaked brown to blackish-brown. Tarsi feathered creamy to light buff, finely streaked. Toes partly feathered or bristled. Swollen cere light bluish-grey. Irides bright yellow. Juveniles distinctly paler in plumage, white on forehead, facial disc and underparts.

Distribution: Northwest New Guinea (Irian Jaya), Southeast New Guinea (Papua New Guinea), Yapen Island. Recently recorded in Central New Guinea, possibly occurs throughout the whole area. Monotypic.

Status: Rare, sparsely distributed throughout range. Perhaps endangered.

Habitat: Lowland rain forest and forest edges. Gallery forest in savanna. Wooded foothills up to 1,500 m above sea level.

Voice: Largely unknown. According to D. Bishop, the song is a whistle, repeated at intervals of several seconds, first rising in pitch, then keeping the same level, finally dropping, similar to “poweeeeeho”.

Food: Large insects, rodents, but occasionally birds, up to the size of fruit doves. Possibly hunting diurnal and at dawn.

Tafel 79 / Plate 79
Rundflügelkauz / Papuan Hawk Owl - *Uroglaux dimorpha*

2006
WEICK

Brut: Weitgehend unbekannt, soll in Baumhöhlen brüten. Dunenjunge wurden Anfang August gefunden.

Bemerkungen: Wohl nahe mit den etwas kurzschwänzigeren Falkenkäuzen der Gattung *Ninox* verwandt. Unterscheidet sich jedoch deutlich durch relativ kurze, runde Flügel.

Breeding: Largely undescribed. Probably breeding in tree holes. Downy chicks seen in early August.

Remarks: Probabely closely allied to the shorter-tailed hawk owls of genus *Ninox*. But distinct by shorter and relatively rounder wings.

Lachkauz – *Sceloglaux albifacies* (G. R. Gray) 1844 †

Kennzeichen: Tafel 80 Länge 35 bis 40 cm, Gewicht ca. 600 g. Oberkopf und Nacken gelbbraun mit braunen Schaftstrichen, Nackenfedern locker abstehend. Mantel und Schulterfedern gelbbraun bis rötlich braun, mit dunkelbraunen Schaftstreifen und hellocker bis weißlichen Säumen. Flügeldecken dunkelbraun mit gelblich weißen Streifen und Flecken. Schwungfedern und Schwanz braun, weißlich bis gelblich weiß gebändert. Gesichtsmaske weißlich, manchmal mit feinen dunkelbraunen Schaftstrichen. Unterseite gelbbraun bis rötlich beige, mit dunkel- bis rötlich braunen Streifen. Tarsen gelblich bis rötlich beige, bis zu den Zehen befiedert. Vögel von der Nordinsel (manchmal als Rasse rufifacies abgetrennt) mit deutlich rostfarbenem Anflug auf Gesicht, Ober- und Unterseite, auch auf den Flügelbinden, sind wahrscheinlich nur eine Morphe. Augen haselnussbraun bis orange- oder rotbraun, Schnabel horngrau mit schwarzer Schnabelwurzel. Zehen bräunlich fleischfarben bis schmutzig gelb, Krallen dunkelbraun. Jungvögel: Küken sind mit rauen, gelblich weißen Dunen bedeckt.

Verbreitung: Neuseeland: südliche Hälfte der Nordinsel, auf der Südinsel östlich der Neuseeländischen Alpen sowie auf der Stewart-Insel. Nun ausgerottet.

Bestand: Ausgestorben, keine Beobachtung seit 1914.

Lebensraum: Gebiete mit niedrigem Niederschlag. Felsentäler, offene Landschaft mit Klippen und Felsen, auf der Nordinsel wahrscheinlich auch im Waldland.

Stimme: Der Hauptruf war ein lautes und wiederholtes „ku-ii" oder „kii-wiii" sowie ein lachendes „käck-käck-käck".

Nahrung: Gewölle enthielten Reste von Ratten, Mäusen, Fledermäusen, Fröschen, Eidechsen und Käfern.

Brut: Brutzeit von August bis Oktober. Nest in trockenen Höhlen oder unter Felsen. Gelege 2 Eier, bebrütet vom Weibchen. Brutdauer in Gefangenschaft 25 Tage. Männchen brachte Beute zum Nest und fütterte das Weibchen.

Bemerkungen: Steht verwandtschaftlich wahrscheinlich dem Rundflügelkauz *Uroglaux dimorpha* nahe. Relativ langflügelig, die Flügelspitzen reichen bis zur untersten Querbinde des Schwanzes. Langer Tarsometatarsus.

Laughing Owl – *Sceloglaux albifacies* (G. R. Gray) 1844 †

Descriptive notes: plate 80 Length 35 to 40 cm, weight ca. 600 g. Crown and nape yellowish-brown streaked brown, nape feathers fluffy. Mantle and scapulars yellowish-brown to rufous-brown, streaked dark brown, with whitish to pale ochre feather edges. Wing coverts dark brown, streaked and spotted yellowish -white. Wings and tail brown, barred yellowish-white to white. Facial disc whitish to rufous tinged with thin, dark brown shaft streaks. Underparts yellowish-brown to pale rufous-buff, streaked dark to rufous-brown. Tarsi feathered yellowish to reddish-buff, down to base of toes. Two birds of the North Island (sometimes separated as subspecies rufifacies) with more rufous wash on facial disc, upper and lower surface, also on the wing bars, are possibly only colour morphs. Eyes dark hazel or red-brown, bill greyish horn-coloured, black at base. Toes brownish-flesh to dirty yellow. Claws dark brown. Juveniles: Chicks are covered with coarse yellow-white down.

Distribution: New Zealand: North Island, southern half, South Island, east of the Southern Alps and Stewart Island, now extinct.

Status: Extinct, no record since 1914.

Habitat: Low-rainfall areas, rocky valleys, areas with cliffs in open country, in the North Island probably also in woodland.

Voice: Main call was a loud, repeated "cou-eee" or "kee-weee", and a laughing "cack-cack-cack".

Food: Pellets indicated remains of rats, mice, bats, frogs, lizards and beetles.

Breeding: Laying period from August to October. Nest in dry cavities or under rocks. Clutch 2 eggs, incubated by the female. Incubation in captivity 25 days. Male carried prey to nest and fed the female.

Remarks: Genus perhaps closely related to Papuan Hawk Owl *Uroglaux*. Wings relatively long, reaching to subterminal band of the tail. Long-legged.

Jamaikaeule – *Pseudoscops grammicus* (Gosse) 1847

Kennzeichen: Tafel 81 Länge 27 bis 34 cm, Gewicht unbekannt. Stirn dunkel gefleckt, Oberkopf und Oberseite rötlich dunkelbraun mit schwärzlichen Schaftstrichen und feiner dunkelbrauner Marmorierung. Ohne weiße Schulterflecke. Flügeldecken und Schulterfedern mit pfeilförmigen Längsflecken, feiner Marmorierung und hellen Säumen. Armschwingen eng gebändert, Handschwingen mit breiten Binden. Schwanz kurz, rotbraun mit zahlreichen schmalen dunklen Binden. Deutliche „Federohren". Gesichtsschleier hellamber- bis zimtbraun mit weißen Randzonen und dunkel gefleckter Begrenzung. Unterseite beige- bis ockergelb mit langen dunklen Schaftstreifen, dunkler Bänderung und feiner Marmorierung. Tarsen bis zu den Zehen befiedert. Jugendkleid: Oberseits heller graubraun. Das übrige Gefieder hellzimtbeige. Augen nussbraun, Wachshaut und Schnabel blaugrau. Zehen nackt, graubraun, Krallen hornbraun bis schwärzlich.

Verbreitung: Endemische und monotypische Art Jamaikas (Große Antillen).

Bestand: Auf Jamaika noch häufig und weitverbreitet. Größe der Population schwer einzuschätzen.

Lebensraum: Kleine Gehölze, offenes Waldland, Waldränder, Parks, Gärten im Siedlungsbereich. Hauptsächlich in niederen und mittleren Lagen, selten im Bergland.

Stimme: Raues, tiefes, froschähnliches Quaken „k-kwuoorr", das in Intervallen wiederholt wird. Weitere Rufe sind „tu-whuu" und ein hohes, weinerliches „kwi-iiih".

Nahrung: Nachtaktiv. Fängt vor allem Insekten (Käfer und Spinnen), Mäuse, Eidechsen und Baumfrösche. Benutzt denselben Tagesrastplatz in Bäumen oft über Monate.

Jamaican Owl – *Pseudoscops grammicus* (Gosse) 1847

Descriptive notes: plate 81 Length 27 to 34 cm, weight no data. Forehead with dark mottling, crown and upperparts dark tawny-brown finely vermiculated dark brown, and with blackish shaft streaks. No white scapular spots. Wing coverts and scapulars with arrow-shaped markings on fine vermiculations and pale outer edges. Flight feathers barred blackish-brown, narrow on secondaries, broader on primaries. Tail short, warm rufous-brown with numerous dark and narrow bars. Ear tufts conspicuous. Facial disc pale amber to cinnamon, bordered white, with dark-speckled rim. Below buffish-yellow to yellow-ochre, with long dark shaft streaks and crossbars on fine vermiculations. Tarsi feathered down to base of toes. Juvenile: Lighter above, back light greyish-brown, rest of plumage light cinnamon-buff. Eyes hazel-brown, cere and bill light bluish-grey, toes bare, greyish-brown, claws horn-brown to blackish.

Distribution: Endemic, monotypic species on Jamaica (Greater Antilles).

Status: Considered common, widespread on Jamaica. Population status difficult to assess.

Habitat: Small wooded patches, open woodland, forest edges, parks, gardens, near human settlements. Mainly in lowlands and median elevation, rarely in mountains.

Voice: A rough, guttural frog-like crook, "k-kwuoorr", repeated in intervals. Also "to-whoo" notes and a high, quivering "kwe-eeh".

Food: Nocturnal. Hunting mainly insects (beetles) and spiders, mice, lizards and tree frogs. Often uses the same daytime perch for months.

Tafel 80 / Plate 80
Lachkauz / Laughing Owl - *Sceloglaux albifacies*
links / left: helles Exemplar der Südinsel / light specimen from South Island
rechts / right: dunkleres Exemplar der Nordinsel / darker specimen from North Island

Brut: Brutzeit März bis Oktober, Nest in Baumhöhlen, unter Bromelien oder in Bougainvillea-Dickichten. Gelege 2 Eier, nur von Weibchen bebrütet. Weitere Informationen fehlen.

Bemerkungen: Verwandtschaft zu anderen Eulengattungen unklar, könnte aber mit den Arten der Gattung *Asio* verwandt sein.

Breeding: Laying period March to October, nest in tree holes, under bromeliads or in overgrown Bougainvillea thickets. Clutch 2 eggs, incubated by the female. No other information available.

Remarks: Relationship to other genera of owls is not clear, may be related to the species of genus *Asio.*

Styxeule, Dunkle Ohreule – *Asio stygius* (Wagler) 1832

Kennzeichen: Tafel 82 Nominatform. Länge 38 bis 46 cm, Gewicht 675 g. Große, dunkle Eule mit langen „Federohren". Rußbraune bis rußschwarze Oberseite. Stirn und Oberkopf hell gefleckt, helle Stirn bildet starken Kontrast zum dunklen Gesicht. Mantel und Rücken nahezu einfarbig mit undeutlichen hellen Säumen. Schulterfedern sind auf den Außenfahnen hell gebändert und gesäumt. Flügeldecken, Arm- und Handschwingen auf Außenfahnen fein und hell gebändert. Schwanz rußbraun mit undeutlicher heller Bänderung und heller Endbinde. Schleier rußbraun mit weiß geflecktem Schleierrand. Kurze, auffällig weiße Augenbrauen. Kinn rußschwarz, seitlich weiß begrenzt. Unterseite weißlich bis rötlich beige, Kehle und Brust dicht gefleckt, restliche Unterseite mit dunklen Schaftstreifen und Bänderung (Grätenmuster). Tarsen bis zu den Zehen befiedert, rötlich beige und mit kleinen dunklen Flecken. Zehen nackt. Dunenjunge weißlich. Mesoptilkleid flauschig, oberseits rußbraun mit weißlicher oder graubeiger Fleckung und Bänderung. Unterseits grauweiß bis graubeige mit dunkler Bänderung. Dunkle Gesichtsmaske. Augen gelb bis orangegelb, Wachshaut grau, Schnabel schwarz. Braunrötliche Zehen, Krallen dunkelbraun bis schwärzlich.

Verbreitung: Von Nordwestmexiko bis Mittelamerika und Karibik, in Südamerika verstreut von Kolumbien und Ecuador bis Nord- und Nordostargentinien und Südostbrasilien.

Geografische Rassenverbreitung:
***Asio s. robustus* L. Kelso 1934** West- und Südmexiko bis Guatemala, Nordwestvenezuela, Kolumbien und Ecuador. Größe wie Nominatform, oberseits grauer, auf Mantel, Rücken, Schulterfedern und Armschwingen deutlicher gefleckt. Schwanz gebändert. Unterseite weißlich mit feinerer Fleckung und Grätenzeichnung. Taxon *lambi* (Moore) 1937 ist synonym.
***Asio s. siguapa* (d'Orbigny) 1839** Cuba, Isle of Pines, Hispaniola und Insel Gonave. Ober- und Unterseite heller als Nominatform, mit weißer Grundtönung. A. s. noctipetens (Riley) 1916 auf Hispaniola ist weitgehend identisch und gilt als Synonym.
***Asio s. stygius* (Wagler) 1832** Siehe Kennzeichen. Nordbrasilien; südlich bis Bolivien, Nordostargentinien und Südostbrasilien.
***Asio s. barberoi* W. Bertoni 1930** Paraguay, Nord-, Nordost- und Nordwestargentinien sowie Südostbrasilien. Ähnlich der Nominatform, jedoch etwa 10 % größer und auf Unterseite ähnlich Rasse *robustus.*

Bestand: Flickenteppichartiges Verbreitungsgebiet. Relativ selten. Gutes bis spärliches Vorkommen in Westmexiko, Belize und Kolumbien. In der Karibik stark gefährdete oder nahezu erloschene Populationen.

Lebensraum: Montane Kiefernwälder, Eichen-Kiefern-Wälder, Wald mit überwiegend Araucarien-Beständen. Immergrüne und Laubwälder, feuchtes Waldland. Parks, offenes Gelände mit Gehölzen. Von Meereshöhe bis etwa 3200 m Höhe.

Stimme: Einzelne tiefe Rufe wie „bUuh" oder „bUof", Wiederholungen in Intervallen. Weibchen ruft etwas höher. Auch ein katzenähnliches „miäh" ist zu hören. Von beiden Partnern ist auch „wäg-wäg-wäg" zu vernehmen.

Nahrung: Kleine Säugetiere wie Nager und Fledermäuse, Vögel bis zur Größe von Tauben, Reptilien, Amphibien und Insekten. Fledermäuse werden im Flug ergriffen. Jagt aber normalerweise von einem Ansitz aus. Nachtaktiv.

Brut: Brutzeit von November bis Mai. Brütet in Baumhöhlen und am Boden. Benutzt auch alte Nester anderer großer Vögel. Weibchen legt 2 Eier und brütet alleine. Die Jungen werden von beiden Eltern gefüttert.

Bemerkungen: Wurde schon den Gattungen *Pseudoscops* und *Rhinoptynx* zugeordnet, DNA-Studien zeigen jedoch enge Verwandschaft zu *Asio.*

Stygian Owl – *Asio stygius* (Wagler) 1832

Descriptive notes: plate 82 (Nominate) Length 38 to 46 cm, weight 675 g. Large, dark owl with prominent ear tufts. Sooty-brown to sooty-black above. Forehead and crown mottled pale, pale forehead contrasting with dark face. Mantle and back nearly plain, with indistinct pale feather edgings. Outer webs of scapulars with faint pale bars and margins. Wing coverts, secondaries and primaries with faint, pale bars on outer webs. Tail dark sooty-brown, indistinctly barred and with pale terminal tips. Facial disc dark sooty-brown, with finely white-speckled rim. Eyebrows short, prominent whitish. Chin dark, sooty-black, bordered whitish. Underparts whitish to pale buffish, heavily marked on throat and breast, rest with dark shaft streaks and crossbars (herringbone). Tarsi feathered down to base of toes. Toes bare. Downy chicks whitish. Mesoptile fluffy, sooty-brown, mottled whitish to greyish-buff. Underparts greyish-white to greyish- buff, barred dark sooty-brown. Distinctly dark facial mask. Eyes yellow to orange-yellow, cere greyish, bill blackish. Toes brownish-flesh, claws dark brown to blackish.

Distribution: From Northwest Mexico to Central America and the Caribbean, in South America patchily from Colombia and Ecuador to North and Northeast Argentina and Southeast Brazil.

Geographical variations:
***Asio s. robustus* L. Kelso, 1934** Western and South Mexico to Guatemala, northwestern Venezuela, Colombia and Ecuador. Size similar to nominate, upperparts greyer, with distinct spotting on mantle, back, scapulars and secondaries. Tail barred. Lower parts whitish with finer pattern and herringbone pattern. Taxon *lambi* Moore, 1937 is synonym.
***Asio s. siguapa* (d'Orbigny) 1839** Cuba, Isle of Pines, Hispaniola and Gonave Islands. Upper- and underparts paler than in nominate, with white ground colouration. Hispaniolan population A. s. noctipetens Riley, 1916 is very similar and regarded as synonymous.
***Asio s. stygius* (Wagler) 1832** (see descriptive notes) Northern Brazil south to Bolivia, northeastern Argentina and Southeast Brazil.
***Asio s. barberoi* W. Bertoni 1930** Paraguay, North, Northwest and Northeast Argentina and southeastern Brazil. Similar to nominate, but about 10 % larger and below similar to ssp. *robustus.*

Status: Considered as generally rare and patchily distributed. Fairly common to uncommon in Westmexico, Belize and Colombia. Distribution incompletely documented. In Caribbean rare and vulnerable or near extinction.

Habitat: Montane pine and pine/oak forest, araucaria-dominated forest, also evergreen and deciduous forest. Parks and open country with groves of trees. From sea level up to about 3,200 m.

Voice: Single, deep calls, "bUuh" or "bUof", repeated in intervals. Female utters a little higher-pitched song. Often calls a cat-like "miah". Both sexes utter a scratchy "wag-wag-wag".

Food: Small mammals such as rodents and bats, birds up to the size of doves, reptiles, amphibians and insects. Bats are hawked on the wing. But normally hunts from a perch. Nocturnal, roosts during the day in dense foliage.

Breeding: Breeding period from November to May. Nest in tree holes and on ground. Also uses old stick nests of larger birds. Female lays 2 eggs and incubates alone. Young are fed by both parents.

Remarks: Also placed in genus *Pseudoscops* and *Rhinoptynx*, but closely related to *Asio otus* by DNA studies.

Madagaskar-Ohreule – *Asio madagascariensis* (A. Smith) 1834

Kennzeichen: Tafel 83 Länge Männchen 36 bis 40 cm, Weibchen bis 51 cm, Gewicht unbekannt. Die größte Eulenart Madagaskars und der Gattung *Asio.* Stirn und Oberkopf schwarzbraun mit hellbeigen Flecken. Oberseite schwärzlich braun mit orangebeigen und rotbraunen Abzeichen. Mantel und Rücken mit

Madagascar Long-eared Owl – *Asio madagascariensis* (A. Smith) 1834

Descriptive notes: plate 83 Length male 36 to 40 cm, female up to 51 cm, weight no data. The largest owl species of Madagascar and the genus *Asio.* Forehead and crown blackish-brown with pale, rufous-buffy spots. Upperpart blackish-brown with buffy-orange and rufous markings. Mantle and back with dark

Tafel 81 / Plate 81
Jamaikaeule / Jamaican Owl - *Pseudoscops grammicus*

Weick

dunklen Schaftstrichen, Binden und Flecken. Schulterfedern mit dunklen Schaftstrichen, Querbinden und hellen Säumen auf den Außenfahnen. Flügeldecken rotbraun mit dunklen Schaftstreifen und Querbinden. Schwingen beige gebändert, jeweils durch schmale Mittelbinde unterteilt. Schwanz schwarzbraun mit breiten, beigen Binden. Schleier beigebraun, schwarzbraun um die Augen. Schwarzbraune Schleierbegrenzung. Schwarzbraune, lange und abgestufte Federohren wirken dick und buschig. Schmale Augenbrauen, dichte Zügelbefiederung. Kehle weiß, mit zahlreichen kleinen Längsflecken. Vorderhals und Oberbrust rötlich beige, dicht und breit gestreift. Restliche Unterseite ist fein längs gestreift, mit wenigen Querbinden. Unterschwanzdecken hellbeige. Tarsen befiedert, Zehen nahezu vollständig befiedert. Füße und Krallen außerordentlich kräftig. Dunenjunge weiß. Mesoptilkleid auf Kopf, Rücken, Flügeldecken und Unterseite mit langen, weichen weißen Dunen. Federohren sind bereits sichtbar. Auffällig dunkle Gesichtsmaske. Auf Bauch und Flügeldecken einige Schaftstriche. Schwingen und Schwanz sind ähnlich den Altvögeln. Augen orange, Wachshaut graubraun, Schnabel schwarz-grau mit heller Spitze. Krallen dunkelhornfarben.

Verbreitung: Endemische Art Madagaskars.

Bestand: Durch die heimliche und streng nachtaktive Lebensweise ist der Bestand schwer zu erfassen. Gefährdet durch die rücksichtslose und unaufhaltsame Waldrodung.

Lebensraum: Unterschiedlichste Waldtypen; immergrünes, feuchtes Waldland, trockener Laubwald, Galeriewald sowie gelichteter oder dicht nachgewachsener Wald. Von Meereshöhe bis etwa 1600 m.

Stimme: Lange Serie bellender Laute, wie „härk" oder „änk", ähnlich dem Bellen eines Hundes. Flügge Junge lassen ein kratzendes Zischen vernehmen, „kwiiärrr" oder „chriiäh", das in Abständen wiederholt wird.

Nahrung: Nachtaktiv. Erbeutet hauptsächlich Säugetiere wie Ratten und Lemuren, großer Anteil an eingeführten Nagern. Fledermäuse, Vögel, Reptilien und Insekten. Jagt meist im Wald und auf angrenzenden offenen Gebieten.

Brut: Nur wenig ist bekannt; brütet in Nestern großer Vögel. Brutzeit wahrscheinlich von August bis Oktober. Drei Jungvögel wurden im März in einem bewaldeten Gebiet gefunden.

Bemerkungen: Unterscheidet sich artlich deutlich von *Asio otus* durch geografische Isolation, größeren und kräftigeren Körperbau, einschließlich kräftigerer Fänge und Krallen. Unterschiede auch im Gefieder und den Federohren.

shaft stripes, cross bars and spots. Scapulars with dark shaft streaks, crossbars and pale edges on outer webs. Wing coverts also with dark shaft stripes and crossbars on buffy-rufous ground colour. Flight feathers with broad buffy bars, light bars are divided by a dark centrally, narrow bar. Tail blackish-brown, with broad buffy bars. Facial disc buffy-brown darker to blackish-brown around the eyes. Blackish-brown rim. Blackish-brown ear tufts, long and graduated, appearing rather thick and bushy. Eyebrows narrow, lores distinct. Throat whitish with small, numerous shaft streaks. Foreneck and upper breast pale rufous-buffy, with dense, broad streaking. Remaining underparts with narrow shaft stripes and some crossbars. Undertail coverts uniform pale buffy. Tarsi feathered, toes nearly totally feathered. Tarsi, feet and claws very strong. Downy chicks white. Mesoptile with long, soft, white second downs on head and back, wing coverts and underparts. Ear tufts distinctly visible. Dark face mask. Some shaft stripes on belly and wing coverts. Wings and tail similar to adults. Eyes orange, cere greyish-brown, bill blackish-grey with pale tip. Claws dusky horn.

Distribution: Endemic on Madagascar.

Status: Difficult to assess because of its secretive and nocturnal lifestyle. Threatened by the extensive and rigorous deforestation.

Habitat: Occurs in a variety of woodland habitats, including evergreen humid forest, dry deciduous forest, gallery forest and degraded and dense secondary forest. From sea level up to about 1,600 m.

Voice: Poorly known; long series of barking notes such as "harkh" or "ankh", not unlike a dog. Newly fledged juveniles give a high-pitched rasping hiss, "kweearrr" or "chreeah", repeated in intervals.

Food: Strictly nocturnal. Hunting mainly mammals, including rats and lemurs, with large share of introduced rodents. Also bats, and occassionally birds, reptiles and insects. Hunts in forest and also on adjacent open areas.

Breeding: Little information; breeding in stick nests of large birds. Laying period probably from August to October. Three young observed in March in a forested area.

Remarks: Specifically distinct from *Asio otus* by geographic isolation, larger and stronger size, much stronger feet and talons. Also very different in plumage and ear tufts.

Schreieule, Streifenohreule – *Asio clamator* (Vieillot) 1807

Kennzeichen: Tafel 84 Nominatform. Länge 30,5 bis 38 cm, Gewicht 320 bis 556 g. Kürzere und rundere Flügel, längerer Schwanz als bei anderen Arten der Gattung *Asio*. Dunkelste Subspezies. Oberseits zimtbeige bis ockerbeige. Schwarzbraune Streifen auf Kopf und Nacken. Rücken mit breiter, dunkel- bis schwarzbrauner Streifung, feinen Binden und Fleckchen. Schulterfedern auf den Außenfahnen weiß gefleckt. Flügeldecken schwarzbraun gestreift, gebändert und fein gefleckt. Große Decken auf Außenfahnen weiß gefleckt. Alula und Armdecken ockerbeige, dunkelbraun gebändert und marmoriert. Handdecken schwarzbraun, undeutlich heller gefleckt, sind beim fliegenden Vogel sehr auffällig. Armschwingen hellockerbeige, dunkelbraun gebändert und marmoriert. Bänderung ist basal am breitesten, wird distal immer schmaler. Handschwingen sind auf Außenfahnen ockerbeige bis beigeorange mit breiten, dunkelbraunen Bandflecken, helle Zwischenräume meist fein gefleckt. Schwanz dunkelbraun, hellbeige gebändert mit dunkelbraunen Augenflecken. Lange, schwarze, hell gesäumte Federohren. Schleier weißlich mit braunem Anflug. Über den Augen dunkelbraun. Der Schleierrand schwarzbraun bis schwarz, im unteren Bereich häufig gegabelt. Kurze, weiße Augenbrauen reichen von der Schnabelwurzel bis über die Augen. Zügel dicht, lang und weiß, Teile des Schnabels bedeckend. Kehle weiß. Kopfseiten längs des Schleierrandes mit beigeorangem Anflug. Unterseite weiß bis beigeweiß oder hellockerbeige, mit dunkel- bis schwarzbraunen Längsstreifen, am breitesten auf Oberbrust, nach unten länger und schmaler werdend. Diese Streifung ist bei allen Rassen sehr variabel; dunkle Individuen der Nominatform weisen oft feinere und weniger dichte Streifung aus, aber bis zum Unterbauch reichend. Tarsen und Zehen befiedert. Dunenjunge weiß. Mesoptilkleid beigeweiß, Gesichtsschleier deutlich schwarz begrenzt, dunige Federohren sichtbar. Oberseits undeutlich graubraun gebändert. Unterseite schmutzig weiß bis beigeweiß. Brust mit graubraunem Anflug und dunklen Längsstreifen. Augen orange- bis dunkelbraun. Wachshaut grau. Schnabel schwarz. Sichtbare Teile der Zehen braungrau. Krallen schwarz.

Verbreitung: Vom südlichen Mexiko durch Mittelamerika, lokal in Kolumbien, Venezuela, den Guayanas, Ostperu, Bolivien, Brasilien, Paraguay, Nordargentinien, Uruguay und Trinidad und Tobago.

Geografische Rassenverbreitung:
***Asio clamator forbesi* Lowery & Dalquest 1951** Südmexiko bis Costa Rica und Panama. Kleinste Rasse. Gefieder ähnlich, aber etwas heller als Nominatform.
***Asio c. clamator* (Vieillot) 1807** Siehe Kennzeichen. Kolumbien und Venezuela, Guayanas, südlich bis Ostperu, Zentral- und Nordostbrasilien.

Striped Owl – *Asio clamator* (Vieillot) 1807

Descriptive notes: plate 84 (Nominate) Length 30.5 to 38 cm, weight 320 to 556 g. Shorter and rounder wings and longer tail than other species of genus *Asio*. Darkest subspecies. Above with cinnamon-buff to buffy-ochre ground colour. Streaked blackish-brown on crown and nape. Back with heavy streaking dark to blackish-brown and narrow bars and mottlings. Scapulars with distinct white spots on outer webs. Wing coverts blackish-brown streaked, with fine bars and mottlings. Greater wing coverts with white spots on outer webs. Alula and secondary coverts pale ochre-buff banded and vermiculated dark brown. Primary coverts blackish-brown, mottled somewhat paler, very obvious in flight. Secondaries pale ochre-buff banded and vermiculated dark brown. The bands, broadest basally, becoming narrower distally. Primaries pale ochre-buff to buffy-orange on outer webs, with broad dark spots. Interspaces often with fine stipplings. Tail dark brown, with pale, buffy bands and dark ocellate-like blotches. Long blackish, pale-bordered ear tufts. Facial disc whitish with brown wash. Dark brown spots above eyes. Facial disc with blackish-brown to black rim, lower part often devided double. Short, white eyebrows from base of bill above eyes. Lores densely, long and white, often covering parts of the bill. Throat whitish. Sides of head near the facial rim with buffy-orange wash. Underparts whitish to buffy-white or buffy-ochre, streaked dark brown to blackish brown, more short and broad on upper breast, becoming longer and narrow on flanks and belly. This streaking is very variable in all subspecies. Dark specimens of nominate form often with narrow and less dense streaking, but extending down to abdomen. Tarsi and toes feathered. Downy chicks white. Mesoptile buffy-white, facial disc distinctly blackish rimmed and downy ear tufts visible. Above diffusely barred greyish-brown. Below dirty white to buffy-white. Breast with greyish-brown wash and few dark streaking. Eyes orange-brown to dark brown. Cere greyish. Bill blackish. Visible parts of toes brownish-grey. Claws blackish.

Distribution: From southern Mexico through Middle America, locally to Colombia, Venezuela, the Guianas, eastern Peru, Bolivia, Brazil, Paraguay, northern Argentina, Uruguay and Trinidad and Tobago Islands.

Geographical variations:
***Asio clamator forbesi* Lowery and Dalquest 1951** Southern Mexico to Costa Rica and Panama. Smallest subspecies. Similar in plumage but somewhat paler.
***Asio c. clamator* (Vieillot) 1807** (see Descriptive notes) Columbia and Venezuela, Guianas, south to eastern Peru, Central and Northeast Brazil.

Tafel 82 / Plate 82
Styxeule, Dunkle Ohreule / Stygian Owl - *Asio stygius stygius*

Weick
2009

***Asio c. oberi* (E. H. Kelso) 1936** Tobago und nordöstliches Trinidad. Sehr selten. Der Nominatform sehr ähnlich, etwas größer. Rassenstatus unsicher.
***Asio c. midas* (Schlegel) 1862** Ostbolivien, Südbrasilien, im Süden bis Nordargentinien und Uruguay. Größte und hellste Rasse. Oberseits hellbeige bis hellrötlich braun. Zeichnung auf Kopf, Nacken und Rücken kontrastreicher. Weiße Flecke auf den Schultern und Oberflügeldecken deutlicher. Bänderung auf den Flügeln mit mehr Kontrast, auf Armschwingen etwas schmaler gebändert. Bänder auf Handschwingen und Schwanz mit größeren hellen Zwischenräumen, nur wenig marmoriert. Schleier weiß bis rahmfarben. Unterseite weiß bis rahmfarben, mit schwachem ockerbeigem bis rötlich beigem Anflug. Auf Oberbrust kurze und breite, dunkle Längsflecke. Streifung auf Bauch und Flanken sehr variabel: lange und kräftige Streifen oder schmale, eng stehende Streifung, oft nahezu ungestreifter Bauch. Tarsen und Zehen sind rahmfarben befiedert.

Bestand: Ausgedehntes, oft flickenteppichartigesVerbreitungsgebiet, meist lokales und spärliches Vorkommen. Bestand jedoch weitgehend unbekannt, wenige Informationen zur Biologie der Eule. Ausbreitung durch Zurückdrängen der Waldungen möglich. Gefärdung durch Pestizide.

Lebensraum: Sehr unterschiedliche Habitate: Tropischer Regenwald, Waldränder, große Lichtungen, Galeriewald, Savannen, Sumpf- und Moorland, Reisfelder. Offenes und halboffenes Grasland mit vereinzelten Bäumen, Baumgruppen oder Büschen. Meidet dichtes Waldland. Von Meereshöhe bis in ca. 1400 m Höhe.

Stimme: Nasal klingender Einzelruf des Männchens, ansteigendes und fallendes „huuUUUoh“ oder „HnnNNUong“. Weibchen ruft ähnlich, aber etwas höher. Beide Partner lassen im Duett ein bellendes „huhowhowhowowow“ vernehmen. Jungvögel rufen schrill „wiihi“ oder „riihiih“.

Nahrung: Bevorzugt kleine Säugetiere wie Nager sowie Vögel, Reptilien, große Insekten wie Grashüpfer. Suchflug ähnlich Sumpfohreule *Asio flammeus*, niedrig über offenem Gelände. Jagt auch vom Ansitz aus, auf die Beute herabstoßend.

Brut: Von Ansitz singend besetzt das Männchen sein Brutterritorium. Das Nest befindet sich bevorzugt in einer gut getarnten Bodenmulde, in Grashöhlen oder auf flacher Plattform (Baumstumpf) in Bodennähe. Brutzeit variiert entsprechend dem großen Verbreitungsgebiet: Brasilien: August bis März, Argentinien: August, Surinam: September bis Oktober, Panama: Dezember bis Januar, El Salvador: Februar. Weibchen legt 2 bis 4 Eier und brütet alleine. Brutdauer etwa 33 Tage. Das brütende und hudernde Weibchen wird vom Männchen gefüttert. Die Jungen können nach 37 bis 46 Tagen fliegen. Oft wird nur ein Jungvogel flügge.

Bemerkungen: Diese Eule, früher in Gattung *Rhinoptynx*, neuerdings auch zusammen mit *Asio stygius* und *Pseudoscops grammicus* in Gattung *Pseudoscops*. DNA-Analysen beweisen aber Verwandtschaft beider Ohreulen zur Gattung *Asio*.

***Asio c. oberi* (E. H. Kelso) 1936** Tobago and Northeast Trinidad. Rare, probably extinct. Very similar to nominate form, slightly larger. Validity as subspecies uncertain.
***Asio c. midas* (Schlegel) 1862** Eastern Bolivia, southern Brazil, south to northern Argentina and Uruguay. Largest and palest subspecies. Above pale buffy to pale rufous. Markings on head, nape and back more contrasting. White spots on scapulars and upper wing coverts more distinct. Banding on wings also more contrasting against ground colour and narrower on secondaries. Banding on primaries and tail with wider pale interspaces and less vermiculated. Facial disc whitish to creamy. Underparts whitish to creamy, with less distinct pale buffy-ochre to pale rufous wash. Upper breast with some short and broad dark blotches. Streaking on belly and flanks very variable; from long, strong and more or less densely standing streaks to narrow streaks or plain, unstreaked belly. Tarsi and toes feathered creamy.

Status: Widespread, though local and uncommon, or patchily rather common. Status generally poorly known and the lack of information on its biology makes it hard to asses its status. May expand its its range due to forest fragmentation by logging. Threatened by pesticides.

Habitat: In very different habitats: tropical rain forest, forest edges and large clearings, riparian woodland, savanna, marshes, swamps, rice fields. Open and semi-open grassland with scattered trees, small groves or bushes. But absent from dense forest. From sea level up to ca. 1,400 m above sea level.

Voice: Single nasal hoot of male, rising and falling, “hooOOOho” or “hnnNNUong”. Female with similar but higher-pitched song. Both sexes utter a series of dog-like calls, often duetting, “huhowhowhowowow”. Fledglings have shrill screams, “weehee” or “reeheeeh”.

Food: Mostly small mammals such as rodents. Birds, reptiles, large insects such as grasshoppers. Hunts similar to Short-eared Owl *Asio flammeus*, quartering low over open country. Also hunts from perch, swooping on prey to ground.

Breeding: Male claims territory by singing from perch. Sexes also duetting. Nest in shallow depression, in grassy clumps or on flat platform on a trunk or in tree in low height. Lays variable, due to the large distribution range: August to March in Brazil and Argentina, September to October in Surinam, December in Panama and late January to February in El Salvador. Female lays 2 to 4 eggs and incubates alone. Incubation lasts about 33 days. Male feeds the incubating and brooding female at the nest. Juveniles are able to fly at 37 to 46 days. Often only one-chick fledges.

Remarks: This owl often was placed in a monotypic genus *Rhinoptynx*. Recently also placed together with *Asio stygius* and *Pseudoscops grammicus* in genus *Pseudoscops*. But both long-eared owls are closely related to genus *Asio*, as suggested by DNA analyses.

Sumpfohreule – *Asio flammeus* (Pontoppidan) 1763

Kennzeichen: Tafel 85 Nominatform. Länge 34 bis 42 cm, Gewicht 200 bis 450 g. Mittelgroße, langflüglige Eule mit winzigen Federohren. Grundfärbung sowie Dichte und Färbung der Streifen und Flecken variabel. Ausbleichen und Abnutzung haben starken Einfluss auf Färbung: beige, lohfarben und zimtbeige kontrastieren mit weiß. Nordamerikanische Exemplare mit kräftigerem Schnabel und Füßen. Stirn, Oberkopf und Nacken mit dunkler Streifung auf gelbbraunem Grund mit grauem Anflug. Rücken und Mantel mit derselben Färbung, kräftig gestreift und gefleckt. Schulterfedern mit dunklem Mittelstreifen, hellen Säumen und Ausbuchtungen. Flügeldecken mit dunklen Zentren und Binden sowie hellen Säumen und Ausbuchtungen. Alula dunkel mit schmalen Säumen. Armdecken mit dunklen Mittelstreifen und Binden, hell gesäumt, fein marmoriert. Handdecken bilden dunklen Fleck am Flügelbug, im Flug sehr auffällig. Armschwingen hell und dunkel gebändert wie Armdecken. Handschwingen: basale Hälfte einfarbig ockerbeige, mit den dunklen Handdecken stark kontrastierend, distal mit großen, dunklen Flecken und dunklen, hell gesäumten Spitzen. Unterseite gelblich braun bis ockerweiß, mit brauner Längsstreifung ohne Querbinden, zum Bauch und Unterbauch schmaler werdend. Tarsen und Zehen befiedert. Dunenjunge mit hellockerfarbenen Dunen. Mesoptilkleid hellockerbeige, Ober- und Unterseite dunkel gebändert. Schwarzbraune Gesichtsmaske. Flügel ähneln bereits denen der Altvögel. Augen hellgelb bis schwefelgelb. Wachshaut graubraun, Schnabel schwarz. Krallen grau mit schwarzen Spitzen.

Verbreitung: Nordamerika, West- bis Ostalaska und Beringstraße, im Osten bis Labrador, im Süden bis Kalifornien und North Carolina. Hispaniola, Kuba und einige Inseln der Karibik. Galapagos-Inseln, Juan Fernandez, Hawaii und Falklandinseln. Lokal in Südamerika, Grönland, Britische Inseln, Atlantikküste von Südwestfrankreich. Von Nordwestspanien (lokal) und Norwegen durch Europa bis Zentralasien und Nordostsibirien, Kamtschatka, Sachalin und Nordchina. Einige Inseln in der Beringsee sowie den Ponapé-Inseln, Karolinen.

Geografische Rassenverbreitung:
***Asio flammeus flammeus* (Pontoppidan) 1763** Island und Britische Inseln, lokal in Europa und Asien, im Osten bis Kamtschatka und Kommandeursinseln. Im Süden bis Spanien, Nordwestafrika (Marokko und Tunesien), Kaukasus, Nordostmongolei und Nordchina. In Nordamerika von West- und Ostalaska und

Short-eared Owl – *Asio flammeus* (Pontoppidan) 1763

Descriptive notes: plate 85 (Nominate) Length 34 to 42 cm, weight 200 to 450 g. Medium-sized, long-winged owl with tiny ear tufts. Variable in ground colour, density and colour of streaking and pattern. Bleaching and wear have marked influence: buffy, tawny and cinnamon-buff contrasting with white. North American specimens have stronger bill and feet. Forehead, crown and nape with dark streaking on yellowish-tawny to pale ochre-buff ground colour with greyish wash. Back and mantle on same ground colour heavily streaked and blotched. Scapulars with dark centres and pale edges and identations. Wing coverts with dark centres and bars, also with pale edges and indentations. Alula dark with narrow margins. Secondary coverts with dark centres and bars, pale-edged and tiny mottling. Primary coverts dusky, forming a striking patch, distinctly visible in flight. Secondaries barred light and dark, similar to secondary coverts. Primaries on basal half plain ochre-buff, strongly contrasting with primary coverts, distally with large, dark spots and dark, paler-margined tips. Below pale yellowish-tawny to ochre-white, streaked brown without crossbars, becoming narrower on belly and abdomen. Tarsi and toes feathered. Downy chicks covered with pale ochre down. Mesoptile pale ochre-buff, with dusky barring above and below. Facial disc blackish, forming a mask. Growing wings similar to those of adult. Eyes pale yellow to sulphur yellow. Cere greyish-brown, bill black. claws grey with blackish tips.

Distribution: North America, from West and East Alaska and the Bering Strait, east to Labrador, south to California and North Carolina. Hispaniola, Cuba and some Caribbean Islands. Galapagos Islands, Juan Fernandez and Hawaiian Islands, Falkland Islands. Locally in South America, Greenland, British Isles, Atlantic coast of Southwest France and Northwest Spain. From Iberian Peninsula (locally) and Norway, through Central Europe and Central Asia to Northeast Siberia, Kamchatka, Sakhalin and North China. Some islands in the Bering Sea, the Ponapé, Carolina Islands.

Geographical variations:
***Asio flammeus flammeus* (Pontoppidan) 1763** From Iceland and the British Isles locally through Europe and Asia, east to Kamchatka and Kommandeur Islands. South to Spain, Northwest Africa (Morocco and Tunisia), Caucasus, Northeast Mongolia and North China. In North America from West and North

Weirk
2000

Beringstraße östlich bis Labrador, südlich bis Kalifornien und North Carolina. Siehe Kennzeichen.

***Asio flammeus ponapensis* Mayr 1933** Ponapé-Inseln, östliche Karolinen, Mikronesien. Endemisch. Selten. Kleiner und kurzflügliger als Nominatform.

***Asio flammeus sandwichensis* (Bloxan) 1827** Endemisch. Hawaii-Archipel, selten. Ähnlich Nominatform, Schwingen und Schwanz heller und grauer, jedoch keine weiße Färbung!

***Asio flammeus domingensis* (P. L. S. Müller) 1776** Puerto Rico, Hispaniola, Kuba (sesshaft), Große Antillen, auf Puerto Rico und Cayman-Inseln jedoch selten. Seltener Irrgast in Florida. Synonym: *A. f. portoricensis* (Ridgway) 1882. Kleiner als nordamerikanische Vögel. Auf Rücken meist deutlich dunkler, mit auffälligen beigen Flecken auf den Schulterfedern. Breiter, dunkler Schleierrand. Dunkle Oberschwanzdecken. Auf Unterseite feinere Längsstreifung, die nicht bis zu den Beinen reicht.

***Asio flammeus pallidicauda* Friedmann 1949** Nordvenezuela, Guyana, Trinidad und Tobago. Geringe Unterschiede in Flügel- und Schwanzbänderung zu *A. f. bogotensis* und wahrscheinlich mit dieser synonym.

***Asio flammeus bogotensis* Chapman 1915** Kolumbien, Ecuador und Nordwestperu. Kleiner und dunkler als Nominatform, mit stark rostfarbenem Anflug.

***Asio flammeus suinda* (Vieillot) 1817** Südperu, Westliches Zentralbolivien, Paraguay und Südostbrasilien, im Süden bis Feuerland. Gefieder dunkler als Nominatform, heller als *bogotensis*. Bruststreifung z. T. y-förmig und rotbraun. Kräftige Füße und Schnabel.

***Asio flammeus sanfordi* Bangs 1919** Falklandinseln. Heller und kleiner als *A. f. suinda*.

***Asio (flammeus) galapagoensis* (Gould) 1837, Tafel 85** Galapagos-Archipel. Möglicherweise durch geografische Isolation artlich eigenständig, jedoch deutet eine Kline des Gefieders auf enge Verwandtschaft mit *suinda – bogotensis – galapagoensis*! Dunkler und kleiner als die anderen Rassen von *Asio flammeus*. Oberseite dunkelbeige bis rostbraun, Ober- und Unterseite kräftig gezeichnet. Weibchen etwas größer als das Männchen. Stirn dunkelbraun gefleckt. Federohren kurz, dunkelbraun mit hellen Säumen, kaum sichtbar. Oberkopf, Nacken und Vorderhals beige bis rostfarben, breit rußbraun gestreift. Rücken und Mantel rußbraun mit wenigen helleren Rändern. Schulterfedern rußbraun gestreift und gebändert, rötlich beige gefleckt und gesäumt. Alula und Armdecken dunkelrotbraun bis rußbraun, mit hellen Flecken und Spitzen. Handdecken dunkler. Armschwingen rußbraun mit rötlich beigen, dunkel gefleckten Binden. Handschwingen rußbraun mit kleinen zimtbeigen Flecken. Schwanz dunkelbraun mit rötlich beigen, dunkel marmorierten Binden und hellen Spitzen. Schleier rostbeige bis zimtbeige, dunkler um die Augen, zum Schleierrand aufgehellt, mit feiner, dunkler, radialer Streifung. Augenbrauen beigeweiß, Zügelfedern dicht, beigeweiß bis bräunlich. Unterseite rotbraun bis zimtbeige mit rußbrauner Streifung, oft pfeilspitzenförmig, mit einzelnen Querbinden oder gezackt. Tarsen und basale Zehenglieder befiedert. Dunenjunge beigeweiß. Mesoptilkleid braunbeige mit auffälliger dunkler Gesichtsmaske. Flügel ähnlich den Altvögeln. Iris schwefelgelb bis hochgelb. Augenränder blauschwarz. Wachshaut graubraun, Schnabel schwarz.

Bestand: In Europa noch gute Bestände in Schottland, Norwegen, Schweden, Finnland, Weißrussland und Russland. In den meisten anderen europäischen Ländern existieren viele kleinere, lokal meist stabile Populationen. In Mittel- und Südeuropa starke Bestandsschwankungen, meist mit Vorhandensein von Beutetieren verknüpft. In Mitteleuropa starke Bestandsverluste durch Trockenlegung von Sumpfen und Mooren, Torfabbau und Intensivierung der Landwirtschaft, Verluste durch Schädlingsgifte und im Straßenverkehr. In Nordamerika z. T. drastische Bestandsabnahmen in Teilen von Idaho, Oregon und Washington. Auf Kuba und Hispaniola früher nur gelegentlich festgestellt, jetzt häufiger Standvogel. Weitere Ursachen des Rückgangs sind Aufforstungen, Umwandlung von „Unland" in Ackerland und Abschuss. Brütende Eulen und ihre Jungen sind durch Graslandbrände, zu häufiges Mähen und zu kleine Brutareale (Nesträuber) gefährdet.

Lebensraum: Offene Landschaften wie Tundren, Marsch- und Sumpfland, Moore und Heiden. Grasland, Savannen, offenes und halboffenes Weideland und Feuchtwiesen. Lichtungen, Waldränder, lichte Bergwälder, Grasflächen oberhalb der Baumgrenze wie Páramo oder Puna. Winters und zur Zugzeit in den verschiedensten offenen Habitaten. Vom Tiefland bis in etwa 4000 m Höhe (Anden).

Stimme: Wenig ruffreudig, zur Paarungszeit lässt das Männchen in ziemlich rascher Folge eine Reihe von 12 bis 20 tiefen Rufen wie „wu bu Bu Bu…bu bu bog" im Flug oder vom Ansitz hören. Bei Störung im Nestbereich lassen beide Partner ein raues „kiii-au", ein bellendes „wau" und „jeff" hören. Kontaktruf ist ein tiefes „guuk". Um Futter bettelnde Weibchen und Junge rufen kreischend „tschii-erp".

Nahrung: Hauptbeute sind Kleinsäuger, weniger häufig Vögel. Bevorzugt sind Wühlmäuse, Spitzmäuse, Maulwürfe und Ratten, seltener Fledermäuse. Vögel stellen etwa 5 % der Beute dar, bei der Galapagos-Rasse ist der Anteil an Vögeln bedeutend höher. Bei reichlicher Beute wird ein Teil in Nestnähe deponiert. Jagt bevorzugt in niedrigem Suchflug, rüttelnd oder vom Ansitz auf die erspähte Beute herabstoßend. Tag-, dämmerungs- und nachtaktiv.

Brut: Während der Brutzeit werden Reviere besetzt. Männchen markiert sein Revier durch Balzflüge, dabei segelnd, mit den Flügeln klatschend und Sturzflüge machend. Nest in Bodenmulde, vom Weibchen mit etwas trockenem Pflanzenmaterial aus der Umgebung des Nestes ausgelegt. Eine der wenigen Eulenarten, die einen gewissen Nestbautrieb zeigt. Kopulation in Nestnähe am Boden, selten auf Erdhügeln, Weidepfählen oder Kopfweiden. Brutzeit: in Europa von März bis Juni, in der südlichen Hemisphäre ab September, auf Galapagos von November bis Mai. Monogame Saisonehe, es besteht Verdacht auf Polygamie. In Abständen von 2 Tagen werden 7 bis 10 Eier gelegt und vom Weibchen allein bebrütet. Junge schlüpfen nach 26 bis 29 Tagen Brutzeit und verlassen nach etwa 12 bis 18 Tagen noch nicht flugfähig das Nest, verborgen in der Vegetation der Umgebung des Brutplatzes. Werden noch für mehrere Wochen von den Eltern gefüttert und betreut. Normal ist eine Jahresbrut. Auf Galapagos wurden in 3 Nestern jeweils nur 3 Küken gefunden. Geschlechtsreife wird im nachfolgenden Jahr erreicht.

Alaska and the Bering Strait east to Labrador, south to California and North Carolina (See Descriptive notes).

***Asio flammeus ponapensis* Mayr 1933** Ponapé Island, eastern Caroline Islands, Micronesia. Endemic and very rare. Smaller and shorter-winged than nominate.

***Asio flammeus sandwichensis* (Bloxan) 1827** Endemic to Hawaiian Archipelago, rare. Similar to nominate, but distinctly paler and greyer, especially on flight feathers and tail, but not whitish!

***Asio flammeus domingensis* (P. L. S. Müller) 1776** Puerto Rico, Hispaniola, Kuba (resident), Greater Antilles, (rare in Puerto Rico & Cayman Island). Rare straggler to Florida. *A. f. portoricensis Ridgway*, 1882 is synonym with *A. f. domingensis*. Smaller than North American specimen. Back mostly dark with distinct buffy spots on scapulars. Bolder rimmed facial disc. Dark uppertail coverts. Below with very fine streaking, not reaching legs.

***Asio flammeus pallidicauda* Friedmann 1949** Northern Venezuela, Guyana, Trinidad & Tobago. Slightly different in wing and tail banding from *A. f. bogotensis* and possibly synonymous with this.

***Asio flammeus bogotensis* Chapman 1915** Colombia, Ecuador and Northwest Peru. Smaller and darker than nominate, with strong rusty wash.

***Asio flammeus suinda* (Vieillot) 1817** South Peru, west-central Bolivia, Paraguay and Southeast Brazil, south to Tierra del Fuego. Darker plumage than nominate, but lighter than *bogotensis*. Breast streaks partly Y-shaped and reddish-brown. Strong feet and bill.

***Asio flammeus sanfordi* Bangs 1919** Falkland Islands. Lighter and smaller than *suinda*.

***Asio (flammeus) galapagoensis* (Gould) 1837, plate 85** Galapagos Archipelago. Possibly specifically distinct by geographic isolation, but a cline in plumage suggests close relationship: *suinda – bogotensis – galapagoensis*! Darker and smaller than other subspecies of *Asio flammeus*. Dark, buffy-rufous ground colour above, more heavily marked above and below. Female is somewhat larger than male. Forehead densely speckled dark brown. Ear tufts short, dark brown with paler margins, hardly visible. Crown, nape and foreneck buffy-rufous with broad sooty-brown streaks. Back and mantle sooty-brown with few buffy-rufous edges. Scapulars streaked and barred sooty-brown, spotted and edged buffy-rufous. Alula and secondary coverts dark rufous- to sooty-brown, with pale spots and tips. Primary coverts distinctly darker. Secondaries sooty-brown with rufous-buffy, darker vermiculated bands. Primaries sooty-brown with small cinnamon-buff speckled spots. Tail dark brown, with buffy-rufous and darker vermiculated bands and pale tips. Facial disc buffy-rufous to cinnamon-buff, darker around eyes and becoming paler towards rim, with dark, narrow radial streaks. Eyebrows buffy-white, lores dense, coloured buffy-white to brownish. Below rufous to cinnamon-buff with sooty-brown streaks, often arrow-shaped and with single crossbars or chevrons. Tarsi and basal phalanx of toes feathered. Downy chicks buffy-white. Mesoptile tawny-buff with prominent, dark facial mask. Wings similar to those of adult. Iris sulphur yellow to bright yellow. Orbital rim bluish-black. Cere greyish-brown, bill black.

Status: In Europe stability in Scotland, Norway, Sweden, Finland, Belarus and Russia. Most other countries in Europe have much smaller, but locally important populations. Much breeding in central and southern Europe erratic and highly variable, depending on cycles of rodent prey. General decline through central Europe caused by drainage of swamp and moorland, torf cutting and intensification of agriculture. Also decline by rodenticide poisoning and traffic mortality. In North America also sicnificant decline, e.g. in parts of Idaho, Oregon and Washington. In Cuba and Hispaniola formerly considered vagrant, now common resident. Further factors for decline are deforestation, conversion of open habitat into agricultural areas and killing. Nesting owls and nestlings are threatened by grassland fires, hay harvesting or by small remnant patches for breeding places.

Habitat: Open country such as tundra, marsh and swampy country, moorland and heath. Grassland, savanna, open and semi-open pasture land and humid grassland. Large clearings, near forest edges, open montane woodland and grassland above timberline such as páramo or puna. During migration and in winter occurs in varied open habitats. From lowland up to about 4,000 m above sea level (Andes).

Voice: Generally silent, but during courtship male gives series of 12 to 20 deep hoots, "wu bu Bu Bu... bu-bu bu bog", uttered in flight or from perch. Both sexes give hoarse "kee-au"-calls when disturbed in nesting territory, also a barking "wow" and "jeff". A low "gook" has contact function. Begging females and young utter a screeching "chee-arp".

Food: Mainly small mammals, less frequently birds. Favoured are voles, shrews, moles and rats, less commonly bats. Birds are ca. 5 % of diet, but the Galapagos race hunts much more birds. When food is abundant, deposits surplus near nest. Hunts from the wing by flying low over ground, also hovering and swooping down on the prey. Also hunts from perch. Diurnal, crepuscular and nocturnal.

Breeding: Territorial during breeding season. The male claims territory by display flights, soaring, wing clapping and with sudden dives. Nest in a shallow depression on the ground, lined by the female with few dry grass stems from around the nesting ground. This is one of the few owl species that shows a tendency to built a nest. Copulation occurs on ground, sometimes on fence post or pollard willow. Lays in Europe from March to June, in southern hemisphere breeding begins in September, on Galapagos from November to May. Seasonal monogamy, though polygamy suspected. Normally lays 7 to 10 eggs. Incubation by female alone. Young hatch after 26 to 29 days. Young leave nest after 12 to 18 days, unable to fly and hide among vegetation around nest. Parents take care and feed for some weeks. Normally one brood per year. On Galapagos Archipelago, in three nests only three chicks were found. Reach sexual maturity in the following year.

Tafel 84 / Plate 84
Schreieule, Streifenohreule / Striped Owl - *Asio clamator*
oben / top: *Asio clamator midas*
unten / bottom: *Asio clamator clamator*

Weick
2012

Bemerkungen: *Asio flammeus* morphologisch der Waldohreule *Asio otus* ähnlich, jedoch zeigen molekulare Untersuchungen große genetische Distanz zwischen beiden. Die Rasse *galapagoensis* hat möglicherweise eigenen Artstatus. Eine Kline des Gefieders deutet auf enge Verwandtschaft zu *suinda – bogotensis – galapagoensis* hin.

Kapohreule – *Asio capensis* (A. Smith) 1834

Kennzeichen: Tafel 85 Nominatform. Länge 29 bis 38 cm, Gewicht 225 bis 485 g. Männchen haben meist ein etwas helleres Gefieder als die Weibchen. Mittelgroße, rundköpfige, überwiegend erdbraune Eule. Federohren klein, spitzer als bei Sumpfohreule, kaum sichtbar. Oberseite einfarbig erdbraun, Oberkopf und Nacken mit feiner, hellbeiger Marmorierung und Tüpfelung. Schulterfedern wenig heller als Rücken, Oberschwanzdecken hellbeige gebändert. Flügeldecken erdbraun mit feiner, hellerer Marmorierung. Alula weißlich mit dunkelbraunen Schaftstreifen, jeweils zwei dunklen Binden und dunklen Spitzen. Armdecken deutlich marmoriert, Andeutung von Bänderung, helle Spitzen. Armschwingen dunkler braun, Andeutung hellerer Bänderung, beigeweiße Spitzenflecke. Handdecken deutlich dunkler braun, schwach rötlich beige, fein gefleckt. Handschwingen basal einfarbig rötlich beige, Kontrast mit dunklen Handdecken, distal einige dunkle Binden, Abstände zur Spitze hin enger, mit heller Säumung. Schwanz hellbeige bis schmutzig weiß mit drei breiten, dunklen, auf Außenfedern schmaleren Binden. Mittlere Schwanzfedern sind nahezu einfarbig. Schleier hellbeige bis rahmfarben, dunkle Zone um die Augen. Dunkelbrauner Schleierrand auf Außenseite hell gefleckt. Hellbeige bis rahmfarbene Augenbrauen, von Schnabelwurzel bis über das Auge. Zügelfedern dicht, rahmfarben bis hellbeige. Kinn von gleicher Färbung, mit dunklen Federchen begrenzt. Kehle dunkel, mit hellen Flecken und Kritzeln. Unterseite braun, auf Brust und Oberbauch feine Kritzel und Sprenkel, von Bauchmitte abwärts mehr hellbeige bis rahmfarben gefleckt und gebändert, Unterschwanzdecken einfarbig rahmgelb. Läufe befiedert, Zehen teilweise befiedert und beborstet. Unterflügeldecken beige mit dunkelbraunem, im Flug auffälligen Bugfleck. Dunenjunge beige, Haut und Zehen pink, Schnabel schwarz. Mesoptilkleid beige, oberseits braun gebändert. Schleier dunkler als bei Altvogel und mit schwarzem Rand. Nach Mauser durch beige gefleckte Schulter- und Unterrückenfedern von Alten unterscheidbar. Iris dunkelbraun, Wachshaut graubraun, Schnabel schwarz, nackte Zehenteile dunkelbraun, Krallen schwarz.

Verbreitung: Afrika und Madagaskar (isoliertes Vorkommen in Marokko). Fleckenartige Verbreitung in Westafrika von Senegal bis Tschad und Kamerun, Südsudan und Äthiopien sowie Südkongo. Im Süden bis zum Kap. Exemplare aus dem Sudan ähneln im Gefieder der rotbrauneren *tingitanus* in Marokko.

Geografische Rassenverbreitung:
***Asio capensis tingitanus* (Loche) 1867** Marokko, Irrgast der Iberischen Halbinsel und auf den Kanaren. Dunkler rotbraun als die Nominatform. Deutlich rostbrauner auf den Armschwingen und mit hellen Spitzenflecken. Rotbraune Unterseitenzeichnung in auffälligem Kontrast zur hellen Grundfärbung.
***Asio capensis capensis* (A. Smith) 1834** Isolierte Verbreitungsgebiete in Westafrika: Senegambien bis Tschad und Kamerun, vom Südsudan, dem Äthiopischen Hochland und Kongo südlich bis zum Kap. Vögel aus dem Sudan ähneln im Gefieder mehr der Rasse *tingitanus* aus Marokko. Siehe Kennzeichen.

Asio *capensis hova* Stresemann 1922, Tafel 85 Endemisch auf Madagaskar, unregelmäßige Verbreitung über das gesamte Inland. Dunkler und viel größer als die Nominatform, Füße und Schnabel größer und stärker. Oberkopf und Nacken dunkler als bei *capensis*, mit kleinen, hellen Flecken und Kritzeln. Mantel dunkelbraun mit undeutlichen Kritzeln. Schulterfedern mit etwas hellerer Bänderung und Marmorierung. Flügeldecken dunkelbraun, mittlere und große Decken auf Außenfahnen mit kleinen, hellen Flecken und Kritzeln. Alula dunkelbraun, auf Außenfahnen hell gefleckt und gesäumt. Handdecken dunkel mit winzigen hellen Fleckchen und helleren Säumen, auffälliger Kontrast zu den basal hellen Handschwingen. Armdecken dunkelbraun mit dicht bekritzelten Binden und hellen Spitzen. Schirmfedern heller braun als Armschwingen und mit dicht marmorierten und gefleckten Binden. Armschwingen dunkelbraun, mit hellen Spitzen und zwei bis drei helleren, dicht marmorierten Binden. Handschwingen auf den Außenfahnen beigeweiß, mit breiten, weit auseinanderstehenden, dunkelbraunen Binden. Schwanz schmutzig weiß mit drei sichtbaren, dunkelbraunen Binden. Innere Steuerfedern sind bis an die Spitzen dicht marmoriert. Schleier hellgraubeige mit dunkel umrandeten Augen. Dunkler Fleck oberhalb der rahmfarbenen Augenbrauen. Der Schleier ist von einem weißen, breit dunkel eingefassten Rand begrenzt. Kinn rahmweiß. Kehle dunkelgraubraun, hell getupft und marmoriert. Unterseite graubraun mit feinen hellen Kritzeln, Unterbrust und Oberbauch deutlich gebändert und heller. Unterbauch mit weiter Bänderung. Unterschwanzdecken nahezu ungezeichnet. Läufe befiedert, Zehen teilweise befiedert.

Bestand: Nominatform hat in geeigneten Habitaten und zahlreichen Schutzgebieten noch gute Populationen. Lokal gute Bestände in Jahren mit hoher Beutetierdichte. Gefährdung besteht durch Buschfeuer, Überweidung und die Zunahme verheerender Dürreperioden sowie durch Pestizide. Rasse *tingitanus* hat starken Bestandsrückgang, die Population besteht nur noch aus etwa 100 Brutpaaren und ist äußerst gefährdet. Die Rasse *hova* ist auf der gesamten Insel sehr unregelmäßige verbreitet. Auch diese Rasse ist durch Buschfeuer und Überweidung durch Vieh gefährdet. Ständige Verluste durch Straßenverkehr und Stacheldraht von Weidezäunen.

Lebensraum: Grasland in Wassernähe, Sumpfland und Moore, kurzzeitig überflutete Gebiete, montane

Remarks: *Asio flammeus* morphologically very similar to the Northern Long-eared Owl *Asio otus*, but recent molecular studies indicate a large genetic distance between them. The subspecies *galapagoensis* by long-lasting genetical and geographical isolation, possibly specifically distinct. But a cline in plumage cn the other hand suggests close relationship *suinda – bogotensis – galapagoensis*.

Marsh Owl – *Asio capensis* (A. Smith) 1834

Descriptive notes: plate 85 Length 29 to 38 cm, weight 225 to 485 g. Males with generally paler plumage than females. Medium-sized, round-headed and predominantly earth brown owl. Ear tufts small, more pointed than in Short-eared Owl, hardly visible. Above uniform earth brown, crown and nape finely vermiculated and speckled paler buffy. Scapulars only somewhat paler than back. Uppertail coverts barred pale buffy. Wing coverts earth brown, fine and paler vermiculated. Alula whitish with dark shaft streaks, two dark bars and dark tips. Secondary coverts vermiculated somewhat more distinct and diffusely banded. Secondaries darker brown with indication of pale bands and buffy-white tips. Primary coverts distinctly darker brown, with few tiny buffy-rufous spots. Primaries uniform pale rufous-buff basally, contrasting with dark primary coverts, and distally with some dark bands, and interspaces becoming more narrow towards tips. Tips edged distinctly paler. Tail pale buffy-white to dirty white, with three dark bands, becoming narrower on outermost feathers. Central rectrices are uniform dark. Facial disc pale buff to creamy, with dark brown area around eyes. Distinct dark brown facial rim, bordered with pale spots. Eyebrows pale buffy to creamy, from base of bill to above eyes. Densely, creamy to pale buffy lores. Chin pale buffy to creamy, bordered with some dark, tiny spots. Throat dark, with few pale spots and vermiculated. Underparts brown, finely vermiculated and speckled, becoming more spotted and barred, pale buffy to creamy from mid of belly down to nearly plain creamy undertail coverts. Tarsi feathered, toes partly feathered and bristled. Underwing coverts buffy with large dark brown patch on bend. Downy chick covered with buffy down, skin and toes pink, bill black. Mesoptile buffy, barred brown above. Facial disc darker than in adult birds, with marked blackish rim. After moult, distinguishable from adult by buffy spots on scapulars and lower back. Eyes dark brown, cere greyish-brown, bill blackish horn, bare parts of toesdark brown, claws black.

Verbreitung: Africa and Madagascar; isolated population in Northwest Africa (Morocco). Isolated, patchy areas in West Africa from Senegal to Chad and Cameroon, also from South Sudan and Ethiopia and South Congo. South to the Cape. Sudan birds are more similar in plumage to the reddish *tingitanus* from Morocco.

Geographical variations:
***Asio capensis tingitanus* (Loche) 1867** Morocco. Rare straggler to Iberian peninsula and Canary Islands. Darker and more reddish than nominate race. Distinctly more rusty-coloured on secondaries, often with pale spots on tips. Rufous markings on underparts contrasting with light ground colour.
***Asio capensis capensis* (A. Smith) 1834** Isolated areas in West Africa from Senegambia to Chad and Cameroon, also from southern Sudan and Ethiopian Highlands and from Congo south to the Cape. Sudan birds are identical, but in plumage are more similar to the reddish subspecies *tingitanus* from Morocco (see Descriptive notes).
***Asio capensis hova* Stresemann 1922, Plate 85** Endemic on Madagascar, with irregular distribution over entire inland. Darker and distinctly larger than nominate, with stronger feet and bill. Crown and nape darker than in *capensis*, with tiny pale spots and vermiculations. Mantle dark brown, indistinctly vermiculated. Scapulars with somewhat paler, indistinct and densely vermiculated barring. Wing coverts dark brown, median and greater coverts with pale mottling and vermiculation on outer webs. Alula dark brown, pale-spotted and margined on outer webs. Primary coverts dark, with few tiny spots and somewhat paler margins, distinctly contrasting with basally light primaries. Secondary coverts dark brown, with indistinct and densely vermiculated bars. Tertials lighter brown than secondaries, with indistinct, densely vermiculated bands. Secondaries dark brown, with pale tips and two to three paler, densely vermiculated bands. Primaries buffy-white on outer webs, with broad and widely spaced dark brown bands. Tail dirty white, with three visible, dark brown bands. The inner rectrices densely vermiculated down to tips. Facial disc pale greyish-buff with dark brown area around eyes, and dark spot at upper end of creamy eyebrows. The facial disc is outlined with a white line, which is bordered by broad dark brown rim. Chin creamy. Throat dark greyish-brown, mottled and vermiculated creamy. Underparts greyish-brown pale vermiculated, lower breast and upper belly paler and distinctly barred. Lower belly with wider spaced barring, undertail coverts nearly unmarked. Tarsi feathered, toes partly feathered.

Status: Nominate race in suitable habitats and in a considerable number of protected areas rather common. Locally common in years with abundant prey. Is affected by bush fires, overgrazing by cattle, and increasing of long-lasting dryness, also pesticides. Population of subspecies *tingitanus* is declining and endangered with less than 100 pairs. Subspecies *hova* is seldomly observed and also with iregular distribution on the whole island. This endemic subspecies also is threatened by bush fire and overgrazing by cattle. All three subspecies frequently are killed by traffic and by entanglement in barbed wire fences.

Habitat: Grassland near water, marshland and moors, also ephemeral marshes, montane grassland and

Tafel 85 / Plate 85
Galapagos-Sumpfohreule / Galapagos Short-eared Owl - *Asio (flammeus) galapagoensis*
oben / top: Männchen / male
mitte / centre: Weibchen brütend / female incubating
unten / bottom: Kapohreule / Marsh Owl - *Asio capensis hova*

Wiesen und Weiden, Trockensteppe und Buschland. Vom Küstenbereich bis in etwa 3000 m Höhe, in Madagaskar bis etwa 1500 m.

Stimme: Rauer, krächzender Ruf wie „kriiiouw" oder „kirrr", Wiederholungen in unterschiedlichen Abständen. Im Flug ist ain rabenähnliches „quorrk-quorrk-quorrk" vernehmbar. Weibchen ruft ähnlich, aber etwas höher und weicher.

Nahrung: Nacht- und dämmerungsaktiv, manchmal auch am Tag aktiv. Jagdflug beginnt unmittelbar vor Einbruch der Dunkelheit. Jagt meist in Bodennähe mit langsamen, kraftvollen Fügelschlägen, häufigem Rütteln und kurzen Gleitphasen. Es wird auch vom Ansitz aus gejagt. Jagt einzeln, paarweise, manchmal in größerer Zahl auch an Rastplätzen. Am Tag in guter Deckung am Boden. Beute: kleine Säugetiere, Fledermäuse, Vögel, Frösche, kleine Reptilien, Skorpione, Käfer und Termiten.

Brut: Monogam mit Brutterritorium, nistet gelegentlich in lockeren Kolonien. Männchen markiert sein Brutterritorium durch Balzflüge, flügelschlagend und klatschend und mit krächzenden Rufen. Kopulation erfolgt am Boden, oft in Nestnähe. Nest in Bodenmulde, gut getarnt unter hohem Gras oder Stauden. Brütet zum Ende der Regenzeit. Nordafrika: von Februar bis Oktober, Südwestafrika: von September bis November, auf Madagaskar von April bis Juni. Das Weibchen legt 2 bis 6 (meist 3) Eier in Abständen von 2 Tagen und brütet alleine. Brutdauer 27 bis 28 Tage. Küken werden vom Weibchen alleine gehudert, vom Männchen mit Nahrung versorgt. Die Jungen verlassen mit 14 bis 18 Tagen das Nest, verstecken sich in der Vegetation der Umgebung und sind mit 29 bis 35 Tagen flugfähig, werden aber von den Eltern noch einige Zeit betreut.

Bemerkungen: Diese Eule ist das ökologische Gegenstück Afrikas zur Sumpfohreule *Asio flammeus*. Obwohl sie dieser verwandtschaftlich nahe zu stehen scheint, ist sie artlich verschieden und hat völlig andere Lautäußerungen.

meadows, dry grassland and bush veld. From coastal area up to about 3,000 m above sea level, to 1,500 m in Madagascar.

Voice: Hoarse, croaking call, "creeouw" or "keerrr", repeated at variable intervals. Raven-like calls uttered on wing, "quarrk-quarrk-quarrk". Female utters similar, but higher-pitched and softer calls.

Food: Nocturnal and crepuscular, sometimes active during day. Often hunting shortly before dark. Hunts by flying close to the ground, with slow, powerful wing beats, often hovering and with short glides. Hunts also from perch, if available. Hunts single or in pairs, sometimes in large numbers, also roosting sometimes communally. During the day hidden on ground. Diet includes small mammals, also bats, birds, frogs, small reptiles, scorpions, beetles and termites.

Breeding: Monogamous and territorial, sometimes nests in loose colonies. Male claims territory by flying high with wing beats, clapping wings and with croaking calls. Copulation normally occurs on ground, often near nest. Nest in shallow depression, often under overhanging grass or weeds. Breeding normally towards the end of wet season. In North Africa from February to October, in Southwest Africa from September to November, in Madagascar from April to June. Female lays 2 to 6 (mainly 3) eggs at intervals of about 2 days and incubates alone. Incubation period 27 to 28 days. Chicks open eyes at 7 days, brooded by the female, male brings food. Chicks leave nest at 14 to 18 days, hidden in surrounding vegetation. Youngs are able to fly at 30 to 35 days, but both parents care for them for some time.

Remarks: This owl is the ecological counterpart of the Short-eared Owl *Asio flammeus* in Africa. Thought to be closely related, the similarities are due to convergence, shown by totally different vocalications.

Salomoneneule – *Nesasio solomonensis* (Hartert) 1901

Kennzeichen: Tafel 86 Länge 38 bis 41 cm, Gewicht unbekannt. Mittelgroße, kräftige Eule mit starkem Schnabel und kräftigen Füßen und Krallen. Stirn, Oberkopf und Nacken gelbbraun bis ockerbeige, dunkelbraun längs gestreift. Rücken und Mantel gelbbraun bis ockerbeige mit rostfarbenem Anflug, dunkelbraunen Längsstreifen und einigen Binden. Die Flügeldecken sind ähnlich gefärbt, aber mit kleineren Abzeichen. Gelbbraune Schulterfedern mit dunkelbraunen Schaftstrichen und wenigen Binden. Große Flügeldecken, Armschwingen, Handschwingen und Schwanz gelblich bis rotbraun, dunkelbraun gebändert. Schleier rötlich beige, dunkle Zone um die Augen und deutlicher, dunkler Schleierrand. Augenbrauen und Zügelbefiederung bilden ein weißes „x". Kinn und Kehle weiß mit kleinen, dunklen Flecken. Restliche Unterseite ockerfarben mit schmalen, dunkelbraunen bis schwärzlichen Schaftstrichen und schwacher, rotbrauner Bänderung. Jungvögel: bisher unbekannt. Augen gelb, Wachshaut dunkelgrau, Schnabel schwarz, Zehen aschgrau, Krallen hornbraun bis schwarz.

Verbreitung: Nördliche Salomonen: Bougainville, Choiseul und Santa Isabel.

Bestand: Selten und nur lokal vorkommend, bei den Bewohnern wenig bekannt. Stark gefährdet durch Waldrodung.

Lebensraum: Primär- und hochstämmiger Sekundärwald, vom Tiefland bis in Hügelland von etwa 800 m über NN.

Stimme: Ein lang gezogenes, klagend und menschlich klingendes, am Ende ansteigendes „huuh".

Nahrung: Hauptsächlich Kuskus (Phalanger) und Opossums. Wahrscheinlich auch Vögel.

Brut: Keine Kenntnisse.

Bemerkungen: Wahrscheinlich eine primitive Reliktform, die unverkennbare Ähnlichkeiten mit dem Lachkauz *Sceloglaux albifacies* aufweist, sowohl im Habitus, kräftigem Bau von Schnabel und Füßen als auch der Stimme.

Fearful Owl – *Nesasio solomonensis* (Hartert) 1901

Descriptive notes: plate 86 Length 38 to 41 cm, weight no data. Medium-sized, robust owl, with relatively strong bill and powerful feet and talons. Forehead, crown and nape yellowish-brown or ochre-buff, prominently streaked dark brown. Back and mantle ochre-buff to yellowish-tawny, with a rufous tinge, streaked dark and with few bars. Wing coverts are similar, but with smaller markings. Scapulars are yellowish-tawny, with dark brown shaft streak and few crossbars. Larger wing coverts, secondaries, primaries and tail are yellowish-tawny to rufous-brown, barred dark brown. Facial disc dusky around eyes, rufous towards a distinct dark rim. Eyebrows and lores white, forming a distinct white "X" on face. Chin and throat white, stippled with small dark spots. Remaining underparts deep ochre, with narrow dark brown to blackish shaft streaks and hint of rufous bars. Juvenile: Undescribed. Eyes yellow, cere dark grey, bill blackish, toes ashy grey, claws horn-brown to blackish.

Distribution: Northern Solomon Islands: Bougainville, Choiseul and Santa Isabel.

Status: Apparently rare and local, little known by people. Threatened by forest destruction.

Habitat: Primary and tall secondary forest, in lowlands and hills, from sea level up to about 800 m.

Voice: A long drawn-out "hooh", rising in pitch at the end, mournful and human-like.

Food: Mainly phalangers (Phalanger) and opossums. Probably birds.

Breeding: No information.

Remarks: Probably a primitive relict form, remarkably similar in general appearance to the Laughing Owl *Sceloglaux albifacies*, in having powerful bill and feet, habit and voice.

WELCK
'09

Deutsches Glossar für im Text verwendete Fachwörter

A

Achselfedern: Federn, die den Bereich zwischen Körper und Unterflügel abdecken, liegen auf dem Unterflügel in der Achselhöhle.

Allopatrie, allopatrisch: Geografische Isolation, die Verbreitungsgebiete stehen nicht in Kontakt. Bei wandernden Tieren meist auf das Brutgebiet bezogen.

Allospezies: Nah verwandte, räumlich getrennt (allopatrisch) lebende Taxa, deren Differenzierung (mindestens teilweise) reproduktive Isolation vermuten lässt, zwischen denen aber erheblicher Genfluss im Falle des Kontaktes nicht auszuschließen ist. Mitglied einer Superspezies.

Alterskleid, Adultkleid: Jahres-, Pracht- oder Schlichtkleid, im Unterschied zum Jugendkleid, Abkürzung ad. = adultus (erwachsen).

Alula, Daumenfittich: Im reduzierten Handteil bildet der erste Finger die knöcherne Basis der Alula. Diese kann abgespreizt werden und bildet dann mit ihren meist fünf Federn einen Vorflügel.

Anflug: Mit einem bestimmten Farbton überdeckt.

Areal: Verbreitungsgebiet einer Art, umfasst Brutgebiet, Winterquartier und Gebiete, die auf dem Zug durchquert werden.

Arm: Teil des Flügels vom Karpalgelenk zum Körper, bestehend aus Ulna und Radius.

Armschwinge: Federn des Armteils des Flügels. Sie sind weniger asymmetrisch als die Handschwingen, stehen niemals frei, sondern wirken im Verband. Die Enden sind nicht spitz, sondern rund bis gerade.

Arthropoda: Gliederfüßer = Insekten.

Artkonzept nach Mayr = biologisches Artkonzept (BSC = biological species concept): Arten sind Gruppen von sich tatsächlich oder potenziell untereinander fortpflanzenden, natürlichen Populationen, die von anderen solchen Gruppen reproduktiv isoliert sind.

Artstatus, Speziesstatus: Kommt Populationen zu, die bestimmte Kriterien erfüllen. Für Biospezies ist die reproduktive Isolation maßgebend.

Ästling: Bezeichnung für junge Greifvögel und Eulen, die das Nest verlassen haben, aber noch nicht flugfähig sind.

Asynchrones Schlüpfen: Gestaffeltes Schlüpfen. Eulen beginnen mit der Bebrütung mit der Ablage des ersten Eies, die übrigen Eier werden dann im Abstand von ein bis zwei Tagen gelegt. In entsprechender Reihenfolge schlüpfen die Jungen.

Aufrichtbar: Betrifft die Federohren, die mittels Muskulatur der Kopfhaut sowohl steil aufgerichtet wie auch flach angelegt werden können.

Augenbrauen, Überaugstreifen: Meist auffällige und kontrastierende Befiederung über den Augen, oft übergangslos mit der Schnabelbefiederung (Zügelfedern) verbunden.

Augenfleck: Runde oder ovale Fleckung, meist auf dem Gefieder der Unterseite.

Augenring: Der nackte, oft farbige Hautring um das Auge.

B

Balz (courtship): Paarungsvorspiel. Hat die Aufgabe die Geschlechter zusammenzuführen und die Begattungsbereitschaft durch artspezifische Verhaltensweisen, die nur vom Partner verstanden werden, herbeizuführen.

Bartstreif: Kontrastreicher Streifen, der sich von der Schnabelwurzel schräg nach unten zieht.

Bauch: Der Bereich zwischen Brust und Steiß.

Bereiche, Strata, sing. Stratum: Bereiche (Etagen) eines Waldbiotops, z. B. Krautbereich, Buschbereich, Stammbereich, Kronenbereich.

Binokulares Sehen: Sehen desselben Bildes mit beiden Augen unter leicht abweichendem Blickwinkel.

Biotop: Räumlich abgegrenzter Lebensraum einer bestimmten Lebensgemeinschaft (Biozönose), vor allem anhand der Vegetation und abiotischen Umweltfaktoren.

Borsten: Schnabel-, Lauf- und Zehenborsten sind schnurrhaarartige Horngebilde.

Brille: Auffällige Gesichtsbefiederung, besteht meist aus Zügel-, Augenbrauen- und Schleierrandbefiederung.

Bürzel, Unterrücken: Bereich zwischen Rücken und Oberschwanzdecken.

D

Dämmerungsaktiv: Jagt bevorzugt bei Abend- und Morgendämmerung.

Decken, Deckfedern, Flügeldecken: Federn, die den Basisbereich anderer Federn abdecken, z. B. Armdecken, welche die Armschwingenbasen abdecken.

Diagnostisch: Wichtige Aussage zur exakten Bestimmung einer Art, z. B. Körperbau, Färbung, Gefiederzeichnung, Rufe.

Dimorph: Mit zwei unterschiedlichen Formen, meist für solche Arten, wo Männchen und Weibchen in Größe oder Färbung unterscheidbar sind, dann spricht man von Sexualdimorphismus.

Distal: Peripheriewärts gelegen, Gegenstück zu proximal.

DNA – Desoxyribonukleinsäure: Alleiniger Träger der genetischen Information (außer bei einigen Viren), deren Erbinformation in RNA = Ribonukleinsäure codiert ist. Die Erbinformation ist in der linearen Abfolge (Sequenz) von Bausteinen (Nukleotiden) dieses Moleküls codiert.

DNA-Hybridisierung: Indirekte Methode, den Grad der Sequenzübereinstimmung zwischen den ganzen Genomen zweier Individuen (Taxa) zu messen.

DNA-Sequenzierung: Bestimmung der „Basensequenz", d. h. der linearen Abfolge von Nukleotiden entlang des DNA-Strangs.

Dorsal: Rückenwärts gelegen, Körperoberseite.

Duettgesang: Streng synchronisierte Lautäußerung zweier Partner, woraus ein einheitliches, gemeinsames Lautmuster entsteht.

English Glossary of terms as used in text.

A

abdomen: the rear section of the body

adult, adultus: a bird that had reached the stage where it not longer changes physically because of its age

alula: small group of teathers attached to the carpal joint, overlying the primary-coverts

allopatric: inhabiting different geographical areas, used only for closely related taxa

arboreal: living in trees (tree dwelling)

arm: inner wing, part of wing from the carpal joint inward, including secondaries and their coverts

arthropodes: invertebrates with jointed legs, such as insects, spiders, crustaceans etc.

auriculars: see ear-coverts

axillaries: feathers covering the "armpit" area, where the underwing joins the body

B

belly: the lower part of the undersurface

C

call: a vocalization, usually short, that serves some functions (e.g. contact, alarm, courtship etc.)

canopy: the closed upper part of a forest, shades the understory

carpal joint: the "wrist" forming the bend of the wings

categoties of threat (according to IUCN and others)

- **common:** taxa facing a good stability of populations
- **rather common:** taxa facing a rather good stability of populations, but is distinctly declining in some areas of its range
- **rare:** taxa with small populations worldwise, near threated
- **nearly threatened:** very close to threatened
- **threatened:** population very close to vulnerable
- **vulnerable:** taxa believed likely to be more endangered in near future
- **endangered:** immediately threatened with extinction, if the population continues to decline
- **critically endangered:** highest category of threat, extremely high risk of extinction
- **extinct:** having no living individuals

cere: a bare, soft area of skin including the nostrils, at the base of the upper mandible

chestnut: dark reddish-brown, darker and less orange than rufous

chick: downy hatchling

chin: the part immediately below the bill and above the throat

cline: gradual geographic variation in character without clear breaks, also used for typical geographic patterns of size/colour variation

collar: a band of contrasting colour around the neck

colonial: nesting, feeding or roosting in groups, sometimes with relatively small nesting territories

concentrical: circular grouping around a mutual centre

conspecific: belonging to the same biological species (e.g. races, forms or subspecies)

coverts: feathers that cover the base of other feathers, as in secondary-coverts which cover the base of the secondaries

crepuscular: active at dawn and dusk

crest: a tuft of feathers on the upper part of the head, e.g. *Lophostrix cristata*

critically endangered: IUCN Red List category for species facing an extremely high risk of extinction in the wild in the immediate future

crown: top of the head

cryptic: having a camouflage protective colouring

culmen: the ridge along the top of the upper mandible

D

diagnostic: a distinct feature that accurately indicates the species of a bird. It could be related to build, colour, markings, call or behaviour

dimorphic: of two forms. Used most often for those species, whose male and female differ in size or colour, i.e. they are sexually dimorphic

distal: away from the body, terminal opposite of proximal

disyllabic: composed of two syllablesor elements in birdsong

diurnal: active by day (during daylight hours)

dorsal: upper side of body

duetting: when male and female of a breeding pair sing in response to each other, often producing different songs

E

ear-coverts, auriculars, cheeks: feathers covering ear-openings, often distinctly coloured

ear tufts: erectile feathers above the eyes of many owl-species. They have nothing to do with ears, are controlled by scalp muscels, and play part in social communication.

ecology: the study of the relation toan organism with its environment

edge: the interface between the two habitats, e.g. woods or forests bordering on grassland, marsh etc.

emargination: distinct narrow of outer web on outer primary

endangered: immediatly threatened with extinction, if the population continues to decline. IUCN red List category.

Dunenkleid, Dunenjunge: Das erste Federkleid eines Vogels besteht aus Dunen. Diese bilden keine geschlossene Federfahne, wärmen aber gut. Bei den Eulen wird häufig nach dem ersten noch ein zweites Dunenkleid gebildet.

E

Eingebürgert: In einem Gebiet ausgesetzte Wildvogelart, in dem sie bislang nicht vorkam.
Einkerbung, Einbuchtung: Verengung an der Außenfahne der äußeren Handschwingen, bei Innenfahne spricht man auch von Verengung.
Endemisch: Beschränkung des Vorkommens einer Art (oder eines Taxons) auf ein eng umgrenztes Gebiet (oft Inseln).
Ethologie: Verhaltenskunde.
Eutrophierung: Nährstoffanreicherung in einen Lebensraum, dadurch meist höhere Produktion pflanzlicher Biomasse.
Evolution: Veränderung von Populationen (Taxa) im Laufe der Zeit durch Mutationen (der DNA), d. h. Auslese der Bestangepassten (natürliche Selektion).

F

Fahne, Federfahne: Äste, Rami, Federstrahlen und Radien, die im Verbund die Federfahnen bilden, die seitlich des Schaftes stehen.
Federohren: Bewegliche Federbüschel, bei vielen Eulenarten über den Augen angeordnet und mittels Kopfhautmuskulatur aufrichtbar. Spielen sicher in der sozialen Kommunikation eine Rolle, aber auch beim Tarnverhalten. Mit dem Gehör haben sie nichts zu tun.
Flanken: Die Brust- und Bauchseiten entlang bzw. unter dem geschlossenen Flügel.
Flügge: Voll befiederter, aber noch flugunfähiger Jungvogel.
Flügelbinde: Kontrastreiches Farbband auf der Flügeloberseite, manchmal durch die Spitzenflecken der Decken gebildet.
Flügelrand: Die Flügelunterseite, die bei angelegten Schwingen längs der Decken, Alula und Handschwingen sichtbar ist.
Flügelprojektion: Abstand von Spitze der längsten Handschwinge zu Spitze der längsten Schwanzfeder.
Flugfedern: Hier nur in Hand- und Armschwingen unterteilt, häufig werden auch die Steuerfedern hinzugezählt.
Form: Bezeichnung im Bereich der Variation, aber auch für Art und Unterart.

G

Galeriewald: Schmaler und langer Waldstreifen längs Flussläufen und Lagunen, in Grasland und Savanne.
Gattung, Genus, pl. Genera: Kategorie des zoologischen Systems, steht zwischen Spezies (Art) und Familia (Familie). Gattungen sollen monotypische Einheiten umreißen.
Gefährdungskategorien, IUCN und andere:
- **common:** Gute Verbreitung und Stabilität von Populationen.
- **rather common:** Leidliche Verbreitung und Stabilität von Populationen.
- **rare:** Taxa mit kleiner Verbreitungspopulation in der Welt, nahe der Gefährdung.
- **nearly threatened:** Kurz vor einer Gefährdung.
- **threatened:** Bestand gefährdet.
- **vulnerable:** Taxa in Gefahr in naher Zukunft als endangered eingestuft zu werden.
- **endangered:** Unmittelbar gefährdet Populationen nehmen permanent ab und sind in Gefahr auszusterben.
- **critical endangered:** Extrem hohes Risiko auszusterben.
- **extinct:** Ausgestorben, es gibt keine lebenden Individuen mehr.

Gefieder: Federkleid des Vogelkörpers, das sich mit Alter, Geschlecht und Jahreszeit verändert.
Gesang: Meist aus vielen Untereinheiten zusammengesetzte, strophige oder kontinuierliche vokale Lautäußerung, mit uneinheitlicher Funktion: z. B. Reviermarkierung, Werbung etc.
Gesichtsschleier: Tellerförmige Gesichtsbefiederung, die als Schallreflektor dient. Variiert in Form und Ausdehnung von Art zu Art. Bei den streng nachtaktiven Arten am besten entwickelt.
Gewicht: Körpermasse in Gramm.
Gradation: Massenvermehrung. Phänomen der Populationsdynamik bei vielen Nagetierarten. Nach einer Gradation erfolgt ein Populationszusammenbruch, durch Nahrungsverknappung (Kahlfraß) oder andere Faktoren (Stress, Krankheiten).

H

Hand: Äußerer Teil des Flügels, vom Karpalgelenk nach außen, umfasst Handschwingen, dazugehörende Decken und Alula.
Handflügel/Armflügel: Der Flügel besteht aus dem Armteil (Ober- und Unterarm) sowie aus dem Handteil. Der Oberarm ist bei den meisten Landvögeln sehr klein, am Unterarm sitzen die Federn des Armteils (Armschwingen). Am Handteil, das aus dem reduzierten Handskelett besteht, sitzen die meist 10 bis 11 Handschwingen an.
Handschwinge: Federn des Handteils, stark asymmetrisch gebaut, meist 10 Stück.
Handschwingenprojektion: Der Abstand zwischen Spitze der längsten Armschwinge (Schirmfeder) und Spitze der längsten Handschwinge.
Haube, Schöpf: Die über den Augen und der Schnabelwurzel angeordneten, mittels Muskeln beweglichen Federbüschel, z. B. bei *Lophostrix cristata* oder *Jubula letti.*
Hinterhals: Bereich zwischen Nacken und Mantel.

erectile: capable of being raised, usually referring to the crest or pointed "corners" (e.g. *Jubula letti, Aegolius funereus*)
ethology: science of behaviour
eyebrows: superciliaries, a prominent curving band above an owls eye
estuary: mouth of a river with a mix of saline and fresh water
extinct: having no living individuals

F

facial disc: saucer-shaped disc of feathers surrounding the eyes, which acts as a sound reflector. It varies in extent and defination from species to species.
flank: the side of a bird's breast and belly, adjacent to and below the closed wing
fledgeling: a young bird that has just left the nest, usually still attended by its parents
flight feathers: divided into primaries and secondaries
form: a type, kind or variety, also a species- or subspecies-level taxon
forehead: the front part of the crown, extending down to the base of the bill

G

gallery forest: narrow linear forest as along rivers and lagoons, in grassland or savanna
gape: the mouth, from one corner of the bill to the other
genus, genera pl.: a grouping of species believed to be descended from a recent common ancestor
globally vulnerable: IUCN Red List category for species facing a high risk of extinction in the wild in the medium-term future
graduated: tail on which each feather, starting outermost, is shorter than the adjacent inner feather

H

habitat: the kind of place where a bird lives, e.g. the rain forest, mangroves, savanna
hand: outer part of wing, from carpal joint outward, includes primaries, its coverts and alula
hindneck: between the nape and the mantel
holarctic: distribution across both, Old World and New World arctic and temperate zones (Nearctic plus Palearctic)

I

immature: not adult, used for young birds whose exact age is not readily apparent
insectivorous: feeding on arthropods
introduced: non-domestic species released in an area to which it is not native
iris/irides pl.: coloured portion of the eye surrounding the pupil, used here synonymously also with eye
irruption: the movement outside their normal range which individuals of the same species are forced to undergo in years when food supplies become limited

J

juvenile: a young bird in its first year

L

lanceolate: lanced-shaped, slender and pointed (feather)
lateral: on or along the side
length: total length from crown to tips of the tail
local: confined to small circumscribed localities within the larger general range patchily distributed
lores: the area between the base of the bill and the eye, often covered by long, dense feathers or/ and bristles

M

mandible: one of the two parts of birds bill, respectively the upper and lower mandible
mangroves: small trees, that have adapted to live in salt- or brackish water, the protect large expanse of mud and shallow coastal areas and estuaries (the tidal mouth of river)
mantle: centre of the back, lying between nape and rump, sometimes this term is used only for the back
mask: dark patch around the eyes, extending to the base of bill, often more distinct and expanded with young owls
melanistic: having excessive black pigmention or aberrant condition, producing darker individuals
mesoptile: transitional plumage between nestling and juvenile plumage (especilly in owls)
migration: regular, usually seasonal flight between breeding grounds to winter quarters and return
monogamous: having only a single pair bond, may engage in extra pair copulations
monophyletic: a clade or group of organisms including the most recent common ancestral species and all its descendant species (see paraphyletic)
monotypic: having no taxanomic subdivisions, having only a single race (for species) or species (for genera)
monsoon: rainy season, in most regions between mid-summer and autumn
montane: pertaining to mountains

Holarktis: Arktische und gemäßigte Zonen der Alten und Neuen Welt (Paläarktis und Nearktis).
Hudern: Wärmen und Schützen der Jungen durch den Altvogel, bei den Eulen meist nur durch das Weibchen.
Hybrid: Individuum, das aus einer Mischpaarung von Individuen verschiedener Arten hervorgegangen ist.
Hybridzone: Relativ schmale und über viele Generationen stabile Zone, in der zwei phänotypisch unterschiedliche Taxa hybridisieren, aber auch beide reine Phänotypen vorkommen.

I

Immaturus, immatur: Jungvogel nach der Mauser des Jugendkleides.
Immaturkleid: Zwischenkleid zwischen Jugend- und Adultkleid.
Insekten/Gliederfüßer: Bevorzugte Beutetiere der meisten Eulenarten, z. B. Käfer, Heuschrecken, Grillen, Falter, Schwärmer.
Iris: Regenbogenhaut des Auges (die Pupille umgebend), hier auch synonym für „Auge" verwendet.

J

Jugendkleid: Erstes vollständiges Federkleid nach dem Dunenkleid, bei den Eulen Mesoptilkleid.
Juvenilis, juvenil: Jungvogel im ersten vollen Federkleid.

K

Karpalgelenk: Zwischen Mittelhand- mit Handwurzelknochen (Carpometacarpus) und Elle mit Speiche (Ulna mit Radius).
Kinn: Der Bereich zwischen Unterschnabel und Kehle.
Kline: Stufenloser Übergang zwischen den Merkmalsausprägungen (Phänotypen) zweier Unterarten (z. B. Gefiederfärbung).
Kolonie: Mehr oder minder dichte Ansammlung von einigen bis vielen Individuen einer Art, zum Rasten, Schlafen oder Brüten.
Konspezifisch: Zur selben biologischen Art gehörend (z. B. Rasse oder Subspezies).
Konvergenz, Konvergente Evolution: Phänotypische Ähnlichkeit oder Merkmalsübereinstimmung aufgrund von Anpassung an dieselbe Funktion.
Konzentrisch: Kreisförmige Anordnung um ein Zentrum, bei den Eulen oft kreisförmig angeordnete Ringmuster des Gesichtsschleiers um die Augen.
Kragen: Meist kontrastreich gefärbtes Halsband.
Kryptisch: Schwierig erkennbare, tarnende Gefiederfärbung.
Küken: Das frisch geschlüpfte Dunenjunge, mit flauschigen Federdunen bedeckt, blind und noch völlig hilflos.

L

Länge: Gesamtlänge einer Eule von Scheitel bis Schwanzspitze gemessen.
Lanzettförmig: Schlanke, spitz endende Federform.
Lateral, lateralis: Seitlich gelegen.
Lauf, Tarsus: Eigentlich Tarsometatarsus, häufig als Bein bezeichnet, von den Zehen bis zum Fersengelenk.
Lebensraum, Habitat: Bezeichnet den Lebensort einer Art, Population oder eines Individuums, er umfasst alle belebten und unbelebten Komponenten (alle ökologischen Umweltfaktoren).
Lokales Vorkommen: Begrenztes Gebiet innerhalb des Hauptverbreitungsgebietes.

M

Mandibel: Bezeichnung für Ober- und Unterschnabelteile (oberer und unterer Mandibel).
Mangroven: Kleine, immergrüne, an Brack- und Salzwasser angepasste Baumarten, schützen schlammige, ausgedehnte und flache Küstenstreifen und Flussmündungen.
Mantel: Rückenmitte zwischen Nacken und Unterrücken, oft Begriff für den gesamten Rücken.
Maske: Dunkle Zone um die Augen, oft bis zur Schnabelbasis reichend. Bei Jungeulen meist ausgedehnter und deutlicher als bei Altvögeln.
Mauser: Regelmäßiges Erneuern des Federkleides, da es sich abnutzt und dann seine Funktionen nicht mehr erfüllen kann. Die Unterschiede im Mausermodus können beträchtlich sein.
Mausermodus: Manche Arten haben bis zu drei Federwechsel im Jahr, während es bei anderen drei Jahre dauert, bis ein kompletter Mauserzyklus durchgeführt ist.
Melanismus, melanistisch: Mit ausgeprägten (Dominanz) dunklen Pigmenten oder aberrantem Erbgut, das dunklere Individuen verursacht.
Mesoptilkleid: Dem Dunenkleid folgendes Zwischenkleid, vor dem Jugendkleid bei Eulen.
Migration, Wanderung, Zug: Regelmäßige, jahreszeitlich verursachte Wanderung zwischen Brutgebiet und Winterquartier sowie Rückflug.
Mitochondriale DNA: Erbsubstanz, die die Mitochondrien (Kraftwerke der Zellen) enthält und von den im Zellkern lokalisierten Chromosomen räumlich getrennt ist.
Monogamie: Einehe, ein Männchen und ein Weibchen bleiben zur Jungenaufzucht zusammen, für eine Brutsaison oder lebenslang.
Monophylie: Eine monophyletische Gruppe umfasst alle (rezenten) Nachfahren ihres letzten gemeinsamen Vorfahren.
Monotypisch: Keine taxonomische Unterteilung, sondern nur mit einer Rasse (bei Art) oder einer Art (bei Gattung).
Monsun: Regenzeit, in den meisten Monsunregionen von Mitte Sommer bis Herbst.
Montan: Betrifft Bergland.
Morphe: Gefiedervariante in Population einer Art, kein sexuell oder altersbedingter Dimorphismus. Genetisch bedingte und unveränderliche Häufigkeit einzelner Morphen innerhalb verschiedener Populationen. Fälschlich oft als Phase bezeichnet.

morph: plumage variant within a population of a given species, no sexual or age dimorphism, the colour being genetically determined and permanent
morphology: study of form and structure
moult: periodic replacement of feathers, by shedding old ones and growing new ones
moustachial stripe (streak): contrasting streak extending backwards and downwards from the base of the bill

N

nape: nuchal area, hindneck
nares: openings of the nostrils
nearctic: New World or Western Hemisphere, arctic and temperate zone
nestling: a hatchling, helpless in the nest and attended by its parents
nocturnal: active at night
nominate (race, form, subspecies): name given to the original population from which the species' type specimen was described when another population is described as taxonomically distinct from it, e.g. *Tyto alba alba*
nuchal: pertaining to the nape

O

occipital: back of head
ocelli, ocellated: eye-like spots on feathers
orbital: around the eye, the orbital ring is the bare coloured skin around the eye
orthopterans: insect order including grasshoppers and crickets
osteology: study of skeletal characters

P

paddy fields: rice fields
Palearctic: pertaining to the temperate and arctic parts of Eurasia and North Africa
Paramo: wet andean grassland, extending from the tree line to the upper limit of vegetation
parapatry: species with very close range approaches which do not actually overlap
paraphyletic: a clade or group of organisms including the most recent common ancestral species, but not all its descendant species
phase: errenously term for morph, a colour variant not changing with age (a phase can change)
pitch: frequency, represented in kHz
plumage: the covering of feathers over a bird's body, which may vary with age, sex or season
polyandrous: mating with more than one male
polygamous: males that form pair bonds with multiple females, also polygynous
polylepsis: small tree growing patches in sheltered nooks of the high Andes
polymorphic: having more than two distinct morphs within a species
polyphyletic: an unnatural group of taxa, which does not include the most recent ancestor of all the included taxa
polytypic: species with multiple distict races
primaries: the flight feathers of the outer wing, attached to the bones of the "hand" or carpo metacarpus
primary forest: fully developed climax forest of indigenous composition, often virgin
primary projection: distance between tip of longest primary to tip of longest tertial in folded wing
proximal: towards or near the body, opposite of distal
Puna: elevated Andes, inter montane desert plateaus of Peru, Bolivia and North Argentina

R

race: a subspecies or form (a geographical population of a species)
rain forest: primary forest characterized by heavy annual rainfall, tall trees and well-defined strata (understory, subcanopy, canopy etc.)
rectrices, sing. rectrix: the feathers of the tail, mainly 12, sometimes only ten
remiges, sing. remex: wing feathers including primaries, secondaries and tertials, but not coverts
resident: remaining in the same area all year, non migrating
rictal bristles: bristle like feathers at the base (lores) of the bill, sometimes called whiskers
rufous: a reddish-brown or rusty colour, between chestnut and orange in hue
rump: area of a birds body between the back and the uppertail-coverts

S

savanna: open plains with grassland and scattered bushes and trees
scapulars: the shoulder feathers of a bird, covering the gap between the folded wing and the body
secondaries: the flight feathers of the inner wing, attached to the ulna
second growth, secondary forest: vegetation that has replaced a primary forest
serrated, serrating: The outermost flight feather (tenth primary and in some species also the ninth) has a combed or serrated edge on the outer web which surpresses noise, when cutting through the air. Also a term for the serrated claw of the middle toe in barn owls.
sexually dimorphic: when males and females of the same species differ in size, structure or plumage (see also dimorphic)
shaft: the central horny portion of a feather, its lower and the quill point, buried in the skin
shaft streak: a contrasting colour in or narrowly along the shaft of a feather, not broadly extending to the web
soft parts: the unfeathered external parts of a bird, i.e. eyes, orbital rings, cere, bill, feet

Morphologie: Die Lehre von Gestalt und Form.

N

Nachtaktiv: Jagt überwiegend nachts, von Einbruch der Dunkelheit bis zur Morgendämmerung.
Nacken: Hinterhals.
Nackte Teile: Die unbefiederten sichtbaren Körperteile: Auge, Lid- oder Augenring, Wachshaut, Füße und Krallen.
Nearktis: Neue Welt oder Westliche Hemisphäre mit der arktischen und gemäßigten Zone.
Nestlingszeit: Zeit in Tagen vom Schlupf aus dem Ei bis zum Verlassen des Nestes.
Nominatform: Eine Unterart, Rasse, Subspezies, nach der die gesamte Art den wissenschaftlichen Namen erhielt (Erstbeschreibung z. B. *Tyto alba alba*).

O

Oberkopf: Bereich von Stirn bis Nacken.
Oberseite: Die oberen Teile des Vogelkörpers einschließlich Kopf, Nacken Rücken, Schulterfedern, Flügel und Schwanz.
Occipitalgesicht: Scheingesicht, die Augen vortäuschenden Doppelflecke im Nackenbereich mancher Eulen, z. B. bei Gattung *Glaucidium*.
Occiput: Hinterhaupt, Hinterkopf.
Ohrdecken: Federn, welche die Ohröffnungen abdecken, oft auffällig gefärbt.
Ökologie: Wissenschaft von Wechselbeziehungen zwischen den Lebewesen und der Umwelt.
Orthopteria: Geradflügler: Schrecken, Grillen, Gespenstschrecken und Schaben.
Osteologie: Wissenschaft von Skelett und Knochen.

P

Páramo: Feuchtes Grasland der Anden, das von der Baumgrenze bis zur Vegetationsgrenze reicht.
Parapatrie: Aneinandergrenzen der Verbreitungsgebiete zweier Arten, ohne dass es zur Überlappung (Sympatrie) kommt.
Paraphylie: Eine paraphyletische Gruppe umfasst die meisten (rezenten) Nachfahren, aber nicht alle nachkommenden Arten.
Pfiff: Ein deutlicher, aus einer Note (Silbe) bestehender, hoher, melodischer oder in einzelne Segmente unterteilbarer Pfeifton, der an- und absteigen kann.
Phänotyp: Äußeres Erscheinungsbild eines Organismus, also Kombination sämtlicher Eigenschaften und Merkmale, oberhalb des Niveaus der DNA-Sequenz.
Phase: Irrigerweise oft für eine unveränderliche Farbvariante (Morphe) verwendet, eine Phase kann jedoch veränderlich sein.
Phrase, Tour: Meist rhythmische Folge von typgleichen Tonelementen und Silben.
Polyandrie: Vielmännerei.
Polygamie: Männchen, das sich mit mehreren Weibchen paart.
Polygynie: Vielweiberei.
Polylepsis: Kleine, baumbestandene Flächen an geschützten Stellen der Hochanden.
Polymorphismus: Gleichzeitiges Vorkommen mehrerer übergangsloser Erscheinungsformen (Morphen) einer erblichen Eigenschaftsprägung bei Individuen einer Population.
Polyphiletisch: Ein Taxon geht auf mehr als eine Stammart zurück, solche Einheiten sollen im zoologischen System vermieden werden.
Polytypisch: Bezeichnete Arten, die in Subspezies aufgegliedert sind. Gleichwertiger, jedoch etwas veralteter Begriff ist Rassenkreis.
Population: Gesamtheit der Individuen einer Art, die ein bestimmtes Areal besiedeln und damit geografisch mehr oder weniger von anderen Gruppen derselben Art getrennt sind.
Primärwald: Unberührter und völlig intakter Waldbestand.
Proximal, proximalis: Rumpfwärts gelegen.
Puna: Intermontane Wüstenhochflächen der Hochanden in Peru, Bolivien und Nordargentinien.

R

Rectrix: Schwanzfeder.
Regenwald: Primärwald mit jährlich hohen Niederschlägen, hohem Baumbestand und deutlich unterscheidbaren Bereichen oder Straten.
Regionen: Die unterschiedlichen und aneinandergrenzenden Faunenbereiche, biogeografische Regionen. Australasiatische Region umfasst Celebes, die Kleinen Sundainseln, die Molukken sowie die Australis (Neuguinea, Australien, Neuseeland und Melanesien). Orientalische Region umfasst Indien, Hinterindien einschließlich der Großen Sundainseln. Neotropische Region umfasst Mittel- und Südamerika einschließlich Antillen. Paläarktische Region umfasst Europa, Nordafrika, Vorder-, Nord- und Mittelasien (bis Iran, Afghanistan, Himalaja, Nordchina).
Remix: Schwungfeder, umfasst Handschwingen, Armschwingen und Schirmfedern, jedoch keine Deckfedern.
Ruf: Aus einem oder wenigen Elementen bestehende vokale Lautäußerung.

S

Saisonehe: Paarzusammenhalt für eine Brutsaison.
Savanne: Offenes, ebenes Gras- oder Buschland mit spärlichen Niederschlägen.
Schaft, Kiel, Spule: Der hornige Mittelteil einer Feder, deren unterer Teil, die Spule, fest in der Haut sitzt. Schaftstreifen: Kontrastierende Färbung des Federschafts oder schmaler, lanzettförmiger Fleck längs desselben.

song: an often complex vocalization, used to proclaim the territory, established or maintain a pair-bond or for other facts related to breeding
species, pl. species: a group of actually or potentially freely interbreeding populations reproductively isolated from other groups of the same kind
spectacles: facial pattern in which pale lores are connected with pale eyerings, eyebrows or rim
steppe: low rainfall area with grass and/or bush cover
straggler: a wandering individual that turns up accidentally in a totally unexplored locality;
stratum, pl. strata: different layers in a forest: underbrush, understory, subcanopy, canopy
strophe: section of a song or call clearly separated from other such sections
subadult plumage: the last distinctive plumage before the full adult stage, e.g. Snowy Owl
subspecies: a recognizable population that occupies a discreet portion of the overall range of a species. Interbreeds freely with other conspecific subspecies, where they come into contact, or are believed to be likely to do so with allopatric subspecies if contact is naturally established
subterminal: second from the end
supercilium, superciliary: area above the eyes from about the base of bill and over and (usuall) behind the eye, also called eyebrow
sympatry: occurence of two species in the same area, without interbreeding (or with interbreeding limited to a narrow hybrid zone)

T

tarsi, sing. tarsus: fused foot of bird (tarsometatarsus) often referred to as the "leg"
taxon, pl. taxa: a unic of scientific classification, can be used at any level
taxonomy: classification of taxa
Tepuis: isolated and scattered cliff-sided mesas or flat topped mountains emerging from surrounding lowland forests to elevations of over 1500 m, forming "islands" of speciation; Southeast Venezuela and The Guianas
terrestrial: living on or near the ground, but not necessarily flightless
tibia: lower leg, often referred as "thig", upper half of often visible avian leg (above the reverse "knee")
tinged: wash of colour
trill: a vocalization in which a short stereotyped unit is reiterated rapidly

U

underbrush: the lowest stratum of the forest above the ground
underparts, undersurface: the entire lower surface of the body
upperparts: the upper parts of the body, usually inclining the head, back, wings and tail
understoy: the part of a forest under the subcanopy

V

vent: the area surrounding the cloaca, often including the undertail-coverts
vinaceous: tinged with purplish-red

W

web: the broad surface of a feather as distinguished from the shaft
whistle: a clear, single-noted vocalization that is not highly modulated or broken into choppy segments, but which may slur up or down
wing bar: a band of contrasting colour on the wing, sometimes formed by the tips of the coverts
wing lining: the undersurface of the wing, bordering the feathers of the upper side (coverts, alula, secondaries, primaries)
wing projection: distance between tip of longest primary to tip of longest tail feather
weight: body-mass in gramms

Abbreviations:

cm = centimeters
g = gramms
mm = millimeters

Schirmfedern: Die inneren, oft durch abweichende Färbung hervorgehobenen Armschwingen, die besonders starkem Abrieb ausgesetzt sind.
Schleier: Kränz- bzw. tellerförmige Gesichtsbefiederung, die als Schallreflektor dient (siehe auch Gesichtsschleier).
Schulterfedern, Skapularen: Bedecken die Lücke zwischen Flügel und Rücken eines Vogels.
Schwanzformen: Können bei den Eulen gerade, gerundet, gekerbt oder abgestuft enden.
Sekundärwald: Durch Teilrodung gelichteter, jedoch mit wieder nachwachsendem oder nachgewachsenem Baumbestand und Unterwuchs.
Semispezies: Taxa, zwischen denen die reproduktive Kompatibilität eingeschränkt ist, aber noch Genfluss (fertile Hybridisierung) auftritt.
Sexueller Dimorphismus: Wenn Männchen und Weibchen derselben Art in Größe oder Gefiederfärbung unterscheidbar sind.
Sonogramm, Klangspektrogramm: Aufzeichnung von Schallereignissen in Schwarz-Weiß. Lautäußerungen werden nach ihrer Tonhöhe, ihrer Lautstärke und dem zeitlichen Verlauf aufgezeichnet.
Steiß, Unterbauch: Die Gefiederpartie um die Kloake, meist einschließlich der Unterschwanzdecken.
Steppe: Gebiete mit geringem Niederschlag, Gras- oder Buschland.
Strophe: Zusammenhängende Folge von Tonelementen, Silben und Phrasen.
Superspezies: Monophylitische Gruppe von Allo- und/oder Semispezies.
Subterminalbinde: Die vorletzte Binde, häufig bei Färbungsbeschreibung des Schwanzes erwähnt.
Sympatrie: Gemeinsame Vorkommen zweier Taxa (Arten) in demselben geografischen Gebiet.
Systematik: Teildisziplin der Biologie, die neben der Beschreibung und Benennung von Organismen (= Taxonomie) auch versucht, die Taxa ihrer stammesgeschichtlichen Verwandtschaft zu gliedern, d. h. zu höherrangigen Taxa zusammenzufassen.

T

Tagaktiv: Hauptsächlich am Tage jagend, im hohen Norden oder in südlicher Hemisphäre auch bei „Mitternachtssonne".
Taxon, pl. Taxa: Gruppe von Lebewesen, die einen wissenschaftlichen Namen trägt, unabhängig von ihrem Rang. Taxa können also Unterarten, Arten, Gattungen, Familien etc. sein.
Taxonomie: Teilbereich der Systematik, der sich mit der Beschreibung und Benennung von Organismen befasst.
Tepui: Isolierte, vereinzelt stehende Felsmassive und Tafelberge, welche aus den umliegenden Tieflandwäldern zu Höhen bis 1500 m herausragen und Inseln der Artbildung darstellen.
Terrestrisch: Am oder nahe am Boden lebend, jedoch nicht flugunfähig.
Territorium = Revier, Eigenbezirk: Ein von einem Individuum, einem Paar, einer Familie oder anderen Gruppierung bewohntes Gebiet, das gegen Artgenossen bzw. andere Rivalen verteidigt wird.
Tibia: Schienbein, beim Vogel häufig als Schenkel bezeichnet.

U

Unterarten, Subspezies: Geografische Populationen einer Art, die untereinander uneingeschränkt fortpflanzungsfähig sind, sich jedoch aufgrund räumlicher Trennung/Distanz phänotypisch unterscheiden. Übergänge zwischen Unterarten sind oft klinal (stufenlos).
Unterseite: Die gesamte Unterseite des Vogelkörpers, bei den vorliegenden Beschreibungen blieben die Flügelunterseiten unberücksichtigt.

V

Variabilität: Unterschiedlichkeit der Individuen einer Population, die theoretisch auf genetischen (Mutation, Rekombination) Alleleunterschieden beruht.
Ventral, ventralis: Bauchseits gelegen.

W

Wachshaut: Nackter Hautteil mit den beiden Nasenlöchern an der Basis des Oberschnabels.
Waldrand: Der Bereich zwischen Hochwald und Agrar- oder Wiesenland, der von Eulen zur Jagd häufig bevorzugt wird.

Abkürzungen:
cm = Zentimeter
g = Gramm
mm = Millimeter

Index der wissenschaftlichen Namen / Index of Scientific Names

N

O

P

R

S

T

U

V

W

X

Y

Index der deutschen Eulennamen / Index of Vernacular German Owl Names

Fett gedruckte Zahlen betreffen die Nummern der Farbtafeln. Numbers in bold types refer numbers of colour plates.

Index der englischen Eulennamen / Index of Vernacular English Owl Names

Fett gedruckte Zahlen betreffen die Nummern der Farbtafeln. Numbers in bold types refer numbers of colour plates

Literaturverzeichnis

Dieses Verzeichnis enthält nur Publikationen zur gesamten Ordnung Strigiformes. Für weiterführende Literatur siehe die ausführlichen Auflistungen in:

References

This list only includes publications concerning the complete order Strigiformes. For further reading see the selected lists in:

Weick, F., 2006. *Owls (Strigiformes) Annotated and Illustrated Checklist.* Springer Berlin, Heidelberg, New York, pp 289–316.

König, C. & Weick, F., 2008. *Owls of the World.* Sec. Edition. A. & C. Black, Publishers Ltd. United Kingdom, pp 490–518.

Ali, S. & Ripley, S. D., 1969. *Handbook of the birds of India and Pakistan.* Vol. 3, 4. Oxford University Press, Bombay.

Amadon, D. & Bull, J., 1988. *Hawks and Owls of the World.* Proc. of Western Foundation of Vertebrate Zoology 3. 295–347.

Burton, J. A. (Ed.), 1985. *Eulen der Welt: Entwicklung - Körperbau - Lebensweise.* Neumann-Neudamm, Melsungen.

Burton, J. A. (Ed.), 1992. *Owls of the World: their Evolution, Structure & Ecology.* Peter Löwe, Eurobooks.

Cramp, S. (Ed.), 1985. *The Birds of the western Palearctic.* Vol. 4. Oxford University Press.

Del Hoyo, J., Elliott, A. & Sargatal, J. (Ed.), 1999. *Handbook of the Birds of the World.* Vol. 5. Lynx Ed. Barcelona.

Dementiev, G., P. & Gladkov, N. A, 1951. *The Birds of the Sovjet Union.* 1. Moscow.

Duncan, J. R., 2003. *Owls of the World: their lives, behaviour and survival.* Firefly Books. Buffalo and New York.

Eck, S. & Busse, H., 1973. *Eulen, die rezenten und fossilen Formen.* Ziemsen, Wittenberg-Lutherstadt.

Freethy, R., 1992. *Owls, a guide for ornithologists.* Bishopsgate Press Ltd.

Fry, C. H., Keith, S. & Urban, E. K., 1988. *The Birds of Africa.* Vol. 3. Academic Press London.

Glutz v. Blotzheim, U. N. & Bauer, K. M., 1980. *Handbuch der Vögel Mitteleuropas.* Band 9. Akad. Verlagsgesellschaft Wiesbaden.

Grossman, M. L. & Hamlet, J., 1965. *Birds of Prey of the World.* Cassel.

Hartert, E., 1912–1921. *Die Vögel der Paläarktischen Fauna.* 3 Vol. Berlin.

Hume, R. & Boyer, T., 1991. *Owls of the World. Dragon's World.* Limpsfield, Great Britain.

Johnsgard, P. A., 2002. *North American Owls.* Sec. Edit. Smithonian Institution Press. Washington & London.

König, C. & Weick, F., 2008. *Owls of the World.* Sec. Edit. A. & C. Black Publishers Ltd., United Kingdom.

Mebs, T. & Scherzinger, W., 2000. *Die Eulen Europas.* Kosmos, Stuttgart.

Mikkola, H., 1983. *Owls of Europe.* T. & A. D. Poyser, Calton, United Kingdom.

Mikkola, H., 2012. *Owls of the World.* Christopher Helm. London.

Peters, J. L., 1940. *Check-list of the birds of the world.* Vol. 4. Harvard University Press, Cambridge, Mass.

Ridgway, R., 1914. *Birds of North and Middle America.* U.S. National Museum Bulletin 50, pt. 6–882.

Schodde, B. & Mason, I. J., 1981. *Nocturnal birds of Australia.* Melbourne.

Sharpe, R. B., 1875. *Catalogue of the Striges or nocturnal birds of prey in the collection of the British Museum.* London.

Vaurie, C., 1965. *The birds of the Palearctic fauna, Non Passeriformes.* Witherby, London.

Voous, K. H. & Cameron A., 1988. *Owls of the Northern Hemisphere.* Collins, London.

Weick, F., 2006. *Owls, Strigiformes. Annotated and Illustrated Checklist.* Springer, Berlin, Heidelberg, New York.

Wink, M. et al. 2008. *Molecular Phylogeny and Systematics of Owls (Strigiformes).* In: König & Weick, 2008. *Owls of the World.* Sec. Edit. in A.& C. Black Publishers Ltd. United Kingdom.